胶 镶

——蜂胶生物活性成分的现代化研究

主 编 李逐波 杨俊卿

副主编 孙红武 何小燕 罗 映 赵晓燕

科 学 出 版 社

北 京

内 容 简 介

本书以编者十余年对蜂胶有效成分的研究工作为基础，总结了近年来在蜂胶的主要活性物质上引入不同官能团进行的镶嵌式化学结构修饰合成多种衍生物，并对这些天然活性物质及其结构修饰的衍生物进行了现代化研究。本书介绍了蜂胶的来源、活性物质概况；选择研究较深入的黄酮类槲皮素和芦丁、萜类石竹烯以及有机酸类咖啡酸苯乙酯等，分别对其结构修饰与生物活性研究进行阐述。内容涉及这些活性物质及其衍生物的理化性质、化学结构与特点、提取和检测、合成方法与结构表征、药理作用与机制、制剂学研究、药代动力学以及安全性研究和临床应用等。

本书可供具备一定药理学基础或天然产物化学基础的研究生、本科生以及天然产物的研究与开发的研究人员参考。

图书在版编目（CIP）数据

胶镶：蜂胶生物活性成分的现代化研究/李逐波，杨俊卿主编. —北京：科学出版社, 2020.6

ISBN 978-7-03-065396-3

Ⅰ. ①胶… Ⅱ. ①李… ②杨… Ⅲ. ①蜂胶–生物活性–成分–研究 Ⅳ.①S896.6

中国版本图书馆 CIP 数据核字(2020)第 094038 号

责任编辑：杨新改 / 责任校对：杜子昂
责任印制：吴兆东 / 封面设计：图阅盛世

科学出版社 出版
北京东黄城根北街 16 号
邮政编码：100717
http://www.sciencep.com

北京九州迅驰传媒文化有限公司 印刷
科学出版社发行　各地新华书店经销
*
2020 年 6 月第 一 版　开本：B5 (720×1000)
2020 年 6 月第一次印刷　印张：17 1/4
字数：330 000

定价：118.00 元

（如有印装质量问题，我社负责调换）

前　言

镶者，修补其缺陷也，音谐香，意甚好。胶镶，意指从蜂胶中获取的活性成分经化学结构修饰后的生物效应更强的物质。

蜂胶，蜜蜂从植物芽孢或树干采集的树脂与其上颚腺、蜡腺的分泌物加工而成的具芳香气味的胶状固体物。传统医学认为其性平，味苦、辛、微甘，有润肤生肌、消炎止痛的功效，可治消化道溃疡、烧烫伤和皮肤裂痛等病症。蜂胶成分复杂，内含20大类共300余种物质，并随产地和季节等因素有很大不同，其中最具代表性的活性物质是黄酮类化合物中的槲皮素、芦丁，萜类的石竹烯及有机酸中的咖啡酸苯乙酯等。现代药学研究证明这些成分具有抗菌、消炎、抗氧化、增强免疫、降血糖、降血脂和抗肿瘤等广泛的生物活性，而对其进行的引入官能团等镶嵌式化学结构修饰，在抗心肌缺血、抗癌、抗糖尿病和促进免疫等方面呈现更强的生物活性。

拙作根据文献和编者近十年对蜂胶成分的结构修饰与生物活性研究体会，在此就其中的活性成分研究按序言篇、黄酮篇、萜类篇和有机酸篇等四篇五章进行编写，将相关研究进行汇集、整理并展望分析。特别是对编者有较深心得的咖啡酸苯乙酯的结构修饰与效应的研究进行了较详尽的阐述，以期对天然产物研究、药理学研究和新药开发有所裨益。

本书由西南大学李逐波、何小燕、赵晓燕，重庆医科大学杨俊卿、罗映，中国人民解放军陆军军医大学孙红武等编写。

限于时间有限，书中难免存在疏漏或不当之处，敬请读者批评指正。

编　者

2019年夏

本书彩图以及第五章部分化合物表征数据等内容可扫描封底二维码扩展阅读。

目 录

序 言 篇

黄 酮 篇

萜 类 篇

有机酸篇

序 言 篇

第一章　蜂 胶 概 述

蜂胶是蜜蜂从植物采集的树脂与其上颚腺、蜡腺的分泌物加工而成的气味芳香的胶状固体物。传统医学认为其性平，味苦、辛、微甘，有润肤生肌、消炎止痛的功效，可治消化道溃疡、烧烫伤、皮肤裂痛等病症。蜂胶内含20大类共300余种物质，并因产地和季节等因素而有很大不同。现代药学研究证明蜂胶的活性成分具有抗菌、消炎、止痒、抗氧化、增强免疫、降血糖、降血脂和抗肿瘤等广泛的生物活性。近年来，对其中的活性成分引入官能团等进行镶嵌式化学结构改造，使蜂胶在抗心肌缺血、抗癌、抗糖尿病和促进免疫等方面呈现出更强的生物活性。

第一节　蜂胶的来源及鉴别与定量

一、蜂胶的来源

蜜蜂属下有9个独立的种[1-4]，包括西方蜜蜂、小蜜蜂、大蜜蜂、东方蜜蜂、黑小蜜蜂、黑大蜜蜂、沙巴蜂、绿努蜂和苏拉威西蜂。根据进化程度和酶谱分析，其中以西方蜜蜂最为高级，东方蜜蜂次之，黑小蜜蜂最低。其中黑小蜜蜂、小蜜蜂、黑大蜜蜂、大蜜蜂和沙巴蜂等基本以野生状态生存着，并为植物授粉作贡献，而中华蜜蜂（东方蜜蜂的亚种）、西方蜜蜂多以生产用蜂种，普遍为人类饲养。从狭义上，蜜蜂属尤其指家养的意大利蜂、中华蜜蜂、欧洲黑蜂（包括我国的东北黑蜂、伊犁黑蜂）、卡尼鄂拉蜂和高加索蜂等。

蜜蜂生产的蜂产品丰富，按其来源和形成的不同可分为三大类：蜜蜂的采制物，如蜂蜜（honey）、蜂花粉（bee pollen powder）和蜂胶（propolis）等；蜜蜂的分泌物，如蜂王浆（royal jelly）、蜂毒（bee venom）和蜂蜡（bees wax）等；蜜蜂自身生长发育各虫态的躯体，如蜜蜂幼虫（larva）和蜜蜂蛹（chrysalides）等。因蜜蜂种类不同、所在地区不同和植被的差异，每种蜂产品的亚类极其繁多，在此不做叙述。

蜂胶是蜂产品之一，《中华人民共和国药典》（简称《中国药典》）（一部）[5]规定蜂胶是由蜜蜂科昆虫意大利蜂（*Apis mellifera* L.）工蜂采集的植物树脂与其上颚腺、蜡腺等分泌物混合形成的具有黏性的固体胶状物。多为夏、秋季自蜂箱中收集而得。

二、蜂胶的鉴别与定量

由于影响因素太多，蜂胶的成分十分复杂。《中国药典》（一部）以白杨素和高良姜素两个黄酮类物质的含量衡量蜂胶的品质[5]。

（一）性状与鉴别

1. 性状

蜂胶为团块状或不规则碎块，多数呈棕黄色、棕褐色或灰褐色，具光泽。20℃以下性脆，30℃以上逐渐变软，发黏性。气芳香，味苦，有辛辣感。

2. 鉴别

取蜂胶粉末 0.5 g，加甲醇 20 mL，超声处理 20 min，过滤，滤液作为供试品溶液。另取白杨素对照品、高良姜素对照品，加甲醇制成每 mL 各含 1 mg 的混合溶液，作为对照品溶液。照薄层色谱法试验，吸取上述两种溶液各 5 μL，分别点于同一硅胶 G 薄层板上，以三氯甲烷-甲醇-丁酮（9.4∶0.3∶0.3）为展开剂展开，喷氯化铝试液，置 365 nm 紫外灯下检视。供试品色谱中，在与对照品色谱相应的位置上，显相同颜色的荧光斑点。

（二）含量测定与含量标准

蜂胶中白杨素和高良姜素含量测定采用高效液相色谱法。

1. 色谱条件与系统适用性试验

以十八烷基硅烷键合硅胶为填充剂，甲醇-0.15%磷酸溶液（64∶36）为流动相，检测波长为 268 nm。理论塔板数按白杨素峰计算应不低于 6000。

2. 对照品溶液制备

取白杨素对照品 15 mg，高良姜素对照品 10 mg，分别甲醇溶解定容为 50 mL。分别精密量取 1 mL，甲醇稀释至 10 mL。

3. 供试品溶液的制备

取蜂胶粉末（过四号筛）约 0.1 g，精密称定，置索氏提取器中，加丙酮 100 mL，加热回流至提取液无色，提取液回收溶剂至干，残渣用甲醇溶解并转移至 100 mL 量瓶中，甲醇定容，摇匀，即得。

4. 测定法与含量标准

分别精密吸取对照品溶液和供试品溶液各 10 μL，注入液相色谱仪，测定，即得。按蜂胶干燥品计算，含白杨素不得少于 2.0%，含高良姜素不得少于 1.0%。

第二节　蜂胶中的生物活性物质及其活性

《中国药典》（一部）收载的蜂胶只涉及白杨素和高良姜素两个黄酮类生物活性物质及其相应的抗菌消炎、调节免疫、抗氧化和加速组织愈合等药理作用。实际上蜂胶的成分十分复杂，含 20 大类 300 余种物质，并随产地和季节等因素有极大差异，其中最具代表性的活性物质是黄酮类、萜类和有机酸类[6]。有趣的是[7]，世界公认的优品——巴西产蜂胶含阿替匹林 C 约为 2%，但几乎不含具有良好心肌缺血保护作用的咖啡酸苯乙酯。而中国产蜂胶富含咖啡酸苯乙酯，高达 1%～3%，仅有部分地区产蜂胶含微量阿替匹林 C。由于《中国药典》（一部）有关蜂胶的定性定量均涉及白杨素和高良姜素，本书在这里做了较详细的介绍，结构相关的其他黄酮类物质也一并做了结构比较，其他类物质的详细结构介绍见后述各章。

一、黄酮类化合物

（一）含黄酮的主要种类

蜂胶含有大量的黄酮和多酚类物质，其生理活性也与之密切相关，目前蜂胶中黄酮和多酚的含量是评价蜂胶质量的一个重要指标。一般来说，蜂胶原胶中总黄酮含量低于 11%的为低品质蜂胶，11%～14%为合格蜂胶，14%～17%为上等蜂胶，>17%为优质蜂胶[8]。

蜂胶含有黄酮类化合物约 135 种[9]，其中黄酮和黄酮醇类化合物 46 种，二氢黄酮及二氢黄酮醇类 36 种，异黄酮类 11 种，查耳酮和二氢查耳酮类 17 种，新黄酮类似物 25 种。目前研究与应用较多的主要是白杨素、高良姜素、槲皮素和芦丁等。

（二）主要成分特性与生物活性

1. 白杨素

（1）物性数据

白杨素（chrysin）在蜂胶中的量较高，是一个具有典型结构（以 $C_6—C_3—C_6$ 为骨架）的黄酮类化合物，见图 1-1。甲醇中结晶为淡黄色棱柱形结晶。

化学名称：5,7-二羟基黄酮（5,7-dihydroxy-2-phenyl-4*H*-chromen-4-one）

分子式及分子量：$C_{15}H_{10}O_4$，254

CAS 号：480-40-0

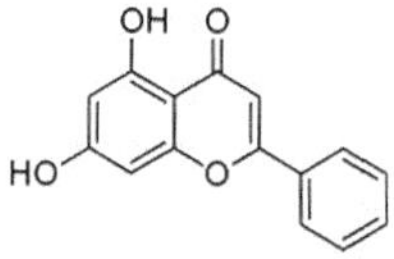

图 1-1 白杨素的化学结构图

M_p：285～286℃

UV：249 nm，272 nm，316 nm

溶于氢氧化钠等强碱溶液，室温下溶于丙酮，微溶于乙醚、乙醇和氯仿，不溶于水。

（2）白杨素的作用

1）广泛的药理活性[5]。

白杨素具有抗氧化、抗肿瘤、抗癌、抗病毒、抗高血压、抗糖尿病、抗菌、抗过敏、抗血小板凝集和抗血栓形成等广泛的药理生理活性。

2）药物合成原料[10]。

白杨素的化学性质较活泼，苯环可被磺化、硝化成白杨素磺酸钠和硝基白杨素；苯环上的羟基被烷基化、酯化成烷基白杨素衍生物和白杨素酯；被羟甲基化、氟甲基化成甲基衍生物和氟甲基衍生物；等等。通过以上反应合成的新化合物，在抗癌、降血脂、防心脑血管疾病、抗菌和消炎等作用方面呈现出更强的活性。

2. 高良姜素

（1）物性数据

高良姜素（galangin）在蜂胶中的含量亦高，也是一个具有典型结构（以 $C_6—C_3—C_6$ 为骨架）的黄酮类化合物，其结构较白杨素在 C_3 结构上多了一个羟基，见图 1-2。甲醇中结晶呈微黄色针状。

化学名称:3,5,7-三羟基黄酮（3,5,7-trihydroxy-2-phenylchromen-4-one）

分子式及分子量:$C_{15}H_{10}O_5$，270

CAS 号: 548-83-4

M_p: 214~215℃

UV: 266 nm，359 nm

溶于氢氧化钠等强碱性溶液，室温下溶于丙酮，微溶于乙醚、乙醇和氯仿，不溶于水。

（2）高良姜素的作用[5, 11]

高良姜素与白杨素在结构上仅相差一个羟基，它们的作用很相似而同时被作为蜂胶定性定量的指标收载在《中国药典》(一部)，主要表现为抗癌、抗炎、抗过敏和抗氧化等药理作用。近年来，高良姜素在抗肝癌、肺癌、乳腺癌、胃癌、黑素瘤和白血病等方面的研究已经深入到分子生物学水平，在不同癌症的作用靶点研究上取得了很多成果。在抗氧化、抗炎、抗肥胖和抗菌等的机理研究方面也取得了很大的进展。

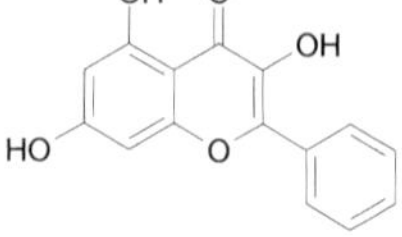

图 1-2 高良姜素的化学结构图

3. 槲皮素

（1）物性数据

槲皮素（quercetin）同样是一个具有典型结构（以 C_6—C_3—C_6 为骨架）的黄酮类化合物，其结构较高良姜素在另一苯环上多了两个羟基，极性更强（结构见第二章）。

化学名称：3,5,7,3′,4′-五羟基黄酮[4*H*-1-benzopyran-4-one,2-(3,4-dihydroxyphenyl)-3,5,7-trihydroxy-flavone]

分子式及分子量：$C_{15}H_{10}O_7$，302　　CAS 号：117-39-5

M_p：313～314℃　　UV：258 nm，375 nm

槲皮素其二水合物为黄色针状结晶（稀乙醇），在 95～97℃成为无水物，熔点 314℃（分解）。能溶于冷乙醇（1∶290），易溶于热乙醇（1∶23），可溶于甲醇、乙酸乙酯、冰醋酸、吡啶、丙酮等，不溶于水、苯、乙醚、氯仿、石油醚等，碱性水溶液呈黄色，几乎不溶于水，乙醇溶液味很苦。

（2）槲皮素的作用[12]

槲皮素的药理作用广泛，具有扩张冠状动脉、降血脂、抗血小板凝集、抗糖尿病并发症等多方面作用。近年来已经发现槲皮素对多种致癌、促癌物有抑制作用，还具有抗多种病毒的生理活性。更深入地了解槲皮素的作用及其机理详见第二章相关内容。

4. 芦丁

（1）物性数据

芦丁（rutin）是一个含有典型黄酮结构在 C_3 结构羟基上有较大分子取代的黄酮类化合物，其结构较槲皮素更复杂，含有更多的羟基，具有强极性（结构见第三章）。

化学名称：5,7,3′,4′-四羟基-3-芸香糖黄酮[2-(3,4-dihydroxyphenyl)-5,7-dihydroxy-4-oxo-4*H*-chromen-3-yl 6-*O*-(6-deoxy-alpha-L-mannopyranosyl)-D-glucopyranoside]

分子式及分子量：$C_{27}H_{30}O_{16}$，610.5　CAS 号：153-18-4

M_p：214～215℃　　UV：280 nm，335 nm

（2）芦丁的作用[13]

芦丁有广泛的生物学效应和许多药理活性，用于医药、保健食品中，具有抗菌消炎、抗辐射、调节毛细血管壁的渗透、血管的脆性、防止血管破裂和止血等作用。更深入地了解芦丁的作用及其机理详见第三章相关内容。

二、萜类化合物

萜烯类化合物是天然产物中数量最多的一类化合物，其分布广泛、骨架庞杂，具有多样的生物学活性。萜类化合物种类繁多，有半萜、单萜、倍半萜、双萜、三萜、四萜和多萜等。萜类经过化学修饰，如氧化、碳链重排，可以形成大量的类萜。萜类物质很多都有芳香气味，是树脂、松节油、很多植物精油的主要成分[14]。

（一）蜂胶中的萜类

蜂胶中的挥发性成分主要为萜类及其含氧衍生物，主要类型为单萜与倍半萜类化合物，少数为二萜类和三萜类化合物[15]。薄文飞[14]对蜂胶中萜类成分进行了提取，分离出 54 种化学成分，活性成分主要为单萜和倍半萜类化合物。陈佳玮等[16]研究发现，无刺蜂蜂胶的化学成分主要以萜烯类及其含氧衍生物为主，其中，含氧二萜酸类衍生物是无刺蜂蜂胶迄今为止分离到的含量最为丰富的物质。

1. 单萜类

单萜类多具有较强的香气和生物活性。蜂胶中的单萜包括无环单萜、单环单萜和双环单萜及其含氧衍生物。蜂胶中无环单萜的基本骨架是月桂烯烷，主要成分为香叶醇和芳樟醇；单环单萜类化合物的基本碳架为薄荷烷和桉叶素类；双环单萜类化合物共有 5 种基本骨架，其中以蒎烷型和莰烷型最为稳定，在蜂胶中发现的相应化合物种类也最多。

2. 倍半萜类

倍半萜类，尤其是其含氧衍生物也常具较强的香气和生物活性。蜂胶中的倍半萜基本骨架类型分为无环倍半萜、单环倍半萜、双环倍半萜和三倍半萜。蜂胶中发现的倍半萜化合物有金合欢烷的含氧衍生物吉马烷、没药烷、蛇麻烷、榄香烷、桉叶烷、杜松烷等。

3. 二萜类

二萜类属于基于 C_{20} 骨架的萜烯类，由四种异戊二烯基组成，它们起源于甲丙戊酸或脱氧-木糖磷酸，目前已经从自然界中发现了 3000 多种二萜类化合物，但只有少数被认为是有临床治疗潜力的化合物。而蜂胶是具有天然药物活性二萜的重要资源之一，蜂胶中发现的二萜类化合物类型按骨架可分为单环二萜、双环二萜、三环二萜和四环二萜。发现两个柏烷类单环二萜，分别为寸拜醇和西柏烯；双环二萜为柏酸型；三环三萜为枞酸型、海松酸和菲洛醇型。仅从希腊蜂胶中鉴定出一个四环二萜为覆瓦南美杉醛酸。

4. 三萜类

三萜类化合物，主要以环菠萝蜜烷型和乌苏烷型为主，多数为四环三萜和五环三萜，其中代表物有从巴西和埃及的蜂胶中提取到的羽扇豆醇、羊毛甾醇、β-香树精、三萜酸甲基酯等。

（二）蜂胶中萜类的生物活性

萜类化合物与黄酮类化合物一样，也具有很强的生理活性，其主要作用是：免疫调节、降血糖、降血压、抗肿瘤、杀菌消炎、镇痛、解热、祛痰、止咳、活血化瘀和局部麻醉等。其中，杀菌、消炎、止痛和抑制肿瘤的作用更为显著[17]。

由此可见，蜂胶中的萜类物质复杂，作用多样，在开篇中一一述及难度较大，详情见第四章。

三、有机酸类化合物

蜂胶中的有机酸类化合物繁多，包括咖啡酸、茴香酸、对香豆酸、阿魏酸、异阿魏酸、桂皮酸、苯甲酸和对羟基苯甲酸等，还有 10 余种必需氨基酸和多种维生素。这些有机酸的作用十分复杂，本书仅介绍含有芳香环并具有潜在生物活性与医药中间体作用的有机酸的名称及其在医药中的基本作用。必需氨基酸和维生素的作用已为大众熟知，这里不做介绍。

（一）含单芳香环的有机酸

蜂胶中含单芳香环有机酸较多，目前在医药上应用较多的主要是应用于心脑血管系统或该系统药物合成的中间体。

1. 茴香酸（anisic acid）

化学名称为 4-甲氧基苯甲酸（4-methoxybenzoic acid）。是合成香料和制药等的重要原料，是Ⅲ类抗心律失常药胺碘酮、脑细胞代谢药茴拉西坦等的医药中间体。

2. 对香豆酸（*p*-coumalic acid）

化学名称为对羟基肉桂酸（2-pyrone-5-carboxylic acid）。在植物的茎干中通过氧化交联反应形成二聚物或参与木质素的合成反应，使植物细胞壁处于交联状态。这种交联对于维持植物细胞壁的完整以及保护细胞组织免于入侵的微生物分解具有重要作用。

3. 阿魏酸（ferulic acid）

化学名称为 4-羟基-3-甲氧基肉桂酸（4-hydroxy-3-methoxycinnamic acid）。能清除体内自由基，促进清除自由基的酶的产生，增加谷胱甘肽转硫酶和醌还原酶的活性，并能抑制酪氨酸激酶活性。阿魏酸（钠）具有抗血小板聚集，抑制血小板5-羟色胺释放，抑制血小板血栓素A2（TXA2）的生成，增强前列腺素活性，起镇痛、缓解血管痉挛等作用。

4. 异阿魏酸（isoferulic acid）

化学名称为3-羟基-4-甲氧基肉桂酸（3-hydroxy-4-methoxycinnamic acid），是阿魏酸的同分异构体。对链脲霉素诱导的糖尿病大鼠有降低血糖的作用，其作用与α_1-肾上腺素受体及阿片μ受体有关 。

5. 肉桂酸（cinnamic acid）

又称桂皮酸、桂酸。化学名称为3-苯基丙烯酸（3-phenylacrylic acid）。广泛用于医药、香料、塑料和感光树脂等化工产品中，可用于合成治疗冠心病的重要药物乳酸可心定和心痛平及合成氯苯氨丁酸和肉桂苯哌嗪。肉桂酸对肺腺癌细胞A549的增殖有明显抑制作用。

6. 阿替匹林C（artepillin C）

化学名称为3,5-二异戊二烯基-4-羟基肉桂酸。巴西产蜂胶富含阿替匹林C，中国产蜂胶中含量甚微，甚至不含。其药理活性非常广泛，具有极强的抗炎、抗氧化活性和抗肿瘤作用。

7. 苯甲酸（benzoic acid）和对羟基苯甲酸（*p*-hydroxybenzoic acid）

均有抗真菌作用，对羟基苯甲酸具有酚羟基结构，其抗细菌性能比苯甲酸、山梨酸都强，毒性比苯甲酸低，且抑菌作用与pH值无关。除了用作食品的防腐剂外，大多作为药物、化妆品的防腐剂使用。

（二）含双芳香环的有机酸

蜂胶中含有双芳香环，研究最深入的是含有咖啡酸结构的物质。咖啡酸在蜂胶中以咖啡酸苯乙酯（caffeic acid phenethyl ester，CAPE）的形式存在。CAPE具有抗氧化、抗癌、抗病毒、抗菌、抗动脉硬化、抑制DNA复制、诱导细胞凋亡和提高机体免疫力等多种重要药理活性。近年来研究发现，对CAPE官能团进行化学结构改造得到的衍生物具有更强的抗癌、抗心肌缺血再灌注损伤、抗糖尿病及其并发症等作用。

第三节　蜂胶的应用

蜂胶具有抗氧化、抗菌、抗炎等广泛的生物活性，所以在医疗、食品、畜禽水产的饲料等领域有非常广泛的应用[18]。

（一）蜂胶在医药上的应用

1. 皮肤创伤

Ibraheim 等[19]用犬作为实验动物，发现蜂胶能够明显减少创口的感染，并且能够加速伤口的愈合。Voss 等[20]利用糖尿病小鼠模型，证明了含有蜂胶的纤维素敷贴能够有效治疗糖尿病引起的创口，并明显降低细菌活性等。Lee 等[21]综述了天然产物作为治疗皮肤痤疮的作用，其中蜂胶的效果得到了研究者的认可。

2. 心血管疾病

国内外对蜂胶及蜂胶总黄酮作用于心血管方面的研究报道，证实了蜂胶在心血管方面拥有广阔的研究空间。郭金昊[22]临床研究表明，蜂胶总黄酮滴丸在治疗慢性稳定性心绞痛气虚血瘀证中取得较好的疗效。周志龙[23]倡导蜂胶能够发挥“血管清道夫”的作用，可用于治疗高脂血症、动脉硬化等。

3. 口腔健康

蜂胶作为一种具有优良抑菌效果的天然产物，在口腔领域也有广泛的应用。张翠平等[24]比较了蜂胶口腔护理液和常见的口腔护理产品对多种细菌的增殖抑制作用，发现该口腔护理剂对大肠杆菌、金黄色葡萄球菌和白色念珠菌的抑制效果显著。Samad 等[25]发现含有无刺蜂蜂胶提取物的漱口水能够显著降低厌氧细菌的数量。Devi 等[26]在临床实验中证明了蜂胶能够改善牙龈炎的症状，20%的蜂胶漱口水的效果和 0.2%的氯己定效果相当。Salehi 等[27]研究了蜂胶片在临床上的治疗效果，发现蜂胶能够有效改善口腔环境，预防口腔黏膜炎的发生。

（二）蜂胶在食品加工上的应用

蜂胶作为一种天然的蜂产品，是一种保健食品原料，而且还具有广谱的抑菌活性，这让其作为食品的天然添加剂成为可能。Shahbazi 等[28]发现添加了含有蜂胶的壳聚糖膜后，细菌含量出现明显下降，牛肉馅的保质期可以达到 14 d。Marino 等[29]也发现添加了蜂胶的壳聚糖溶液浸泡牛油果 1 min，能够抑制炭疽病菌的生长。Thamnopoulos 等[30]将蜂胶加入到牛奶里，发现在冷藏的情况下，具有很强的抗李斯特菌活性，证明蜂胶是一种潜在的饮料添加剂。但由于蜂胶有特殊的苦涩口感，使其在食品领域的应用上存在着瓶颈。

（三）蜂胶在水产养殖上的应用

Yonar 等[31]将不同剂量的蜂胶添加到淡水小龙虾的饲料中，发现蜂胶能改善小龙虾的生殖能力，增加其产卵数量和提高卵的质量，并且含有蜂胶的饲料能够降低养殖过程中小龙虾的氧化应激。Orsi 等[32]同样将不同剂量的蜂胶添加到罗非鱼的饲料中，然后研究对照组和实验组在细菌侵袭前后个体健康指标的变化，实验发现蜂胶有良好的体外抗菌能力，但是却不能通过添加到饲料中来提高罗非鱼的抗菌能力。

（四）蜂胶在畜禽养殖上的应用

抗生素和药物滥用是当前畜禽养殖面临的严重问题，蜂胶作为一种天然的饲料添加剂受到养殖者和消费者的关注。Nascimento 等[33]将红蜂胶作为诱导剂添加到绵羊的窦前卵泡培养基里，当蜂胶浓度为 20 ng/mL 时，能够显著促进胚腔的形成，提高线粒体的活性以及谷胱甘肽的含量。Zhandi 等[34]将蜂胶中的有效成分白杨素添加到公鸡的饲料中，发现能够明显提升公鸡精子的质量，并且能够有效降低冻存对精子的损伤。庄志伟等[35]研究蜂胶合剂对肉仔鸡生产和免疫性能的影响发现，该合剂对早期免疫器官发育有明显的促进作用，能提高 H9 亚型禽流感病毒（HIV-H9）、新城疫病毒（NDV）的抗体效价，有效抵抗免疫抑制，可以作为一种新型佐剂及其辅助剂加以应用。Abdel-Kareem 等[36]将蜂胶添加到蛋鸡的日粮当中，发现蜂胶能够提高产蛋量及平均蛋重，而其蛋的质量有明显提高。热应激综合征是热带和亚热带禽类养殖中常见的难题，每年都造成了巨大的经济损失。Mehaisen 等[37]的研究发现，含有蜂胶的日粮能够减轻鹌鹑的热应激反应，并提高生产效率。

参考文献

[1] 安建东，姚建，黄家兴，等.山西省熊蜂属区系调查(膜翅目，蜜蜂科).动物分类学报，2008，33(1): 80-88.

[2] 吴杰，安建东，姚建，等.河北省熊蜂属区系调查(膜翅目，蜜蜂科).动物分类学报，2009，34(1): 87-97.

[3] 黄海荣，朱朝东，吴燕如.中国齿足条蜂亚属一新种记述(膜翅目，蜜蜂总科，蜜蜂科). 动物分类学报, 2008, 33(2): 395-398.

[4] 郝改莲.豫北地区几种常见野生蜜蜂科传粉蜂简介.蜜蜂杂志, 2014, 34(2): 33-34.

[5] 国家药典委员会.中华人民共和国药典(一部).北京：中国医药科技出版社, 2015: 358.

[6] 胡福良.蜂胶药理作用研究.杭州：浙江大学出版社, 2005.

[7] 吴健全，高蔚娜，韦京豫，等.不同产地蜂胶成分含量的比较.中国食物与营养，2013，19(7): 62-65.

[8] 董捷，张红城，尹策，等.蜂胶研究的最新进展.食品科学, 2007, 9: 637-642.

[9] 张翠平，胡福良.蜂胶中的黄酮类化合物.天然产物研究与开发, 2009, 21(6): 1084-1090.

[10] 王秋亚，王华娟，高锦红.白杨素衍生物的合成及生理活性研究进展.化学研究, 2011, 22(1): 96-110.

[11] 张旭光，尹航，陈峰，等.高良姜素药理活性研究进展.中国现代中药，2016，18(11): 1532-1536.

[12] 吕蔡.槲皮素的药理作用.国外医药·植物药分册, 2005, 20(3): 108-112.
[13] 牛小花, 陈洪源, 曹晓钢, 等.芦丁的研究新进展.天然产物研究与开发, 2008, 20: 156-159.
[14] 薄文飞. 蜂胶萜类成分及生物活性研究. 济南: 山东轻工业学院, 2009.
[15] 张翠平, 胡福良.蜂胶中的萜类化合物.天然产物研究与开发, 2012, 24(7):976-984.
[16] 陈佳玮, 申小阁, 胡福良. 无刺蜂蜂胶化学成分及生物学活性的研究进展. 天然产物研究与开发 , 2016, 28(12): 2021-2029.
[17] 王爱平, 贾存英. 蜂胶的药用价值. 时珍国医国药, 1998, 9(5): 464.
[18] 郑宇斐, 蒋侠森, 陈曦, 等. 2018 年国内外蜂胶的研究概况. 蜜蜂杂志, 2019, 4: 1-8.
[19] Ibraheim H, Hayder D. The influence of Iraqi propolis on the cutaneous wounds healing in local breed dogs. Advances in Animal and Veterinary Sciences, 2018, 6(11): 514-520.
[20] Voss G T, Gularte M S, Vogt A G, et al. Polysaccharide-based film loaded with vitamin C and propolis: A promising device to accelerate diabetic wound healing. International Journal of Pharmaceutics, 2018, 552: 340-351.
[21] Lee J Y, Son H J. Trends in the efficacy and safety of ingredients in acne skin treatments. Asian Journal of Beauty & Cosmetology,2018, 16(3): 449-463.
[22] 郭金昊. 蜂胶总黄酮滴丸治疗慢性稳定性心绞痛气虚血瘀证疗效及安全性研究. 吉林中医药, 2015, 35(9): 893.
[23] 周志龙. 天然的绿色药品——蜂胶的医疗价值. 吉林中医药, 2003, 23(5): 51.
[24] 张翠平, 思娟娟, 洪奇华,等. 蜂胶口腔护理液抑菌作用评价. 蜜蜂杂志, 2018, 38(1): 5-7.
[25] Samad R, Akbar F H, Nursyamsi N, et al. Propolis *Trigona* sp. mouthwash effectiveness in lowering anaerobic gram-negative bacteria colonies. Advances in Health Sciences Research 2018, 2: 181-187.
[26] Savita A, Devi P,Varghese A, et al. Evaluation of clinical efficacy of propolis in patients with gingivitis: A randomized clinical crossover study. Acta Scientific Dental Sciences, 2018, 2(8): 75-80.
[27] Salehi M, Saeedi M, Ghorbani A, et al. The effect of propolis tablet on oral mucositis caused bychemotherapy. Gazi Medical Journal, 2018, 29(3): 196-201.
[28] Shahbazi Y, Shavisi N. Anovel active food packaging film for shelf-life extension of minced beef meat. Journal of Food Safety, 2018, e12569.
[29] Marino A K, Junior J S, Magalh E S K H, et al. Chitosan-propolis combination inhibits anthracnose in 'Hass' avocados. Emirates Journal of Food and Agriculture, 2018, 30(8): 681-687.
[30] Thamnopoulos I I, Michailidis G F, Fletouris D J, et al. Inhibitory activity of propolis against *Listeria monocytogenes* in milk stored under refrigeration. Food Microbiology, 2018, 73: 168-176.
[31] Yonar S M, Köprücü K, Yonar M E, et al. Effects of dietary propolis on the number and size of pleopadal egg, oxidative stress and antioxidant status of fresh-water crayfish (*Astacus leptodactylus* Eschscholtz) . Animal Reproduction Science, 2017, 184: 149-159.
[32] Orsi R O, Santos V G, Pezzato L E, et al. Activity of Brazilian propolis against *Aeromonas hydrophila* and its effect on *Nile tilapia* growth, hematological and non-specific immune

response under bacterial infection. Anais da Academia Brasileira de Ciências, 2017,89(3):1785-1799.

[33] Nascimento T S, Silva I S M, Alves M, et al. Effect of red propolis extract isolated or encapsulated in nanoparticles on the *in vitro* culture of sheep preantral follicle: Impacts on antrum formation. mitochondrial activity and glutathione levels. Reproduction in Domestic Animals, 2018, 54(1): 31-38.

[34] Zhandi M, Ansari M, Roknabadi P, et al. Orally administered chrysin improves post-thawed sperm quality and fertility of rooster. Reproduction in Domestic Animals, 2017, 52:1004-1010.

[35] 庄志伟，薛墨庸，燕磊. 蜂胶合剂对肉仔鸡生产及免疫性能的影响. 中国家禽，2018, 40(23): 55-58.

[36] Abdel-Kareem A A A, El-Sheikh T M. Impact of supplementing diets with propolis on productive performance, egg quality traits and some haematological variables of laying hens. Journal of Animal Physiology and Animal Nutrition, 2017, 101(3):441-448.

[37] Mehaisen G M K, Ibrahim R M, Desoky A A, et al. The importance of propolis in alleviating the negative physiological effects of heat stress in quail chicks. PLOS ONE, 2017, 12(10):e0186907.

（李逐波 何小燕）

黄 酮 篇

第二章　槲　皮　素

第一节　槲皮素概述

一、槲皮素的理化性质

（一）化学结构与特点

槲皮素为平面型分子结构，分子堆砌较紧密，分子间引力较大，不易被溶剂或溶质分散，这使得槲皮素的溶解性较差，生物利用度较低（血浆浓度峰值仅为 0.14～7.6 μmol/L）[1]。槲皮素的化学结构如图 2-1 所示。

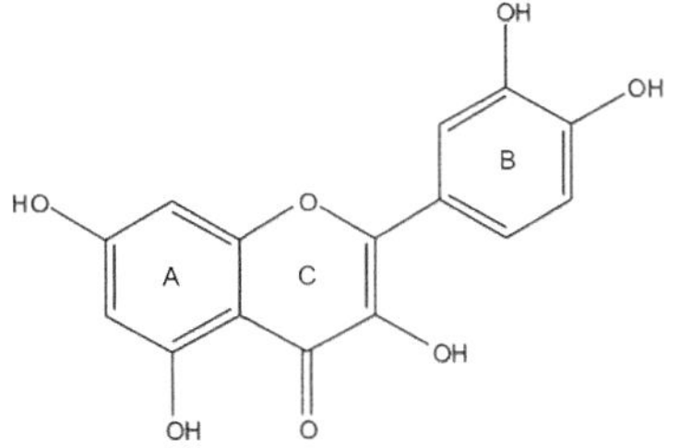

图 2-1　槲皮素的化学结构

槲皮素主要由 A 环、B 环 和 C 环三个环构成，其外周分布了 5 个羟基位点（见图 2-1），这些位点都可以进行槲皮素的糖基化。天然槲皮素微溶于水，随着糖基化程度增加其水溶性也随之上升。在天然的糖基化槲皮素化合物中，芦丁是代表性的化合物之一[2]。除此之外，槲皮素所包含的酚羟基不仅其影响水溶性，对其抗氧化功能的发挥也至关重要[3]，例如羟基可以清除活性氧自由基。同时，位于 B 环的双键以及与之相连的羟基，构成了 α,β 不饱和结构，同样发挥了重要的抗氧化作用[4]。另外，槲皮素的羟基还可以在一定条件下螯合金属离子。例如，位于槲皮素 B 环的 3′-OH 和 4′-OH 形成的邻苯二酚结构可以和金属 Pb 离子配位，进而形成络合物。C 环的 3-OH 与 4 位羰基所形成的结构同样可以和金属离子配位，但由于其 HOMO-LOMO 能级差弱于 B 环的邻二羟基，导致其配位能力逊于 B 环的邻苯二酚结构[5]。

槲皮素的稳定性与多种因素有关，主要涉及氧化环境、pH 值等。在含氧环境下，槲皮素可以转化为其氧化产物——槲皮素-醌混合物[6]。当槲皮素置于碱性环境时，即 pH>7，槲皮素的自身降解速率会显著增加[7]。

（二）基本理化信息

槲皮素 A 环的苯甲酰系统会引起 258 nm 左右的吸收峰，B 环的类儿茶素结构使其在380 nm左右有大的吸收峰。槲皮素对紫外线有很大的吸收，本身受到光的照射易分解，所以需要保存在避光阴凉处[8]。

槲皮素是广泛存在于水果、蔬菜、红酒和茶叶等中的类黄酮物质，并以苷的形式存在。在植物界中约有100种中草药含有槲皮素，其广泛分布于多种植物花、果实、叶中，如中药槐米干燥花蕾、地耳草（田基黄）、银杏叶、番石榴叶、贯叶连翘、菟丝子、洋葱、槐花、地锦草、刺五加、满山红等[9]。因其较强的抗氧化、抗炎作用而引起广泛关注。

槲皮素分子中引入—OH 或糖基，极性增大，在极性溶剂中的溶解度也将增大。槲皮素分子中因含有五个酚羟基而显酸性，可溶解在碱水以及吡啶、甲酰胺、二甲基甲酰胺等几种溶剂中。槲皮素衍生物中，由于羟基的数目和位置不同，其酸性强弱也不同。一般来说，7-OH>4′-OH>3-OH>3′-OH>5-OH[10]。

二、槲皮素的提取和检测

（一）提取方法

槲皮素及其糖苷常用的提取方法有浸提法、碱提酸沉法、回流法、超声提取法和微波辅助提取法[11]。

1. 浸提法

浸提法是提取槲皮素所用的最简单的提取方法。该方法首先选用一定量的溶剂，将被提取物浸渍一定时间，过滤除去滤渣，浓缩滤液即可。该方法的缺点是耗时长、试剂耗损大、温度高难以控制、提取率低等。因此，近年来很少选用该方法进行此类化合物的提取，但在比较不同提取方法的优劣时可用作对照。王文清等[12, 13]以70%乙醇作为溶剂，分别采用超声提取30 min、加热回流1 h、浸渍12 h三种方法提取20 g细梗胡枝子药材，得到槲皮素的含量分别为4.89 μg/ g、5.39 μg/ g和4.71 μg/ g，芦丁的含量分别为36.70 μg/ g、37.53 μg/ g和34.68 μg/ g。结果显示，采用加热回流法提取槲皮素和芦丁的提取率均较高，浸渍法提取率最低。

2. 碱提酸沉法

碱提酸沉法是提取植物中槲皮素及其糖苷的传统方法之一，该方法主要是根据黄酮苷类化合物易溶于碱性水溶液，难溶于酸性水溶液的原理进行的。赵希等[14]提取槐米中芦丁和槲皮素时，将20 g的槐米粗粉加入到0.4%的硼酸水溶液200 mL中，用石灰乳调节pH值8～9。在微沸条件下搅拌提取30 min，将滤液用浓盐酸调节pH值2～3，静置12 h后离心处理，沉淀用pH值1～2的浓盐酸洗涤一次，蒸馏水洗涤至中性，沉淀物经65℃真空干燥得到芦丁粗品。

精制芦丁后取 1 g，用 2%的 H_2SO_4 溶液 80 mL，加热回流 90 min 转化得到槲皮素。采用碱提酸沉法提取不同药材中的槲皮素的影响因素各不同，一般采用正交试验法优选提取工艺。碱提酸沉法由于操作复杂并且提取率略低，近年来逐渐被其他提取方法取代。

3. 回流法

回流法也是提取槲皮素及其糖苷常用的方法之一。通常是将药材加入到一定溶剂中进行回流，采用正交试验法考察提取时间、溶剂用量和浓度等因素对产率的影响。吴杰等[15]分别用回流法与浸渍法提取仙人掌中的槲皮素，得到提取物中槲皮素的含量分别为 0.2423 mg/g、0.2018 mg/g，可见回流法的提取率比浸渍法更高。该研究还用正交试验法考察了溶剂、溶剂浓度、回流时间、仙人掌粉末粒度四个因素对提取效率的影响，确定最佳回流提取条件为过 60 目筛的干燥仙人掌粉末 10 g，加 95%甲醇 200 mL，回流 3 h。用回流法提取槲皮素及其糖苷操作简单，提取率高，但存在溶剂有毒以及加热时易发生危险等缺点。

4. 超声提取法

超声波提取法，顾名思义，是利用声波产生的骚动效应、空化效应和热效应加速物质的扩散溶解，从而提高了药物的提取效率、大大减少了提取时间和能量消耗[16, 17]。近年来，超声提取法得到了广泛的应用，它具有时间短、得率高、安全、可靠、无毒等优点。宗淑梅等[18]采用乙醇回流提取法从槐米中提取得到槲皮素，正交试验优化条件，经过薄层色谱法进行定性分析并采用紫外分光光度法测定槲皮素的含量。吴景林[19]以不同提取试剂分别用回流法和超声提取两种方式提取鱼腥草中的槲皮素，并对提取率进行了比较。结果表明，超声提取的提取率稍低于回流提取，差异不显著，但超声提取更简捷、快速。因此，考虑到经济性，超声提取优于回流提取。但超声法提取槲皮素也受诸多因素的影响。马春慧等[20]采用超声-微波交替法从落叶松中提取二氢槲皮素，对溶剂、料液比、提取时间和能量强度等影响因素进行了考察，并将超声-微波交替提取法与单独超声法和微波提取法进行了比较，发现二氢槲皮素的得率分别为 0.12%、0.034%和 0.074%，可见超声法配合微波提取效果更好。

5. 微波辅助提取法

微波辅助提取法也是近年来新兴的一种提取方法，其原理是各物质在微波场中吸收微波的能力有差异，使得基体物质的某些区域或溶剂体系中的某些组分被选择性加热，从而从基体中分离，进入到溶剂中。该方法具有绿色无害、提取率高、选择性高、省时、有效、低能耗等优点。目前，微波辅助提取法已被研究者广泛运用到中草药有效成分的提取中。微波提取过程受诸多因素影响。

王海宁等[21]用微波辅助提取法提取竹叶柴胡中的槲皮素时，对提取溶剂、物料粒度、微波时间、功率、固液比、pH 值等影响因素进行了考察，确定最佳工艺条件为：60%乙醇作提取溶剂，竹叶柴胡粒度为 80～120 目，pH 值为 7～8，料液比 1∶30，480 W 下辐照 3 min。

（二）检测方法

槲皮素及其糖苷含量的常用检测方法有高效液相色谱（HPLC）法、毛细管电泳法、示波极谱滴定法和荧光光度法等。

1. HPLC 法

目前，HPLC 法已经广泛运用到各种药材中槲皮素的含量测定。实验证明，用 HPLC 法测定槲皮素含量，选择合适的流动相，在一定范围内线性关系良好，并且快速、准确、重现性好[22]。HPLC 法一般选择甲醇-磷酸体系作为流动相[23, 24]。

2. 反相高效液相色谱（RP-HPLC）法

徐雄良等[25]以甲醇和 0.4%的磷酸溶液作为流动相，设立波长 375 nm，通过 RP-HPLC 法测定槐米水溶液中槲皮素的含量。王振伟等[26]建立了利用 RP-HPLC 测定刺梨中芦丁和槲皮素的含量。滕红[27]应用反相高效液相色谱法测定了蜂胶片中槲皮素的含量。反相高效液相色谱法不仅简便快捷、灵敏，且结果准确，可稳定用于槲皮素含量的测定[28]。

3. 毛细管电泳法

毛细管电泳法是一种新兴的测定槲皮素及其糖苷含量的方法，具有灵敏度高、快速、进样量少、成本低等优点，适用于多种植物中槲皮素的含量测定，近年来被广泛应用。冯海燕等[29]用毛细管区带电泳法测定了三白草中槲皮素和芦丁的含量，发现该法与 HPLC 法相比具有简便、快速、背景电解质污染小等优点。该研究证实，随着温度的升高，三白草中槲皮素和芦丁的提取量亦增加。

4. 高效液相色谱-质谱（HPLC-MS）检测法

槲皮素及其糖苷衍生物在肠道吸收过程中即发生广泛的代谢，门静脉中几乎检测不到槲皮素的存在，其中甲基化反应是其最基本的代谢形式，进一步的葡糖糖醛酸化和/或硫酸化使其代谢产物众多、数量极少，难于定性和定量，且由于槲皮素在自然环境下极不稳定，易被氧化，因此，对槲皮素及其代谢产物的分析成为槲皮素及其糖苷衍生物研究中的难点之一。目前，槲皮素及其糖苷衍生物和相关代谢产物主要采用 HPLC、HPLC-MS 等分析方法，但样品处理方法复杂，对槲皮素及其代谢产物的影响不易评估。李素云等[30]参考国内外有关文献，建立了 HPLC-MS 检测法，可同时测定槲皮素及其甲基化代谢产物异鼠李亭和柽柳黄素，并初步应用于细胞培养条件下的样品测定。

槲皮素、异鼠李亭和柽柳黄素的 HPLC 和 HPLC-MS 测定方法已有报道，在同一溶液体系中同时测定槲皮着、槲皮素、异鼠李亭和柽柳黄素的 HPLC-MS 方法也有报道[31]。但由于槲皮素为脂溶性，槲皮着为水溶性，要实现同一体系中同时测定二者，也会损失槲皮素的测定精度。文献报道，槲皮素在肠道吸收和代谢过程中会发生脱糖基和进一步的代谢反应，如甲基化、硫酸化、葡萄糖醛酸化等反应。但由于槲皮素在体外环境中不稳定，在有氧条件下极易发生氧化等反应[32]，因此，实验样品在检测前的处理方法会对测定结果产生很大的影响。以往文献中测定槲皮素及其甲基代谢产物一般采用结构相似的类黄酮物质做内标[33]，但类黄酮物质结构不稳定，体外环境下易氧化降解，因此，选择一个稳定的内标对考察槲皮素及其代谢产物的含量很重要。丁螺环酮在常温下稳定，室温下放置 72 h、4℃放置 1 周，测定值的标准偏差均不超过 5%，与文献报道一致[34, 35]。因此，本实验采用丁螺环酮作内标，解决了同类物质不稳定对实验结果的影响，在此基础上建立了可以同时测定细胞培养体系中上述 3 种化合物的 HPLC-MS 定量检测方法。

5. 其他测定方法

除了 HPLC 法、毛细管电泳法，测定中药材中槲皮素含量还有其他方法。例如，示波极谱滴定法，该方法是以 K_2CrO_4 与槲皮素的直接氧化还原反应为基础，用 pH 值 8.0 的 1.5 mol/L NH_4Ac-NH_4OH 缓冲液为示波极谱底液，根据示波极谱图上 CrO_4^{2-}切口出现以指示滴定终点，建立了测定芦丁制剂中总槲皮素含量的分析方法[36]。该法快速、重现性好，但这些方法均有操作较为繁杂或仪器设备成本高等缺点而难以推广。荧光光度法也被用于槲皮素的含量测定，其主要原理是根据槲皮素与三氧化铝通过络合反应形成另一种可产生荧光的物质，通过检测荧光光谱达到测定槲皮素含量的目的。该法操作简单、经济实用[37]。徐艳阳等[38]为了确定桑叶中槲皮素含量的测定方法，采取荧光分光光度法进行了相应的试验研究，分析了不同试验操作下槲皮素的含量区别。在单因素试验的基础上，利用三因素三水平响应面试验设计对各影响因素的显著性及其交互作用进行了优化分析。周漩等[39]建立了一种含量测定的新方法，在测定槐米中芦丁含量的同时测定槲皮素的含量。该方法为薄层色谱扫描法，不仅成功地测定了槐米中槲皮素与芦丁的含量，还完美地将槐米中的芦丁和槲皮素分离开来。该试验方案分离选择性好，还能保证分离效率，是目前比较好的分离方法。王丽琴等[40]创立了一种利用卡尔曼滤光度法同时测定槐米中芦丁和槲皮素的方法。此外，还有测定槲皮素含量的新方法，如化学修饰电极法等[41, 42]，但由于其成本较高，未得到广泛应用。

第二节 槲皮素的现代化研究

一、槲皮素的合成与结构表征

（一）合成方法

槲皮素为黄酮类化合物，常以糖苷的形式存在于自然界中，其结构中包含了黄酮类化合物具备多种药理活性所必需的药效基团，即A环间二羟基、B环邻二羟基结构，C环C_2和C_3间有双键、4-位羰基的存在等。因此，槲皮素及其糖苷衍生物具有广泛生理活性[43]。由于此类化合物在植物中的含量很低，给它们的分离提取带来了困难。槲皮素一般用化学方法进行合成。在常见的槲皮素糖苷类化合物中，槲皮素-3-芸香糖苷（芦丁）、槲皮素-3-葡萄糖苷（异槲皮苷）、金丝桃苷（槲皮素-3-半乳糖）是研究最多的几种衍生物[44]。

（二）结构表征

可采用红外光谱、质谱和核磁共振光谱等手段对槲皮素进行结构表征。

二、槲皮素的药理作用与机制

（一）槲皮素的抗肿瘤作用

近年来，许多研究者为探究槲皮素的抗肿瘤作用做了大量的工作，其主要作用机制是抑制肿瘤细胞的增殖、促进细胞的凋亡、调节肿瘤细胞的信号转导途径、抑制侵袭及转移作用等。

1. 槲皮素对多种恶性肿瘤细胞有抑制增殖作用

流行病学调查显示，多进食富含槲皮素的蔬菜和水果具有防癌作用。槲皮素具有部分雌激素作用，能有效地预防或治疗与雌激素有关的肿瘤，比如乳腺癌和前列腺癌。动物体内实验已证实槲皮素能减少乳腺癌的发病率。研究发现，槲皮素不仅对乳腺癌和前列腺癌，而且对于多种恶性肿瘤细胞，如多种白血病细胞、人卵巢癌细胞、膀胱癌细胞、前列腺癌细胞、多种胃癌细胞、结肠癌细胞、肺癌细胞、骨髓瘤细胞、鼻咽癌细胞、神经胶质瘤细胞、乳腺癌细胞、HeLa细胞、Ehrlich腹水癌细胞和NK/LY实体瘤细胞等恶性肿瘤细胞有抑制生长作用[45]。

（1）抗肺癌作用

Youn 等[46]认为，槲皮素是通过抑制核因子 κB（NF-κB）信号通路诱导肺癌细胞 H460 凋亡。张隽等[47]建立小鼠 Lewis 移植瘤模型，槲皮素与白藜芦醇联合用药以腹腔注射 20 d 发现联合用药组抑瘤率较单独用药组和对照组抑瘤率明显提高，而瘤组织体积和质量低于单独用药组及对照组；免疫组化方法测得血管内皮生长因子（VEGF）蛋白表达下调；蛋白质印迹法结果发现基质金属蛋白酶-2（MMP-2）表达下降；原位末端标记法观察肿瘤细胞形态发生变化，联合用药组凋亡指数值升高明显，说明槲皮素联合白藜芦醇抑制肿瘤细胞的机制可能与下调 VEGF 蛋白及 MMP-2 蛋白有关。

研究发现，从周氏克金岩方中提取出的有效成分——槲皮素可促进肺癌（NCL-H460）细胞凋亡，通过电子显微镜及荧光显微镜观察均可见大量 NCL-H460 细胞凋亡，且随药物浓度增加，凋亡细胞数量增多。槲皮素浓度在 25 μmol/L，Bcl-2 表达下调并激活 Caspase-3 和 Caspase-7 的表达，其机制可能是槲皮素抑制 EGFR-Raf-MEK/ERK-1/2 信号通路。

（2）抗乳腺癌作用

马双慰等[48]通过复制人乳腺癌细胞 MCF-7 裸鼠移植瘤模型并给药 15 d 发现，槲皮素组抑瘤率明显高于其他组；电子显微镜下观察到槲皮素组及联合用药组细胞形态变化显著，大小不均一，核仁较大，凋亡细胞数量较多；采用免疫组化法得出 ki-67 表达槲皮素组高于联合用药组，低于阴性对照组，表明槲皮素可抑制人乳腺癌细胞 MCF-7 生长及增殖，且与多柔比星联合应用可起到增效作用。另有文献报道，槲皮素与其他抗肿瘤药物联合应用具有协同治疗乳腺癌的作用。

李世正等[49]通过体外培养人乳腺癌细胞 MDA-MB-435S 发现，槲皮素可诱导乳腺癌细胞 MDA-MB-435S 形态发生改变，使细胞凋亡数量增加且细胞透明度下降，呈量效依赖关系；逆转录-聚合酶链反应（RT-PCR）方法检测发现，槲皮素可激活细胞 Caspase-3 及其 mRNA 表达，表明槲皮素可抑制乳腺癌细胞 MDA-MB-435S 增殖和促进细胞凋亡。

（3）抗肝癌作用

孙佳等通过对肝癌细胞 SMMC-7721 的体外培养发现，槲皮素对肝癌细胞抑制率增强，在 G0/G1 期阻滞肝癌细胞生长，苏氨酸蛋白激酶（Akt）活性受到抑制且抑癌基因 *PTEN*（人第 10 号染色体缺失的磷酸酶及张力蛋白同源基因）及半胱氨酸蛋白酶 Caspase-9 表达随药物浓度增加而增加，其机制可能与槲皮素促使 PTEN/磷脂酰肌醇-3 激酶/Akt（PTEN/PI3K/Akt）信号通路失衡，进而促进肝癌细胞 SMMC-7721 凋亡。

（4）抗胃癌作用

于志君等[50]通过槲皮素处理胃癌细胞 MGC-803 48 h 后，采用链霉菌抗生物素蛋白-过氧化物酶连接法（SP 法）及逆转录-聚合酶链反应方法发现，40 μmol/L

槲皮素可使 VEGF-C 和血管内皮生长因子受体-3（VEGFR-3）表达及 其 mRNA 水平下降，从而抑制胃癌细胞 MGC-803 的增殖及淋巴结转移。细胞划痕修复实验发现，转化生长因子-β1（TGF-β1）+槲皮素组细胞迁移能力降低，说明槲皮素可有效抑制胃癌转移和侵袭；槲皮素抑制 TGF-β1 诱导的胃癌细胞上皮间质转化（EMT），是因为槲皮素上调了上皮型钙黏蛋白（E-cadherin）表达，下调了神经型钙黏蛋白（N-cadherin）和波形蛋白（vimentin）表达，其机制可能是通过调控 PI3K/Akt 信号传导通路实现。Kim 等[51]发现，槲皮素通过抑制丝裂原活化蛋白激酶（MAPKs）促进胃癌 AGS 细胞凋亡。

（5）抗卵巢癌作用

段承刚等[52]研究发现，卵巢癌细胞 SkOV3 经槲皮素处理后，在倒置显微镜下观察可见卵巢癌细胞 SkOV3 的形态发生显著变化，细胞脱落、悬浮并可见到细胞碎片，四甲基偶氮唑盐（MTT）试验发现，浓度为 50 μmol/L 的槲皮素对卵巢癌细胞 SkOV3 的生长抑制作用高于其他浓度。

王旭等[53]研究表明，不同浓度的槲皮素作用于卵巢癌细胞 HO-8910 可抑制其生长增殖，并呈剂量-时间依赖关系，卵巢癌 HO-8910 细胞在 S 期及 G2/M 期凋亡明显，可能与槲皮素激活 Caspase-3 和 Caspase-8 表达、下调热休克蛋白 70 表达、上调 Fas 表达有关。

（6）抗膀胱癌作用

梅志强等[54]提出，槲皮素能诱导膀胱癌细胞 BIU-87 凋亡及抑制细胞增殖，显微镜下观察膀胱癌细胞 BIU-87 由短梭形变圆，细胞密度降低，部分细胞凋亡脱落悬浮于培养液中，表明槲皮素诱导细胞凋亡的主要机制可能是通过上调野生型 *p53* 等抑癌基因的表达而实现的。柯尊金等[55]提出，30~120 μmol/L 槲皮素对人膀胱癌细胞 BIU-87 具有抑制作用，且呈时间-剂量-效应依赖关系。流式细胞仪检测发现，膀胱癌细胞 BIU-87 在 G2/M 期凋亡明显，在倒置显微镜下观察发现，膀胱癌细胞 BIU-87 形态发生改变，细胞变小、形状变圆，出现凋亡小体，提示细胞发生凋亡。

（7）抗结肠癌作用

王芬等[56]通过体外培养人结肠癌细胞 SW480 发现，槲皮素可显著降低 SW480 细胞的侵袭力和运动力。同时，槲皮素还可抑制结肠癌细胞 SW480 的生长，且随浓度的增加对肿瘤的抑制率增强，当浓度为 160 μmol/L，槲皮素的抑瘤率最高。采用蛋白质印迹法显示 ki-67 及增殖细胞核抗原表达下调，提示槲皮素可抑制人结肠癌 SW480 的细胞增殖。安昌勇等[57]通过黏附实验及侵袭实验得出槲皮素组黏附细胞个数高于对照组，但人结肠癌细胞 LOVO 的侵袭能力较对照组低。蛋白质印迹法及 RT-PCR 结果显示，槲皮素可下调癌胚抗原（CEA）表达，提示槲皮素可通过下调 CEA 表达而抑制人结肠癌细胞 LOVO 的增殖。

2. 槲皮素抗肿瘤作用的机制

槲皮素抑制恶性肿瘤细胞增殖的作用可能与下列机制有关[58]。

1）抑制原癌基因 *c- fos*、*c- jun* 和 *ras* 癌基因[59]的表达，*P21ras* 是 Ras- Raf-MAPK 信号通路中重要的中介物。

2）*p53* 基因是一种重要的抑癌基因，P53 蛋白与调节细胞的成熟和分化有关。随着细胞周期的增殖，P53 蛋白水平进行性增加，而周期外细胞的 P53 蛋白水平则较低。突变型 *p53*（mutant *p53*）基因见于半数的肿瘤细胞，而槲皮素的抑癌活性与其抑制突变型 P53 蛋白表达有关，诱导肿瘤细胞停滞于 G2/M 期。槲皮素主要在翻译水平抑制突变型 P53 蛋白的表达，不能影响稳态的 P53 mRNA 水平，但能阻止新合成的 P53 蛋白的聚集。P53 蛋白的磷酸化和脱磷酸化在细胞周期检查点的控制上起重要作用。

3）阻遏热休克蛋白（heat shock protein，HSP）产物：HSP27、HSP70、HSP72 是较重要且研究较多的分子伴侣蛋白，对正常细胞和肿瘤细胞处于各种应激状态如高热，一些化疗药物和其他的凋亡刺激时起保护作用，有药物和细胞类型特异性。槲皮素可下调 *HSP* 基因转录水平，诱导细胞凋亡[60]。

4）增加转化生长因子-β1（transforming growth factor-β1，TGF-β1）的表达。TGF-β1 是一种细胞内源性因子，通过诱导肿瘤细胞凋亡，抑制肿瘤细胞的生长，调节细胞增生和分化，并影响癌基因及抑癌基因的表达。经槲皮素处理后的肿瘤细胞，分泌大量的 TGF-β1，呈明显的剂量依赖性。TGF-β1 反义寡核苷酸可拮抗槲皮素的抑制作用；抗 TGF-β1 的单克隆抗体可完全阻断槲皮素的抑癌作用，由此认为槲皮素可抑制细胞生长。

5）减少 DNA 的复制，导致细胞分裂的延迟，能将不同的肿瘤细胞阻滞于不同的细胞周期。人的胃癌和结肠癌细胞的生长被阻滞于 G1 和 S 期的分界处，人白血病的 T 细胞被阻滞于 G1 晚期，HL60、人的肺癌细胞系 MCF-7 细胞被阻滞于 G2/ M 期[61]，并具有剂量依赖性。

6）降低第二信使磷脂酰肌醇-4 激酶（PT）、磷脂酰肌醇-4 磷酸酯-5 激酶（PIP）及 1,4,5-三磷酸肌醇（IP3）的浓度，从而减弱肿瘤细胞内信号转导。抑制蛋白酪氨酸激酶（protein tyrosine kinase，PTK）、蛋白激酶 C（protein kinase C，PKC）的活性，抑制肿瘤细胞的生长。

7）雌激素受体（ER）位点存在于多种人类肿瘤细胞中，槲皮素诱导 ER 表达，使 ER 细胞被抑制。

8）环氧化酶（COX）可催化花生四烯酸生成前列腺素类（PGs）致炎物质，

刺激细胞增殖而促癌。槲皮素可有效抑制 COX-2 促进子的转录活性，抑制肿瘤形成。

9）许多理化致癌因素能使机体产生自由基，引起脂质过氧化，并可直接作用于嘌呤和嘧啶使细胞 DNA 链断裂，氧化损伤 DNA 而诱发癌变。槲皮素是有效的自由基捕获剂和抗氧剂，通过升高抗氧化酶如超氧化物歧化酶（SOD）、过氧化氢酶（CAT）、谷胱甘肽过氧化物酶（GSH- Px）的酶活性，提高非酶抗氧化剂如谷胱甘肽（GSH）的水平，降低脂质过氧化终产物丙二醛（MDA）的水平而抗自由基。

3. 槲皮素可以逆转肿瘤细胞的多药耐药性

化疗是恶性肿瘤治疗的有效手段，而多药耐药（multidrug resistance，MDR）是影响恶性肿瘤化疗疗效和预后的重要因素。槲皮素可以逆转肿瘤细胞的多药耐药性。

4. 槲皮素可增强其他抗肿瘤药物作用的敏感性

槲皮素发挥增效作用可能的机制是：提高肿瘤细胞对抗肿瘤药物的敏感性；使肿瘤细胞停留在对化疗敏感的细胞周期；降低药物在人体内及细胞内的降解速度；提高药物对肿瘤组织的针对性分布及摄取率；提高正常组织对药物副作用的抵抗力。

Jeong 等[62]通过实验考察了槲皮素抑制癌细胞生长的作用，发现低浓度的槲皮素能诱导 P21 的表达，进而使 Rb 蛋白与转录因子（E2F1）结合生成的复合物失活，阻滞细胞周期的 G1/S 阶段。实验发现槲皮素的这种抗肿瘤作用机制主要是调节肿瘤细胞的细胞周期。

谢庆文等[63]研究证实槲皮素在 30～90 μmol/L 浓度时对 NB4 细胞株突变型 *p53* 基因无影响，而对突变型 P53 蛋白的表达有抑制作用。

（二）槲皮素的抗炎作用

槲皮素具有一定抗炎活性，其抗炎作用与其强氧化作用有关[64]。通过体内代谢，槲皮素生成的代谢产物在抗炎作用方面有着重要的活性[65]。中性粒细胞（PMN）是机体早期炎症反应中最重要的炎症细胞，它在炎症反应中处于核心位置。炎症部位老化的中性粒细胞通过自发性凋亡的形式逐渐丧失其生物学功能，最终被周围吞噬细胞吞噬清除掉。槲皮素对中性粒细胞自发性凋亡无明显的影响，然而它可以抑制由炎症因子脂多糖（LPS）所引起的中性粒细胞自发性凋亡的延迟；同时槲皮素也可降低中性粒细胞对炎症因子的敏感性，从而达到抗炎的目的[66, 67]。宋传旺等在槲皮素对细菌脂多糖对延迟 PMN 自发性凋亡效应的抑制作用实验研究中指出，槲皮素能够减轻因预激因子活化 PMN 而加重的炎症反应，达到抗炎作用[68, 69]。此外，在槲皮素对非细菌性前列腺炎及急性痛风性关节炎的治疗实验研究中[70]，槲皮素也表现出了良好的抗炎作用。槲皮素能明显抑制急慢性前列腺炎模型大鼠的炎症，对小鼠耳肿胀实验、肉芽肿实验及光刺激致痛实验具有良好的抑制作用，且具有抗慢性非细菌性前列腺炎的作用。黄敬群等[71]在尿酸钠致大鼠急性痛风性关节炎模型中研究指出，槲皮素呈剂量依赖性地抑制大鼠的距小腿关节肿胀程度，并能够显著改善大鼠距小腿关节的病理改变，减轻尿酸钠结晶，诱导炎症因子白细胞介素-1β 等，通过减轻炎症反应而达到治疗急性痛风性关节炎的目的。

（三）槲皮素的抗氧化作用

黄酮类化合物有很多生物功效，但是其中最为人们所关注的就是其抗氧化性质，因为其他生物功效如抗衰老、抗炎等大都与其抗氧化性质有很大的关联性。生物体内有自身的氧化平衡系统，当活性氧物质过量到损伤细胞的程度时，会有 GSH 和还原型辅酶Ⅱ（NADPH）等物质来消除多余的活性氧物质。但是有时候因为病理原因会造成过多的活性氧无法被体内的还原性物质消除，体内的氧化还原平衡会被打破，产生氧化胁迫，因此外加的抗氧化剂对机体来说也显得很重要。过剩自由基对人体有害，能导致细胞结构改变和功能破坏，甚至引起癌症、衰老及心血管等许多疾病。实验证明，黄酮类化合物对羟基自由基、超氧阴离子均有良好清除作用。Zielińska 等[72]通过健康人体白细胞分叶核的中性粒细胞离体实验研究发现，槲皮素可减少中性粒细胞过氧化氢，其抗氧活性与羟基数量有关。由于槲皮素能清除氧自由基，对于由 H_2O_2 导致许多疾病均有一定作用。最近研究还发现，槲皮素可抑制肾脏非酶糖化及氧化损害，从而延缓肾病变进一步发展[73]。作用机理是：槲皮素与超氧阴离子络合从而减少氧自由基产生；与铁离子络合而阻止羟基自由基形成；抑制醛糖还原酶，减少 NADPH 消耗，从而提高机体抗氧化能力[74]，有效清除自由基，其作用是 Trolox 清除氧自由基 7 倍[75]。

张英等[76]用化学发光法证实 B 环上的 3′,4′-邻二酚羟基结构是清除羟基自由基的关键结构，C_2、C_3 之间的不饱和双键和 4-羰基，以及 A 环和 C 环其他羟基活泼氢的存在增加了其抗氧化能力，尤其是 3-位羟基在槲皮素的抗氧化活性研究中也受到关注[77, 78]。

夏维木等[79]用三种化学发光体系观察到包括槲皮素在内的五种黄酮类化合物对超氧阴离子（O_2^-）、羟基自由基（·OH）以及单线态氧（$^1O_2$）均有非常强的清除作用，且量效关系明显，并指出这种抗氧化作用可能与其化学结构上的 3,7-位羟基有关。抑制低密度脂蛋白（LDL）氧化能有效预防动脉粥样硬化，实验发现槲皮素能使 LDL 被巨噬细胞吸收降解前的潜伏期延长，氢过氧化物浓度开始上升和达到平衡的时间推迟[80]。

槲皮素的强抗氧化活性，能有效清除机体内过剩自由基，使其具有抗肿瘤、保护心血管体系等作用。槲皮素还是一种有效的天然抗衰老化合物，能有效改善衰老机体内抗氧化防御体系的功能，从而延缓衰老，预防慢性疾病发生。

（四）槲皮素的抗纤维化作用

近年来，关于槲皮素抗纤维化的研究表明其具有抗肝纤维化、肺纤维化、疤痕疙瘩增生及青光眼滤过泡疤痕化等[81]，抗纤维化机制主要有抑制成纤维细胞增殖、抑制胶原合成、阻止氧化损伤、抑制血管生成以及引起细胞凋亡等。采用 SD 大白鼠腹腔内注射的方法，观察槲皮素对实验性博莱霉素致肺纤维化的防治作用，结果显示槲皮素能显著降低博莱霉素致肺纤维化程度，具有抗肺纤维化作用。王涛等[82]在利用 CCK-8 检测法研究槲皮素对人眼 Tenon 囊成纤维细胞（HTCF）抑制作用的研究中，发现槲皮素能抑制体外培养的 HTCF 的增殖，且该作用呈剂量-时间依赖性，提示槲皮素对于青光眼滤过性术后具有潜在的应用价值。此外，有研究表明[83]，槲皮素能够抑制成纤维细胞中的胶原合成并呈剂量依赖性，同时能够降低疤痕疙瘩所需 X 光照射治疗剂量，有效减少辐射带来的副作用，可望成为疤痕疙瘩治疗的一类新药。

（五）槲皮素的抗病毒作用

1. 槲皮素抑制病毒复制

研究表明槲皮素能抑制 Rous 肉瘤病毒和诱发肿瘤的人疱疹病毒[84]。在单层细胞培养中，槲皮素可以抑制单纯疱疹病毒（HSV1）、脊髓灰质炎病毒（Polio）[85, 86]、副流感病毒 3 型（Pf-3）和呼吸道合胞病毒（RSV）对细胞的感染，而且可以抑制病毒在细胞内的复制[87]。文献报道，槲皮素有明显的抑制流感病毒 A1 和 A3，引起小鼠肺炎的作用[88]。

2. 与其他药物合用增强抗病毒作用

与干扰素合用：在小鼠感染门哥病毒前 12 h、1 h、感染后 12 h 分别给予槲皮素 20 mg/kg、10 mg/kg、10 mg/kg，比单纯给予干扰素 500 IU 作用明显增强，两组小鼠的存活率分别为 85%～100%和 50%（$p<0.001$）[89]。与肿瘤坏死因子（TNF）合用也能增强 TNF 诱导的抗病毒活性[90]。

3. 槲皮素对 DNA 拓扑异构酶的作用

DNA 拓扑异构酶能够控制维持和修饰 DNA 拓扑结构。槲皮素是有效的拓扑酶抑制剂，国外有学者证实槲皮素可以抑制人类免疫缺陷病毒的拓扑酶，因而有抗 HIV 作用[91, 92]。

（六）槲皮素的心血管保护作用

研究表明槲皮素具有扩张血管及降血压、防治冠心病、减轻心肌肥厚、抑制血管平滑肌细胞增生肥大、抗血栓形成等多种心血管保护作用，具有广阔的应用前景。

1. 扩张血管及降血压

多项研究表明槲皮素可通过多种途径达到降血压效应。Duarte 等[93]用槲皮素给予一氧化氮（NO）缺乏性高血压大鼠，结果显示槲皮素能显著抑制此类高血压的发展，表明其能通过 NO 途径降血压。Kuhlmann 等[94]的研究进一步发现槲皮素通过激活大电导钙激活钾通道（BKCa）剂量依赖性地引起脐静脉内皮细胞超极化；并引起内皮细胞跨膜 Ca^{2+} 内流，而这种效应既能被伊比蝎毒素（iberiotoxin，一种 BKCa 阻断剂）阻断，也能被 2-氨乙氧基苯酯硼酸（一种钙通道阻断剂）阻断；并且槲皮素诱导的 cGMP 水平增加能被 L-单甲基精氨酸（L-NMMA）以及伊比蝎毒素所抑制。这表明槲皮素能通过 BKCa 诱导细胞超级化导致内皮细胞跨膜 Ca^{2+} 内流的途径引起 NO 增加，从而使平滑肌松弛和血管舒张[95]。

2. 减轻心肌肥厚，抑制血管平滑肌细胞增生肥大

Duarte 等[93]发现 SHR 大鼠左室重量指数比其对照的 WKY 大鼠显著增大。给 SHR 大鼠每天服用槲皮素 10 mg/kg 5 周后，不仅能使其血压下降，而且左室重量指数也随之降低。另有研究显示槲皮素可抑制 Ang Ⅱ 所致培养乳鼠的心肌细胞肥大，该作用与其抑制蛋白激酶 C（PKC）及酪氨酸蛋白激酶（TPK）的活性有关，说明槲皮素可能通过 PKC 及 TPK 途径达到抑制心肌细胞肥大，减轻心脏肥厚的效应。

3. 抗血栓形成

血液黏度和血小板变化是血栓形成的重要因素。在对高血液勃度综合征模型的一项体外实验中发现，槲皮素能降低血液黏度，减少红细胞聚集并提高红细胞的可变形性；并且联合槲皮素（20 mg/kg）和维生素 C（50 mg/kg）持续治疗 6 d，能使心肌梗死后高血液黏度大鼠的血液流变学指标明显改善[96]。血液黏度降低的原因主要是槲皮素改善了红细胞的可变形性并在一定程度上降低了血浆纤维蛋白原的含量，减少了红细胞的聚集。此外用酶联免疫吸附测定法研究槲皮素对血小板黏附的影响，发现槲皮素能降低微血管内皮细胞（MVEC）上血小板一内皮细胞黏附分子的表达从而抑制血小板对 MVEC 的黏附。槲皮素能抑制胶原激活的血小板酪氨酸蛋白磷酸化，并抑制血小板糖蛋白 VI 胶原受体信号途径的脾酪氨酸激酶（Syk）和磷脂酶 C 的酪氨酸磷酸化，从而减少血小板聚集以及胶原激活的血栓形成。因此，以上研究可以证实槲皮素能通过改善血液黏度及抑制血小板的黏

附、聚集等途径抗血栓形成。

4. 抗心肌缺血再灌注损伤

保护缺血的心肌对于防治冠心病和心绞痛意义重大。文献报道，应用槲皮素处理冠状动脉结扎大鼠和 H9C2 细胞，发现槲皮素可以明显抑制冠脉结扎大鼠和 H9C2 细胞炎症因子的产生，心电图显示 ST 段复位至正常，同时槲皮素还可以提高离体心肌的收缩力和冠脉的血流量，而这些作用与 HMGB1-TLR4-NF-κB 信号通路的参与有关[97]。在 85 名慢性冠心病患者和 30 名健康对照者中对槲皮素的抗心肌缺血作用进行研究，研究组应用 120 mg/d 槲皮素治疗，2 个月后应用超声心动图和 24 h 心电图进行监测记录。结果发现传统治疗和槲皮素治疗都可以改善冠心病患者心功能和血液动力学以及心肌缺血症状[98]。有学者在 H9C2 细胞缺氧复氧或大鼠心肌缺血再灌注之前进行槲皮素、GW9962（PPARγ 拮抗剂）、PPARγ-siRNA 单独或联合给药，结果发现应用槲皮素预处理可以显著提高心肌功能，减少心肌损伤和梗死区，同时改善心肌的氧化损伤和降低心肌细胞的凋亡，而该作用可能由槲皮素通过激活 PPARγ 实现，其潜在机制可能有 NF-κB 信号途径的参与[99]。在长期摄入槲皮素的青年和成年鼠中观察槲皮素对心肌缺血再灌注损伤的作用：青年大鼠（4 周）与成年鼠（12 周）一起每天用 20 mg/kg 槲皮素处理，持续 4 周后，将心脏离体缺血 25 min 后再进行 40 min 的再灌注，结果发现槲皮素改善青年鼠缺血后左心室舒张末期压力的恢复，但对成年鼠没有影响。因此，他们认为大鼠的年龄在槲皮素治疗的剂量和持续作用方面起着重要作用，所以在心血管疾病预防中，槲皮素剂量的应用和持续作用时间应与考虑年龄的因素[100]。在 55 名患有代谢综合征的慢性缺血性心脏病患者中，35 名通过激励疗法接受槲皮素治疗，然后对槲皮素的治疗效果进行分析，发现缺血的发作次数和持续时间减少了，室上性期外收缩减少至 5%，心律失常发作率也明显降低。槲皮素在该研究中发挥了抗缺血、抗心律失常和调节氧化紊乱等作用[101]。

5. 降血糖、降低胰岛素抵抗

高血糖也是发生冠心病的又一重要的危险因素。某研究报道：为 4 周大的 C57BL/KsJ-db/db 糖尿病小鼠提供 AIN-93G 或者含有低浓度 0.04%或高浓度 0.08%槲皮素予以喂养 6 周后发现，低浓度槲皮素组的血糖水平明显低于对照组，而高浓度槲皮素组血糖水平低于低浓度组，而胰岛素抵抗数值，给予槲皮素组明显低于对照组，其中槲皮素组的甘油三酯水平也低于对照组，并且提高了超氧化物歧化酶、过氧化氢酶等酶蛋白的活性。槲皮素可以有效地改善 2 型糖尿病中高糖高脂血症和抗氧化状态[102, 103]。代谢综合征是心血管疾病的危险因素，将饮食诱导的代谢综合征大鼠（8～9 周）分为 4 组，其中 2 组给予高脂或者玉米粉饮食，剩余 2

组给予玉米粉加槲皮素或高脂加槲皮素饮食，持续喂养8周，高脂槲皮素组大鼠与高脂组比较具有更少的腹部脂肪及更低的血管收缩压，并能抑制心脏和肝脏功能结构的改变，大大减轻了代谢综合征的各项症状如腹部肥胖、心血管重塑等，这可能与槲皮素的抗氧化应激和炎症作用有关[104]。在骨骼肌细胞中，有学者观察到槲皮素可以通过 AMPK 途径而不是胰岛素信号传导途径来减轻血糖的摄取及改善胰岛素抵抗状态。在研究中他们发现槲皮素可以使单磷酸腺苷与三磷酸腺苷的比率增加，并伴随线粒体膜电位的短暂改变，此外槲皮素还可诱发细胞内钙离子浓度的上升。而 AMPK 途径可以通过胰岛素系统旁路发挥减轻胰岛素抵抗的作用[105]。α-葡萄糖苷酶抑制剂可以抑制葡萄糖的释放，从而减缓肠道对葡萄糖的吸收，降低餐后血糖[106]。槲皮素（1%）饲喂链脲佐菌素（STZ）诱导的糖尿病 Wistar 大鼠后，大鼠小肠及肾脏中麦芽糖酶和蔗糖酶活性显著降低，其空腹血糖比对照组降低了25% [107]。仙鹤草具有改善2型糖尿病作用，其提取物富含槲皮素、金丝桃苷、槲皮苷、芦丁等黄酮类物质，具有显著抑制 α-葡萄糖苷酶的活性[108, 109]。

槲皮素心血管保护作用的机制主要与以下几个方面有关：

1）对血管平滑肌细胞内游离钙浓度的影响[110]。采用荧光探针 Fluo3/AM 检测槲皮素对培养的兔主动脉血管平滑肌细胞（ASMC）内游离钙浓度在高 K^+、去甲肾上腺素（NE）、血管紧张素Ⅱ（AngⅡ）刺激作用下的改变。与维拉帕米对照研究显示，槲皮素呈剂量依赖性抑制高 K^+去极化引起的游离钙浓度升高，与维拉帕米作用相似但较弱；槲皮素对 NE、AngⅡ通过受体介导引起的游离钙浓度增高也具有明显的抑制作用。

2）对压力超负荷所致大鼠心肌肥厚的影响[111]。文献报道，槲皮素能降低心肌钙离子和主动脉钙离子含量，从而降低心肌肥厚大鼠心血管钙超负荷；能降低血清脂质过氧化物（LPO）含量、增加 SOD 活性、防止心肌的脂质过氧化反应。由此推测，槲皮素减轻压力超负荷大鼠的心肌肥厚可能与降低心血管钙超负荷及抑制心肌脂质过氧化反应有关。

3）改善心肌细胞功能、增强心肌收缩力[112]。槲皮素可显著抑制模拟微重力效应引起的一氧化氮合成增加和微丝、微管重排，从而避免微重力下心肌收缩功能下降。

（七）槲皮素的神经保护作用

在皮质及海马神经元原代培养实验中，槲皮素可抵抗谷氨酸盐、β 淀粉样肽、H_2O_2 的细胞毒性，证实其具有神经保护作用[113, 114]。有研究显示，在给予体外培养的神经元，H_2O_2 提前 24 h 加入槲皮素可升高谷胱甘肽（GSH）水平，增加 Nrf2 的核转运及 γ-谷氨酸半胱氨酸连接酶催化亚基（γ-glutamate-cysteine ligase catalytic subunit，GCLC）的蛋白表达水平，认为槲皮素的神经保护作用依赖 Nrf2

调节 GSH 氧化还原体系实现。值得注意的是，该研究发现槲皮素加入培养基后会迅速吸收进入神经元到达细胞核，给予 H_2O_2 刺激时在培养液及细胞内已经检测不到槲皮素及其相关代谢产物，推测槲皮素在分子水平发挥神经保护作用[115]。

相较于体外实验，帕金森病体内实验研究显示槲皮素并未发挥神经保护作用[116]。许多研究以不同的方式给予槲皮素以检测其对各种神经损伤的保护作用。每天灌胃给予槲皮素（20 mg/kg 或 40 mg/kg）连续 25 d，可显著改善侧脑室注射秋水仙碱诱导的认知功能障碍，还可以减少脂质过氧化、恢复谷胱甘肽水平[117]。

研究发现，腹腔注射槲皮素连续 7 天能够改善年龄相关的或脂多糖诱导的小鼠认知功能障碍，机制可能与抑制环氧合酶-2 及诱导型一氧化氮合成酶有关。昆明小鼠给予槲皮素[5 mg/(kg·d)或 10 mg/(kg·d)]可逆转 D-半乳糖诱导的脑神经损伤，显著改善小鼠的学习和记忆能力，同时还可以增加 SOD 活性、降低 MDA 水平[118]。槲皮素不仅可以改善脑损伤后的认知功能障碍，而且可以通过激活一些信号通路促进海马区产生新的神经细胞[119]。上述体内研究均表明，需要长期给予槲皮素才可改善认知功能障碍，其机制可能与槲皮素的抗氧化能力有关。

然而最近有研究显示，小鼠灌胃给予槲皮素，60 min 后即可观察到明显的抗焦虑作用[120]。槲皮素的急性神经保护作用在大鼠反复脑缺血模型、脊髓压迫损伤模型及慢性脑低灌注模型中也得到证实[121, 122]。

许多研究表明，氧化应激反应是导致大脑神经性疾病及血管性疾病的主要原因。脑缺血触发多种细胞过程，包括神经递质的释放、谷氨酸和天门冬氨酸受体的激活及 Ca^{2+}内流的增加。缺血诱发胞内酶普遍激活、活性氧自由基和活性氮自由基产生，导致脂质过氧化反应、DNA 损伤和细胞膜破坏，最终致使神经元细胞死亡[123]。氧化应激在神经退行性病变的发展过程中也发挥重要作用。氧化应激在大脑病理过程中的重要作用是槲皮素发挥神经保护作用的基础[124]。除了自由基的直接清除，槲皮素还通过一些其他抗氧化机制对抗氧化应激，如对酶的抑制作用（黄嘌呤氧化酶和一氧化氮合成酶）；还有一些生化机制，如对铁和钙的螯合作用，抑制脂质过氧化作用等。

槲皮素还具有一些其他的药理活性，如其可以抑制激酶和与多种细胞蛋白相互作用。槲皮素被认为是一种广泛的激酶抑制剂，可抑制 PI3K/Akt、酪氨酸激酶、PKC 及 MAPK 信号级联。这一活性早在 20 多年前就已被证实，Takizawa 等[125]研究了 15 种黄酮类化合物，发现漆黄素、槲皮素和木犀草素可以剂量依赖性地抑制 PKC 活性。另一研究小组对一系列黄酮类化合物进行研究后发现杨梅素、木犀草素、槲皮素、漆黄素可明显抑制 PI3K 活性[126, 127]。尽管对槲皮素神经药理作用的体外研究已经非常广泛，抑制多种激酶或改变氧化还原平衡对不同类型细胞的作用均有涉及，但槲皮素抑制和/或激活这些相关靶点对体内大脑的影响有待于进一步深入的研究。

（八）槲皮素对肾脏的保护作用

槲皮素对肾脏有保护作用，可以抑制肾脏的炎症反应，能够防治多种类型的肾损伤，例如镉致急性肾损伤[128]、高尿酸血症肾损伤的防治作用[129]等，此外对慢性肾衰和糖尿病性肾病也有防治作用。

慢性肾衰可引起肾性贫血，是严重危害人类健康的常见病症。研究表明[130]，槲皮素对动物实验性慢性肾衰有干预作用，通过观察槲皮素对慢性肾衰大鼠尿量和尿蛋白量的影响，发现其可显著减轻肾衰大鼠肾脏损伤和保护肾小球，防治泌尿功能衰竭，减少蛋白漏出。

糖尿病肾病是糖尿病的慢性并发症，可引起肾衰。组织蛋白非酶糖基化及转化生长因子（TGF-β）上调与糖尿病肾病的发病有关。槲皮素可以通过抑制糖尿病大鼠肾脏组织非酶糖化及氧化，调节细胞因子 TGF-β，来控制糖尿病肾病[131]。

（九）槲皮素的骨关节保护作用[132]

脊髓损伤（SCI）是由于创伤后神经损伤引起的运动损伤，小鼠服用槲皮素后具有较强的感觉运动恢复能力。郭磊等[13]发现槲皮素可能通过抑制炎性因子从而调节炎症反应及消除自由基而实现对大鼠急性脊髓损伤的保护作用。党圆圆等[134]证实小鼠腹腔注射槲皮素可明显促进脊髓损伤后轴突出芽，减少回缩，促进运动功能恢复。在急性 SCI 后，槲皮素可以通过脑源性神经营养因子（BDNF）和 JAK2/STAT3 信号通路促进运动和电生理功能恢复、星形胶质细胞活化和轴突再生[135]。槲皮素参与调节再生和营养支持的基因表达，增加了环腺苷酸的表达和下游通道活化，激活外周轴突再生的神经元，增强运动神经传导速度和足底肌功能[136]。黄敬群等[137]发现槲皮素能显著减轻急性痛风性关节炎大鼠关节炎症反应、关节肿胀，虽无降血尿酸水平作用，但抗炎作用显著，且无肝损害。在尿酸钠（MSU）结晶诱导的痛风性关节炎的小鼠中，槲皮素抑制 MSU 诱导的机械痛觉过敏、白细胞聚集、TNF-α 和 IL-1β 的释放、超氧阴离子产生，减少抗氧化剂水平、NF-κB 和炎症复合物 mRNA 的表达[138]。袁小亮等[139]发现槲皮素通过降低 MMP-13/TIMP-1 的比例，促进抑制软骨细胞外基质的降解，保护关节软骨。卞伟等发现槲皮素处理后，大鼠骨钙素增加，骨源性碱性磷酸酶及雌二醇减少，表明槲皮素可以显著影响骨质疏松大鼠的骨代谢，促进成骨，但对骨生物力学性能的影响不显著[140]。

（十）眼保护作用

目前发现槲皮素可从三个方面抑制白内障的形成：抗氧化作用，抑制晶状体醛糖还原酶作用，抑制晶状体上皮细胞凋亡作用。青光眼是一种渐进性神经病变，其特征是视网膜神经节细胞（RGC）的丧失。槲皮素不仅能提高 RGC 的生存能力，而且在早期的大鼠慢性高眼压症（COHT）活体中通过改善线粒体功能，阻止线粒体介导的细胞凋亡，促进低氧诱导的原代培养 RGC 体外存活。槲皮素对 RGC 有直接的保护作用，与降低眼压无关[141]。糖尿病视网膜病变（DR）是视网膜的神经退行性疾病，糖尿病引起的氧化应激是调节神经营养因子和激活细胞凋亡的中枢因素，从而损害糖尿病视网膜中的神经元。槲皮素治疗糖尿病大鼠后，抑制糖尿病视网膜中细胞色素 c 和 Caspase-3 的水平，增强神经营养因子、抗凋亡蛋白 Bcl-2 水平，从而保护糖尿病视网膜的神经损伤[142]。年龄相关性黄斑变性（AMD）是西方国家老年人不可逆转失明的常见原因，视网膜色素上皮细胞（RPE）退行性和渐进性病变是 AMD 的主要致病机制。ARPE-19 细胞在 H_2O_2 造模前用槲皮素预处理，ROS 水平降低，Nrf2 和Ⅱ相代谢酶的表达水平（NQO1）和 HO-1 增加，Bcl-2X 相关蛋白减少。通过激活 Nrf2 通路，槲皮素可抑制靶向抗凋亡蛋白，保护 H_2O_2 诱导的细胞毒性[143]。

（十一）其他作用

研究发现，槲皮素还具有抗菌、抗衰老、抗抑郁症、抗白血病等药理作用。槲皮素具有广谱抗菌性，并且对革兰阴性菌的抗菌作用强于革兰阳性菌。秦晓蓉等[144]通过实验发现，槲皮素对金黄色葡萄球菌的抗菌效果最好，对胶质芽孢杆菌抗菌效果次之，对大肠杆菌、苏云金芽孢杆菌、枯草芽孢杆菌、铜绿假单胞菌也有较为明显的抗菌效果。在以秀丽线虫为模型生物的槲皮素抗衰老实验研究中，结果表明槲皮素能显著提高线虫的平均寿命和最大寿命，并且不损害其生殖能力，提高线虫的压力应激能力是槲皮素延缓线虫衰老的可能作用机理之一[145]。利用 PC12 细胞的抗抑郁损伤模型研究表明，槲皮素与经典抗抑郁剂氯丙咪的作用效果一样，对皮质酮损伤的 PC12 细胞有明显的保护作用，具有抗抑郁的效用[146]。研究发现，在槲皮素抗小鼠 P388 白血病的作用研究中指出，槲皮素对 P388 细胞白血病小鼠有延长生存期及抑制腹水细胞增殖和诱导腹水细胞凋亡的作用，且无明显毒性作用，有望成为一种崭新的临床抗白血病药物。此外，槲皮素对糖尿病的治疗也具有比较明显的作用，能够改善糖尿病肾病及周围神经病变等[147, 148]。

三、槲皮素的制剂学研究

槲皮素的药理作用非常广泛，但是其低水溶性限制了生物利用度，影响了槲皮素的治疗效果。虽然槲皮素与其他药物联用可以改善口服吸收差的缺点，但其口服生物利用度依然很低。为提高槲皮素的生物利用度，提高药物的疗效，国内外学者通过大量的实验，将其制备成不同剂型，主要有纳米制剂、自微乳、固体分散体、胶束、包合物等剂型[149-151]，这些剂型不仅能提高槲皮素的生物利用度，也为槲皮素的临床应用奠定了基础。

（一）纳米载药系统

纳米载药系统包括纳米粒、纳米囊、纳米脂质体、纳米胶束、纳米混悬剂及纳米乳等，具有减小粒径、增大表面积、增加药物透膜能力、改善药物的体内循环和分布、提高药物靶向性等优点。应用纳米技术可以显著减小药物的粒径，使表面积急剧增大，进而提高药物的溶解度[152]。对于难溶性药物，其溶解度往往是溶出的限速步骤，溶解度的提高有助于溶出度的提高。纳米混悬剂是将药物制备成纳米粒，用少量表面活性剂使其稳定，从而能均匀分散在水中形成的一种胶体分散体系。

Anwer 等[153]采用单一乳液-溶剂蒸发技术开发了基于聚丙交酯-羟基乙酸共聚物（PLGA）的槲皮素纳米粒子，并对其进行体外评价，结果表明与纯槲皮素相比，其体内利尿活性更好，PLGA 聚合物基纳米粒子可能是槲皮素递送的潜在选择。卢贞等[154]通过 DAS 1.0 药动学处理软件对大鼠口服槲皮素原料药和槲皮素纳米结晶混悬液后的血药浓度数据进行处理，结果表明，口服槲皮素纳米结晶混悬液能明显改变药物在大鼠体内药物动力学过程，促进了药物的吸收，有效地提高了口服生物利用度。Silva 等[155]开发了双重乳化液（DE），其中混合橄榄油、亚麻籽油和鱼油作为油相，槲皮素被包含在 O/W 纳米乳液（QN） 中，因此可以在水相中自由分散，显著改善了 DE/QN 的氧化稳定性，而且将槲皮素包含其中，可以提高药物的稳定性。

邸静等[156]采用超声注入-高压均质法制备了高载药量、小粒径的槲皮素纳米混悬剂，载药量为 80.40%，平均粒径为 173.21 nm。槲皮素纳米混悬剂在水中的饱和溶解度比原料药提高约 293 倍，并可以静脉注射给药，极大改善了槲皮素水溶解性差带来的难以给药问题。刘肖等[157]设计了一种微型化介质研磨技术，以磁力搅拌器为动力装置，西林瓶为研磨室，氧化锆小珠为研磨介质，泊洛沙姆 188 为稳定剂，制备了槲皮素纳米混悬剂。体外溶出度试验表明，在 22%乙醇溶出介质中，槲皮素纳米混悬剂 30 min 时药物累积释放达到 66.39%，而槲皮素原料药和物理混合物 30 min 的累积释放只有 25.79%、31.53%，说明槲皮素制成纳米混悬剂能显著提高其体外溶出度。

阮婧华等[158]按文献方法将槲皮素分别制成槲皮素纳米脂质体（Q-S），槲皮素与羧甲基纤维素钠（CMC）分散并搅拌制成槲皮素混悬液（Q-X），槲皮素磷脂复合物（Q-L），通过给大鼠原位肠灌注实验发现，Q-S、Q-L 的渗透性及摄取率明显高于 Q-X 组，其机制可能与 Q-S 提高槲皮素在肠道的被动扩散和降低尼曼-匹克 C1 型类似蛋白 1 有关。袁志平等[159]选取接种 H22 肝癌细胞的荷瘤小鼠，并按比例采用旋转蒸发法制备纳米脂质体槲皮素（Q-PEGL），经尾静脉注射 Q-PEGL 12 d 后，0～24 h 各个时间点采用高效液相色谱法测定瘤组织、血浆、正常组织中 Q-PEGL 含量，结果发现，在 4 h 时肿瘤组织中 Q-PEGL 含量最高。流式细胞仪检测结果提示，Q-PEGL 促进腹水中肿瘤细胞凋亡的作用明显，可相对减少腹水的生成，并降低渗透压及小鼠死亡率，可有效聚集在小鼠肿瘤组织内并起到抑制肿瘤细胞增殖的作用。

纳米乳是由油相、水相、乳化剂和助乳化剂组成的外观澄清的热力学稳定体系，由于内部同时存在亲水和亲油区域，能显著增加药物的溶解度。赵惠茹等[160]以油酸乙酯为油相，吐温 80 为表面活性剂，丙二醇为助表面活性剂，用溶解度试验和伪三元相图优化处方，得到载药量 2.5%的槲皮素纳米乳最佳处方，平均粒径 51.5 nm，其水溶解度是槲皮素原料药的 71 倍，说明纳米乳具有很好的增溶能力。自乳化制剂是由油相、乳化剂和助乳化剂组成的均一透明溶液，口服给药后，遇到胃肠道的水性环境，在胃肠道蠕动和乳化剂作用下，迅速自发形成 O/W 型乳剂。张伟玲等[161]采用星点设计-效应面法确定槲皮素自乳化制剂的最优处方为油相（油酸聚乙二醇甘油酯）、乳化剂（聚氧乙烯 35 蓖麻油）和助乳化剂（二乙二醇单乙基醚）的比例为 27.0∶55.6∶17.4，用水稀释 50 倍后平均粒径为 25.26 nm。用 0.1 mol/L 盐酸、蒸馏水和 pH 6.8 磷酸盐溶液中稀释 10～500 倍，粒径无显著变化，自乳化制剂中槲皮素溶解度增加至 67.87 mg/g。黄瑞雪等[162]以丙二醇单辛酸酯为油相，聚氧乙烯氢化蓖麻油为乳化剂，二乙二醇单乙基醚为助乳化剂，将疏水性药物槲皮素和姜黄素制成复方自乳化制剂，其中槲皮素的溶解度增加至为 3 mg/g。自乳化制剂用纯化水稀释 100 倍后得到橙黄色的澄清透明溶液，用磷酸盐缓冲液稀释 100 倍后，测得乳滴平均粒径为 6.9 nm。

（二）自微乳给药系统

自微乳给药系统是将药物包裹在油滴中，口服后与体液在胃肠蠕动下自发分散形成的微乳。赵惠茹等[160]通过 HPLC 法及绘制三元相图，将槲皮素∶油酸乙酯吐温 80∶1,2-丙二醇∶水按照质量浓度比 2.5∶4∶27∶9∶60 制备 Q-SMEDDS，并通过稳定性检测无分层现象，说明该配方 Q-SMEDDS 较稳定；该配方的 Q-SMEDDS 黏度较低、粒径较小、分布均匀，其理化性质稳定。Tran 等[163]研究发现，将蓖麻油、吐温 80、聚氧乙烯 40 氢化蓖麻油（RH40）、聚乙二醇 400（PEG-400）按比例与水混合后形成水滴粒径为（208.8±4.5）nm 的纳米乳 Q-SNEDDS，其中吐温 80 和 PEG-6400 可提高槲皮素的溶解度和维持过饱和浓度（5 mg/mL）>1 个月。大鼠口服 Q-SNEDDS 后检测不同时间点的血药浓度，结果显示，在服药 24 h 后血药浓度最高，浓度比对照组增加 2～3 倍，说明 Q-SNEDDS 可以提高槲皮素溶解度和口服生物利用度。

刘芸等[164]采用高压均质法制备槲皮素亚微乳，并对其进行理化性质研究，该方法制备的槲皮素亚微乳质量可控，稳定性良好，为槲皮素亚微乳注射液下一步的研究奠定了良好的科研基础。黄瑞雪等[165]制备了姜黄素-槲皮素自微乳（CUR-槲皮素-SMEDDS）给药体系，选择 Capryol 90 为油相，Cremophor RH40 为表面活性剂，Transcutol HP 为助表面活性剂。制备的 CUR-槲皮素-SMEDDS 为澄明液体，流动性、稳定性良好，遇水可自发形成 O/W 型微乳，以增加疏水药物姜黄素和槲皮素的溶解度，改善姜黄素在炎症表面分布，促进吸收，发挥两者的协同效果，从而增强疗效。

（三）分散体

Murgia 等[166]介绍了一种创新的荧光基单油酸基 cubosome 分散体，其是由丹磺酰基与 PEO-PPO-PEO 嵌段共聚物 PF108 的亲水臂的末端的缀合，这种新型荧光标记嵌段共聚混合物可有效稳定水溶液中立方体制剂，用其包封槲皮素，不会破坏槲皮素的形态和结构。这种新的 cubosome 制剂在分子纳米医学中也有一定的潜在用途。

（四）胶束

Patra 等[167]采用薄膜水合法制备含 1%吐温 80 溶液的混合聚合物胶束（MPM）。体外释放实验证明，与自由槲皮素相比，MPM 表现出槲皮素的持续释放；与纯槲皮素相比，MPM 在水性介质中高度稳定，槲皮素的溶解度也显著提高。

四、槲皮素的药代动力学和安全性研究

（一）药代动力学

1. 吸收

（1）吸收部位

槲皮素及其衍生物对胃酸稳定，但在胃部能否吸收的研究尚未见报道。Crespy 等的试验证实大鼠的空肠和回肠可以快速而有效地吸收槲皮素，以 15 nmol/min

的速度灌流空肠和回肠 30 min 后，血浆中槲皮素的浓度就达到 0.71 μmol/L；在其他各种吸收试验中，槲皮素口服后 2～3 h 血浆浓度即达到峰值，表明其有效吸收部位可能在肠道上段[168-170]。Manach 等在饲料中添加芦丁喂养大鼠，发现大鼠血浆中可检测到槲皮素及其衍生物，其浓度与饲料中添加同摩尔浓度槲皮素喂养的大鼠相当，并且结肠内容物中槲皮素的含量显著高于喂养添加同摩尔浓度槲皮素饲料的大鼠，说明结肠菌群可能将芦丁分解为槲皮素后吸收[171]。

（2）吸收机制

槲皮素及其衍生物具有一定的分子量，并且其糖苷结合形式较单体形式更易吸收，那么肠道上皮细胞是否存在槲皮素及其衍生物的转运载体呢？Walgren 等[172]采用 Caco-2 细胞建立吸收模型，发现槲皮素-4′-β-葡萄糖的转运可被多抗药性相关蛋白 2（MRP2，位于细胞顶膜）抑制剂所抑制，表明 MRP2 在槲皮素糖苷的吸收中起载体作用。此后他们又假设并验证了槲皮素-4′-β-葡萄糖是小肠细胞钠离子依赖性 D-葡萄糖共转运载体的底物。Gee 等试验发现槲皮素单糖苷和双糖苷能够加速钠离子依赖性葡萄糖转运载体介导的半乳糖溢出，表明槲皮素可能通过葡萄糖转运途径吸收。

2. 生物转化与转运

（1）肠道菌群与肠黏膜上皮

肠道内细菌以及肠道黏膜上皮细胞内存在的一些酶类可以将槲皮素及其衍生物转化为各种代谢产物如酚酸等，由肠道吸收、转化或排出。Kim 等试验证实，人类肠道菌群产生 α-鼠李糖苷酶、β-葡萄糖苷酶等，将槲皮素葡萄糖苷代谢为酚酸等物质。将槲皮素糖苷与人类小肠菌群共同培养后，主要生成槲皮素及 3,4-二羟基苯乙酸[173]。Schneider 等从人类粪便中分离出的一种厌氧菌，在葡萄糖和槲皮素葡萄糖苷同时存在时，可使槲皮素的苯环断裂，槲皮素-3-葡萄糖转化为 3,4-二羟基苯乙酸、乙酸和丁酸盐，以及少量的分子氢等。

利用大鼠空肠和回肠进行槲皮素和芦丁原位灌流试验，发现 2/3 的槲皮素在灌流过程中吸收进入肠壁，但同时又有 52%的槲皮素以结合物的形式重新分泌入肠腔，分析认为槲皮素在小肠细胞内葡萄糖苷酸酶和硫酸酯酶的作用下，64%发生葡萄糖苷酸化，36%发生硫酸化[174]。研究发现，肠黏膜的尿苷-5′-双磷酸葡萄糖苷酸转移酶具有较高活性，槲皮素口服后，可在肠道内发生葡萄糖苷酸化或硫酸化。大鼠空肠的 β-葡萄糖苷酶活性最强，通过水解作用使槲皮素葡萄糖苷释放出糖苷配体；糖苷的位置不同，则被水解的槲皮素葡萄糖苷的数量和程度也不同，其中以槲皮素-4′-葡萄糖为最佳底物。小肠绒毛存在乳糖酶-根皮苷水解酶（LPH），可以水解槲皮素-4′-葡萄糖、槲皮素-3-葡萄糖等，催化活性位于它的乳糖酶位点。

（2）肝脏

肝脏作为机体各种物质的主要代谢器官，在槲皮素及其衍生物的代谢过程中可能发挥重要作用。Manach 等比较了槲皮素在血和肝脏中的代谢产物，发现肝中槲皮素浓度较低，并且同血中一样存在较多的甲基化形式。Lambert 等从猪肝脏细胞中纯化出 β-葡萄糖苷酶，发现它可以使某些槲皮素葡萄糖苷（如槲皮素-4′-葡萄糖）脱糖基，但槲皮素-3-葡萄糖、槲皮素-3,4′-二葡萄糖、芦丁等并不脱糖，槲皮素-3-葡萄糖在一定程度上还可以抑制槲皮素-4′-葡萄糖脱糖[175]。肝脏细胞内存在大量微粒体，富含多种酶类，Oliveira 等利用人的尿苷双磷酸葡萄糖苷酸转移酶微粒体（UGT-1A9）作用于槲皮素和堪菲醇（另一种类黄酮物质），结果产生四种槲皮素单葡萄糖苷酸和两种堪菲醇单葡萄糖苷酸。有关槲皮素肝脏代谢的研究还不多，初步表明肝脏可发生槲皮素的甲基化、硫代反应及磺基取代反应等。

（3）血液

关于槲皮素在血中的存在形式，各种试验结果不尽相同，但均表明槲皮素在血中主要是以结合形式而非单体形式存在，人体试验显示槲皮素葡萄糖苷为主要形式。动物试验则发现，槲皮素的循环代谢产物 91.5%是异鼠李素和槲皮素的葡萄糖苷酸-硫酸化衍生物，其余部分为槲皮素的葡萄糖苷酸和甲基化形式。Manach 等给大鼠喂以含芦丁和槲皮素的饲料后得出类似的结果，在体外试验中他们还发现，当槲皮素与血清白蛋白共同孵育或槲皮素加入血浆中时发生光谱迁移，即槲皮素和芦丁溶液的吸收峰分别为375 nm和363 nm，加入血中以后则转变为411 nm左右。荧光试验也证实，荧光密度随白蛋白与槲皮素比值的增加而增大，说明白蛋白可以结合槲皮素。槲皮素在血中主要与血浆蛋白结合，而与白蛋白的结合占99.4%，从而可能造成槲皮素的细胞利用率下降。

3. 排泄

除了肠黏膜上皮细胞代谢排泄一部分槲皮素及其衍生物之外，各种证据表明肾脏在槲皮素代谢中只是作为一种排泄器官而非主要代谢器官。研究证实，人体摄入果汁后，尿中槲皮素的浓度随摄入剂量和时间的增加而增加。Chovdhury 等指出口服异槲皮苷后，在尿中检测不到槲皮素、芦丁及其葡萄糖苷酸-磺基和硫代衍生物。而静脉注射后，槲皮素、芦丁和槲皮素-3-葡萄糖在尿中有一定的回收率，分别为 2.4%、9.2%和 6.7%，表明槲皮素等类黄酮物质在经肠吸收过程中以及在血液中可能代谢为其他小分子物质，而肾脏可能并非其主要转化场所[175]。在志愿者摄入富含槲皮素的草药问荆的提取物后，HPLC 分析显示尿中含有高香草酸及马尿酸，而未发现 3,4-双羟基苯乙酸，说明苯甲酸衍生物可能是更为常见的槲皮素代谢产物。

（二）安全性研究

关于槲皮素的安全性至今还存在一定的争议，但大多数观点支持槲皮素属于无毒物质，安全性较高。研究证明槲皮素安全性高，其急性毒性试验表明，槲皮素对小鼠的半数致死量在 10 g/kg 以上，基本可以判定为无毒物质，同时多个致突变试验结果均为阴性，不会诱导小鼠骨髓细胞与精子发生突变。对槲皮素提取液也进行了急性毒性试验，发现 6 g/kg 槲皮素不会导致大鼠死亡，剖检也无明显的变化，而且在其亚急性毒性试验中的血常规、血液生化指标以及组织形态学等均未见明显的异常。研究表明，槲皮素在大鼠体内不会产生遗传毒性。但体外试验发现槲皮素对鼠肺成纤维细胞有致突变性。国家食品药品监督管理总局于 2017 年也发布了最新的世界卫生组织国际癌症研究机构致癌物清单，槲皮素被列为 3 类致癌物，该类致癌物的划分依据为“对人类致癌性可疑，但尚无充分的人体或动物数据”。体外试验因缺乏动物机体完善的调节机制，因此没有确切的动物试验数据作支撑，就此判定槲皮素存在安全风险的证据仍然不够充分。所以，基于现今的动物安全性评价试验，在合理剂量范围内，可以认为槲皮素的安全性较高。

五、槲皮素的临床应用

植物中的槲皮素多以亲水的糖苷形式存在，不易吸收。因此，槲皮素口服后的生物利用度成为人们关心的一个主要问题。在回肠造口术患者中进行的体内试验表明，糖苷形式的槲皮素在小肠内能被有效水解，经水解为槲皮素苷后，吸收率可高达 65%～81%。槲皮素苷被吸收入血后，与转运蛋白结合，转运到组织后与血浆蛋白分离，作为细胞内的生物活性物质而发挥作用。在正常健康受试者口服 C_{14} 标记的槲皮素苷后，其吸收率也高达 36%～53%，$t_{1/2}$＝20～72 h，在体内代谢后大部分以二氧化碳的形式排出体外，只有不到 10%经粪尿途径排出。总的说来，不管是来源于食物还是提纯制剂，槲皮素糖苷生物利用度都相当高。目前，槲皮素的临床应用范围正在迅速扩展，其临床试验主要集中在以下几方面。

（一）肿瘤预防

有研究显示，槲皮素能预防息肉形成。5 名患有家族性腺瘤息肉病并接受了结肠切除术的患者，口服姜黄素（480 mg）和槲皮素（20 mg），每天 3 次，连服 6 个月后，所有患者息肉数目均减少（最少减少 60%），息肉体积也缩小（最少缩小 50%）[176, 177]。

尽管动物实验表明槲皮素能有效预防或治疗乳腺癌和前列腺癌，但到目前为止，还没有将其用于乳腺癌和前列腺癌的临床试验。

（二）延缓衰老

在以秀丽线虫为模型生物的槲皮素抗衰老实验研究中，结果表明槲皮素能显著提高线虫的平均寿命和最大寿命，并且不损害其生殖能力，提高线虫的压力应激能力是槲皮素延缓线虫衰老的可能作用机理之一[178, 179]。

（三）高血压

Edwards 等[180]最近发表了一份随机、双盲、安慰剂对照的研究结果，包括 19 名高血压前期患者和 22 名高血压 I 期患者。高血压前期患者每天服用 730 mg 槲皮素，连服 28 d 后，血压没有变化。高血压 I 期患者服用槲皮素后，收缩压、舒张压和平均动脉压都显著降低。

（四）过敏性疾病和炎性疾病的治疗

由于槲皮素具有抗炎和抗过敏的作用，可用于预防或治疗过敏性或慢性炎性疾病。然而，这方面的临床资料很少，目前只有 2 个利用提纯的槲皮素进行的临床试验。第一个研究中，以槲皮素（1000 mg/d）对 22 名男性和女性间质性膀胱炎患者进行 4 周以上的治疗，患者口服槲皮素耐受良好，症状显著改善[185]。第二个研究是观察槲皮素对慢性前列腺炎综合征（非细菌性慢性前列腺炎和前列腺痛）的治疗效果。慢性前列腺炎综合征是一种常见病，目前缺乏有效的治疗措施。这项前瞻性随机对照试验包括 30 名男性患者，结果表明，槲皮素口服耐受良好，在大多数患者症状显著改善[181]。

槲皮素曾被考虑用于胃肠道慢性疾病，例如肠易激综合征、慢性便秘和胃食管反流。但到目前为止，都还处于动物实验阶段。动物实验研究表明，槲皮素能缓解肠炎，对抗反流性食管炎[182]。虽然这些研究不能确定槲皮素在胃肠道疾病中的治疗效果，但这些动物实验结果可为临床试验奠定基础。

（五）治疗糖尿病相关并发症

早期的临床资料显示，槲皮素有预防肥胖和 2 型糖尿病的作用。QR-333 是一种包含槲皮素的化合物，能缓解糖尿病性神经病变的症状，将其局部应用于有症状的肢端，每天 3 次，连用 4 周，能减轻麻木、疼痛的程度，改善生活质量[183]。

第三节　槲皮素衍生物的研究

一、槲皮素衍生物的合成

槲皮素分子中含有的结构片段为5-OH、4-OH、3-OH、4-C═O及3′-OH、4′-OH，羰基氧和五个羟基氧都能提供孤电子对，因此槲皮素具有一定的配位能力[184]。

（一）槲皮素的脂溶性衍生物的合成

亲脂性修饰有利于前药的跨膜转运，以及药物的吸收与转运。对羟基的亲脂性修饰所形成的化学键要能在胃酸及肠道消化酶作用下保持稳定，要能避免被肝肠一次代谢，同时要能在血液环境中能被相关酶水解成原药而发挥作用。槲皮素的脂溶性修饰，同时也要适度地提高其水溶性的研究，这尤其要值得药物学家重视[185, 186]。

槲皮素脂溶性的提高，有利于增强生物膜的透过性，相比传统的水溶性的槲皮素衍生物，更利于透过生物膜。因为槲皮素水溶性衍生物大多是以负离子的形式被人体吸收，但是生物膜表面带负电，同电相斥，不利于透过生物膜。故槲皮素脂溶性衍生物的合成意义重大。

Jurd[187]在20世纪50年代就开始了对槲皮素的化学研究工作。他报道了全乙酰化槲皮素的乙酰基可以依次进行烷基化取代，其活性顺序为7 >4′ >3>5 >3′，并提供了一种部分苄基保护槲皮素的方法。

Picq等[188]报道了在$(C_2H_5)_4N^+F$存在下，以DMF（*N*,*N*-二甲基甲酰胺）或HMPT（六甲基亚磷酰三胺）作溶剂，用卤代烷对槲皮素进行烷基化反应，成功合成出3,7,3′,4′-*O*-乙基-5-[^{3}H] -*O*-乙基槲皮素。

伍贤学等[189]从小分子氨基酸出发，以BTC（三光气）为辅助试剂，合成了一系列具有前药潜力的槲皮素氨基酸氨基甲酸酯衍生物19a～19g（图2-2）。

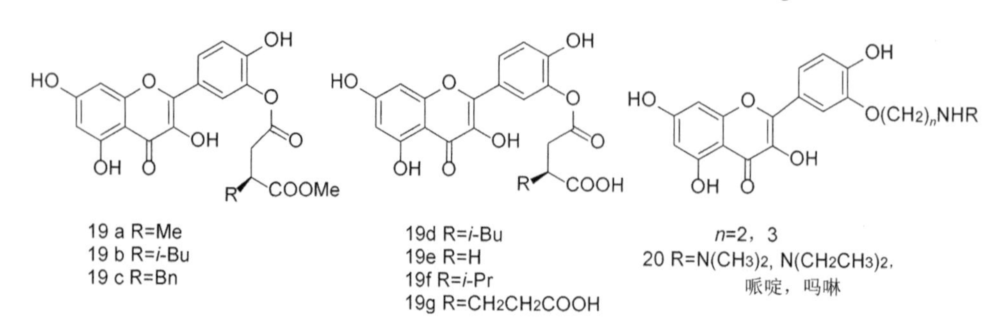

图2-2　槲皮素的氨基酸酯拼合物19与胺烷基衍生物20

孙铁民等[190]以槲皮素为起始物与卤代脂肪胺反应，制备了一系列 4′-脂肪胺基烷基取代槲皮素衍生物 20，并探讨了其生物活性和结构之间的关系。目前对该类化合物的抗癌活性仍在研究中。该研究主要对槲皮素进行结构改造，以期寻找药理作用更强的新化学实体（图 2-2）。

李化军等[191]以芦丁为原料经苄基化、水解、选择性甲基化以及脱苄四步反应，合成了 3-*O*-甲基槲皮素。

Mohamed 等[192]以槲皮素为原料用一系列的保护基团进行保护和脱保护合成了 3-*O*-甲基槲皮素、5-*O*-甲基槲皮素、3′-*O*-甲基槲皮素和 4′-*O*-甲基槲皮素以及 7-*O*-甲基槲皮素。

Maria 等以槲皮素为原料，经过一系列的反应合成了槲皮素-富勒烯二分体，这为更有药用价值的自由基清除剂的研究提供了重要参考[193]。

刘玉法等将槲皮素溶于碱性溶液中，加入环氧丙烷或氯乙酸或 1,2-环氧丁烷或 2,3-环氧丁烷，制得槲皮素衍生物 21（图 2-3）[194]。

笔者课题组从影响药物活性的两个根本性因素（吸收与生物利用度）出发，结合槲皮素的理化性质以及体内基本传递特性，对其主要从亲脂性开展前药设计合成了化合物 22[195]。前药研究表明，目标化合物的脂溶性极大地提高了。由于槲皮素分子中羟基的酯化，破坏了分子中原有的氢键，降低了分子的晶格能，导致亲水性也相应增加。具有适宜的脂水分配系数，预示着该系列化合物相对于先导化合物有较好的亲膜性与较高的生物利用度（图 2-3）。

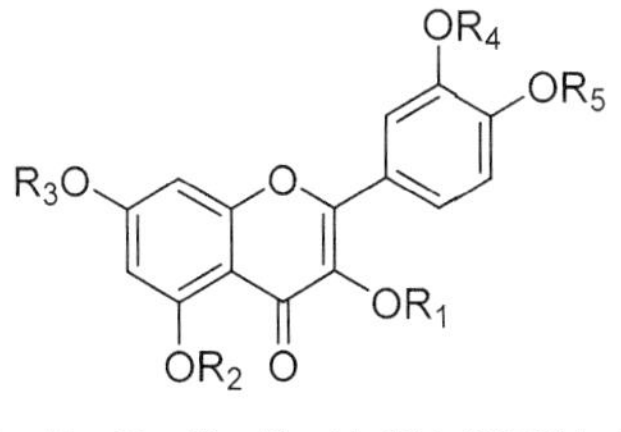

21 R_1, R_2, R_3, R_4, R_5=H, CH_2COOH, $CH_2CH(OH)CH_3$, $CH_2CH(OH)CH_2CH_3$, $CH(OH)(CH_3)CH_2CH_3$

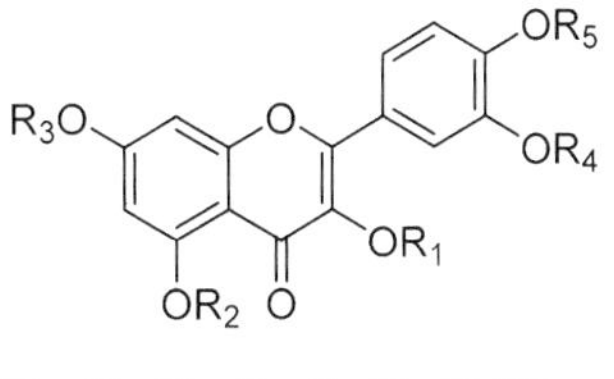

22 a R_1=R_2=R_3=R_4=R_5=$PhSO_2$
22 b R_1=R_3=R_4=R_5=Bn, R_2=$PhSO_2$
22 c R_1=R_3=R_4=R_5=H, R_2=$PhSO_2$

图 2-3　槲皮素的衍生物 21 与磺酸酯 22

总之，槲皮素的脂溶性修饰主要是对其加以结构修饰以寻找新的高活性化学实体，而通过改善其在机体内的吸收，提高生物利用度从而改善生物活性的前药修饰研究较少。

（二）槲皮素亲水性衍生物的合成

槲皮素有众多药理活性，但由于槲皮素的水溶性差，难于吸收[196]，极大地降低了其生物利用度以及限制了给药途径。适当的亲水性有利于前药适度地溶于肠道水环境而能更有利于吸收。水溶性修饰可增加槲皮素溶解度，方便做成注射用，改变给药途径，同时能在血液环境中能被相关酶水解成原药而发挥作用。槲皮素的水溶性分子修饰是多年来合成药物学家关注的热点之一。增加槲皮素水溶性的问题，也成为众多学者研究的对象。孙铁民等[197]以槲皮素为原料，在碱性条件下与脂肪胺反应，成功制备 8 种 4′-脂肪胺基烷基取代槲皮素衍生物，以期望找到具有抗肿瘤活性的化合物，且引入胺基可以增加槲皮素的水溶性。

胡良彬等[198]用槲皮素直接与 $BrCH_2COOC_2H_5$ 反应合成了 3,7,3′,4′-四乙酸基槲皮素 2（图 2-4），并与赖氨酸作用制成了赖氨酸盐。以前药的角度来看，槲皮素赖氨酸盐的水溶性增强有利前药能适度地溶于肠道水环境而能更有利于吸收。由于氨基酸可被主动转运，还可能具有一定的靶向性，有利于药物的吸收与转运，以及生物利用度的改善与靶向性的提高。但该衍生物为赖氨酸盐，可能水溶性太强而脂溶性不足以影响其跨膜转运而不利于其吸收。Barron 等[199]报道了在二环己基碳二亚胺（DDC）存在下用四丁基铵的硫酸氢盐（TBAHS）对槲皮素进行了逐步的硫酸酯化，得到槲皮素硫酸酯钾盐（图 2-4）。

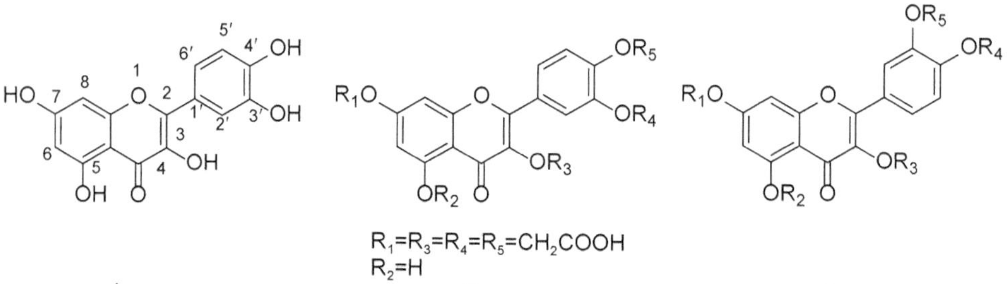

$R_1=R_3=R_4=R_5=CH_2COOH$
$R_2=H$

1　　2　　3

图 2-4　槲皮素 1 及其衍生物 2，3 的结构

Demetzos 等[200]报道了用苄基三乙基溴化铵（$BnEt_3N^+Br^-$）为相转移催化剂以较高的产率（40%～60%）合成了槲皮素 3-位取代的糖苷衍生物 4（图 2-5）。糖基也是一个药动团，在分子中引入可以提高水溶性与选择性。

Calias 等[201]报道了两个水溶性增强的槲皮素衍生物 5（a-b），即将水溶性的肌醇-2-磷酸酯通过丁二酸二酯桥连到槲皮素的骨架上。其中 5a 水溶解度增加到 300 mg/mL，体外对人结肠癌细胞 SW480 和人恶性胶质母细胞瘤细胞株 U87 MG 的细胞毒性和抗增生活性没有显著减弱，表明这种修饰不会显著影响槲皮素的抗增生活性。从前药原理的观点可以理解为作者制备了水溶性增强的槲皮素磷酸酯前药，水溶性增强，有利于前药的吸收，可能提高生物利用度，其活性筛选更好的方法是直接进行整体动物实验，虽然细胞实验也部分考察了药物的生物利用度，但不能全面地体现药物的药理作用，而可能导致该衍生物过早地被抛弃（图 2-5）。

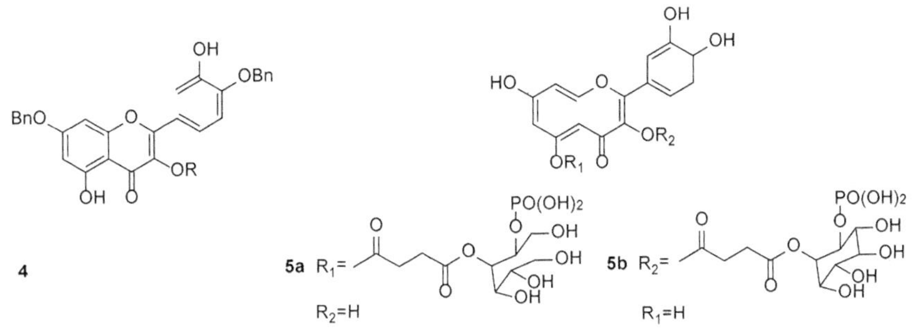

图 2-5 槲皮素的糖苷衍生物 4 与磷酸酯衍生物 5

余戟等[202]以槲皮素为原料，通过对其进行硫酸酯化，成功合成出槲皮素-7-硫酸酯钠和槲皮素-7,4′-二硫酸酯二钠两种水溶性化合物。并通过体外活体试验表明，两种槲皮素衍生物不仅解决了槲皮素水溶性差的问题，而且在一定程度上增强了抗血小板作用。

彭游等[203]通过控制温度和反应物之间的配比，用苄氯对槲皮素进行保护，在碱性条件下，与苯磺酰氯反应，成功合成并分离得到单取代的槲皮素苯磺酸酯以及多取代的槲皮素苯磺酸酯，且发现这些产物的脂溶性和水溶性都有所提高。

胡春等[204]以芦丁为原料，通过一系列合成路线合成出了 3-*O*-乙酸基槲皮素，为槲皮素衍生物的合成提供了更简便的方法。

Mulholland 等[205]以槲皮素为原料，与 *N*-羧基甘氨酸反应，得到了 3′-*O*-*N*-羧甲基甲酰胺基槲皮素。这种衍生物增加了槲皮素水溶性，同时增加了药效，是一种新型的水溶性抗癌新药。

沙靖全等[206]报道了槲皮素席夫碱金属配合物 10（图 2-6）的合成及抑菌性，研究表明配合物对金黄色葡萄球菌 B1、大肠杆菌 B2、枯草杆菌 B3 及变形杆菌 B4 等细菌的抑菌活性大大增强。

为降糖药物或功能食品的开发提供基础，李芳[207]制备了槲皮素铬配合物，认为分子式为 $CrC_{15}H_8O_7Cl_2·6H_2O$。余燕影等[208]也制备了槲皮素铬配合物 11，认为分子式为$[Cr(C_{15}H_9O_7)_2Cl·H_2O]·7\ H_2O$，并研究了配合物清除羟基自由基、离子自由基和二苯代苦味酰肼 DPPH 自由基的活性。结果表明，配合物较配体具有更强的清除羟基自由基、超氧自由基和 DPPH 自由基活性（图 2-6）。

为改善槲皮素的水溶性，吴春等[209]将其制成锌(Ⅱ)配合物 12，在模拟人体胃液条件下，研究了槲皮素-锌(Ⅱ)配合物体外对亚硝化反应的抑制活性，通过动物实验考察了槲皮素-锌(II)配合物体内对亚硝胺合成的阻断作用。结果表明，配合物能明显阻断亚硝胺的化学合成，对亚硝酸胺具有较好的清除活性（图 2-6）。

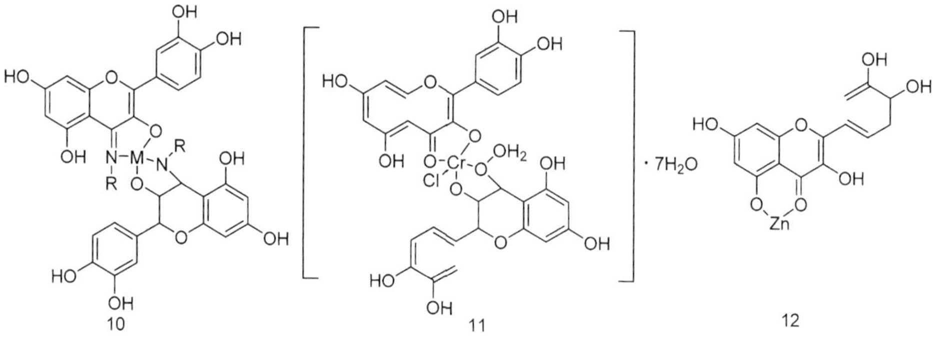

图 2-6　槲皮素的金属配合物 10～12

Biasutto 等[210]直接将槲皮素与 BOC（叔丁氧羰）保护的非 α-氨基酸反应，通过酯化、氯化、脱 BOC 得到了一系列的槲皮素-3′-氨基酸酯盐酸盐，其总产率在 20%左右。于姝燕等[211]通过选择性保护槲皮素 3,7,4′位羟基后再与 BOC 保护的 α-氨基酸反应成酯，脱保护后得到了一系列槲皮素 3′-α-氨基酸酯盐酸盐 15（a-c）（图 2-7）。

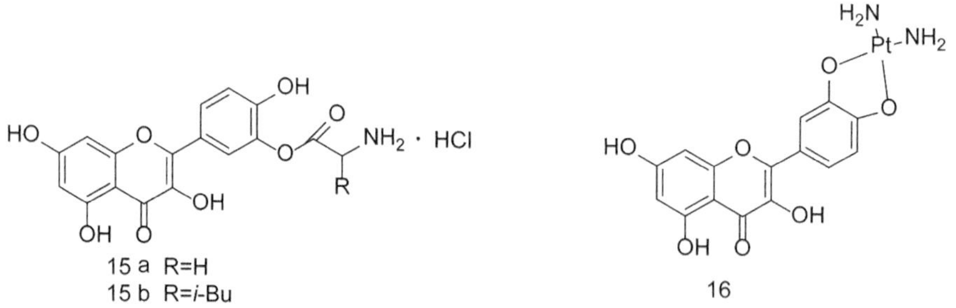

图 2-7　槲皮素的氨基酸酯盐酸盐 15 与络合物 16

陈小平[212]将槲皮素与铂类抗肿瘤药物制成络合物 16（图 2-7），希望该络合物既具有协同抗肿瘤作用，又可以降低铂类抗肿瘤药物的毒副作用、避免抗药性。

翟广玉等[213]将槲皮素和铂化合物在一定条件下反应，经回馏、蒸馏、层析、分离，得到槲皮素铂配合物，经过 MTT 法实验表明，槲皮素铂对肝癌 HepG2、宫颈癌 HeLa 和喉癌 Hep2 等肿瘤细胞增殖均有显著的抑制作用。

（三）槲皮素糖苷类的合成

槲皮素多以糖苷的形式存在于自然界中，天然槲皮素糖苷类化合物具有多羟基结构，有着丰富的药理活性，如抗感染、抗病毒、抗菌及血管舒张活性[214]，还有抗血栓活性等。例如，槲皮素-3-*O*-葡萄糖苷具有降血压、抗炎、杀毒以及降酶作用等药理活性，且其抗自由基活性比槲皮素的还要强[215]。为了进一步研究槲皮素糖苷类衍生物，陈志卫等以芦丁为原料经过一系列反应合成了四种槲皮素-3-糖苷化合物。有学者研究设计并全合成了槲皮素-4′-*O*-葡萄糖苷，合成方法虽较灵活，但是合成步骤冗长、收率低、副产物多[216, 217]。

（四）槲皮素醚类衍生物的合成

Park 等[218]以槲皮素为原料，经过酰基保护、选择性脱保护、烷基化等一系列反应，成功合成了 24 种 7-*O*-芳甲基槲皮素衍生物，这些衍生物具有抗草莓皱缩病毒（SCV）和 丙肝病毒（HCV）活性，其中有 5 个衍生物表现出了抗艾滋病病毒（HIV）活性。

Mohamed 等[219]以槲皮素为原料，首先通过苄基化反应，得到不同位置羟基保护的苄基化产物，然后再通过氢化等方法得到了 5-*O*-甲基槲皮素和 3′-*O*-甲基槲皮素，并获得较高产率。Jurd[220]从 3,7,3′,4′ -四乙酰槲皮素出发，通过碘甲烷甲基化、脱保护基反应合成了 5-*O*-甲基槲皮素。

Yannai 等[221]采用二氯二苯基甲烷（diphenyldichloromethane）对槲皮素 B 环上邻二酚羟基进行保护等方法，合成了 4′-*O*-甲基槲皮素、7-*O*-甲基槲皮素和 3-*O*-甲基槲皮素，缺点是二氯二苯基甲烷毒性较强、不稳定、沸点高、难蒸除。Jurd 等先将槲皮素全乙酰化，然后在碱性条件下用硫酸二甲酯进行 2 次甲基化，最后在酸性条件下水解脱去乙酰基，得 7,3′,4′-*O*-三甲基槲皮素。

张丽伟[217]以曲克芦丁为原料，在较温和的条件下得到 4 种化合物：3′,4′,7-三(-*O*-羟乙基)槲皮素、3′,4′,7-三(-*O*-羟乙基)-3-*O*-苄基槲皮素、3′,4′,7-三(-*O*-羟乙基)-3-*O*-十二烷基槲皮素、3′,4′,7-三(-*O*-羟乙基)-3-*O*-十六烷基槲皮素，其中后 3 种化合物是新的槲皮素衍生物。该方法的优势在于实验操作简单易行、收率高、步骤少，且成本低。

（五）槲皮素羧酸类衍生物的合成

赵树香以及胡春等通过芦丁的烷基化、水解、酸化等反应，成功合出了 3-*O*-乙酸基槲皮素，为槲皮素衍生物的合成提供了更简便的方法[222, 223]。

张丽伟[217]以 3′,4′,7-三(-*O*-羟乙基)-槲皮素为原料，经过与溴乙酸乙酯和氯乙酸甲酯在碱性条件下的反应，得到了两种槲皮素酯类衍生物，再经过水解，得到2-([2-(3,4-二羟乙氧基)苯基-4-羰基-5-羟基-7-羟乙氧基]苯并-γ-吡喃-3-基氧基)乙酸。除去原料之外，所得产物未见文献报道，此试验的最大优点是：原料简单易得，产率高，副产物较少，操作简便易行，条件温和。

（六）槲皮素胺类衍生物

几位学者[224, 225]合成了一系列的4′-*O*-脂肪胺基烷氧基槲皮素衍生物，增加了槲皮素的水溶性。取代胺基烷氧基在许多药物中都是药效基团，能够大大地提高槲皮素的利用度，进而增加吸收和药效的发挥。

Liu等[226]以槲皮素为原料，合成3′-*O*-丙胺基槲皮素，向槲皮素分子中引入亲水性的脂肪胺基，能够增加槲皮素的水溶性，实验证实其有一定的抗病毒活性。

（七）槲皮素氨基酸类衍生物

Huang等[227]以芦丁为原料，采用如图2-8的方法，合成一系列新型的3-槲皮素氨基酸酯衍生物。生物活性分析表明，该类化合物抑制Src酪氨酸激酶的半数致死浓度（IC_{50}）在3.2～9.9 μmol/L之间，比抑制EGFR酪氨酸激酶具有更高的选择性，是一种新型的酪氨酸蛋白激酶抑制剂。

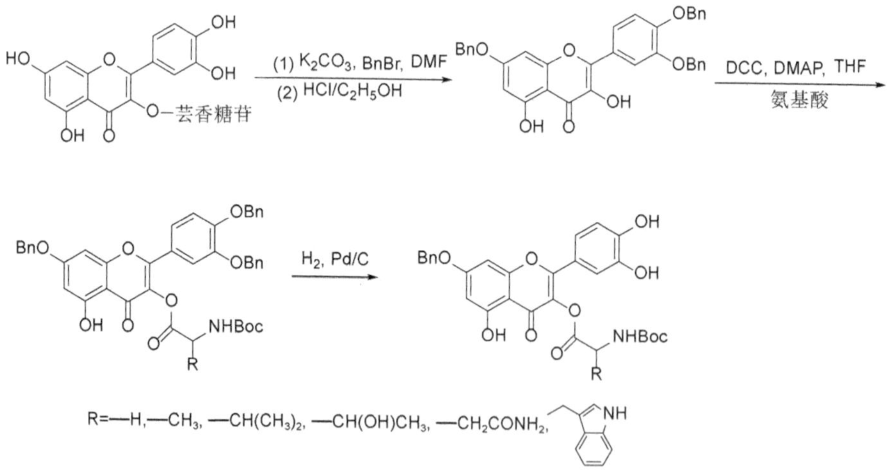

HO OH OH O—芸香糖苷 OH O
(1) K_2CO_3, BnBr, DMF
(2) HCl/C_2H_5OH
BnO OBn OBn OH OH O
DCC, DMAP, THF
氨基酸
BnO OBn OBn OH O O NHBoc R
H_2, Pd/C
BnO OH OH OH O O NHBoc R
R=—H, —CH_3, —$CH(CH_3)_2$, —$CH(OH)CH_3$, —CH_2CONH_2, NH

图2-8　3-*O*-槲皮素氨基酸酯衍生物的合成

Biasutto等[228]以槲皮素为原料，与叔丁氧羰基（BOC）保护的非α-氨基酸反应，通过酯化、氯化氢脱BOC保护基得到了一系列3′-槲皮素氨基酸酯类衍生物（图2-9），通过对其化学稳定性、水溶性和透皮性进行实验研究，表明将槲皮素这类天然存在的多酚类物质做成酯类前药是可行的，且将改进母药在肠道内的吸收。室温下其在 pH 近中性的水溶液中的溶解度为 1.5 μmol/L，增加了槲皮素的利用度。

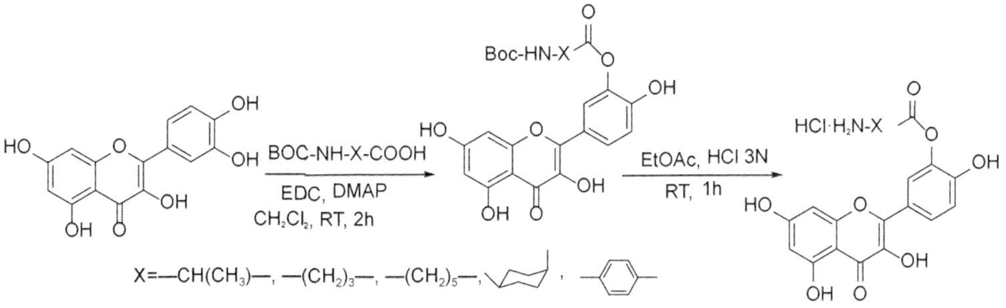

图 2-9　槲皮素-3′氨基酸酯盐的合成

Mi 等[229]合成了 3-*N*,*N*-二甲基氨基甲酰基槲皮素（DCQ），与槲皮素相比，DCQ 的水溶性增强了 14 倍。稳定性实验也表明该化合物不易发生非酶水解，在 PBS 缓冲液中的半衰期很长，是一种新型的槲皮素的前药（图 2-10）。

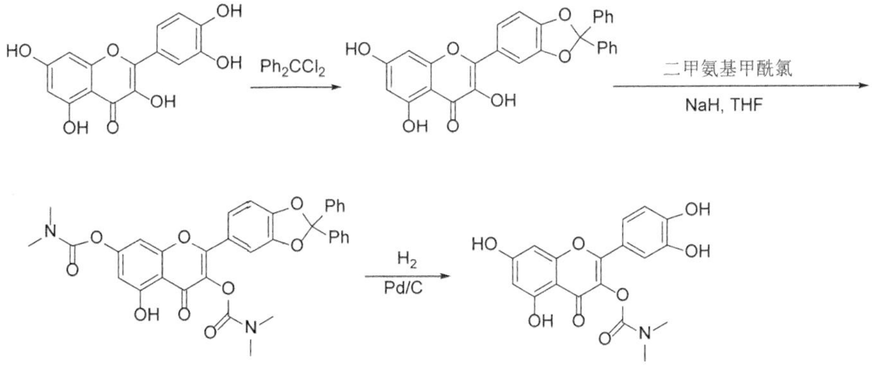

图 2-10　DCQ 的合成

Mulholland 等[230]通过槲皮素与 *N*-甲基甘氨酸反应合成 3′-*O*-*N*-甲基甲酰胺基槲皮素，这种衍生物有效地改善了槲皮素的水溶性，同时增加了药效，是一种新型的水溶性抗癌新药。

（八）槲皮素三苯基膦盐

文献[231]报道以槲皮素为原料，合成 7-槲皮素三苯基膦盐，并研究其氧化还原性质、抗氧化活性和细胞毒性方面的作用。通过循环伏安法检测发现，其具有较高的电化学氧化电位，预期容易发生氧化降解，可用于合成亲氧化剂的前体药物。

（九）槲皮素金属配合物

陈小平[232]将槲皮素与铂类抗肿瘤药物制成络合物，这种槲皮素二氨合铂具有协同抗肿瘤作用，降低铂类抗肿瘤药物的毒副作用、避免抗药性。张怀斌等[233]使用槲皮素与铝反应，合成槲皮素铝配合物，与槲皮素相比，该化合物与BSA结合力。

谢伟玲[234]等制备了配位比分别为1∶1和1∶2（Qu/Ge）的QuGe两种配合物，QuGe中的Ge(IV)结合在3′-OH、4′-OH的氧原子上，且QuGe还结合了3-OH、4-C═O。探讨槲皮素及其配合物的抗氧化活性和可能的作用机制结果表明，比槲皮素相比，两种配合物的抗氧化活性更强，对开发具有保健功能的新型锗化合物具有重要意义。

Ruchi等[235]合成了槲皮素钒配合物。在链脲佐菌素诱导糖尿病小鼠的实验中，槲皮素钒配合物显示出胰岛素增加的趋势。通过测定脱氧腺苷酸的吸收作用，发现其低血糖和有丝分裂活动1型和2型糖尿病，可作为潜在的口服胰岛素模拟剂，对糖尿病的治疗具有一定的价值[236, 237]。

陈慧娟[238]合成了槲皮素-钼配合物。目前有关研究表明，槲皮素金属配合物抗肿瘤作用的机制主要有两种：①槲皮素金属配合物同其他一些抗癌金属配合物（如顺铂）相似，可以插到DNA分子内部，抑制DNA分子的遗传与复制[239-243]；②槲皮素与金属离子的螯合作用有助于保护DNA分子免受自由基的损害[244, 245]，并且槲皮素金属配合物清除自由基的能力明显比槲皮素高，能更有效地保护DNA免受氧化损伤，抗肿瘤作用较强。已有研究证实槲皮素-钼对自由基的清除能力与槲皮素相比有显著性增高[246-248]，符合以上观点。

（十）槲皮素的其他类型反应

槲皮素8-位空间位阻小，为酚羟基a位，易接受其他基团的进攻。8-位氢可以被氧化上羟基[249]，而代永盛[250]合成了几种槲皮素8-位曼尼希碱，包括8-吗啉环甲基槲皮素、8-甲基哌嗪环甲基槲皮素和8-乙基哌嗪环甲基槲皮素，这一系列化合物的合成方法为槲皮素的修饰提供了一种基团引入的新方式，可以在苯环空位上引入亲水/亲脂基团，提供一种潜在的新的给药途径。

槲皮素分子中的羰基氧和羟基氧的存在能够提供孤电子对，具有一定的配位能力[250, 251]。槲皮素与稀土及其他金属离子配位后，其抗氧化、抗癌活性和抗病毒活性均有增强[252]。槲皮素与过渡金属元素能形成多种金属配合物，这也是槲皮素衍生化研究的一个方向。

二、槲皮素衍生物的生物活性研究

（一）苷类衍生物的生物活性研究

Yamauchi 等[253]从芦丁出发，经过四步合成了 10 种槲皮素苷。其中 3 种槲皮素苷类衍生物具有刺激黑素原生成活性且呈剂量依赖关系，且活性高于茶碱对照组。 Hossion 等[254]合成的一系列槲皮素二酰基葡糖苷类，具有显著的抗菌活性，且槲皮素-3-β-D-葡萄糖苷 2′和 3′位置的取代基起着调节抗菌活性的作用，从而使这类合成物在治疗由多重耐药革兰氏阳性致病菌引起的耐药性感染成为可能。

（二）酯类衍生物的生物活性研究

研究表明，硝酸酯类化合物具有解热镇痛、抗炎、抗心血管疾病、抗癌、抗微生物感染等多方面的作用[255, 256]。韦静等[257]以槲皮素为起始原料，通过不同的碳链偶联硝酸酯基团，合成了两种新型硝酸酯类槲皮素衍生物，体外实验证实它们都具有很强的清除自由基的能力，且清除能力均小于母体槲皮素。Ortega 等[258]以槲皮素为原料，与吡啶和乙酸酐发生反应，合成出一种酰酯类槲皮素衍生物，其可通过降低诱导型一氧化氮合酶 mRNA 水平和控制蛋白的含量来调节免疫过程中介质一氧化氮含量，避免其产生过量而引发的一系列免疫病理问题[259]。Zhang 等[260]筛选出了一种水溶性很好的磺酸盐类槲皮素衍生物，在抑制结肠癌细胞 LOVO 和乳腺癌细胞 MCF-7 方面比槲皮素效果更佳，并且可调节细胞周期停滞在有丝分裂 S 期，诱导细胞凋亡，调节活性氧生成而达到抑癌效果。翁云等[261]研究发现，槲皮素单硫酸酯钠（SQMS）（20～120 μmol/L）可浓度依赖性抑制人早幼粒急性白血病细胞（HL-60）细胞的生长，显著地抑制从 HL-60 细胞中纯化的蛋白激酶 CK 的活性。翁云等[262]还比较了槲皮素单硫酸酯和槲皮素二硫酸酯钠对 HL-60 细胞的生长影响，发现槲皮素、槲皮素单硫酸酯和槲皮素二硫酸酯钠均为潜在的肿瘤细胞抑制剂，但抑制机制不相同，槲皮素 7-OH 对维持槲皮素的功能有重要作用。同时，刘文等[263]以血小板中肌动蛋白为观察指标，研究了槲皮素二硫酸酯与血小板之间的关系；结果表明，槲皮素二硫酸酯能强烈抑制凝血酶诱导的猪血小板肌动蛋白聚集的作用，且活性均比槲皮素强。文献[264]报道乙氧基槲皮素对血小板聚集无影响，槲皮素磷酸酯、槲皮素单硫酸酯和槲皮素二硫酸酯对血小板聚集有抑制作用，IC_{50} 分别为 80 μmol/ L、95 μmol/ L 和 185 μmol/ L。

（三）槲皮素酰胺类衍生物的生物活性研究

伍贤学等利用光气对氨基酸甲酯进行异腈酸酯化，合成了一系列槲皮素氨基甲酸酯[265, 266]。叶斌等用槲皮素苯基异氰酸酯（PHICNQ）进行抗肿瘤试验[267]。结果发现，槲皮素和 PHICNQ 对人类髓性白血病细胞 K562 和小鼠结肠癌细胞 CT26 均有抑制作用，且呈时间-剂量依赖性。PHICNQ 对 K562 细胞和 CT26 细胞的增殖抑制作用分别是槲皮素的 73 倍和 308 倍。

（四）槲皮素醚类衍生物的生物活性研究

Torre 等[268]合成了一系列黄酮的富勒烯衍生物，其中包括三个槲皮素的 C_{60} 衍生物。由于富勒烯和槲皮素均是优秀的自由基俘获剂，所以有望成为有药用价值的自由基俘获剂。槲皮素的 3-和 7-位是化学和代谢敏感的基团，为了增加槲皮素的稳定性，Kim 等[269]用聚甲醛（POM）与槲皮素反应，合成了两个新的槲皮素共轭化合物（7-O-POM-Q 和 3-O-POM-Q）；结果显示，不仅这两个化合物在细胞培养基中的稳定性有明显的提高，而且 7-O-POM-Q 的细胞膜通透性也明显增加。

（五）槲皮素氨基酸类衍生物的生物活性研究

Golding 等[270]合成了一种水溶性的槲皮素前药，3′-*O*-*N*-羧甲基甲酰胺基槲皮素（QC12，图 2-11）。Mulholland 等[271]对 QC12 进行非正式的 I 期临床研究发现，QC12 和槲皮素一样口服无效，但注射 QC12 后其血浆浓度峰值可达到（108.7±41.67）μmol /L。QC12 可以抑制人卵巢癌 A2780 细胞的生长，并将细胞增殖阻滞在 S 后期与 G2 早期。

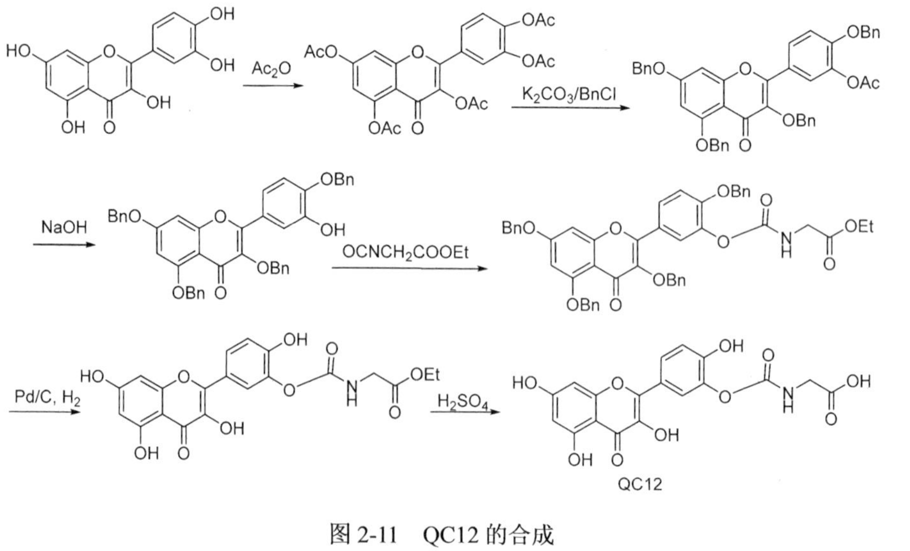

图 2-11　QC12 的合成

（六）槲皮素金属配合物的生物活性研究

槲皮素分子中的氧原子有较强的配位能力，且它的分子空间构造独特，使其和金属离子结合时生成的配合物性质较为稳定，所以槲皮素是一种良好的金属离子配体。国内外许多学者对槲皮素金属配合物进行了研究，发现槲皮素通过螯合金属离子，可以进一步改善活性结构，并发现生成的螯合物具有多种生物活性。

1. 抗氧化清除自由基作用

槲皮素金属螯合物与超氧阴离子更容易发生氧化反应，抗氧化活性得到了提高[273]。以槲皮素为原料，与金属离子螯合生成的螯合物槲皮素-铜、槲皮素-铬等比槲皮素具有更强的抗氧化活性，且在氧化过程中，槲皮素-铬的电离电势明显降低，表明铬离子有较强的电子捐献能力，槲皮素-铬衍生物可能是通过氢原子转移和电子捐献来达到抗氧化作用的[274,275]。

2. 抗肿瘤作用

目前，槲皮素作为一种抗肿瘤药物已经被广泛地应用于医药领域。槲皮素金属螯合物也能有效地抑制多种肿瘤细胞的生长，而且与配体槲皮素相比，通常情况下，槲皮素金属螯合物抗癌的活性更为显著，具有巨大的开发价值。

槲皮素金属螯合物的抗肿瘤机制主要有以下几个方面：①较强的清除自由基能力，能有效防止 DNA 发生氧化性损伤；②嵌入 DNA 碱基对并发生结合，从而改变 DNA 分子构型[276]，槲皮素-锌衍生物就是通过水解途径裂解 DNA，有效地阻止了 DNA 的遗传与复制[277]；③有效抑制亚硝胺体内合成，避免亚硝胺对机体带来损害[279]；④提高巨噬细胞、T 淋巴细胞等免疫细胞的活性。

3. 抗菌作用

槲皮素与金属发生螯合后，不仅可以提高槲皮素的生物利用度，而且由于两者产生的协同效应，增强了抗菌活性。郭艳华[278]合成的槲皮素衍生物抗菌活性结果显示，槲皮素螯合物具有更强的抑菌活性，且在抑菌活性稳定性方面也得到了显著提高，是值得进一步研究和开发利用的新型活性化合物。

槲皮素是一种比较理想的天然抗氧化剂、癌症化学预防与治疗剂、金属离子螯合剂[279]。日常生活中有规律地进食一些富含槲皮素等黄酮类化合物的食物，不仅有助于清除体内多余的自由基，降低癌症的发病率，还可以有效地帮助体内重金属离子的排出。目前，槲皮素的药理作用研究进展越来越深入和广泛，但是大部分研究仍处于临床前阶段，极少进入临床研究。通过查询国家食品药品监督管理局数据显示，目前没有一种以槲皮素为主要成分制剂的药物进入临床应用。新药的开发利用是一项严谨细致的工作，进一步研究槲皮素的制剂“慢性毒性”药代动力学等方面，才能保证临床研究用药的有效和安全。

槲皮素的来源广泛且易于提纯，体外及动物实验资料表明其具有广阔的研究和应用前景，有望在抗癌、抗氧化、抗纤维化、抗炎、心血管保护等临床治疗中发挥重要作用。但是由于其溶解性差、生物利用度低等，大大限制了其药理活性研究及临床应用。未来对槲皮素的修饰，在考虑增加其溶解性的同时，要尽量提高其稳定性，使其在到达作用靶点之前尽可能不被代谢，从而更好地发挥治疗作用。在充分的实验研究基础上，进一步开展大样本的临床试验研究和论证，将有助于加速槲皮素的开发和利用。以槲皮素为主要成分制剂保健食品或新药，必然在不久的将来进入临床应用，为各类疾病的康复和治疗发挥巨大作用，丰富和完善人类的医学资源宝库。

参 考 文 献

[1] 张帅洲.槲皮素及其相关黄酮类化合物的氧化行为与生物效应的探究.西安：陕西师范大学, 2017.

[2] 许进军，何东初.槲皮素研究进展.实用预防医学, 2006, (4): 1095-1097.

[3] 辜艳.水溶性槲皮素衍生物的合成.南京：南京理工大学, 2013.

[4] 耿杰.槲皮素、染料木素衍生物的合成及其生物活性研究.淄博：山东理工大学, 2015: 10.

[5] 索亚雄.Bola 型槲皮素类脂衍生物的合成、抗癌活性研究以及自组装构建药物自传递系统.重庆：重庆大学, 2018.

[6] Harborne J B, Baxter H.The handbook of natural flavonoids.Volume 1 and Volume 2.Chichester: Wiley, 1999.

[7] Wang W, Sun C, Mao L, et al.The biological activities, chemical stability, metabolism and delivery systems of quercetin: A review.Trends in Food Science & Technology, 2016, 56: 21-38.

[8] Cornard J P, Dangleterre L, Lapouge C.Computational and spectroscopic characterization of the molecular and electronic structure of the Pb(II)-quercetin complex. Journal of Physical Chemistry A, 2005, 109(44): 10044-10051.

[9] Sikarwar I, Wanjari M, Baghel S S, et al.A review on phytopharmacological studies on *Chenopodium album* Linn. Indo American Journal of Pharmaceutical Research, 2013, 3(4): 3089-3098.

[10] Buchner N, Krumbein A, Rohn S, et al. Effect of thermal processing on the flavonols rutin and quercetin.Rapid Communications in Mass Spectrometry, 2006, 20(21): 3229-3235.

[11] 惠秋沙.槲皮素及其糖苷的提取和含量测定方法概述.药学服务与研究, 2011, (4): 294-297.

[12] 王文清，罗晓梅，张飞，等.反相高效液相色谱法测定细梗胡枝子中槲皮素与芦丁的含量.医药导报, 2006, (2): 151-153.

[13] Angst E, Park J L, Moro A, et al.The flavonoid quercetin inhibits pancreatic cancer growth *in vitro* and *in vivo*.Pancreas, 2013, 42(2): 223-229.

[14] 赵希，张黎明，高文远.芦丁和槲皮素的几种快速鉴定方法.分析试验室，2008，27(Suppl): 243-246.

[15] 吴杰, 周本宏.槲皮素提取条件的优选.湖北中医学院学报, 2006, 8(3): 25-26.
[16] Pan G, Yu G, Zhu C, et al. Optimization of ultrasound-assisted extraction (UAE) of flavonoids compounds (FC) from hawthorn seed (HS). Ultrasonics Sonochemistry, 2012, 19(3): 486-490.
[17] Bagherian H, Ashtiani F Z, Fouladitajar A, et al. Comparisons between conventional, microwave-and ultrasound-assisted methods for extraction of pectin from grapefruit.Chemical Engineering & Processing Process Intensification, 2011, 50(11-12): 1237-1243.
[18] 宗淑梅, 王海英, 沈丽霞.槐米中槲皮素的提取与含量测定.时珍国医国药, 2013, (2): 308-309.
[19] 吴景林.鱼腥草中槲皮素提取方法的研究.四川化工, 2010, 13(1): 17-21.
[20] 马春慧, 孙震, 黄金明, 等.超声-微波交替法提取落叶松二氢槲皮素.化工进展, 2010, 29(1): 134-140.
[21] 王海宁, 谢印芝, 樊飞跃, 等.微波辅助提取竹叶柴胡中的槲皮素.华西药学杂志, 2008, 23(5): 538-540.
[22] Li F G , Zhou H, Sun D L, et al. An efficient method for the simultaneous determination of three flavone aglycones in flos chrysanthemi by acid hydrolysis and HPLC.Journal of Chinese Pharmaceutical Sciences, 2009, 18(1): 55-60.
[23] 赵亮, 刘恩荔, 杨翠林, 等.RP-HPLC 法测定海红果黄酮苷元-槲皮素的含量.中华中医药学刊, 2008, 26(8): 1785-1786.
[24] 郭素华, 张娜.养心草中槲皮素成分的 HPLC-MS/MS 分析及含量测定.中医药学刊, 2006, 24(3): 460-462.
[25] 徐雄良, 张志荣, 柯尊洪, 等.RP-HPLC 法测定槐米中槲皮素的含量.中草药, 2003, (6): 88-90.
[26] 王振伟, 魏家红.反相高效液相色谱法测定刺梨中芦丁和槲皮素的含量.中国酿造, 2014, (7): 109-112.
[27] 滕红.高效液相色谱法测定蜂胶片中槲皮素的含量.现代中药研究与实践, 2006, (4): 41-43.
[28] Huxley R R, Neil H A W, Huxley R R, et al. The relation between dietary flavonol intake and coronary heart disease mortality: A meta-analysis of prospective cohort studies. European Journal of Clinical Nutrition, 2003, 57(8): 904-908.
[29] 冯海燕, 李向军, 牛立芬, 等.毛细管区带电泳法测定三白草中芦丁和槲皮素的含量.中成药, 2011, 33(3): 491-494.
[30] 李素云, 李峥, 李敬来, 等.槲皮素及其甲基化产物的高压液相-质谱测定方法.营养学报, 2010, 32(6): 603-607.
[31] 苏俊锋, 郭长江.食物黄酮槲皮素的抗氧化作用.解放军预防医学杂志, 2001, (3): 229-231.
[32] Dragoni S, Gee J, Bennett R, et al. Red wine alcohol promotes quercetin absorption and directs its metabolism towards isorhamnetin and tamarixetin in rat intestine *in vitro*. British Journal of Pharmacology, 2006, 147(7): 765-771.
[33] 崔孟珣, 陈燕, 李敬来, 等.LC/MS/MS 测定比格犬血浆中丁螺环酮浓度及其在药代动力学研究中的应用.军事医学科学院院报, 2009, 33(2): 124-127.
[34] 李素云, 李峥, 李敬来, 等. 槲皮素及其糖苷衍生物在Caco-2单层细胞上的吸收特征.营养学报, 2012, 34(4): 358-361, 367.
[35] 刘进邦, 孟昭仁.示波极谱滴定法测定芦丁中总槲皮素含量.分析科学学报, 2006, 22(5): 617-618.

[36] 苏文斌, 兰瑞家.荧光光度法测定槐花中槲皮素.理化检验-化学分册, 2009, 45(6): 704-706.
[37] Xu G R, Kim S. Selective Determination of quercetin using carbon nanotube-modified electrodes. Electroanalysis, 2006, 18(18): 1786-1792.
[38] 徐艳阳, 李科静, 贾洪雷. 荧光法测定桑叶中槲皮素含量的优化.现代食品科技, 2013, (11): 2706-2711, 2721.
[39] 周漩, 宋粉云, 钟兆键. 薄层色谱扫描法测定槐米中的芦丁和槲皮素.中国实验方剂学杂志, 2006, (8): 14-16.
[40] 王丽琴, 党高潮. 卡尔曼滤光度法同时测定槐米中芦丁和槲皮素. 药物分析杂志, 2000, 20(1): 60-61.
[41] 姚昕利.采用响应面法对超声波辅助提取桂北金槐中芦丁与槲皮素的工艺优化.桂林: 桂林医学院, 2018.
[42] 陈志卫. 槲皮素衍生物的合成方法及其血管舒展活性的研究. 杭州: 浙江大学, 2005.
[43] Gupta A, Birhman K, Raheja I, et al.Quercetin: A wonder bioflavonoid with therapeutic potential in disease management. Asian Pacific Journal of Tropical Medicine, 2016, 6(3): 248-252.
[44] Lagarrigue S, Chaumontet C, Heberden C, et al. Suppression of oncogene-induced transformation by quercetin and retinoic acid in rat liver epithelial cells. Cellular & Molecular Biology Research, 1995, 41(6): 551-560.
[45] 孙阳, 车艳新, 吴勃岩.槲皮素抗肿瘤药理作用及剂型研究进展.现代医药卫生, 2016, 32(20): 3142-3144.
[46] Youn H S, Jeong J C, Jeong Y S, et al. Quercetin potentiates apoptosis by inhibiting nuclear factor-kappa B signaling in H460 lung cancer cells. Biological and Pharmaceutical Bulletin, 2013, 36(6): 944-951.
[47] 张隽, 曹培国, 潘宇亮.槲皮素联合白藜芦醇对小鼠 Lewis 肺癌细胞生长的抑制作用.肿瘤防治研究, 2012, 39(8): 936-939.
[48] 马双慰, 吴凯南, 钟晓刚, 等. 槲皮素对人乳腺癌裸鼠移植瘤抑制作用的研究. 肿瘤防治杂志, 2004, 11(3): 248-251.
[49] 李世正, 李昆, 张俊华, 等. 槲皮素在人乳腺癌细胞中抑制增殖和诱导凋亡的作用.中国普外基础与临床杂志, 2009, 16(2): 124-128.
[50] 于志君, 何丽娅, 陈勇, 等. 槲皮素对胃癌 MGC-803 细胞 VEGF-C 及 VEGFR-3 表达水平的影响. 细胞与分子免疫学杂志, 2009, 25(8): 678-680.
[51] Kim M, Lee H, Lim B, et al. Quercetin induces apoptosis by inhibiting MAPKs and TRPM7 channels in AGS cells. International Journal of Molecular Medicine, 2014, 33(6): 1657-1663.
[52] 段承刚, 宋杰, 谢华福, 等. 槲皮素抑制卵巢癌细胞株 SKOV3 生长的作用研究. 泸州医学院学报, 2007, 30(1): 8-10.
[53] 王旭, 张爽. 槲皮素对卵巢癌细胞 HO-8910 增殖的抑制作用及机制.山东医药, 2010, 50(6): 12-14.
[54] 梅志强, 刘晓燕, 李娟, 等.槲皮素诱导膀胱癌细胞凋亡的机制研究.科技资讯, 2012, (17): 242.
[55] 柯尊金, 丁心喜, 董文奎, 等. 槲皮素对人膀胱癌 BIU-87 细胞增殖和凋亡的影响.实用癌症杂志, 2008, 23(2): 116-118.

[56] 王芬, 熊玲. 槲皮素对结肠癌 SW480 细胞增殖及蛋白表达的影响.医学综述, 2015, 21(16): 3011-3013.

[57] 安昌勇, 谢刚, 汤为学, 等. 槲皮素对结肠癌LOVO细胞增殖侵袭能力及癌胚抗原CEA表达的影响.中国临床药理学与治疗学, 2013, 18(1): 24-29.

[58] 翟莺莺, 周蕾, 赖永洪. 槲皮素抗肿瘤作用的研究.现代临床医学生物工程学杂志, 2005, (1): 18-20.

[59] Ranelletti F O , Maggiano N, Serra F G, et al. Quercetin inhibits p21-RAS expression in human colon cancer cell lines and in primary colorectal tumors. International Journal of Cancer, 2000, 85(3): 438-445.

[60] Avila M A, Velasco J A, Cansado J, et al. Quercetin mediates the down-regulation of mutant *p53* in the human breast cancer cell line MDA-MB468. Cancer Research, 1994, 54(9): 2424.

[61] Piantelli M, Tatone D, Castrilli G, et al. Quercetin and tamoxifen sensitize human melanoma cells to hyperthermia. Melanoma Research, 2001, 11(5): 469-476.

[62] Jeong J H, An J Y, Kwon Y T, et al. Effects of low dose quercetin: Cancer cell-specific inhibition of cell cycle progression. Journal of Cellular Biochemistry, 2009, 106(1): 73-82.

[63] 谢庆文, 赵劲秋, 方智雯.槲皮素对NB4细胞株*p53*及蛋白的影响.上海第二医科大学学报, 2001, (01): 8-10.

[64] Kamaraj S, Vinodhkumar R, Anandakumar P, et al. The effects of quercetin on antioxidant status and tumor markers in the lung and serum of mice treated with benzo(*a*)pyrene. Biological & Pharmaceutical Bulletin, 2007, 30(12): 2268-2273.

[65] Loke W M, Proudfoot J M, Stewart S, et al. Metabolic transformation has a profound effect on *anti*-inflammatory activity of flavonoids such as quercetin: Lack of association between antioxidant and lipoxygenase inhibitory activity. Biochemical Pharmacology, 2008, 75(5): 1045-1053.

[66] 刘佳佳, 羊建, 邬于川, 等.中性粒细胞自发性凋亡及槲皮素对其影响的研究. 医学研究杂志, 2007, 36(1): 66.

[67] 孙涓, 余世春. 槲皮素的研究进展.现代中药研究与实践, 2011, 25(3): 85-88.

[68] 张志琴, 朱双雪. 槲皮素的药理活性与临床应用研究进展.药学研究, 2013, 32(7): 400-403, 433.

[69] 宋传旺, 刘佳佳, 段承钢, 等. 槲皮素对LPS延迟中性粒细胞自发性凋亡效应的抑制作用. 中国免疫学杂志, 2005, (01): 13-16.

[70] 程丽艳, 郑晓亮, 史红. 槲皮素对非细菌性前列腺炎治疗作用的实验研究.中国临床药理学与治疗学, 2008, 13(6) : 648-653.

[71] 黄敬群, 孙文娟, 王四旺, 等. 尿酸钠致急性痛风性关节炎模型大鼠与槲皮素的抗炎作用. 中国组织工程研究, 2012, 16(15): 2815-2819.

[72] Zielińska M, Kostrzewa A, Ignatowicz E. Antioxidative activity of flavonoids in stimulated human neutrophils. Folia Histochemica Et Cytobiologica, 2000, 38(1): 25.

[73] 徐向进, 张家庆, 黄庆玲. 槲皮素对糖尿病大鼠肾脏非酶糖化及氧化的抑制作用.中华内分泌代谢杂志, 1998, 14(1): 34-37.

[74] Kuhlmann M K, Burkhardt G, Horsch E, et al. Inhibition of oxidant-induced lipid peroxidation in cultured renal tubular epithelial cells (LLC-PK1) by quercetin. Free Radical Research, 1998, 29(5): 451-460.

[75] Dugas A J, Castaneda-Acosta J, Bonin G C, et al. Evaluation of the total peroxyl radical-scavenging capacity of flavonoids: Structure-activity relationships. Journal of Natural Products, 2000, 63(3): 327-331.
[76] 张英, 吴晓琴, 丁宵霖. 黄酮类化合物结构与清除活性氧自由基效能关系的研究. 天然产物研究与开发, 1998, 10(4): 26-33.
[77] 耿梅.槲皮素衍生物的合成及其生物活性研究.南京: 南京大学, 2012.
[78] Caldwell C R. Oxygen radical absorbance capacity of the phenolic compounds in plant extracts fractionated by high-performance liquid chromatography. Analytical Biochemistry, 2001, 293(2): 232-238.
[79] 夏维木, 陈杞, 张丽民, 等.几种黄酮类化合物清除活性氧的实验研究.第二军医大学学报, 1997, (4): 63-65.
[80] Brown J E, Khodr H, Hider R C, et al. Structural dependence of flavonoid interactions with Cu^{2+} ions: Implications for their antioxidant properties. Biochemical Journal, 1998, 330(3): 1173-1178.
[81] 王昌明, 黄慧, 张珍祥, 等. 槲皮素对博莱霉素致鼠肺纤维化的防治作用. 中国药理学通报, 2000, 16(1): 94-96.
[82] 王涛, 李冰晴, 王津津, 等. CCK-8 检测法研究槲皮素对人 Tenon 囊成纤维细胞的抑制作用. 眼科新进展, 2007, (8): 576-580.
[83] Long X, Zeng X, Zhang F Q, et al. Influence of quercetin and X-ray on collagen synthesis of cultured human keloid-derived fibroblasts. Chinese Medical Sciences Journal, 2006, 21(3): 179-183.
[84] Leake D S, Rankin S M. The oxidative modification of low-density lipoproteins by macrophages. Biochemical Journal, 1990, 270(3): 741-748.
[85] Scambia G, Panici P B, Ranelletti F O, et al. Quercetin enhances transforming growth factor beta 1 secretion by human ovarian cancer cells. International Journal of Cancer, 2010, 57(2): 211-215.
[86] José Luis Castrillo, Carrasco L. Action of 3-methylquercetin on poliovirus RNA replication. Journal of Virology, 1987, 61(10): 3319-3321.
[87] Vrijsen R, Everaert L. Boeye A. Antiviral activity of flavones and potentiation by ascorbate. Journal of General Virology, 1988, 69: 1749-1751
[88] Kaul T N, Middleton E, Ogra P L. Antiviral effect of flavonoids on human viruses. Journal of Medical Virology, 1985, 15(1): 71-79.
[89] 王艳芳, 王新华, 朱宇同.槲皮素药理作用研究进展.天然产物研究与开发, 2003, (2): 171-173.
[90] Veckenstedt A, Güttner J, Béládi I. Synergistic action of quercetin and murine alpha/beta interferon in the treatment of Mengo virus infection in mice. Antiviral Research, 1987, 7(3): 169-178.
[91] Ohnishi E, Bannai H. Quercetin potentiates TNF-induced antiviral activity. Antiviral Research, 1993, 22(4): 327.
[92] 毛晓青, 陈钧辉.2000.拓扑异构酶抑制剂——一种新型的抗肿瘤药物.中国生化药物杂志, (1): 46-48.
[93] Duarte J, Jimenez R, Valle F, et al. Protective effects of the flavonoid quercetin in chronic nitric oxide deficient rats. Journal of Hypertension, 2002, 20(9): 1843-1854.

[94] Kuhlmann C R, Schaefer C A, Kosok C, et al. Quercetin-induced induction of the NO/cGMP pathway depends on Ca^{2+}-activated K^{+} channel-induced hyperpolarization-mediated Ca^{2+}-entry into cultured human endothelial cells .Planta Medica, 2005, 71(6): 520-524.
[95] 陈辉, 刘应才.槲皮素的心血管保护作用.国际心血管病杂志, 2007, (1): 57-60.
[96] Duarte J, Perez-Palencia R, Vargas, et al. Antihypertensive effects of the flavonoid quercetin in spontaneously hypertensive rats. British Journal of Pharmacology, 2001, 133(1): 117-124.
[97] Qin T C, Chen L, Yu L X, et al. Inhibitory effect of quercetin on cultured neonatal rat cardiomyocytes hyperrrophyc induced by angiotensin. Acta Pharmacologica Sinica, 2001, 22(12): 1103-1106.
[98] Plotnikov M B, Aliev O I, Maslov M J, et al. Correction of haemorheological disturbances in myocardial infarction by diquertin and ascorbic acid. Phytotherapy Research, 2003, 17(1): 86-88.
[99] 梁艳玲, 蒋威.槲皮素的心血管保护作用研究进展.解剖学研究, 2018, 40(5): 444-448.
[100] Dong L Y, Chen F, Xu M, et al. Quercetin attenuates myocardial ischemia-reperfusion injury *via* down-regulation of the HMGB1-TLR4-NF-κB signaling pathway. American Journal of Translational Research, 2018, 10(5): 1273-1283.
[101] Chekalina N I, Shut S V, Trybrat T A, et al. Effect of quercetin on parameters of central hemodynamics and myocardial ischemia in patients with stable coronary heart disease. Wiad Lek, 2017, 70(4): 707-711.
[102] Liu X, Yu Z, Huang X, et al. Peroxisome proliferator-activated receptor γ (PPARγ) mediates the protective effect of quercetin against myocardial ischemia-reperfusion injury via suppressing the NF-κB pathway. American Journal of Translational Research, 2016, 8(12): 5169-5186.
[103] Bartekova M L, Radosinska J, Pancza D, et al. Cardioprotective effects of quercetin against ischemia-reperfusion injury are age-dependent. Physiological Research, 2016, 65(Suppl 1): 101-107.
[104] Ag H B B. Pharmacology of α - glucosidase inhibition. European Journal of Clinical Investigation, 2010, 24(S3): 3-10.
[105] Ramachandra R, Shelly A K, Salimath P V. Quercetin alleviates activities of intestinal and renal disaccharidases in streptozotocin-induced diabetic rats. Molecular Nutrition & Food Research, 2005, 49(4): 355.
[106] Liu X, Ghu L, fan J, et al. Glucosidase inhibitory activity and antioxidant activity of flavonoid compound and triterpenoid compound from *Agrimorria pilosa* Ledeb. BMC Complementary and Alternative Medicine, 2014, 14(1): 12.
[107] Panda S, Kar A.Antidiabetic and antioxidative effects of *Annona squamosa* leaves are possibly mediated through quercetin 3-*O*-glucoside .Biofactors, 2007, 31(3/4): 201.
[108] Malishevskaia I V, Ilashchuk T A, Okipniak I V.Therapeutic efficacy of quercetin in patients with is ischemic heart disease with underlying metabolic syndrome. Georgian Medical News, 2013, 225: 67-71.
[109] 骆明旭, 罗丹, 赵万红. 槲皮素药理作用研究进展.中国民族民间医药, 2014,(17): 12-14.
[110] Jeong S M, Kang M J, Choi H N, et al. Quercetin ameliorates hyperglycemia and dyslipidemia and improves antioxidant status in type 2 diabetic db/db mice. Nutrition Research and Practice, 2012, 6(3): 201-207.
[111] Panchal S K, Poudyal H, Brown L. Quercetin ameliorates cardiovascular, hepatic, and

metabolic changes in diet-induced metabolic syndrome in rats. Journal of Nutrition, 2012, 142(6): 1026-1032.

[112] Dhanya R, Arya A D, Nisha P, et al. Quercetin, a lead compound against type 2 diabetes ameliorates glucose uptake via AMPK pathway in skeletal muscle cell line. Frontiers in Pharmacology, 2017, 8: 336.

[113] 李家富, 章茂顺, 王家良, 等.槲皮素对家兔主动脉血管平滑肌细胞胞内游离钙浓度的影响.高血压杂志, 2000, (1): 55-57.

[114] 秦泰春, 陈玲, 顾振纶.槲皮素对心肌肥厚大鼠心肌*p53* mRNA表达的影响.浙江中医学院学报, 2001, (3): 50-52+54-82.

[115] 熊江辉, 李莹辉, 聂捷琳, 等.槲皮素对模拟微重力下心肌细胞一氧化氮途径的作用.中国药理学与毒理学杂志, 2003, 17(1): 15.

[116] 李敏.槲皮素及其糖苷衍生物芦丁对心肌纤维化的抑制作用及机制研究.长春: 吉林大学, 2014.

[117] Dajas F, Arredondo F, Echeverry C, et al. Flavonoids and the brain: Evidences and putative mechanisms for a protective capacity .Current Neuropharmacology, 2005, 3(3): 193-205.

[118] Arredondo F, Echeverry C, Abin-carriquiry J A, et al. After cellular internalization, quercetin causes Nrf2 nuclear translocation, increases glutathione levels, and prevents neuronal death against an oxidative insult. Free Radical Biology and Medicine, 2010, 49(5): 738-747.

[119] Srinivasan J, Schmidt W J. Potentiation of parkinsonian symptoms by depletion of locus coeruleus noradrenaline in 6 - hydroxydopamine - induced partial degeneration of substantia nigra in rats. European Journal of Neuroscience, 2003, 17(12): 2586-2592.

[120] Kumar A, Sehgal N, Kumar P, et al. Protective effect of quercetin against ICV colchicine-induced cognitive dysfunctions and oxidative damage in rats. Phytotherapy Research, 2008, 22(12): 1563-1569.

[121] Lu J, Zheng Y-L, Luo L, et al. Quercetin reverses D-galactose induced neurotoxicity in mouse brain. Behavioural Brain Research, 2006, 171(2): 251-60.

[122] Spencer J P. Flavonoids and brain health: Multiple effects underpinned by common mechanisms. Genes & Nutrition, 2009, 4(4): 243-50.

[123] Pu F, Mishima K, Irie K, et al. Neuroprotective effects of quercetin and rutin on spatial memory impairment in an 8-arm radial maze task and neuronal death induced by repeated cerebral ischemia in rats. Journal of Pharmacological Sciences, 2007, 104(4): 329-34.

[124] Schültke E, Kamencic H, Skihar V M, et al. Quercetin in an animal model of spinal cord compression injury: Correlation of treatment duration with recovery of motor function. Spinal Cord, 2010, 48(2): 112-7.

[125] Takizawa S, Fukuyama N, Hirabayashi H, et al. Quercetin, a natural flavonoid, attenuates vacuolar formation in the optic tract in rat chronic cerebral hypoperfusion model. Brain Research, 2003, 980(1): 156-60.

[126] Ossola B, Kääriäinen T M, Männistö P T, et al. The multiple faces of quercetin in neuroprotection. Expert Opinion on Drug Safety, 2009, 8(4): 397-409.

[127] Youdim K A , Shukitt-Hale B , Joseph J A. Flavonoids and the brain: Interactions at the blood-brain barrier and their physiological effects on the central nervous system. Free Radical Biology and Medicine, 2004, 37(11): 1683-1693.

[128] 康萍. p38 蛋白表达在槲皮素对镉致急性肾损伤保护机制中的作用.中国伤残医学, 2011,

19(4): 38-39.

[129] 姚芳芳, 张锐, 傅瑞娟, 等. 槲皮素对高尿酸血症大鼠肾损伤的防治作用.卫生研究, 2011, 40(2): 175-177.

[130] 王天然, 邹自英, 李继红, 等. 槲皮素干预实验性慢性肾衰大鼠尿量与尿蛋白量动态变化.中国现代应用药学, 2012, 29(1): 8-11.

[131] 陈松宁, 柳建军. 槲皮素在泌尿系疾病中的应用研究进展.现代中西医结合杂志, 2010, 19(14): 1811-1813.

[132] 马纳, 李亚静, 范吉平. 槲皮素药理作用研究进展.辽宁中医药大学学报, 2018, 20(8): 221-224.

[133] 郭磊, 孙天胜, 江武, 等. 槲皮素对大鼠脊髓损伤的保护作用及机制探讨.解放军医学院学报, 2016, 37(2): 159-163.

[134] 党圆圆, 张洪钿, 杨艺, 等. 槲皮素促进小鼠脊髓损伤后轴突生长及功能恢复研究.解放军预防医学杂志, 2016, 34(4): 471-474.

[135] Wang Y, Li W, Wang M, et al. Quercetin reduces neural tissue damage and promotes astrocyte activation after spinal cord injury in rats. Journal of Cellular Biochemistry, 2017(2): 1-16.

[136] Chen M M, Qin J, Chen S J, et al.Quercetin promotes motor and sensory function recovery following sciatic nerve-crush injury in C57BL/6J mice. Journal of Nutritional Biochemistry, 2017(46): 57-67.

[137] 黄敬群, 刘久红, 李伟中, 等. 槲皮素对急性痛风性关节炎大鼠的治疗作用及其对肝功能的影响.山东医药, 2015, 55(28): 27-29.

[138] Ruiz-Miyazawa K W, Staurengo-Ferrari L, Mizokami S S, et al. Quercetin inhibits gout arthritis in mice: Induction of an opioid-dependent regulation of inflammasome. Inflammopharmacology, 2017(1): 1-16.

[139] 袁小亮, 李林福, 施伟梅, 等.槲皮素对关节软骨中 MMP-13、TIMP-1 表达的影响.时珍国医国药, 2016, 27(2): 283-285.

[140] 卞伟, 孙宏, 刘凯, 等. 槲皮素对骨质疏松大鼠骨生物力学性能及骨代谢的影响.吉林中医药, 2016, 36(8): 814-817.

[141] Gao F J, Zhang S H, Xu P, et al. Quercetin declines apoptosis, ameliorates mitochondrial function and improves retinal ganglion cell survival and function in *in vivo* model of glaucoma in rat and retinal ganglion cell Culture *in vitro*. Frontiers in Molecular Neuroscience, 2017(10): 285.

[142] Ola M S, Ahmed M M, Shams S , et al. Neuroprotective effects of quercetin in diabetic rat retina . Saudi Journal of Biological Sciences, 2017, 24(6): 1186-1194.

[143] Weng S, Mao L, Gong Y1, et al. Role of quercetin in protecting ARPE 19 cells against H_2O_2 induced injury via nuclear factor erythroid 2 like 2 pathway activation and endoplasmic reticulum stress inhibition. Molecular Medicine Reports, 2017, 16(3): 3461-3468.

[144] 秦晓蓉, 张铭金, 高绪娜, 等.槲皮素抗菌活性的研究.化学与生物工程, 2009, 26(4): 55-57, 78.

[145] 韩洪杰, 王昌禄, 陈勉华, 等.槲皮素对线虫抗衰老的影响及其机制的初步研究.氨基酸和生物资源, 2011, 33(2): 35-38.

[146] 陈箐筠, 干信.槲皮素对皮质酮损伤的 pc12 细胞的保护作用.化学与生物工程, 2009, 26(1): 47-49.

[147] 姚苗苗，赖永洪，翟莺莺.槲皮素抗小鼠 P388 白血病的作用.广州医学院学报，2008，(1): 18-22.

[148] 梅小斌，高从容，崔若兰，等.槲皮素降低肾小球周期素激酶抑制剂 p27 水平改善糖尿病肾病.上海医学, 2003, (4): 246-248.

[149] 陈振华，胡晓艳，赵滕，等.槲皮素对心血管系统疾病的影响及其新剂型研究进展.时珍国医国药, 2019, 30(2): 440-443.

[150] Aluani D, Tzankova V, Kondevaburdina M, et al. Evaluation of bio-compatibility and antioxidant efficiency of chitosan-alginate nanoparticles loaded with quercetin. International Journal of Biological Macromolecules, 2017, 103: 771.

[151] Caddeo C, Pons R, Carbone C, et al. Phvsico-chemical characterization of succinyl chitosan-stabilized liposomes for the oral co-delivery of quercetin and resveratrol. Carbohydrate Polymers, 2017, 157: 1853.

[152] 李韶静，廖应芬，杜青.槲皮素纳米载药系统的研究与应用.中国中药杂志，2018，43(10): 1978-1984.

[153] Anwer M K, Al-Mansoor M A, Jamil S, et al. Development and evaluation of PLGA polymer based nanoparticles of quercetin. International Journal of Biological Macromolecules, 2016, 92: 213-219.

[154] 卢贞，翟光喜.槲皮素纳米结晶混悬剂灌胃给药大鼠体内药物动力学研究.泰山医学院学报, 2012, 33(03): 202-203.

[155] Silva W , Torres-Gatica M F, Oyarzun-Ampuero F, et al. Double emulsions as potential fat replacers with gallic acid and quercetin nanoemulsions in the aqueous phases. Food Chemistry, 2018, 253: 71-78.

[156] 邸静，洪靖怡，刘等.槲皮素纳米混悬剂的制备及其性能研究.现代药物与临床，2015, 30(6): 647-652.

[157] 刘肖，刘娟，庞建云，等.微型化介质研磨法制备槲皮素纳米混悬剂.中国中药杂志，2017, 42(15): 2984.

[158] 阮婧华，杨付梅，张金洁，等.槲皮素纳米结构脂质载体增加口服吸收机制研究.中国药学杂志, 2013, 48(5): 368-373.

[159] 袁志平，陈俐娟，魏于全.等. 纳米脂质体槲皮素对肝癌腹水抑制效应实验研究.癌症，2006, (8): 941-945.

[160] 赵惠茹，张鹏，杨瑞，等.槲皮素微乳的制备工艺优化.中国医院药学杂志，2013，33(20): 1685.

[161] 张伟玲，刘晓娟.2016.槲皮素自微乳制剂的制备.山东大学学报(医学版)，2016，54(3): 41-44, 49.

[162] 黄瑞雪，茅玉炜，黎翊君，等.姜黄素-槲皮素复方自微乳制备与评价研究.辽宁中医药大学学报, 2017, (10): 35-38.

[163] Tran T H, Guo Y, Song D, et al. Quercetin-containing self-nanoemulsifying drug delivery system for improving oral bioavailability. Journal of Pharmaceutical Sciences, 2014, 103(3)840-852.

[164] 刘芸，赵鹏，张丽华,等. 槲皮素亚微乳的制备及特性表征研究. 中成药，2014, 36(5):1077- 1080.

[165] 黄瑞雪，黎翊君，茅玉炜，等. HPLC 法测定姜黄素-槲皮素复方自微乳的载药量和包封率.

中国药师, 2017，(4)：664-667.

[166] Murgia S, Falchi A M, Meli V, et al. Cubosome formulations stabilized by a dansyl-conjugated block copolymer for possible nanomedicine applications. Colloids and Surfaces B: Biointerfaces, 2015, 129(Complete): 87-94.

[167] Patra A, Satpathy S, Shenoy A, et al. Formulation and evaluation of mixed polymeric micelles, of quercetin for treatment of breast, ovarian, and multidrug resistant cancers.International Journal of Nanomedicine, 2018, 13: 2869-2881.

[168] 李云峰, 郭长江.槲皮素代谢的研究进展.生理科学进展, 2002, (1): 53-55.

[169] Yao Y A , Zu Y Q , Li Y. Effects of quercetin and enhanced UV-B radiation on the soybean (*Glycine max*) leaves. Acta Physiologiae Plantarum, 2006, 28(1): 49-57.

[170] Crespy V, Morand C, Manach C. Part of quercetin absorbed in the small intestine is conjugated and further secreted in the intestinal lumen. American Journal of Physiology, 1999, 277: G120-126.

[171] Manach C, Morand C, Texier O, et al. Quercetin metabo-lites in plasma of rats fed diets containing rutin or quercetin. Journal of Nutrition, 1995, 125: 1911-1922.

[172] Walgren R A, Lin J T, Kinne R K, et al. Cellular uptake of dietary flavonoid quercetin 4′-beta-glucoside by sodium-dependent glucose transporter SGLT1. Journal of Pharmacology and Experimental Therapeutics, 2000, 294: 837-843.

[173] Kim D H, Kim S Y, Park S Y, et al. Metabolism of quercetin by human intestinal bacteria and its relation to some biological activities. Biological & Pharmaceutical Bulletin, 1999, 22: 749-751.

[174] Lambert N, Kroon P A, Faulds C B, et al. Purification of cytosolic beta-glucosidase from pig liver and its reactivity towards flavonoid glycosides. Biochimica et Biophysica Acta, 1999, 1435: 110-116.

[175] Choudhury R, Srai S K, Debnam E, et al. Urine excretion of hydroxycinnamates and flavonoids after oral and intravenous administration. Free Radical Biology and Medicine, 1999, 27(3-4): 278-286.

[176] 刘明学，魏光辉.槲皮素的药理学作用及临床应用前景.中国药房，2010，21(27): 2581-2583.

[177] 陈志刚, 陈惠玉, 雷红宇, 等. 槲皮素的安全性、肠吸收动力学、药理作用及在畜禽生产上的应用.饲料广角, 2018, (6): 33-36.

[178] Cruz-Correa M, Shoskes D A, Sanchez P, et al. Combination treatment with curcumin and quercetin of adenomas in familial adenomatous polyposis. Clin Gastroenterol Hepatol, 2006, 4(8): 1035.

[179] 谭君, 王伯初, 祝连彩, 等. 槲皮素金属配合物的药理作用研究进展.中国药学杂志, 2006, 41(22): 1688-1691.

[180] Edwards R L, Lyon T, Litwin S E, et al. Quercetin reduces blood pressure in hypertensive subjects. Journal of Nutrition, 2007, 137(11): 2405.

[181] Katske F, Shoskes D A, Sender M, et al. Treatment of interstitial cystitis with a quercetin supplement. Tech Urol, 2001, 7(1): 44.

[182] Shoskes D A, Zeitlin S I, Shahed A, et al.Quercetin in men with category Ⅲ chronic prostatitis: A preliminary prospective, double- blind, placebo-controlled trial.Urology, 1999, 54(6): 960.

[183] Rao C V, Vijayakumar M. Effect of quercetin, flavonoidsand alpha-tocopherol, an antioxidant vitamin on experi-mental reflux oesophagitis in rats. European Journal of Pharmacology, 2008, 589(1-3): 233.

[184] Valensi P, Le Devehat C, Richard J L, et al. A multicenter, double- blind, safety study of QR-333 for the treatment of symptomatic diabetic peripheral neuropathy. A preliminary report. Journal of Diabetes and Its Complications, 2005, 19(6): 247.

[185] 安小夏.槲皮素衍生物的合成及对金属铝的缓蚀性能评价.大连：大连理工大学, 2016.

[186] 彭游，付小兰，陶春元，等.槲皮素化学修饰与体内转运过程研究进展.天然产物研究与开发, 2012, 24(3): 398-405.

[187] Jurd L. Plant polyphenols. V. Selective alkylation of the 7-hydroxyl group in polyhydroxy flavones. Journal of the American Chemical Society, 1958, 80(20): 5531-5536.

[188] Picq M , Prigent A F , Chabannes B , et al. *O*-alkylation de la quercetine et synthese de la tetra *O*-ethyl-3, 7, 3′, 4′-*O*-ethyl [3*H*]-5 quercetine. Tetrahedron Letters, 1984, 25(21): 2227-2230.

[189] Wu X X. Studies on prodrug design and synthesis of bioactive flavonoid quercetin. Chendu: Sichuan University, 2005.

[190] Sun T M, Sun C S, Dai G Y, et al. Syntheses of derivatives of 4′-alkylaminoalkylquercetin. Chinese Journal of Medicinal Chemistry, 2003, 6.

[191] 李化军，栾新慧，赵毅民.3-*O*-甲基槲皮素的合成.有机化学, 2004, (12): 1619-1621, 1485.

[192] Mohamed B, Ste´phane L, Aziz A, et al. Hemisynthesis of all the *O*-monomethylated analogues of quercetin including the major metabolites, through selective protection of phenolic functions. Tetrahedron, 2002, 58: 10001-10009.

[193] Torre M D L D L, Tomé A C, Silva A M S, et al. Synthesis of [60]fullerene-quercetin dyads. Tetrahedron Letters, 2002, 43(26): 4617-4620.

[194] Alessandro M, Olga B, Daniele R, et al. Research progress in the modification of quercetin leading to anticancer agents. Molecules, 2017, 22(8): 12701-12727.

[195] Peng Y, Deng Z , Wang C .Preparation and prodrug studies of quercetin pentabenzensulfonate. Yakugaku Zasshi, 2008, 128(12): 1845-1849.

[196] 赵维中，戴俐明，方明，等.槲皮素在兔体内的药代动力学.中国药理学通报，1992, (06): 452-455.

[197] 孙铁民，孙长山，戴光渊，等.4′-脂肪胺基烷基取代槲皮素衍生物的合成.中国药物化学杂志, 2003, (6): 41-44.

[198] Hu L B, Tan Z C. Synthesis of tetaacetoxy quercetin. Chin Tradit Herb Drugs, 1982, 13: 16-19.

[199] Barron D, Ibrahim R K. Synthesis of flavonoid sulfates: I. Step-wise sulfation of positions 3, 7 and 4′ using *N,N*′-dicyclohexylcarbodiimide and tetrabutylammonium hydrogen sulfate. Tetrahedron, 1987, 43 : 5197 -5202.

[200] Demetzos C, Skaltsounis A-L, Tillequin F, et al. Phase-transfer-catalyzed synthesis of flavonoid glycosides.Carbohydrate Research, 1990, 207(1): 131-137.

[201] Calias P, Galanopoulos T, Maxwell M, et al. Synthesis of inositol 2-phosphate-quercetin conjugates. Carbohydrate Research, 1996, 292(3): 83-90.

[202] 佘戟，莫丽儿，康铁邦，等.槲皮素水溶性衍生物的制备及生物活性.中国药物化学杂志, 1998, (4): 56-58.

[203] 彭游，黄齐，邓泽元，等.槲皮素苯磺酸酯前药的设计与合成.化学研究与应用, 2011, 23(7):

821-827.
[204] 胡春, 张建萍, 郅慧.槲皮素衍生物的合成研究.全国药物化学会议论文集.2005: 159.
[205] Mulholland P J, Ferry D R, Anderson D. Pre-clinical and clinical study of QC12, a water-soluble, pro-drug of quercetin. Annals of Oncology, 2001, 12(2): 245.
[206] Sha J Q, Yan H, Li J F. Study on the synthesis, characterization and properties of quercetin Schiff bases and their metal-complexes. Journal of Jiamusi University (Natural Science Edition), 2006, 24(1): 105-107.
[207] Li F. Synthesis and characterization of the chromium (III) complexes with rutin and quercetin. Chemical Research and Application, 2009, 21 : 899-902.
[208] Yu Y Y. Study on synthesis and scavenging radical activity of complex chromium (III): Quercetin. Food Science, 2006, 27(10) : 29- 32.
[209] Wu C, Huang M G. Study on inhibition effects of quercetin-zinc complex on nitrosamine synthesis *in vivo* and *in vitro*. Food Science, 2007, 28(9), 35-38.
[210] Mattarei A , Biasutto L , Marotta E , et al. A mitochondriotropic derivative of quercetin: A strategy to increase the effectiveness of polyphenols. Chembiochem, 2008, 9(16): 2633-2642.
[211] 于姝燕, 杨跃, 郑永胜, 等. 槲皮素-3′-氨基酸酯盐酸盐的合成工艺研究.化学研究与应用, 2008, 20(5): 631-635.
[212] Chen X P. Quercetin combined ammonia platinum *anti*-cancer drug and its preparation method. CN2008101831261, 2008-12-12.
[213] 翟广玉, 王鹏, 王涛, 等.槲皮素铂的合成: 中国, 101353339A.2008-09-16.
[214] Cook N C, Sammam S. Flavonoids: Chemistry, metabolism, cardioprotective effects, and dietary sources. Journal of Nutritional Biochemistry, 1996, 7, 66-76.
[215] Harborne J B, Williams C A. Advances in flavonoid research since 1992. Photochemistry, 2000, 55: 481-504.
[216] Chen K C, Pace-Asciak C R. Vasorelaxing activity of resveratrol and quercetin in isolated rat aorta. General Pharmacology, 1996, 27: 363.
[217] 张丽伟. 槲皮素衍生物的合成及应用研究.济南: 山东师范大学, 2012.
[218] Park H R, Yoon H, Kim M K, et al. Synthesis and antiviral evaluation of 7-O-arylme thylquercetin derivatives against SARS-associated sorona-virus (SCV) and heaptitis C virus (HCV). Archives of Pharmacal Research, 2012, 35(1): 77-85.
[219] Mohamed B, Stephane L, Aziz A, et al.Semisynthesis of all the *O*-monomethyl-ated analogues of quercetin including the major metabolites, through selective protection of phenolic functions .Tetrahedron, 2002, 58: 10001-10009.
[220] Jurd L. Plant polyphenols. IV. Migration of acetyl groups during alkylation of the partial acetates of flavonoid compounds. Journal of the American Chemical Society, 1958, 80: 5527-5531.
[221] Yannai S, Day A J, Williason G, et al.Characterization of flavonoids as monofunctional or bifunctional inducers of quinone reductase in murine hepatoma cell lines. Food and Chemical Toxicology, 1998, 36(8): 623-630.
[222] 赵树香.槲皮素衍生物的合成及其活性研究.济南: 山东师范大学, 2014.
[223] 胡春, 张建萍, 郅慧.槲皮素衍生物的合成研究.全国药物化学会议论文集, 2005: 161.
[224] 渠文涛, 朱玮, 翟广玉, 等. 槲皮素衍生物的合成及生物活性研究进展. 化学研究, 2012, 23(4): 101-110.

[225] Thapa M, Kim Y, Desper J, et al. Synthesis and antiviral activity of substituted quercetins. Bioorganic & Medicinal Chemistry Letters, 2012, 22: 353-356.
[226] Liu J Z, Weng L L, Zheng H. Synthesis of isoflavone piperazine derivatives. Chinese Journal of Medicinal Chemistry, 2000, 10(1): 46-48.
[227] Huang H, Jia Q, Ma J G, et al. Discovering novel quercetin-3-*O*-amino acid-esters as a new class of Src tyrosine kinase inhibitors. European Journal of Medicinal Chemistry, 2009, 44: 1982-1988.
[228] Biasutto L, Marotta E, De Marchi U, et al. Ester-based precursors to increase the bioavailability of quercetin. Journal of Medicinal Chemistry, 2007, 50: 241-253.
[229] Mi K K, You M O, Kwang S P, et al. A novel prodrug of quercetin, 3-*N*,*N*-dimethyl carbamoyl quercetin (DCQ), with improved stability against hydrolysis in cell culture medium. Bulletin of the Korean Chemical Society, 2009, 30(9) : 2114-2116.
[230] Mulholland P J, Ferry D R, Anderson D. Pre-clinical and clinical study of QC12, a water-soluble, pro-drug of quercetin. Annals of Oncology, 2001, 12(2) : 245.
[231] Ren X H, Shen L-I, Muraoka O, et al. Synthesis of quercetin 3-*O*-[6"-*O*-(*trans*-*p*-Coumaroyl)]-3-D-glucopyranoside. Journal of Carbohydrate Chemistry, 2011, 30: 119-131.
[232] 陈小平. 槲皮素合氨络铂抗癌药及其制备方法: 中国, 101177434A.2007-12-13.
[233] 张怀斌，陈文静，张明，等.槲皮素-铝配合物的制备及其与 BSA 的结合作用. 化学研究，2014, 25(4): 381-384.
[234] 谢伟玲, 杨培慧, 蔡继业.锗(IV)-槲皮素配合物的制备、表征及其抗氧化活性测定.分析化学, 2010, 38(12): 1809-1812.
[235] Ruchi S, Vivek B, Subhash P, et al. Synthesis, structural properties and insulin-enhancing potential of bis(quercetin-nato)oxovanadium (IV) conjugate. Bioorganic & Medicinal Chemistry Letters, 2004, 14(19) : 4961-4965.
[236] Kajjout M, Rolando C. Regiospecific synthesis of quercetin *O*-β-D-glucosylated and *O*-β-D-glucuronidated isomers .Tetrahedron, 2011, 67: 4731-4741.
[237] Mattarei A, Sassi N, Durante C, et al. Redox properties and cytotoxicity of synthetic isomeric mitochondriotropic serivatives of the natural polyphenol quercetin. European Journal of Organic Chemistry, 2011, 5577-5586.
[238] 陈慧娟. 槲皮素-钼配合物的结构表征及生物活性研究.郑州: 郑州大学, 2010.
[239] Igura K, Ohta T, Kuroda Y. Resveratrol and quercetin inhibit angiogenesis *in vitro*. Cancer Letters, 2001, 171(1): 11-16.
[240] Zhang X M, Xu Q, Saiki I. Quercetin inhibits the invasion and mobility of murine melanoma B16-BL6 cells through inducing apoptosis via decreasing Bcl-2 expression. Clinical & Experimental Metastasis, 2001, 18(5): 415-421.
[241] 黄亮, 季宪飞, 曹春水, 等.槲皮素对内毒素急性肺损伤的保护作用.中华急诊医学杂志, 2004, (2): 85-87, 146.
[242] Zhou J, Wang L, Wang J, et al. Synthesis, characterization, antioxidative and antitumor activities of solid quercetin rare earth (III) complexes. Journal of Inorganic Biochemistry, 2001, 83(1): 41.
[243] Rubensf V S, Eliana M S, Wagner F G, et al. Synthesis, electrochemical, spectral, and antioxidant properties of complexes of flavonoids with metal ions. Synthesis and Reactivity in Inorganic Metal, 2003, 33(2): 1125-1144.
[244] Liu C, Zhou J, Xu H. Interaction of the copper (II) macrocyclic complexes with DNA studied

by fluorescence quenching of ethidium.Journal of Inorganic Biochemistry, 1998, 71: 1-2.

[245] 贾小燕, 李文杰, 柴保臣, 等. 槲皮素-钼配合物的抗氧化作用.郑州大学学报(医学版), 2008, 43(3): 588-591.

[246] Bao X R, Liao H, Qu J, et al. Synthesis, characterization and cytotoxicity of alkylated quercetin derivatives. Iranian Journal of Pharmaceutical Research, 2016, 15(12): 329-335.

[247] Comard J P, Dangleterre L, Lapouge C. Computational and spectroscopic characterization of the molecular and electronic structure of the Pb(II)-quercetin complex. Journal of Physical Chemistry A, 2005, 109: 10044-10051.

[248] 耿梅.槲皮素衍生物的合成及生物活性研究.南京: 南京大学, 2012.

[249] Hosny M, Dhar K, Rosazza J P. Hydroxylations and methylations of quercetin, fisetin, and catechin by streptomyces griseus. Journal of Natural Products, 2001, 64: 462-465.

[250] 代永盛.黄酮类化合物衍生物结构设计与合成.哈尔滨: 哈尔滨工程大学, 2006.

[251] Zhou J, Wang L E, Wang J Y, et al. Characterization, antioxidative and antitumor activities of solid quercetin rare earth (Ni) complexes. Journal of Inorganic Biochemistry, 2001, 83(1): 41-48.

[252] Bravo A, Anacona J R. Metal complexes of the flavonoid quercetin: Antibacterial properties. Transition Metal Chemistry, 2001, 26: 20-23.

[253] Yamauchi K , Mitsunaga T , Batubara I. Synthesis of quercetin glycosides and their melanogenesis stimulatory activity in B16 melanoma cells. Bioorganic & Medicinal Chemistry, 2014, 22(3): 937-944.

[254] Hossion A M L , Otsuka N , Kandahary R K , et al. Design, synthesis, and biological evaluation of a novel series of quercetin diacylglucosides as potent *anti*-MRSA and *anti*-VRE agents. Bioorganic and Medicinal Chemistry Letters, 2010, 20(17): 5349-5352.

[255] 耿杰.槲皮素、染料木素衍生物的合成及生物活性研究.淄博: 山东理工大学, 2015: 13.

[256] 罗刚, 陈宇瑛.硝酸酯类一氧化氮供体药物研究进展.中国新药杂志, 2010, 19(15): 1322-1328.

[257] 韦静, 李芳耀, 杨新平, 等.硝酸酯类槲皮素衍生物的制备及抗氧化活性研究.食品工业科技, 2012, 33(5): 95-96+100.

[258] Ortega M G, Saragusti A C, Cabrera J L, et al. Quercetin tetraacetyl derivative inhibits LPS-induced nitric oxide synthase (iNOS) expression in J774A.1 cells. Archives of Biochemistry and Biophysics, 2010, 498(2): 105-110.

[259] 李娟, 沈兴平, 舒昌达. NO 与巨噬细胞抗菌作用. 重庆医学, 2000, 29(6): 570- 571.

[260] Zhang H, Zhang M, Yu L, et al. Antitumor activities of quercetin and quercetin-5′, 8-disulfonate in human colon and breast cancer cell lines. Food and Chemical Toxicology, 2012, 50(5): 1589-1599.

[261] 翁云, 佘戟, 梁念慈. 槲皮素单硫酸酯钠对 HL-60 细胞生长的影响.全国生化药理学术讨论会论文集.2000.

[262] 翁云, 佘戟, 蔡康荣, 等.槲皮素及其水溶性衍生物对 HL-60 细胞生长影响的比较.中国药理学通报, 2000, (2): 154-157.

[263] 刘文, 梁念慈, 覃燕梅, 等.四种槲皮素水溶性衍生物对凝血酶诱导的兔血小板聚集的影响.广东医科大学学报, 1999, 17(4): 18.

[264] 渠文涛.槲皮素酰胺类衍生物的合成与生物活性研究.郑州: 郑州大学, 2013.

[265] 伍贤学.生物活性黄酮槲皮素的前药设计与合成研究.成都：四川大学, 2005.
[266] Zou X Q, Peng S M, Hu C P, et al. Furoxan nitric oxide donor coupled chrysin derivatives: Synthesis and vasculoprotection. Bioorganic and Medicinal Chemistry Letters, 2011, 21(4): 1222-1226.
[267] 叶斌. 槲皮素苯基异氰酸酯抗肿瘤实验研究.成都：四川大学, 2006.
[268] Torre M D L D L, Tomé A C, Silva A M S, et al. Synthesis of [60]fullerene–quercetin dyads. Tetrahedron Letters, 2002, 43(26): 4617-4620.
[269] Kim M K, Park K S, Lee C, et al. Enhanced stability and intracellular accumulation of quercetin by protection of the chemically or metabolically susceptible hydroxyl groups with a pivaloxymethyl (POM) promoiety. Journal of Medicinal Chemistry, 2010, 53(24): 8597-8607.
[270] Golding B T, Griffin R J, Quarterman C P, et al. Analgues or derivaties of quercetin (prodvugs). PCT/GB97101727; 997-06-27.
[271] Mulholland P J, Ferry D R, Anderson D, et al. Pre-clinical and clinical study of QC12, a water-soluble, pro-drug of quercetin. Annals of Oncology, 2001, 12(2): 245-248.
[272] Wu X, Cheng L, Xiang D, et al. Syntheses of carbamate derivatives of quercetin by reaction with amino acid ester isocyanates. Letters in Organic Chemistry, 2005, (2): 535- 538.
[273] 王海燕，曾秀，张成平，等. 槲皮素金属螯合物的研究与应用. 食品科学，2013，34(13): 361-364 .
[274] Kim M K, Park K S, Choo H, et al. Quercetin-POM (pivaloxymethyl) conjugates: Modulatory activity for P-glycoprotein-based multidrug resistance. Phytomedicine, 2015, 22(7/8): 778-785.
[275] Chen W J, Sun S F , We I C , et al . Antioxidant property of quercetin - Cr(III) complex : The role of Cr (III) ion. Journal of Molecular Structure, 2009, 918 : 19 4- 197 .
[276] 翟广玉，颜子童，渠文涛，等.槲皮素锡的合成及其生物活性研究.自然科学版, 2013, 26(1): 111-114 .
[277] 吴春，黄梅桂. 槲皮素-锌(II)配合物体内外抑制亚硝胺合成的研究. 食品科学，2007, 28(9): 35-38 .
[278] 郭艳华. 槲皮素的化学改性及抑菌作用比较研究.中国酿造, 2013, 32(9): 75-78 .
[279] 张志琴，朱双雪. 槲皮素的药理活性与临床应用研究进展.药学研究，2013，32(7): 400-403.

（赵晓燕）

第三章　芦　　丁

现代研究表明，黄酮类化合物中的黄酮醇主要是由植物体中具有广泛功能作用的次生植物代谢物形成，大量存在于水果、蔬菜、干豆类以及谷物中，具有抗炎、抗过敏、抗增殖、抗癌、防紫外线辐射等作用[1]。常见的黄酮醇类有高良姜素、槲皮素、芦丁、杨梅酮、山柰酚，黄酮类有芹菜素、白杨黄素，黄烷酮类有生松素等。研究表明，芦丁在粗蜂胶样品的含量约为 1.823%，经过超声波辅助，乙醇提取物中的含量约为 3.134%[2]。芦丁在蜂胶中的含量，山东产的最高，为 26.4 mg/g，其次是河南和内蒙古产的，分别为 15.2 mg/g，11.2 mg/g，甘肃产的最低，为 3.6 mg/g[3]。

第一节　芦 丁 概 述

芦丁（rutin）又称芸香苷，槲皮素-3-芸香苷和槐林是在柑橘类黄酮荞麦中发现的糖苷[4]。它是 1842 年德国一位药物学家在实验室合成并得名，可用于治疗毛细血管脆弱性出血、视网膜及鼻出血等多种血管引起的疾病。在芸香植物中能提取出该物质，因此其又称芸香苷。它主要存在于豆科植物槐（*Sophora japonica* L.）的花蕾（槐米）、果实（槐角），芸香科植物芸香（*Ruta graveolens* L.）全草，金丝桃科植物红旱莲（*Hypericum ascyron* L.）全草及蓼科植物荞麦（*Fagopyrumes culentum* Moench）的籽苗中。它广泛分布在水果（橙子、葡萄柚、柠檬、大枣、杏等），中草药植物（槐米、芸香、荞麦、沙棘、山楂、桉树叶、毛冬青、连翘、银杏、柴胡、绞股蓝等），以及蔬菜、干豆类等谷物中其中以槐米、荞麦、桉树叶中含量最高。此外，它还存在于冬青科植物毛冬青、木樨科植物连翘、豆科植物槐角以及烟草、枣、杏、橙皮和番茄等植物中。芦丁在植物体中含量差异很大，低的仅万分之几，较高的像槐米、系豆科植物槐的花蕾，含量可在 20%以上。我国是芦丁生产消费大国，目前主要从槐米和荞麦中提取，年需求量达 1000 t 左右。欧洲的法国、比利时也是芦丁产品的消费大国，我国芦丁年出口量在 500 t 左右[5, 6]。“芦丁”这个名字来自于芸苔属植物，研究表明它具有广泛的生物学效应和许多药理活性，具有抗氧化、细胞保护、血管保护、抗癌、神经保护、心脏和肝保护活性[7]。它广泛用于医药、保健食品中，具有抗菌消炎、抗辐射、调节毛细血管壁的渗透、血管的脆性、防止血管破裂、止血和对紫外线具有极强的吸收及很好的抗氧化作用。

一、芦丁的理化性质

（一）化学结构与特点

芦丁是由槲皮素 C_3 位上的羟基和芸香糖结合而形成的双糖[8]。化学上它是一种糖苷，结构式见图 3-1，包括黄酮醇苷元槲皮素和二糖芸香糖。

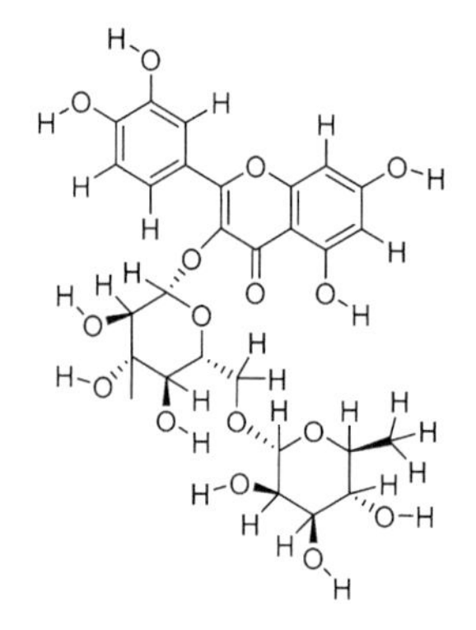

图 3-1　芦丁的结构式图 [4]

（二）基本理化信息

芦丁为浅黄色粉末或极细微淡黄色针状结晶，含 3 分子结晶水（$CH_2O_6 \cdot 3H_2O$），熔点 214～215℃，难溶于冷水（1∶800）和冷乙醇（1∶100），略溶于热水（1∶200）和冷甲醇（1∶100），溶于热甲醇（1∶7）和热乙醇（1∶60），在碱性溶液中易溶，也可溶于乙醇和丙醇，不溶于乙醚、氯仿、石油醚、乙酸乙酯、丙酮等溶剂，遇光易变质，需在阴凉处保存。其甲醇液在 258 nm 有最大吸收，加热至 185℃以上溶解并开始分解，分子中具有较多酚羟基，显弱酸性[7, 9]。

二、芦丁的提取和检测

（一）蜂胶中芦丁的提取

芦丁的传统提取，按提取介质可分为水提、醇提、碱提等，按提取方式又可分为碱提酸沉法、煎煮法、回流法、热水提酸沉法、热水提醇沉法、冷水析出法、超声辐射法、超临界萃取法及微波辅助提取法等，其中碱提取及酸沉法较为常用。

1. 传统的（热）碱提取及酸沉淀法

碱提取法是利用芦丁的酚羟基具有酸性，可与碱成盐而溶于水，加酸后使其析出的原理，再经重结晶得到较纯的芦丁。它是通过加入一定量饱和氢氧化钙和少量硼砂，将 pH 调至 8～9，煮沸并过滤，滤渣重复上述操作，合并滤液，盐酸调 pH 至 4，静置 4 h，过滤沉淀吸除上清液，将沉淀物反复水洗至中性，经干燥得芦丁粗提物。此法具有装置简单、操作方便、高效、费用和成本低等特点。此法虽然是多年来一直被视为较理想的方法，但因为提取过程中需要加热，伴有水解和产率较低等问题。舒晓宏等通过实验优化了从槐花米中提取芦丁时碱提和酸沉的最佳 pH 值，研究发现碱提时调 pH 至 9，酸沉时调 pH 至 3，芦丁得率可达 18.1%[10]。盛建国等对芦丁的提取工艺条件进行探索，通过单因素试验分析了 7 因素对芦丁提取率的影响。其提取工艺条件是：槐米的提取温度 50～60℃，提取时间 20～30 min，石灰水调 pH 值至 8～9，提取 3 次，料液质量比 1∶50，酸沉时 pH 值在 4 以下，静置时间 6～8 h[11]。颜军等采用星点设计-效应面法优化槐米中芦丁提取工艺，以芦丁提取率及纯度为指标，以提取 pH 值、溶剂物料比及浸提时间为因素，设计星点实验；得出最佳取值为提取 pH 为 12，溶剂物料比 25，浸提时间 6 h，提取率为 10.99%，芦丁纯度达 100%。该方法很好地解决了传统正交优化与均匀设计优化的不足，且具有提取工艺能耗低、产品纯度好等优点，有较高的工业化应用价值[12]。冯启蒙等通过单因素试验，得出提取温度、提取时间、 提取液 pH 三个因素对提取槐米中芦丁的影响。其提取最佳工艺参数是：提取温度 50～60℃；提取时间 20～30 min；石灰水调 pH 值至 8～9，适合小批量的生产[13]。童婧等比较 3 种不同的实验方法，结果显示碱提酸沉法提取率可以达到 18.1%。姚倩等对常用的 5 种槐米中芦丁提取工艺进行比较，实验结果发现，传统的碱提酸沉法芦丁提取率最高为 21.8%[14]。国内有学者等采用了 3 种不同的方法从槐米中提取芦丁，结果表明在碱提酸沉方法的基础上，碱沉 pH 值在 9～10，酸沉 pH 值在 4～5，加入亚硫酸钠作为抗氧剂，并加入硼砂作为缓冲剂，保护芦丁结构上的邻二酚羟基，其提取率和产品纯度分别为 18.3%、96.3%，值得在大规模工业化生产中推广[15]。杨德全等采用提取酸沉淀加醇（甲醇、乙醇和异丙醇等）的方法，结果使过滤较为顺利，干燥也容易得多，这是由于醇醚既是芦丁的溶剂，又是淀粉的沉淀剂。其实验结果表明：采用碱提取酸沉淀加乙醇的方法从苦荞麦中提取芦丁的较佳条件为：苦荞麦∶稀碱溶液（pH=8～9）∶乙醇=1∶15∶16（质量比），酸中和时 pH=4。此法提取率高、工艺简单、操作简便、成本低廉，特别适合乡镇企业生产[16]。唐爱莲等对碱酸法提取芦丁的工艺中两个 pH 值进行了考察，提出了较适宜的 pH 值，即碱提取为 pH 9.0，酸沉淀为 pH 2.0[17]。战玉琴等以槐米为原料，采用冷碱（Na_2SO_3与石灰水混合）酸沉淀法，并与冷碱分次提取酸沉淀进行了比较试验，结果表明：前者的芦丁收率（17.00%～17.80%）大于后者（12.00%～12.40%）。

2. 冷水析出法及热水提取法

国内学者孙振翰等将样品分别在冷水中浸泡 30 min、20 min、10 min、5 min、0 min（0 min 即直接加入沸水）。持续加热煮沸 30min，趁热过滤。残渣同法操作一次，合并两次滤液，冷却待全部析出后，减压抽滤，用少量蒸馏水洗涤芦丁结晶，抽干，得粗制芦丁，干燥，称重，计算得率。结果热水提取法中直接加入沸水进行提取具有最高的芦丁提取率（2.11%）和最高的芦丁含量（407.8 mg/g）。提取物芦丁的含量、提取物总黄酮含量、芦丁提取率都随浸泡时间的增长而降低[18]。张宏志等充分利用芦丁在冷热水、甲醇和乙醇中的溶解度的不同，以内蒙古赤峰市种植的甜荞为原料，样品粗粉加 8 倍量水，回流加热 30 min，甩干残渣再加 5 倍量水，回流 20 min，甩干；浸提液合并，过滤，浓缩，冷置 10 h，析晶，抽率，干燥；用无水乙醇溶解（除杂），过滤，加入适量水，蒸出乙醇，浓缩，冷却析出芦丁。抽滤干燥，再用甲醇浸提，过滤，加适量水，浓缩，析晶。提取率可达 60.4%，可得纯度为 99.8%的芦丁。此法最便宜，最安全，但加热时间过长，会有一定的水解产物产生[19]。郁建平等利用热水浸提荞麦茎叶，用大孔吸附树脂纯化制备芦丁，产品经高效液相色谱检验纯度达 95%以上，用紫外扫描，吸收峰和 Sigma 标品一致。并对工艺条件、树脂的种类和洗脱剂的种类进行了筛选，得出以大孔树脂 D 为填料，以一定浓度的乙醇洗脱，上柱液温度为 30～40℃，pH 值为 3～4，在原料提取过程中控制温度及碱度，可保持芦丁不水解及避免氧化，提取率达 85%以上[20]。

3. 乙醇浸提法与连续回流提取法

国内有学者用乙醇回流提取法进行提取，以提取温度、溶剂浓度、溶媒量和提取时间为考察因素，芦丁的提取率为检测指标，探索其对芦丁提取率的影响。结果表明：最优条件是 60℃下，60%的乙醇回流 2 h，2 倍溶媒量提取时得率最高[21]。顾生玖等采用乙醇为溶剂，以芦丁粗品的提取率为指标，考察微波功率、料液比、乙醇浓度、提取时间和静置时间对芦丁提取率的影响优化微波辅助提取槐米中芦丁的最佳工艺条件为：微波功率为 380 W，料液比为 1∶20，乙醇浓度为 55%，提取 9 min，再静置 8 h 后，芦丁提取率最高，达 30.83%[22]。根据芦丁极性较大，可以将其溶解于醇性溶剂中。黄巧燕等研究槐米中黄酮成分的加压提取工艺，并与回流提取做比较。以提取率为指标对乙醇浓度、提取时间、料液比、提取温度等条件进行单因素实验，并采用正交试验优化，得出最佳提取工艺参数：乙醇体积分数为 50%，提取时间为 20 min，料液比为 1∶40，提取温度为 130℃，最佳提取率为 19.4%。该法具有提取时间短、提取效率高的优点[23]。涂瑶生等探讨芦丁提取与纯化的新工艺，以提取率为指标对乙醇浓度、溶剂比、提取时间、提取次数进行了正交试验，得出最佳提取工艺参数：15 倍的 70%乙醇提取 3 次，每次 1h；最佳纯化工艺为：提取液浓缩至无醇味静置形成结晶后，离心，20 倍水洗涤 3 次，芦丁纯度可达 89.82%。此方法简单，易于操作，且最后得到的芦丁纯度较高[24]。闫克玉等通过对槐米总黄酮提取，考察体积分数、提取时间、提取温度、料液比 4 个因素对槐米总黄酮提取率的影响。用 RAS 软件程序对数据进行二次响应面分析。对工艺参数进行优化，得出提取的二次回归方程；确定最佳条件为：60%乙醇提取 2.2 h，料液比 17.9，温度 80℃。在此条件下预测总黄酮提取率为 18.46%，实际测得的提取率为 18.16%，两者相差不大。因此，采用 RSA 法优化克服了正交设计只能处理离散的水平值，而无法找出整个区域上因素的最佳组合和响应值的最优值的缺陷，用该方法研究槐米总黄酮提取工艺参数，精度高，是比较理想的方法[25]。冯希勇采用短时高温高压方式，灭活槐米药材中的水解酶，保存了大部分芦丁成分。用无水乙醇回流提取，通过 DIO1 型大孔吸附树脂纯化。制得的芦丁提取物纯度达 98%以上，芦丁提取率高达 25%。优于已有文献记载的传统方法，建立了一种提取、纯化芦丁的新工艺，该工艺相对简便易行、经济实用、生产成本低、生产效率高。史振民等将超声法与连续回流法（二者均用乙醇作溶剂）进行了比较研究，发现按超声法最佳方案（超声频率 21.5 kHz，超声时间 10 min，静止时间 12 h）所获得的提取率，相当于连续回流法提取时间 8～10 h 的提取率，是超声法的 48 倍多，从节能和技术经济观点来看，超声法比热回流法优越得多[26]。牛秀会等优化了槐米中芦丁的提取，考察了提取时间、提取次数、乙醇浓度、溶剂量对提取率的影响，并设计正交试验优选最佳提取工艺：60%乙醇 240 mL，提取 3 次，每次 1.5 h，提取率可以达到 14.8%，该法操作简单，省时节能，适合工业化生产[27]。李玉山将槐米用碳酸氢钠和烷基酚环氧乙烷处理后，蒸煮杀酶，用石灰水提取，收率可达 22%，含量达 98%。连续萃取法提取芦丁已经应用于工业化生产，且此法工艺流程短、操作简单、提取率高、含杂质少、残渣少、耗能小、经济和社会效益显著。但是该方法的萃取液的体积较大，后处理费用高[28]。芦丁与芸香酶共同存在于槐米中，芸香酶具有特异性催化作用，高温可促使其失活，从而避免提取过程中芦丁的水解。芦丁有 4 个酚羟基，所以显弱酸性，用碱性较强的饱和石灰水作为溶媒，有利于芦丁成盐溶解，而且还可除去槐米中的大量多糖黏液质。连续萃取法提取芦丁的新工艺已经应用于工业化生产。生产实践证明，此法工艺流程短、操作简单、提取率高、含杂质少、残渣少、耗能小、经济和社会效益显著。但是萃取液的体积较大，后处理费用较高。

4. *超声辐射法及超临界萃取法*

超声波辅助提取法主要利用超声波辐射产生的强烈空化效应、湍流效应、微扰效应、界面效应和聚能效应等物理作用，破坏药材细胞，促进细胞内含物的溶出，从而实现天然产物低温、快速提取的目标。张黎明等以提取物得率和总黄酮含量为指标，研究了超声辅助萃取条件对槐米总黄酮提取效果的影响。

通过对提取物定量定性分析，得出最佳条件为：超声频率 20 kHz，固液比 1∶10，硼砂加入量为槐米质量的 2%，提取液的 pH 为 9，提取温度 45℃，超声波功率 100 W，超声提取时间 30 min，提取物的得率为 18.8%，总黄酮含量为 91.2%。该法操作简单，提取效率高。郭乃妮等以新鲜的槐米为原料，65℃下充分干燥，研细后采用超声条件下碱提酸沉法来提取芦丁，探讨了反应温度、反应液的 pH 值、溶剂用量及反应时间对产物芦丁提取率的影响。得出提取的最佳条件为：反应温度为 70～75℃，碱提取时 pH=9，酸沉淀时 pH=4，溶剂用量 6 倍于原料，提取 3 次，反应时间 3.5 h，提取率 17.83%。该法使得芦丁的提取率显著提高，且操作方法简单[29]。魏彩霞等在提取功率、超声提取时间、提取次数、 料液比等单因素考察试验的基础上，通过正交设计进行三因素三水平试验。得出最佳超声辅助提取工艺条件为：超声 30 min；芦丁提取率为 18.25%，该提取工艺条件简单可行、速度快，可提高槐米中芦丁的产率[30]。赵东维等采用正交试验法，利用超声提取技术，优选槐米中提取黄酮的最佳工艺条件。应用正交试验法对超声功率、提取时间、乙醇浓度、料液比 4 个因素进行优选研究。结果表明最佳工艺条件为：超声功率 450 W，提取时间 40 min，乙醇体积分数 70%，料液比 1∶50，提取率达到 19.23%[31]。张堃等以槐米为对象，通过乙醇热浸和超声辅助提取酮类组分，采用正交试验优化提取工艺条件，结果表明，槐米提取黄酮的最佳工艺条件为：乙醇浓度 70%，温度 25℃，超声提取时间 35 min，料液比 1∶40，提取率为 15.47%，该法与常规提取方法相比，极大地缩短了提取时间，提高了提取效率[32]。国内学者付起凤等用正交试验的方法来优选出提取槐米中芦丁的最佳工艺，研究发现超声法提取槐米中芦丁是最佳工艺，在固定料液比是 1∶20，超声频率为 40 kHz，提取温度为 70℃；提取时间为 20 min，提取功率为 400 W 的条件下，提取效果最佳[33]。邱岚用超声波辅助提取法，以槐米中芦丁的提取率为指标，以料液比、超声提取时间、超声提取次数为影响因素，在单因素试验基础上，选取三因素三水平采用 BBD 中心组合的原理进行试验设计，RSM 法对其提取工艺条件进行优化。结果表明：最佳工艺优化条件为：料液比 1∶16（g/mL）、超声提取时间 20 min、超声提取次数 2 次，芦丁提取率为 17.96 %，RSD 为 1.15 %[34]。国内有学者用用超临界 CO_2 萃取方法，正交试验考察四因素（样品含水量、萃取压力、萃取温度、萃取时间）三水平对其得率的影响。试验结果表明，芦丁得率随着样品水分含量的升高而降低，随萃取时间、压力、温度的升高而增加；样品含水量对芦丁提取效率的影响最大，其次为萃取时间和压力，温度影响最小[35]。张恒等通过正交试验，采取超声乙醇提取和环糊精辅助超声水提取方法，以芦丁的含量为测定指标，采用高效液相色谱法测定不同提取工艺中的芦丁含量，计算出提取率，从而优选槐米中芦丁的超声乙醇提取工艺为：超声时间 30 min，乙醇浓度 70%，乙醇体积 50 mL 为最佳工艺，最高提取率为 19.25%；环糊精辅助超声水提法：超声时间 30 min，环糊精质量 3.0 g，水体积 50 mL 为最佳工艺，最高提取率为 18.32%[36]。李振东等以槐花米为原料，芦丁产率为评价指标，考察了微波功率、提取温度、时间和固液比等对芦丁产率的影响，优化了微波提取槐米中芦丁的工艺条件为：槐花米 2 g，澄清石灰水 50 mL，温度 120℃，功率 500 W，提取时间为 20 min，粗产品的产率为 3.5%，纯度为 83.6%[37]。姚倩等分别采用碱提酸沉法，热水提酸沉法，热水提 20%、40%及 60%醇沉除杂法 5 种方法提取槐米中芦丁，提取液浓缩干燥为固形物，测定固形物干重及芦丁与总黄酮含量，计算芦丁收率。其结果表明：传统的碱提酸沉法芦丁提取率最高，热水提 20%乙醇除杂法获得的固形物芦丁纯度最好；碱提酸沉法与热水提 20%乙醇除杂法适于槐米中芦丁的提取[38]。

张颖采用超声、碱水酸提、水煎煮和回流 4 种方法提取槐米中芦丁，并对以上 4 种提取方法所得的芦丁进行含量测定，得到的结果依次为 17.46%、9.20%、10.84%、9.44%。采用正交法优先芦丁水煎煮提取工艺为 20 倍量的水煎煮 3 次，每次 40 min，提取效果最好[39]。萨燕平等[40]使用超声波清洗槽，以超声辐射结合碱溶酸沉的方法提取芦丁。利用芦丁对冷热水、醇的溶解度的不同，采用单纯超声辐射提取，产率不够理想，而将超声辐射与碱溶酸沉的方法结合，在室温下既可提取，产率也有显著提高。研究中采用频率 26 kHz 的超声波对同一产地同期收获的槐米做平行试验，得出比较结果为：水提取法、碱溶酸沉法、超声辐射法和超声辐射碱溶酸沉法的产率依次分别为 7.0%、12.3%、8.3%和 17.5%。此外，还对超声辐射时间的确定进行了研究，发现辐射时间过短，不能有效地破坏原料的植物细胞，辐射时间长，理想上应该获得较高的提取率，而实验结果表明：在长时间的超声作用下，原料会被粉碎成较细的颗粒而穿透滤布（纸），必须采用多次重结晶的方法将其除去，而多次重结晶一是增加了提取程序，二是产品损失较高，反而不能获得满意的结果，经过实验得出辐射时间以 20～30 min 为宜。作者还指出：碱性条件有利于提取率的提高，但芦丁分子中因含有邻二酚羟基，性质不太稳定，暴露于空气中缓缓分解变为暗褐色，在碱性条件下更容易被氧化分解，加入适量硼砂能将邻二酚羟基保护起来而有利于芦丁的提取，硼砂的加入量与提取物（槐米）的比例以 0.025～0.035 g∶1 g 为宜。郭孝武[41]采用频率 20 kHz 的超声从槐米中提取芦丁成分，与热碱提取法相比较，超声提取无需加热，只需处理 30 min，所得芦丁提出率比热碱提取法高 47.56%，工艺简单、快速。且发现超声提取后，用酸沉放置的时间 0.5 h 远比碱提酸沉的时间 16 h 短，大大缩短了提取时间，而提出率仍是超声法（15.99%）

大于碱提法（14.97%）。史振民等[42]就超声法提取芦丁最佳操作条件采用正交试验的方法进行了研究，得出超出频率 21.5 kHz，超声时间 10 min，静置时间 12 h。陈庶来等采用超临界萃取槐米中芦丁进行了一步法和两步法的对比试验，得出用超临界直接从槐花米中萃取芦丁比较困难，纯度和得率都很低，原因是芦丁的分子量较大，极性较强，与 SC-CO_2 的亲和力较弱，所以难以萃取出来。而采用两步法，第一步槐花米经预处理，去掉渣后，以得到的膏状粗提物为原料；第二步采用超临界 CO_2 萃取，萃取压力为 30 MPa，萃取温度为 50℃，萃取时间为 4 h，CO_2 流量为 2.46 L/min，夹带剂为乙醚，此方法是较理想的方法，因对槐花米作适当的预处理后，增大了芦丁与 SC-CO_2 的亲和力，并在得到粗提物后，再用 SC-CO_2 对粗提物进行萃取，效果较好，纯度和得率都较高。此外，作者还得出直接从槐花米中 SC-CO_2 萃取，所得萃余物中芦丁含量高于萃取物，故建议考虑利用 SC-CO_2 萃取杂质，达到提纯原料的目的，萃取杂质时可不加夹带剂。

5. 微波辅助提取法

微波是频率介于 200～300 GM 之间电磁波，微波提取主要是利用微波的热效应，促进介质转动能级跃迁，加剧热运动，将电能转化为热能，具有穿透力强、选择性高、加热效率高等特点。近年来国内外不少学者采用微波辅助技术提取各种不同物质，不仅速度快，操作简单；而且效率高，溶剂用量少，已广泛应用于制药等领域。刘静等以芦丁提取率为指标，对槐米中芦丁的微波辅助萃取进行了研究。最佳提取条件为：微波功率 450 W，微波辐射时间 16 min，槐米粉碎度为 80 目，料液比为 1∶100，槐米浸泡 20 min，此条件下槐米中芦丁提取率可达 21.97%。该法萃取时间短，提取溶剂为水，污染少，且效率高，值得大规模推广[43]。潘媛媛等采用微波辅助法提取槐米中的芦丁，通过正交试验确定最佳提取工艺：乙醇浓度为 65%，料液质量比为 1∶18，微波时间为 4 min，微波功率为 320 W。该法操作简单、可行性强，为芦丁的提取提供科学依据[44]。李敏等以芦丁提取率为评价指标，采用微波法辅助甲醇提取芦丁，最佳的工艺条件为：提取温度 65℃，提取时间 5 min，固液比 1∶10，甲醇浓度 90%，平均提取率为 96.92%。提取的粗芦丁用 10 倍量 90%的乙醇进行纯化处理，芦丁的含量可达 93.13%，符合国家规定的商品芦丁的含量标准[45]。通过单因素及正交试验，确定了提取芦丁的最佳工艺条件：提取时间为 20 min，抗氧化剂为硼砂和乙二胺四乙酸二钠组成的复合抗氧化剂，提取次数为 2 次，料液比为 1∶18，此时芦丁的产率为 15.58%，熔点为 176～178℃。李颖平等采用 Na_2CO_3、$Ca(OH)_2$、NaOH 三种不同的碱液以及不同的碱溶和酸沉条件，正交试验优化槐米中提取芦丁工艺为：采用 $Ca(OH)_2$ 碱溶使溶液 pH 值至 8～9，置于超声波发生器中 30 min，离心，保留滤渣，重复以上操作，并合并 2 次滤液，取滤液用 HCl 进行酸沉，使溶液的 pH

值至 2～3，在 60℃水浴锅静置 30 min 后，一同放置于 0～4℃冰箱静置过夜 12 h，提取率为 22.3%[46]。舒俊翔等精密称取槐米细粉 1 g，加蒸馏水 100 mL 浸泡 30 min，置于微波炉内加热至沸，再以功率 450 W 的条件下提取 10 min，待样品温度冷却至室温后再次提取，提取 3 次，合并提取液，过滤并浓缩定容到 100 mL。此法槐米中所提取的芦丁含量高达 14.66%，得出利用微波提取时间远远比传统提取时间短，提取率高且含量也高[47]。

6. 其他提取法

张艳丽等[48]采用内部沸腾法提取槐米中的芦丁，单因素实验结果得到内部沸腾法的提取条件为：乙醇体积分数 80%，液料比 2.4 mL/g，提取 30 min，提取剂乙醇体积分数 10%，液料比为 16 mL/g，提取温度为 80～90℃，芦丁内部沸腾法提取过程在 200 s 内完成，提取速率比乙醇回流法快 24 倍。通过对内部沸腾法提取动力学的研究表明，其提取过程是吸热熵增加的过程，ΔG 小于零，为自发过程，综上所述，此方法大大降低了乙醇水溶液的用量，并且芦丁的本质是以对流传质的方式进行的，所以在提取过程中减少了能量的消耗。舒俊翔等用放射元素 Co^{60} 产生放射线 γ 照射，使槐米中的酶灭活，使用的缓冲剂为硼砂，亚硫酸氢钠为抗氧化剂，使用饱和石灰水为溶剂进行提取。此法芦丁的含量大于 95%，提取率达 85%。此工艺产品不需用乙醇或者热水重结晶，质量即可符合标准[47]。李应塀等研究得出：用槐米粗粉质量 30 倍的硼砂饱和石灰水渗滤 3h，渗滤液过滤，用盐酸调 pH 4.5，静置 5 h 后抽滤，沉淀用离子交换水洗至中性，70～80℃烘干，得率 98.14%。此法生产周期长，但不需要大型设备、投资少、成本低，易被厂家采用。同时他将槐米粗粉加水 10 倍量，加 0.5%亚硫酸钠，用饱和石灰水调至 pH 9，加热至微沸，保持 50 min，并维持为 pH 7，过滤，用盐酸调至 pH 4.5，静置 5 h 后抽滤，水洗至中性，70～80℃烘干，得率 93.78%[49]。罗亚东等采用正交设计法进行优化丙酮/$(NH_4)_2SO_4$ 双水相萃取槐米中芦丁的工艺为：将 28.57%的硫酸铵溶液与等体积的 70%的丙酮混合溶液，调至 pH=9 形成双水相，两相的体积比（$V_{上}/V_{下}$）是 1.62，萃取体系的上相中芦丁含量达到 95.72%[50]。戴柳江等以中药槐米为研究对象，以芦丁含量及干浸膏得率为指标，采用半仿生-酶法与水提法、酶法、半仿生提取法分别提取槐米中芦丁，其结果表明：与其他 3 种提取方法比较，半仿生一酶法提取具有一定优势。黄巧燕等研究槐米中黄酮成分的加压提取工艺，并与回流提取做比较，采用正交试验优化得出最佳提取工艺为：乙醇体积分数 50%，提取时间 20 min，料液比 1∶40，提取温度 130℃，压力 0.4 MPa，最佳提取率为 17.4%。有研究表明，超声提取法提取率和芦丁含量均较低，可能是由于超声时间和强度不够，“空化效应”对槐米的细胞壁破坏不明显。醇水提取法提取率高，但芦丁含量较低，这是因为有机溶剂对槐米中多种成分溶解性好，重结晶后杂质仍然较多。沸水提取法和碱提酸沉法提取率和芦丁含量都较高，成本低，方法简单易行，适合槐米中芦丁的提取[23]。

（二）芦丁的检测方法

1. 紫外分光光度法和卡尔曼滤波光度法

国内学者使用紫外分光光度法，波长 255 nm，测定芦丁控释片含量。称取芦丁控释片约 0.4 g，并置于容量为 1000 mL 的容量瓶中，后加入甲醇至刻度，并将其充分摇匀，共测定 3 组样品的标示量分别为：98.57%、98.53%、99.12%。紫外分光光度法对于芦丁含量检测方法具有稳定性强、节省试剂、取样量少、方法简洁、回收率好等特点。在测定波长处没有吸收，对测定无外界干扰[51]。李晓芳等用紫外分光光度法对各批银杏叶粗提物中的芦丁含量进行了初步测定。精密吸取 0.157 mg/mL 的芦丁标准液 0 mL、1.0 mL、2.0 mL、3.0 mL、4.0 mL、5.0 mL、6.0 mL，分别置于 10 mL 容量瓶中，用乙醇稀释至刻度，在 250 nm 波长处作紫外检测。制作标准曲线，回归方程为 C=0.3216 A+0.0007，相关系数 r =0.9994。待测样品同样用乙醇稀释，得到样品平均回收率及变异系数分别为 98.07%、1.18%（n=3）。该方法仪器操作简便、快速、价格较低、易于推广，缺点为精密度较低[52]。王丽琴等采用卡尔曼滤波光度法同时测定槐米中芦丁和槲皮素含量。取芦丁浓度一定的模拟样品分别测定 5 次，计算 RSD 分别为 2.54%和 1.54%。取已知含量的样品 6 个，加入芦丁测定其含量，平均回收率分别为：芦丁 99.1%（n＝6，RSD＝1.58%）。槐米提取物中芦丁的测定：准确称取一定量样品，用甲醇提取后，以上述方法测得芦丁含量为 82.32%，RSD＝0.45%。王丽琴等利用卡尔曼滤波对重叠的谱峰有较强的分辨功能，采用卡尔曼滤波分光光度法不经分离，对混合物中芦丁和槲皮素进行同时测定。实验中标准溶液、测定样品的配制均取甲醇-水（1∶4）为溶剂。在 230～300 nm，间隔 2 nm 测定吸光度，结果测得平均回收率为：芦丁 99.1%（n=6，RSD=1.58）。与《中国药典》方法相比，该方法克服了乙醚、甲醇 2 次回流提取的冗长烦琐操作，准确度和精密度较高[53]。

2. 化学发光分析法和催化动力学光度法

化学发光分析法根据化学反应产生的光辐射确定物质含量，且化学发光强度与被测物质的浓度之间有一定的内在联系来进行化学分析，特别是流动注射化学发光分析技术。李保新等基于在 NaOH 碱性介质中 $Fe(CN)_6^{3-}$可以直接氧化芦丁产生强的化学发光这一现象，结合流动注射分析技术，进行芦丁含量测定。测定条件：碱性的 2.0×10^{-3} mol/L $Fe(CN)_6^{3-}$为氧化剂，0.5 mol/L 的 NaOH 溶液反应介质，4.0 mL/min 的流速。测定芦丁的线性范围为 1×10^{-4}～1×10^{-6} g/mL，检测限为 3.4×10^{-7} g/mL。对

5×10^{-6} g/mL 芦丁溶液连续 11 次测量的 RSD 为 3.7。由于该方法不使用任何光源，避免了背景光和杂散光的干扰，降低噪声，大大提高信噪比，所以有高效率、高灵敏度和高精度的特点[54]。崔慧等利用在盐酸介质中，微量芦丁对重铬酸钾氧化靛红的反应有明显的催化作用，建立了测定芦丁的催化动力学光度法。实验中取两支 10 mL 具塞刻度试管，向一支加入一定量的芦丁标准液，另一支不加，再分别依次加入 0.60 mL 的 0.1%靛红溶液、0.90 mL 的 0.30 mol/L 的 HCl 溶液、1.10 mL 的 0.010 mol/L 的 $K_2Cr_2O_7$ 溶液，然后加水至刻度，摇匀，立即计时。反应 10 min 后，以水为参比，在 611 nm 波长处测量非催化体系的吸光度 A_0 和催化体系的吸光度 A，并计算 $\Delta A=A_0-A$。方法的线性范围是 0.003～0.09 g/mL 和 0.10～1.00 g/mL，检出限为 0.003 g/mL。该方法灵敏度较高、准确度高、选择性好、方法简便、仪器简单、对环境无污染，便于推广，已成为检测微量组分的有效手段[55]。

3. 薄层扫描法和毛细管电泳法

用自制薄层板（硅胶 G-硼酸-枸橼酸＝100∶0.9∶0.3；用 0.3%羧甲基纤维素钠水溶液湿法铺板；10 cm×20 cm，厚 0.5 mm），展开剂为乙酸乙酯-丁酮-正丁醇-甲酸-水（10∶6∶1∶2∶2），检测波长为 360 nm，单波长锯齿扫描，狭缝 0.2 mm×0.3 mm，SX＝5。槐米用甲醇提取，外标两点法测定供试品中芦丁的平均含量，为 25.75%，RSD＝1.05%（n＝3）。平均加样回收率为 98.52%，RSD＝1.76%（n＝5）[56]。国内学者也有用碱性硅胶 GCMC-Na 薄层板（含醋酸钠），展开剂为乙酸乙酯-丁酮-甲酸-水（6∶5∶1∶1），饱和 15 min，展距 10 cm，三氯化铝乙醇液喷雾，晾干后显色荧光定位后扫描测定。扫描条件：波长 275 nm 和 320 nm。标准曲线：精密称取芦丁对照品 10 mg，用甲醇定容至 10 mL，薄层板上点样 2～6 μL，按上述条件展开，显色，扫描测定，绘制标准曲线。样品测定：取样品内容物粉末，精密称取 2 g，加乙醚回流提取 4 h，弃乙醚液，加甲醇回流提取 8 h，挥尽甲醇，残渣加乙醇定容于 10 mL 容量瓶中，用定量点样毛细管吸取 5 μL，对照品分别点于同一薄层板上，按上述条件展开、显色、扫描，计算含量，芦丁回收率为 98.26%。杨海燕等采用单波长聚酰胺薄层扫描法测定了小蓟中芦丁的含量，以乙醇-水（1∶9）为展开剂，样品经甲醇超声提取，420 nm 反射锯齿扫描测定[57]。国内学者将芦丁与五种仲胺进行衍生反应得到叔胺类化合物，先进行紫外扫描筛选，再进行毛细管电泳-电化学发光检测。银杏叶样品采用 70%乙醇水溶液超声波辅助提取。考察电位、检测池缓冲液和运行缓冲液的浓度和 pH 值、进样电压、分离电压和时间等因素对芦丁分离检测的影响。在最佳实验条件下，芦丁在 5 min 内实现分离。该方法的线性范围为 0.002～2 μg/mL，回归方程为 y=1958.4x+7600.4，相关系数为 0.994，检出限为 0.0004 μg/mL。对 0.2 μg/mL 芦丁衍生物标准溶液进行 7 次检测，其迁移时间、峰高和峰面积的

RSD 分别为 1.1%、1.2%和 2.0%。此方法应用于银杏叶中芦丁的检测，加标回收率在 92%～103%之间[58]。陈勇川等采用毛细管电泳-电化学测定槐花和槐角中芦丁的含量，运行缓冲液为 50 mmol/L 硼酸缓冲液和 50 mmol/L SDS，pH 8.0，运用 BioFocus 3000 型毛细管电泳仪，操作电压 20 kV，检测波长 260 nm。结果为芦丁的线性范围为 0.016～0.75 mg/mL，r=0.9995，加样回收率为 98.16%～99.05%，方法精密度为 2.49～2.766。该法克服了 HPLC 中的缺点，如色谱柱易污染，再生困难，且色谱柱的寿命不长，分析时间长，不经济等缺点[59]。孙国祥等用毛细管区带电泳叠加对比法对复方降压片中 5 个组分进行了定量分析。电泳条件：紫外检测波长 246 nm，灵敏度 0.010 AUFS，电流 65 μA，以 50 mmol/L 硼酸溶液作背景电解质，重力进样 5～20 s，检测温度 24℃。实验前用 0.1 mol/L 的氢氧化钠溶液冲洗毛细管 15 min，再用去离子水冲洗 5 min，之后用背景电解质冲洗 10 min，每两次进样前用背景电解质加压冲洗 5 min。样品测定：取复方降压片，研细，精密称约 10 片复方降压片，置 250 mL 量瓶中，用 50%乙醇定容。超声 30 min，滤过；再精密称取芦丁及各对照品一定量，用样品溶液定容至 50 mL；超声 20 min，得标准加入溶液。取样品溶液和标准加入溶液按上述条件进样，记录峰面积，按标准加入法公式计算样品溶液中芦丁及其他各组分含量[60]。孙莲、李向军等亦采用此法对芦丁进行定量分析，表明毛细管电泳法在对芦丁的分析中应用已相当广泛[61, 62]。

4. 高效液相色谱法

《中国药典》芦丁的照高效液相色谱法（通则 0512）试验：芦丁含量的检测采用色谱条件与系统适用性试验：用十八烷基硅烷键合硅胶为填充剂（Venusil MPC18 4.6 mm × 250 mm，5 μm 或效能相当的色谱柱）；以磷酸盐缓冲液（pH 4.4）（0.1 mol /L 磷酸二氢钠溶液，用磷酸调节 pH 值至 4.4）-乙腈（80∶20）为流动相；检测波长为 254 nm。取其他组分项下的系统适用性溶液 10 μL 注入液相色谱仪，记录色谱图。曲克芦丁峰的保留时间约为 18 min，四羟乙基芦丁峰、一羟乙基芦丁峰、芦丁峰、曲克芦丁峰和二羟乙基芦丁峰的相对保留时间分别约为 0.5 min、0.8 min、0.9 min、1.0 min 和 1.1 min，曲克芦丁峰与二羟乙基芦丁峰和芦丁峰之间的分离度均应符合要求。赵登飞运用 HPLC，在十八烷基硅烷键合硅胶填充色谱柱，甲醇-水-乙腈-冰乙酸（30∶57.5∶10∶2.5）为流动相，检测波长为 358 nm，流速为 1.0 mL/min 的色谱条件测定山绿茶胶囊中芦丁的含量。芦丁与相邻杂质峰的分离度大于 1.5，且进样量在 0.2034～1.2205 μg 范围内呈良好的线性关系。精密吸取同一芦丁对照品溶液 10 μL，按色谱条件重复进样 5 次，测得精密度较好。进行重复性试验 RSD=1.87（n=5）。在色谱条件下进样 10 μL，平均回收率为 98.2%，RSD=1.84。HPLC 与分光光度法相比，具有灵敏度高、效率高、分辨率高、回收率高的特点[63]。张晓燕等采用此法测定了槐花散中芦丁的含量。色谱条件：吉尔森 GADE 高效液相色谱仪，Hypersil C 色谱柱，流动相为甲醇-水-冰乙酸（40∶57.5∶2.5），检测波长为 254 nm，柱温为室温，流速为 1 mL/min。标准曲线的制备：精密称取芦丁对照品，用甲醇配成不同浓度的标准溶液，分别进样记录峰面积，计算回归方程。样品测定：取槐花散，加水煎煮，取滤液，精密量取 100 μL，精密加入乙酸乙酯 6.00 mL，振荡提取，离心 10 min，精密量取上清液 5.00 mL，氮气挥干，精密加入甲醇 100 mL，超声振荡溶解，离心，取上清液进样，计算含量[64]。李仲等所用色谱条件为：采用 KEYSTONE-ODS（250 mm×4.6 mm）色谱柱，以甲醇-水（48.5∶51.5）为流动相，检测波长 360 nm[65]；王福成等所用色谱条件为：以甲醇-1%冰醋酸（30∶70）为流动相，检测波长 359 nm[66]；朱丽华等所用色谱条件：ShimpackCLCCs，流动相为甲醇-0.4%磷酸水溶液梯度洗脱，检测波长 360 nm。国内学者对高效液相色谱法（HPLC）和紫外分光光度法（UV）分别测定芦丁片中芦丁的含量并进行比较，HPLC 法采用色谱柱为 Venusil MPC 18（5 μm，46 mm×250 mm），流动相为甲醇-0.2%冰醋酸（40∶60），流速为 1.0 mL/min，检测波长为 254 nm，柱温为 30℃，进样量 20 μL。紫外分光光度计法以 75%的乙醇为溶剂，检测波长为 500 nm。结果发现，紫外分光光度法中芦丁浓度在 5～100 μg/mL 时，吸光度和浓度呈良好的线性关系（r=0.999），平均回收率为 99.36%，RSD 为 1.25%。芦丁浓度在 20～100μg/mL 时，高相液相色谱法测得线性关系良好（r=0.9996），平均回收率为 100.3%，RSD 为 1.58%。采用 F 检验对 HPLC 法和 UV 法的芦丁含量测定结果进行检查，结果显示两者测得结果没有显著性差异，两种方法均可用于芦丁片中芦丁的含量测定。而采用 HPLC 法测定芦丁片含量虽然准确，但是操作较为费时；UV 法测定芦丁片中的芦丁含量，操作简便、容易掌握、节省时间，有利于在药品生产中进行快速分析，因此，UV 法更具有优势[67]。

芦丁中残留杂质的检测：参照高效液相色谱法（通则 0512）试验的检测方法。取灵敏度溶液 10 μL 注入液相色谱仪，曲克芦丁峰信噪比应大于 10。再取供试品溶液 10 μL，注入液相色谱仪，记录色谱图，按峰面积归一化法计算，除曲克芦丁峰外，单个最大组分峰面积不得大于总峰面积的 10.0 %，其他单个组分峰面积不得大于总峰面积 5.0%，各组分峰面积的和不得大于总峰面积的 20.0%；一羟乙基芦丁峰、二羟乙基芦丁峰和四羟乙基芦丁峰面积均不得大于总峰面积的 5.0%，其他单个未知组分峰面积不得大于总峰面积的 1.0 %，未知组分峰面积的和不得大于总峰面积的 4.0%，各组分峰面积的和不得大于总峰面积的[68]。

5. 示波电位滴定法和远红外法

杨天鸣等运用以 $KBrO_3$ 为滴定剂的示波电位滴定法直接测定芦丁片中芦丁的含量。以铂电极作指示电极，钨电极作参比电极，在含 KBr 的盐酸介质中，用 $KBrO_3$ 标准溶液滴定。据示波器荧光点的最大位移来指示滴定终点，由所消耗的 $KBrO_3$ 的量计算出芦丁的含量。实验以 2.4～3.6 mol/L 盐酸为介质，0.5～1.1 g/50 mL KBr 为支持电解质，1 滴/6 s 为滴定速度，芦丁浓度在 10^{-6}～10^{-1} mol/L 范围内均可准确滴定。样品测定选用甲醇处理，结果芦丁的平均回收率为 99.82%，RSD 为 0.37%（n=5）[69]。马志茹等利用单扫示波极谱法对样品不经分离直接测定了槐米和芦丁制剂中芦丁的含量，芦丁回收率达 99%以上，方法准确可靠。仪器：JP1 型示波极谱仪；三电极系统：滴汞工作电极、饱和甘汞参比电极，铂丝对电极；XJP821 型新极谱仪；303 型静汞电极；3036 型 X-Y 轴记录仪。实验条件：pH=3.5 的 0.1 mol/L NaAc-HAc 溶液为底液，扫描电位–1.10～–1.60 V；工作曲线：取芦丁对照品，用热无水乙醇配成浓度为 1.0×10^{-2} mol/L 的标准溶液，分别精密吸取不同量于 10 mL 的容量瓶中，加支持电解质至刻度，在极谱仪上单扫记录导数还原波，制备工作曲线。样品的测定：精密称取干燥的样品细粉 0.3 g，加适量乙醇回流提取 2 h，提取液转移至 25 mL 容量瓶中，用乙醇定容，取 50 μL 上清液于 10 mL 电解杯中，加入底液，按上述条件测定，计算样品中芦丁含量。本法与光度法的测定结果无显著性差异（99%置信度），且精密度优于光度法。该法不必滤除片剂中的赋形剂就可直接滴定，对芦丁的含量测定无影响，且具有终点敏锐直观的优点[70]。

近红外漫反射光谱定量分析技术具有样品制备简单，分析速度快，可以同时测定多种组分，实现非破坏和非污染，费用低，应用范围广等特点。杜德国等首次利用近红外漫反射技术和偏最小二乘法定量分析了复方芦丁片的主组分芦丁和维生素 C 混合样品的含量，采用 PerkinElmer 公司的多组分定量分析软件 Quant +，以其中的 PLS 法建立数学模型，并进行预测分析。所建立的预测方程对样品的预测值和真实值之间的相关系数为 0.9975，芦丁和维生素 C 的标准差分别为 0.363 和 1.078。虽然该方法处于发展的初期阶段，就其优越性，想必会得到迅速发展[71]。

6. 其他检测方法

刘源等利用在碱性条件下，钇（III）能与芦丁和表面活性剂十二烷基苯磺酸钠（SDBS）形成络合物，且络合物有强的荧光，建立了灵敏、快速及简便测定芦丁含量的荧光光谱法。测定的最佳条件：$\lambda_{ex}/\lambda_{em}$=380/540 nm；$Y^{3+}$：$1.5\times10^{-4}$ mol/L；SDBS：0.5×10^{3} mol/L；pH= 9.5 的 Tris-HCl 缓冲溶液 1.0 mL。结果芦丁线性范围 2×10^{-8} mol/L～2×10^{-6} mol/L；检出限 2.2×10^{-9} mol/L。该方

法回收率为96.6%～100.7%。本法可用于实际样品的测定，结果令人满意[72]。王学军等建立的超临界技术，可同时测定银杏叶提取物中槲皮素和芦丁的含量。采用C_{18}色谱柱，流动相为超临界CO_2-0.05%三氟乙酸的乙醇溶液（10∶1），流速1.1～1.3 mL/min，柱温30～60℃，压力20～30 MPa，检测波长360 nm，进样量10 μL。得芦丁的R=0.9986，线性范围为20～250 μg/mL。槲皮素和芦丁的平均回收率分别为99.2% 和101.3%，RSD分别为2.3%（n=6）和2.8%（n=6）。该分离测定高效快速，条件温和，适于分析天然活性物质，且易放大，但主要问题是进行样品测定时会造成芦丁含量测定值偏低[73]。屠一锋等提出用微分脉冲极谱法在0.05 mol/L四丁基碘化铵-50%乙醇支持电解质中测定芦丁含量。吸取芦丁溶液于四丁基碘化铵-乙醇支持电解质中，在–0.8～–0.2 V范围内进行微分脉冲扫描，扫描速度12 mV/S，脉冲宽度60 mS，脉冲振幅50 mV，采样周期20 ms，记录微分电流。实验结果显示灵敏度达10^{-6} mol/L，在3×10^{-6}～10^{-4} mol/L浓度范围内峰电流与芦丁浓度呈线性关系，回收率达95%～103%，用乙醇溶解可不经分离直接测定复方芦丁片剂中芦丁的含量。结果表明，该方法操作简单，用量省，检测极限低，不受外来物影响。利用微波法以柠檬酸三钠、11-氨基十一烷酸、聚乙二醇400为碳源制备碳量子点，用荧光光谱进行表征；在pH= 6.37的三酸缓冲介质中，芦丁能猝灭碳量子点在445 nm处的荧光，其猝灭程度与芦丁的浓度呈良好的线性关系，同时研究温度、时间、缓冲溶液及pH对荧光强度的影响，建立了碳量子点荧光猝灭法测定芦丁的新方法。当芦丁浓度在3～4 μmol/L范围内呈线性关系，线性回归方程为$y = -130.41x+879.41$，相关系数为0.9948，检出限为2.3 μmol/L[74]。

第二节 芦丁的现代化研究

芦丁的分子结构使得其水溶较差，生物利用度较低。为了改善这种情况，制备出许多水溶性较好、生物利用度高的芦丁金属配合物、芦丁包合物、芦丁酯类、芦丁酰胺类、芦丁醚类等芦丁衍生物。

一、芦丁的合成与结构表征

（一）合成方法

1. 芦丁苯甲酸酯的合成

称取302 mg（1 mmoL）的芦丁，溶于20 mL吡啶中，加入5 mL苯甲酰氯，磁力搅拌0.5 h，使其充分溶解后，加入甲醇钠调至pH 9.5，控制温度54℃，回流

2 h，薄层色谱（TLC）板监测反应进程确保反应完全。静置过夜，加入 60 mL 冰水，搅拌 2 h，有大量固体析出。抽滤，水洗滤饼至中性，经乙醇/丙酮重结晶，得芦丁苯甲酸酯，产率 62.2%，结构见图 3-2 [75]。

2. 芦丁锑的合成

取 610 mg（1 mmoL）芦丁，加入 25 mL 甲醇，搅拌使完全溶解。加入预先溶于 25 mL 甲醇中的含 230 mg（1 mmoL） 三氯化锑溶液，用适量甲醇钠调节至 pH 8.5。在磁力搅拌器上反应 6 h。用硅胶 G 板监控反应进程，待反应完成时停止。过滤，滤液在旋转蒸发仪上蒸干，得棕红色固体，用甲醇冲洗 3 次，真空干燥器中干燥，得深棕红色固体，收率 61%。芦丁锑是棕红色固体粉末，不溶于丙酮、乙酸乙酯等；可溶于甲醇、乙醇、二甲基亚砜（DSMO）等，结构式见图 3-3 [76]。

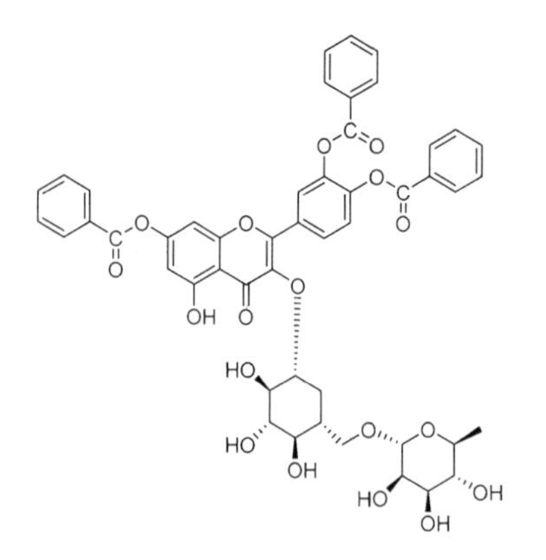

图 3-2　芦丁苯甲酸酯结构式[75]

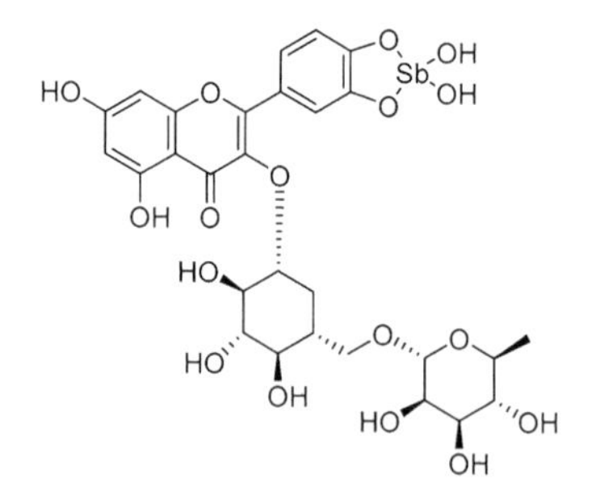

图 3-3　芦丁锑结构式[76]

3. 芦丁铬的合成

芦丁铬配合物按下列方法合成：将 619.1 mg（约 1.0 mmoL）芦丁与 20 mL 无水乙醇投入三口烧瓶中，微热使其溶解完全，再加入 215.8 mg 无水碳酸钠（约 2.0 mmoL）搅拌 1 h，有黄色的物质生成，然后将 273.6 mg（约 1.0mmol） $CrCl_3 \cdot 6H_2O$ 加入三口烧瓶中，在 50℃的恒温水浴锅中加热搅拌反应，同时缓慢滴加 0.5 mol /L 的盐酸溶液至 pH 7.6，溶液成为深棕色。继续回流搅拌 4 h，观察到有大量棕黄色沉淀生成，放置，冷却，抽滤，沉淀反复用蒸馏水和无水乙醇洗涤，抽干，室温真空干燥，最后得浅棕黄色粉末产品，其分子结构式见图 3-4 [77]。

4. 芦丁铅的合成

取 1 mmol（610 mg）芦丁，加入 25 mL 甲醇，搅拌使其完全溶解。加入预先溶于 25 mL 甲醇中的硝酸铅[1 mmol $Pb(NO_3)_2$（331mg）]溶液，用适量甲醇钠调节 pH=8.5。在磁力搅拌器上反应 6 h。用硅胶 G 板监控反应进程，待反应完成时停止。过滤，滤液在旋转蒸发仪上蒸干，得棕色固体，用甲醇冲洗三次，真空干燥器中干燥，得深棕色固体，收率 67%，结构式见图 3-5[78]。

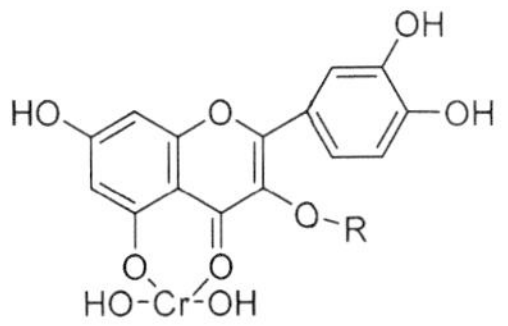

图 3-4 芦丁铬的合成[77]

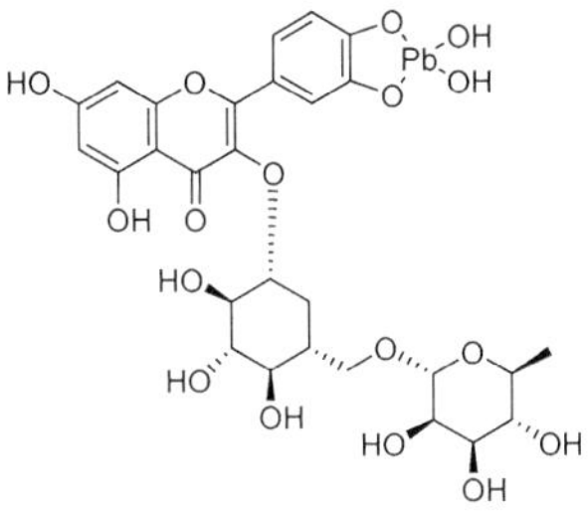

图 3-5 芦丁铅的结构式[78]

5. 曲克芦丁的合成

500 mL 不锈钢高压反应瓶中加入 200 mL 甲醇，加入一定量的氢氧化钠，搅拌，溶解，加 100 g 芦丁湿品（水分为 65%），搅拌 30 min，升温至 60℃，缓缓通入一定量的环氧乙烷约 1 h，100～105℃ 孵育 45 min，测反应液的 pH，pH 为 9.0～9.1 时，液相色谱仪检测。当三羟乙基芦丁含量≥73%、四羟乙基芦丁含量≤7%，二羟乙基芦丁含量≤6%时，即为反应终点，终止反应。此时曲克芦丁反应为最佳控制点，立即冷却，并用盐酸调 pH 4～6，得到反应液。将反应液减压浓缩至干，得到曲克芦丁，其结构式见图 3-6，总收率 140.0%，含量 66.5%[79]。

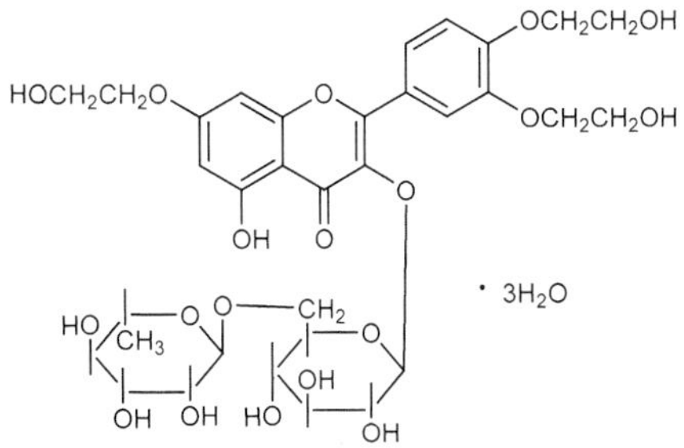

图 3-6 曲克芦丁的结构式[79]

6. 芦丁锌的合成

$[Zn(CH_3COO)_2]_2·2H_2O$ 盐在蒸馏水中的溶液缓慢滴加到脱水芦丁甲醇溶液中，搅拌混合物在 37～40℃下以 90～140 r/min 转速 24 h。然后在过滤真空系统，用甲醇洗涤并在室温下干燥，获得 25%的产率，结构式见图 3-7 [80]。

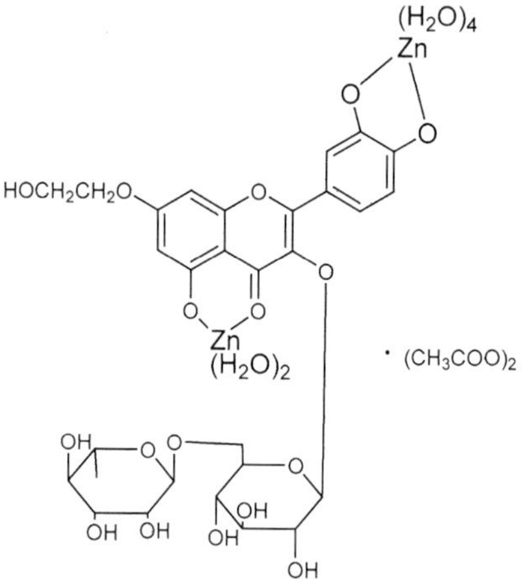

图 3-7　芦丁锌的结构式 [80]

7. 芦丁硒的合成

将 1 g 芦丁加入到干燥的 20 mL 吡啶中，搅拌，滴入氯氧化硒 0.5 mL，干燥条件下，常温反应 48 h，加乙醚析出沉淀物，用乙醚、氯仿反复洗，得沉淀物，真空冷冻干燥，最终得棕褐色芦丁硒。M_p：188.0～190.0℃，称重 1.332 g，产率 51.5%，其分子结构式见图 3-8[81]。

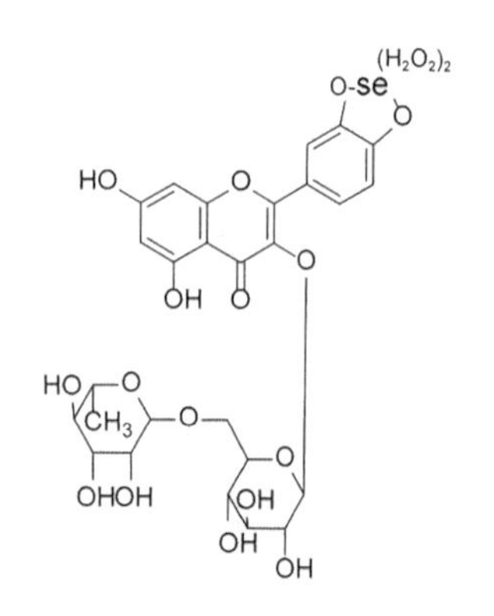

图 3-8　芦丁硒的结构式 [81]

（二）结构表征

1. 紫外光谱分析

芦丁有两个吸收峰，359 nm 吸收带由肉桂酰生色团产生，为带Ⅰ，属于 $\pi\rightarrow\pi^*$（B 环）电子跃迁；257 nm 吸收带由苯甲酰生色团产生，为带Ⅱ，属于 $n\rightarrow\pi^*$（A 环）电子跃迁。当芦丁与铅形成配合物后，共轭体系增大，电子跃迁需要的能量较低，紫外吸收光谱向长波方向移动，即红移。取芦丁精制品和芦丁硒分别用甲醇制成 20×10^3 μg/L 溶液，以甲醇为空白，用紫外分光光度计，分别在 200～700 nm 波长范围内扫描。芦丁在 230 nm 及 350 nm 波长处有两个较强的吸收峰，而芦丁硒在 350 nm 波长处吸收强度降低，并且在 210 nm 和 260 nm 处出现了新的吸收峰，可见芦丁硒结构发生了改变。

2. 红外光谱分析

芦丁分子主要官能团红外吸收峰分别是：3423.42 cm^{-1} 是—OH 的伸缩振动，

2937.69 cm^{-1} 是—CH_2 的反对称伸缩振动，1361.52 cm^{-1} 是—CH_3 的弯曲振动，1655.03 cm^{-1} 是 α,β 不饱和酮的 C—O 伸缩振动，1603.69 cm^{-1}、1504.96 cm^{-1}、1456.11cm^{-1} 是苯环的骨架振动。1295.67 cm^{-1}、1063.13 cm^{-1}、1013.17 cm^{-1} 是═C—O—C 的反对称和对称伸缩振动，1203.68 cm^{-1} 是酮的面内摇摆，807.88 cm^{-1} 是对位取代苯面外弯曲振动。芦丁铅主要官能团红外吸收峰分别是：羰基 ν（C═O）1654.87 cm^{-1}；苯环骨架振动频率 ν(C═C)1604.81 cm^{-1}、1504.95 cm^{-1}、1455.60 cm^{-1}；羟基 ν（O—H）3416.06 cm^{-1}。称取 2 mg 配合物，加入 100 mg 溴化钾粉末，研细混匀，于红外灯下烘 10 min，压片，在 400～4000 cm^{-1} 波数进行扫描发现，配合物红外谱图与配体的谱图相比发生了较大变化。由红外光谱数据可以看出，芦丁标样在 3422 cm^{-1} 处有吸收，单峰，归属为酚羟基 ν（O—H）的伸缩振动，而在配合物中，此峰消失。配体在 1654 cm^{-1} 处出现羰基伸缩振动吸收峰，配合物中，此峰的位置和配体中相比没有发生明显的变化，配体在 1598 cm^{-1}、1505 cm^{-1} 处出现的两个峰为苯环 π 键共轭体系的 C—C 键伸缩振动吸收峰，在配合物中这两个峰基本保留在原来位置，说明配位反应对苯环共轭体系影响不大，配体在 1204 cm^{-1} 处的吸收峰是醚的 CO—C 伸缩振动吸收峰，配合物中此峰基本不变，这排除了醚氧原子成键的可能，在 750 cm^{-1} 及 680 cm^{-1} 附近处观察到有配合物 Se—O 键特征吸收峰，而这些吸收峰在芦丁的红外谱图中没有出现，证明了芦丁和 Se 形成了以 Se—O 键结合的芦丁硒。

3. 氢谱分析

氢谱是鉴定有机化合物的结构类型、确定取代基的位置和进行结构研究的有效方法。芦丁 ^{1}H NMR 谱中每个氢原子的归属：δOH12.62（A 环碳 5 羟基上的氢）、δOH10.82（A 环碳 7 羟基上的氢）、δOH 9.66（B 环碳 4′羟基上的氢）、δOH9.18（B 环碳 3′羟基上的氢）。芦丁有 5 个亚甲基信号，δH 7.56（B 环碳 2′上的氢）、δH7.54（B 环碳 6′上的氢）、δH6.86（B 环碳 5′上的氢）、δH6.39（A 环碳 8 上的氢）、δH6.20（A 环碳 6 上的氢）[48]。配体及配合物的 ^{1}H NMR 谱，芦丁-硒配合物各峰归属为 δ（ppm）：11.68（s，1H，5OH），10.56（s，1H，7OH），7.53（d，1H，2′H），7.38（d，1H，5′H），6.70（d，1H，6′H），6.13（d，1H，8H），5.96（d，1H，6H），与芦丁配体的谱图比较，配体于 9.15（1H，3′OH）及 9.62（1H，4′OH）的吸收峰在配合物中消失，表明配位时 3′OH 及 4′OH 失去质子，并通过氧原子与 Se 配位。

4. 质谱分析

质谱（MS）是记录分析样品受一定能量冲击产生离子，而后在磁场中按质量和电荷之比（*m/z*）顺序进行分离并通过检测器表达的图谱。质谱可以直接给出分子量，进而利用碎片离子获得一些结构特征的信息[68]。国内学者应用电喷雾离子阱质谱技术研究芦丁的结构和正、负离子扫描条件下芦丁的主要特征碎片离子及其裂解规律。芦丁在正、负离子模式下均可得到较好的质谱信息，在正离子模式下，容易与 Na^+形成$[M+Na]^+$的准分子离子，并裂解形成碎片 *m/z* 605、487、331、325、313、185 等；在负离子模式下，形成$[M-H]^-$的准分子离子，并进一步裂解形成碎片 *m/z* 301、283、257、255、229、227、211 等[82]。芦丁 MS *m/z* ：609.2，芦丁-硒配合物的 MS 分子离子峰从 609.2 变成了 686.3（M^-+Se），360.1 峰为断裂 3 位上的氧及芸香糖，722.1 峰是结合了 2 个水的配合物（$M^-+Se+2H_2O$），可见硒和芦丁形成了衍生物。

二、芦丁的药理学和毒理学性研究

芦丁具有降低毛细血管通透性、抗炎、抗病毒、镇痛、抗氧化及抑制醛糖还原酶、降低毛细血管通透性引起的出血症等多种药理学活性，也可用于高血压治疗。

（一）芦丁的药理作用

1. 芦丁对抗心脑血管疾病的作用

芦丁具有扩张血管的作用，可以改善心肌平滑肌的收缩舒张功能，其作用机制与黄酮类化合物调节平滑肌细胞膜外 Ca^{2+}内流和胞内 Ca^{2+}释放有关。前期研究表明：甲基黄酮醇胺盐酸盐有抗实验性心律失常、实验性心肌梗死和实验性血栓形成的作用，可以抑制钾钙引起的主动脉条及平滑肌收缩[83]。国内学者用芦丁（50 mg/kg，100 mg/kg，iv）显著改善了小鼠脑缺血再灌损伤后的异常神经症状和抑制断头后张喘气时间的缩短及脑组织中 LDH 的减少，显著抑制了大鼠脑缺血再灌损伤所致的脑水肿形成和脑组织中 LDH、SOD、MDA 及 NO 的变化，表明芦丁对脑缺血再灌损伤有显著的保护作用，其机制与自由基和 NO 有关[84]。进一步的研究还表明，芦丁可显著提高脑缺血小鼠的存活率，改善神经元和胶质细胞的形态学变化；也可显著抑制缺血脑组织中 NO 及 MDA 含量的增高及减少缺血脑组织神经元的凋亡数目。卢明珍等报道了芦丁对大鼠缺血再灌注心肌的保护作用，并对其作用机制进行了讨论，指出芦丁可通过降低缺血再灌注损伤过程中脂质过氧化反应，维持细胞内外离子稳定性而保护心肌。

2. 芦丁的抗氧化及抗自由基作用

红细胞（RBC）不仅在体内每天都有一部分发生自身氧化解体，在体外温育过程中同样可产生氧化溶血反应。RBC 在其氧化过程中产生了大量的氧自由基，除了加速血红蛋白的氧化外，还可使膜脂质发生过氧化反应加速溶血。丙二醛（MDA）就是这种脂质过氧化反应的终产物，是评价脂质过氧化反应强弱的一个很好的指标。研究者在兔 RBC 体外温育自氧化试验中，3.2×10^{-5} mol/L 的芦丁可显著抑制 RBC 自氧化，并可减少 RBC 自氧化过程中脂质过氧化物含量，说明芦丁对 RBC 的自氧化溶血损伤有一定的保护作用，并可能与抑制脂质过氧化反应有关。灌胃 20～80 mg/kg 芦丁不仅可显著减少小鼠血浆中 MDA 含量，也可显著提高大鼠血浆中 SOD 活性，并有一定的量效关系。而 SOD 则是机体内氧自由基主要的清除剂之一。因此提示芦丁的抗脂质氧化作用与其增强机体 SOD 活性，促进氧自由基清除有关。夏维木等应用电子自旋共振技术观察了芦丁对 O^{2-}的清除作用，发现芦丁对产生的 O^{2-}有很强的清除作用，其清除效率可达 96%以上[85]。芦丁作为 Fe^{2+}螯合剂，能抑制芬顿反应和脂质过氧化的链式反应而具有明显的抗脂质过氧化作用。阎道广等利用与低密度脂蛋白氧化修饰程度相关的指标即乳酸脱氢酶（LDH）的维生素 E 含量、游离氨基减少百分率、巴比妥酸反应物（TSARS）和荧光物质产生量等，比较了芦丁与槲皮素及二丁基羟基甲苯（BHT）的抗低密度脂蛋白脂质过氧化能力。结果显示，发现芦丁、槲皮素抗氧化能力相近，均优于人合成的酚类物质 BHT。卢明珍等报道了芦丁对大鼠缺血再灌注心肌的保护作用，并对其作用机制进行了讨论，发现芦丁可通过降低缺血再灌注损伤过程中脂质过氧化反应，维持细胞内外离子稳定性而保护心肌。芦丁可改善四氧嘧啶大鼠糖尿病肾病，其机制可能与抑制醛糖还原酶和消除氧自由基有关。芦丁在体外具有自由基清除作用（在 1×10^{-2} mol/L 时，抑制率达到 31.4%）和醛糖还原酶抑制活性（在 1×10^{-2} mol/L 时，抑制率达到 74.2%），阻止葡萄糖转变为山梨醇，减弱山梨醇通路激活对大鼠造成的损害。另外，芦丁可降低肾组织脂质过氧化物酶（LPO）活性，延缓氧自由基对肌体的进一步损伤。夏维木等以肌酐（Cr）、乳酸脱氢酶（LDH）、丙二醛（MDA）为指标，通过大鼠肾缺血再灌注损伤模型，进行了芦丁对肾脏缺血再灌注损伤保护作用的实验研究，结果发现，缺血再灌注损伤后导致 Cr、LDH、MDA 显著升高；用芦丁后，Cr、LDH、MDA 较对照组明显降低，表明脂质过氧化物的形成减少，肾脏细胞受损减轻，肾功能得到保护，其保护作用与传统的谷胱甘肽（GSH）保护作用近似；肾组织匀浆中，Fe 明显降低，揭示芦丁作为铁离子螯合剂，可起到抗脂质过氧化作用[86]。

3. 芦丁抑制血小板激活因子及低密度脂蛋白氧化修饰

甲基黄酮醇胺盐酸盐（RAF）是迄今发现的最强的血小板聚集激活剂，它可由血小板、白细胞、内皮细胞等多种细胞产生并具有广泛的生物活性，在许多疾病过程中起介导作用，与组织缺血再灌注损伤、冠心病、动脉粥样硬化、脑血管疾病等诸多心脑血管疾病密切相关。陈文梅等以比浊法测定家兔洗涤血小板（WRP）聚集率，邻苯二甲醛（OPT）荧光分光光度法测定 5-羟色胺（5-HT）含量，以 Fura-2 荧光分光光度法测定血小板内游离的钙离子浓度的变化。结果发现，芦丁体外呈浓度依赖性抑制 RAF（9.55×10^{-9} mol/L）诱发的 WPR 聚集、5-HT 释放作用，IC_{50}分别为 0.73 mmol/L、1.13 mmol/L；同时 68.3 μmol/L、136 μmol/L、274 μmol/L、545 μmol/L 芦丁剂量依赖地抑制甲基黄酮醇胺盐酸盐（4.78×10^{-10} mol/L）引起的血小板内游离钙浓度升高。

芦丁对低密度脂蛋白氧化修饰的抑制作用：以反映低密度脂蛋白（LDL）氧化修饰程度的硫代巴比妥酸反应物（TBARS）及荧光物质含量为指标。研究结果表明，芦丁对已受到 Fe 氧化修饰的 LDL 有明显抑制作用；与 LDL 氧化修饰程度相关的指标：LDL 的维生素 E 含量、游离氨基减少百分率、TBARS 及荧光物质的产生量等的抗低密度脂蛋白脂质过氧化能力，芦丁优于人工合成的酚类物质 BHT-3。以 LDL 氧化修饰为模型和以 TBARS 生成量以及 LDL 的生育酚乙酯（A-tocopherol）和荧光物质含量为指标，以时间效应和浓度效应说明，芦丁能明显地抑制 Ca^{2+}诱导的 LDL 氧化修饰，但对已受到 Ca^{2+}氧化修饰的 LDL 的过氧化无明显的终止作用。

4. 芦丁的抗菌作用

芦丁对多种细菌具有抗菌活性。国外研究表明，它对大肠杆菌、普通变形杆菌、索氏志贺菌、克雷伯氏菌有显著的抑制作用[87, 88]。同时研究还发现，芦丁还对铜绿假单孢和枯草芽孢杆菌具有明显显著抗菌活性[89, 90]。芦丁和其他多酚在食物系统中已经被研究，通过抑制 DNA 证明芦丁异构酶Ⅳ对大肠杆菌具有抗菌活性。芦丁联合其他黄酮类化合物后对蜡样芽孢杆菌和肠炎沙门氏菌的抗菌活性具有协同作用[91]。研究表明，取代基引入芦丁后可能改变其物理化学性质，如电子密度、疏水性和空间应变，其抗真菌活性可能会增加，如芦丁治疗白色念珠菌引起的化脓性关节炎也取得较好的疗效[92]。王亚男等证明，芦丁可以通过抑制分选酶 A（SrtA）的活性显著抑制金黄色葡萄球菌的凝集反应。蛋白结合试验结果表明，不同浓度的芦丁对金葡菌的黏附具有抑制作用，呈剂量依赖关系。金黄色葡萄菌在 64 μg/mL 芦丁作用下，对纤维蛋白原和纤连蛋白的黏附率分别下降了 72.03%和 65%，进一步验证芦丁的抑菌活性[93]。赵强等试验表明，紫花苜蓿芦丁提取液对大肠埃希氏杆菌的最低抑菌浓度（MIC）为 0.40 mg/mL，对金黄色葡萄球菌的 MIC 为 0.70 mg/mL，抑菌效果较为明显[94]。芦丁处理后的各病原菌菌落直径均小于未处理的菌落。芦丁对人参立枯病原菌的 50 倍、100 倍、200 倍、400 倍、800 倍稀释液抑菌率分别是 17.53%、29.27%、23.83%、1 9.82%、22.39%；对白鲜皮大斑病原菌的 50 倍、100 倍、200 倍、400 倍、800 倍稀释液抑菌率分别是 25.35%、 23.71%、29.81%、26.76%、24.41%；对紫菀根腐病原菌的 50 倍、

100 倍、200 倍、400 倍、800 倍稀释液抑菌率分别是 13.93%、22.97%、17.49%、11.46%、14.47%；对玉米大斑病原菌的 50 倍、100 倍、200 倍、400 倍、800 倍稀释液抑菌率分别是 16.67%、18.75%、17.97%、13.28%、8.59%。以上各组处理与对照相比均达到差异显著水平。芦丁对人参立枯病原菌、紫菀根腐病原菌、玉米大斑病原菌抑制效果最好的浓度为 100 倍稀释倍数，对白鲜皮大斑病原菌抑制效果最好的浓度为 200 倍稀释倍数。国内学者发现，槐米中芦丁对 4 个菌种抑菌作用由高到低分别为：枯草杆菌、大肠杆菌、金黄色葡萄球菌、白色念珠菌；芦丁对枯草杆菌的 MIC 为 0.125 g/mL，金黄色葡萄球菌的 MIC 为 0.25 g/mL，大肠杆菌的 MIC 为 0.5 g/mL，白色念珠菌的 MIC 为 0.125 g/mL；芦丁对枯草杆菌的最低杀菌浓度（MBC）为 0.5 g/mL；金黄色葡萄球菌的 MBC 为 1 g/mL；大肠杆菌的 MBC 为 1 g/mL；白色念珠菌的 MBC 为 0.25 g/mL。林建原发现，稀土钐芦丁配合物的抑菌效果随着配合物浓度的增加抑菌活性明显增大，MIC 可达 2.6×10^{-3} mg/mL[95]。李艾、王金宏等合成的芦丁铬配合物的抑菌作用最强，并且联合抑菌有增效作用，同时抑菌作用随浓度增大而增强；抑菌效果在 pH 为 6 时最佳[96, 97]。

5. 芦丁的抗癌作用

最近研究表明，芦丁具有抗氧化和清除氧作用，可作为广泛的抗癌药物。例如，芦丁具有抗肿瘤活性，可阻止氧化性物质对人类结肠组织细胞 DNA 的攻击，发挥抗肿瘤效果。活性氧已被证实与多种疾病的发病机制如动脉粥样硬化和某些癌症有关[98]。Ruti 已被广泛用于抗癌/抗癌药物的研究。研究发现，用剂量 120 mg/kg 的芦丁，能使人白血病 HL-60 细胞的移植小鼠导致肿瘤大小显著减少。芦丁对人结肠癌 SW480 肿瘤细胞株移植进入小鼠后，小鼠平均存活时间延长 50 天[99]。Chen 等研究了芦丁的抗神经母细胞瘤效应，发现芦丁可显著抑制人神经母细胞瘤（LAN-5）细胞的生长和趋化能力。芦丁可降低 B 细胞淋巴瘤-2（BCL2）的表达，降低 BCL2/Bax 表达，同时也抑制 MYCN mRNA 表达，进而促进细胞凋亡。它还可以抑制癌细胞的生长，通过细胞周期阻滞和/或细胞凋亡，以及抑制大肠癌细胞增殖、血管生成和/或转移线。已有研究说明芦丁对卵巢癌细胞株 OVCA 的抑制与剂量相关。另一项研究报道，它还可促进细胞凋亡，限制胰腺癌的转移[100]。

6. 芦丁的抗病毒作用

目前，逆转录病毒、正黏病毒、疱疹病毒、乙型肝炎病毒和丙型肝炎病毒等感染在全球各地流行。由于病毒感染的高发率，关于“新出现”的精确处理耐药病毒株，似乎有必要发展新型抗病毒药物。芦丁的主要成分 *Capparis sinaica* Veill 显示出显著的抗病毒作用。研究表明，芦丁在 C-5 和 C-7 位存在羟基，同时 C-2 和 C-3 通过双键连接，具有抑制 HIV 病毒的活性；如果 B 环上有羟基或卤素取代时，就会增加此芦丁的毒性，并且会引起抗病毒活性的降低[83]。国内学者利用流感病毒感染 MDCK 细胞模型，观察芦丁对流感病毒的体外抑制作用；结合流感病毒感染前、感染同时及感染后加药的不同方式，探索芦丁作用于流感病毒生命周期的具体阶段；用荧光底物法考察芦丁对流感病毒神经氨酸酶的抑制作用。结果表明，芦丁对 A/Puerto Rico/8/1934（H1N1）、A/FML/1/47（H1N1）、A/Human/Hubei/3/2005（H3N2）、A/Beijing/32/92（H3N2）4 株流感病毒均具有体外抑制作用，其中对 A/Puerto Rico/8/1934（H1N1）株的半数效应浓度（EC_{50}）最小，选择指数（SI）最大，体外药效最好。芦丁在流感病毒感染后给药的效果最为明显，对流感病毒 A/FML/1/47（H1N1）的 IC_{50} 最小，对神经氨酸酶活性抑制作用相对最好。结果充分表明，芦丁可抑制流感病毒神经氨酸酶活性，具有较好的体外抗流感病毒作用。

7. 芦丁的抗衰老作用

芦丁具有抗衰老的作用，这与其抗氧化作用有关。实验研究证明，黄酮类化合物具有抗衰老的作用，如茶多酚、槲皮素、芹黄素、木犀草素、儿茶素、芦丁等。研究其构效关系时发现，多羟基的黄酮类化合物清除自由基的能力比较强，并且 C-5、C-7 位酚羟基是其保持活性所必需的，这两处的酚羟基可与过渡金属络合，且 C-7 位羟基有较强的酸性时可提高清除自由基的能力[84]。国内学者选用健康的昆明小鼠 60 只，随机分为对照组、衰老组、阳性对照组、低剂量芦丁组和高剂量芦丁组。除对照组外，其他组小鼠通过注射 D-半乳糖制成亚急性衰老模型。选用阳性对照药物和两种剂量（20 mg/kg、40 mg/kg）芦丁对亚急性衰老模型小鼠治疗 6 周。通过 Y 迷宫行为测试，光镜 NADPH 组织化学法观察实验小鼠的学习行为变化及大脑皮质和海马结构 NOS 神经元的形态和数目。结果发现，衰老组小鼠 Y 迷宫学习次数明显多于其他组，高剂量芦丁组小鼠 Y 迷宫学习次数明显少于阳性对照组；两种剂量芦丁组皮质和海马结构 NOS 神经元数目较衰老组均增多，高剂量芦丁组海马 CA1 区和齿状回的 NOS 神经元数目较阳性对照组显著增多。也有学者将 80 只雄性 ICR 小鼠采用直接抽取法分为对照组、D-半乳糖组、D-半乳糖+芦丁组和 D-半乳糖+维生素 E 组，每组 20 只。D-半乳糖诱导小鼠“衰老”模型，同时给予芦丁口服 6 周。使用 Morris 水迷宫实验，记录小鼠的逃避潜伏期、游泳距离和游泳路径，试剂盒检测海马组织总超氧化物歧化酶（T-SOD）、谷胱甘肽过氧化物酶（GSH-Px）和一氧化氮合酶（NOS）活性以及丙二醛（MDA）和一氧化氮（NO）含量。用甲酚紫染色观测海马神经元损伤情况，用微管相关蛋白-2（MAP-2）观测海马神经元树突完整性情况，用半胱天冬酶-3（Caspase-3）、胶质纤维酸性蛋白（GFAP）抗体标记脑冠状切片来分别观测海马神经元凋亡情况与星型胶质细胞损伤情况。结果显示，D-半乳糖明显诱导小鼠海马区的神经毒性。

与 D-半乳糖组小鼠比较，D-半乳糖+芦丁组小鼠在第 5 天、第 6 天训练的逃避潜伏期和游泳距离均缩短，训练结束后实验结果显示，与 D-半乳糖组小鼠比较，D-半乳糖+芦丁组小鼠海马完整神经元数增加，凋亡阳性细胞数明显减少，神经元树突损伤减轻，T-SOD 和 GSH-Px 的异常活性恢复，MDA 水平降低。此外，D-半乳糖+芦丁组小鼠中海马星型胶质细胞树突损伤有所缓解，细胞中 NOS 活性恢复，NO 释放明显降低；而维生素 E 作为阳性对照有与芦丁相似的神经保护功能。结论充分表明，芦丁可通过缓解脑损伤来改善 D-半乳糖诱导衰老小鼠的认知功能，在脑老化过程中可能有正效应的作用。

8. 芦丁的解热镇痛作用

芦丁经腹腔注射或灌胃均可以显著抑制甲醛致小鼠疼痛反应，延长小鼠舔足潜伏期并减少小鼠扭体反应数。脑室注射芦丁可明显抑制小鼠温浴法缩尾反应潜伏期；可降低小鼠血清和脑组织中 MAD、PEG2 含量，并能降低脑组织 NO 的含量。可见芦丁具有明显镇痛作用，其机制可能与抑制 PEG2 和脂质过氧化及减少脑组织 NO 的释放有关。研究表明，芦丁（6.25～100 mg/kg ip）可剂量依赖性抑制小鼠扭体反应，50～100 mg/kg ip 可明显提高小鼠嘶叫的刺激阈值，显著延长小鼠热板舔足反应潜伏期。这种镇痛作用比阿司匹林强但弱于吗啡。在小鼠扭体模型，0.31～1.30 mg/kg iv 或 6.25～2500 mg/kg ip 均呈剂量依赖性镇痛作用，中枢给药所需剂量为外周用药的 1/20。iv $CaCl_2$ 或乙二胺四乙酸拮抗或增强芦丁的镇痛作用。将小剂量芦丁敷于复发性口疮患者的溃疡面上不产生明显镇痛效果。0.30 g/kg 和 0.60 g/kg 剂量的曲克芦丁可明显减少醋酸诱发的小鼠扭体反应次数，延长扭体反应潜伏期，高剂量可显著降低小鼠的扭体发生率；但 0.15～0.60 g/kg 剂量不能提高热板法模型中小鼠痛阈，因此推测芦丁在镇痛作用上可能存在特异性，即对紧张的病理性疼痛和内脏痛有镇痛效果，而对时相性急性痛或体痛无镇痛作用或作用较弱。上述结果表明，芦丁镇痛部位首要是中枢而不是外周，其中枢镇痛机制可能与钙拮抗有关[101]。

9. 芦丁对糖尿病及其并发症保护作用

糖尿病慢性并发症与高血糖、高血压、血脂异常、高尿酸血症、腹型肥胖等多种因素有关。最显著的细胞内改变是细胞内反应物的过度生成，如活性氧/氮自由基（ROS/RNS），晚期糖基化终末产物（AGE）、山梨醇、甘油醛-3 磷酸脱氢酶（GAPDH）活性和己糖胺活性等增加。芦丁对高血糖的调节，是通过改变血脂异常诱导细胞内代谢实现的[102]。用单纯性肥胖大鼠的动物模型考察芦丁对单纯性肥胖大鼠血糖、血脂和胰岛素抵抗的影响，结果显示，模型组出现明显的胰岛素抵抗特征，空腹血糖和血胰岛素异常升高，同时体脂含量增加、脂代谢紊乱，与文献报道的肥胖者存在高胰岛素血症、体脂分布异常、脂代谢紊乱及胰岛素敏感性下降的结果一致。胰岛素抵抗指胰岛素作用的靶组织中，一定量的胰岛素的生物学效应低于正常水平，从而产生一系列病理生理变化和临床症状。胰岛素抵抗是诸如肥胖、高血压、糖尿病、动脉硬化等疾病的共同危险诱因。高血浆胰岛素钳夹技术是目前评价机体胰岛素敏感性的金标准。在建立的单纯性肥胖模型基础上，用芦丁灌胃大鼠 4 周，其葡萄糖灌注速率（GIR）高于模型组，提示芦丁具有一定的改善胰岛素抵抗的作用。芦丁可以改善 2 型糖尿病肝脏的病理状况、明显降低血糖，这提示芦丁可以延缓脂肪肝、肝纤维化及肝硬化的进程。在降脂方面，芦丁可以降低甘油三酯和低密度脂蛋白的含量，并可在一定程度上逆转线粒体结构的病理改变，改善肝脏的脂肪变性和纤维化。李晓华等对 4 组心肌细胞进行观察，发现芦丁组可降低高糖诱导的心肌细胞中 tTG 蛋白及 mRNA 的表达，减轻心肌的纤维化程度。冀晓茹等对 1 型糖尿病小鼠的心肌组织病理切片进行观察，发现经芦丁治疗后，小鼠心肌细胞的萎缩和坏死的症状有所减轻，血清心肌酶活性较模型组降低，表明芦丁可以对扩张型心肌病（DCM）的心肌损伤起到一定的保护作用；芦丁改善大鼠的认知功能主要与核因子 E2 相关因子 2（Nrf2）在应激状态下激活抗氧化酶基因有关，借此增强机体的抗氧化能力。屈昌会以链脲佐菌素（STZ）诱导的大鼠为实验对象进行研究，结果表明糖尿病芦丁组的血红素氧合酶-1 的 mRNA 和蛋白表达水平均较糖尿病对照组和糖尿病盐水组有所上升；芦丁干预后，TGF-β1 mRNA 明显减少，可延缓肾小球硬化进程。高血糖会影响多元醇代谢通路，导致细胞结构被破坏。芦丁可通过抑制此通路中的关键酶——醛糖还原酶的活性，改善糖尿病肾病的病理状态。芦丁可降低血清中血管紧张素 II（Ang II）、血管内皮生长因子（VEGF）的水平，改善肾小球的滤过功能，减轻肾脏纤维化，延缓糖尿病肾病进程。芦丁还可发挥抑制自由基通路及抗脂质过氧化的作用，缓解机体的氧化应激和脂代谢紊乱，以此来防治糖尿病肾病。应用芦丁后，糖尿病小鼠的血肌酐和尿素氮的水平也会在一定范围内降低，表明芦丁可以减轻肾脏的损害程度，对糖尿病肾病有治疗作用。

芦丁对糖尿病的治疗作用机制：①抑制氧化应激，氧化应激指机体活性氧和活性氮的产生量与清除量之间的失衡，导致氧化产物的堆积，对机体细胞及生物大分子物质造成损伤。氧化应激可损坏胰岛 β 细胞及诱导胰岛素抵抗，是 2 型糖尿病发病的主要机制。王兰等给大鼠注射小剂量 STZ 来建立 T2DM 大鼠模型，发现芦丁可以大幅提高糖尿病大鼠体内 SOD 活力，降低 MDA 含量，缓解氧化应激，对糖尿病大鼠进行保护。郝慧慧等发现芦丁给药后的 STZ 大鼠谷胱甘肽过氧化物酶活性、过氧化氢酶活性、总抗氧化能力均较模型组提高，提示芦丁具有抗氧化能力，可以减轻细胞膜的损伤程度。②影响糖脂代谢，糖脂代谢紊乱是糖尿病的主要特征之一。对用高脂高热量饮食加小剂量 STZ 诱导的 T2DM 大鼠，荞麦花叶芦丁可以显著降低甘油三酯、低密度脂蛋白胆固醇、血浆总胆固醇和 MDA 的含量，并且使胞浆中脂滴数目、线粒体空化及纤维化减少，这些形态学指标也提示芦丁可以恢复线粒体功能，改善脂代谢。此外，芦丁还可以剂量依赖性地降低糖尿病大鼠的血糖。③改善胰岛素抵抗（insulin resistance，IR），胰岛素抵抗是糖尿病发生发展的重要病理生理学基础。潘静芳等用芦丁治疗四氧嘧啶诱导的糖尿病小鼠，用药组较模型组的胰岛素敏感指数、血清胰岛素含量和糖耐量均明显升高，表明芦丁可以改善胰岛素抵抗。芦丁可以解除自由基对胰岛 β 细胞的损害作用，促进胰岛 β 细胞的修复与再生，提高机体对胰岛素的敏感程度，减轻胰岛素抵抗。肿瘤坏死因子 α（TNF-α）也可能是诱发胰岛素抵抗的一个因素，高血糖可以使 TNF-α 含量升高。芦丁可以调节糖尿病大鼠的胰岛素及 TNF-α 的含量，改善胰岛素抵抗。④抗炎作用，炎症因子广泛参与了糖尿病及并发症的发生发展过程。TNF-α、白介素 6（IL-6）等炎症因子不仅会对血管内皮造成损伤，还会影响胰岛的功能[103]。李光民等将大鼠分为正常组、糖尿病模型组、芦丁高中低剂量组及罗格列酮阳性药物对照组，进行 TNF-α 蛋白表达的检测，结果表明芦丁可以降低 TNF-α 蛋白的表达。芦丁组的大鼠肝脏形态得到改善，表明芦丁可以通过减少炎症因子的数量进而改善糖尿病的病理状态，具有一定抗炎作用[104]。

研究证明，芦丁可抑制大鼠肌肉和肾脏蛋白质的形成。在糖尿病大鼠模型中，芦丁葡萄糖衍生物（膳食 G-芦丁）可降低血清和肾脏中的胶原和羟脯氨酸的含量。胶原和羟脯氨酸在细胞外基质中的表达由于周转缓慢，易受年龄积累的影响，造成其含量增加。而糖尿病的发生与这些含量增加密切有关。同时，高血糖和高脂血症还会导致细胞内氧化葡萄糖和游离脂肪酸，产生过多的 ROS/RNS，导致细胞内葡萄糖浓度增加。ROS/RNS 的大量增加扰乱细胞内生物分子比如蛋白质、RNA 和 DNA 的正常功能。此外，ROS 的积累和高血糖诱导的甘油二酯激活蛋白激酶 C（PKC）的增加，可促进多种病理代谢过程，如 PKC 的慢性激活与血管通透性，细胞外基质（ECM）扩张，炎症生成和影响白细胞黏附、血管舒张功能和血管生成等。结果表明，芦丁抑制胶原和羟脯氨酸、ROS/RNS 活性，从而发挥其抗血糖作用[105]。

10. 芦丁对器官的保护作用

（1）对缺血损伤心肌的保护作用

研究者通过实验观测了芦丁对大鼠缺血再灌注（I/R）损伤时心功能、血清及心肌组织 MDA、SOD 及心肌质膜苷三磷酸酶系统的影响。与 I/R 组织相比 用芦丁处理后左室内压峰值（LVSP）及左室内压上升及下降最大速率（$t_{dp/dt}$，t_{max}）明显升高；血清及心肌 MDA 含量明显降低，而 SOD 活力增高。心肌质膜腺苷三磷酸酶的活力恢复结果表明，芦丁可通过降低 I/R 过程中脂质过氧化反应以维持细胞内外离子稳定而保护心肌。

（2）对脑缺血损伤的保护作用

小鼠脑缺血再灌注模型通过结扎取侧颈总动脉并尾部放血 0.3 mL，再灌后，记录异常神经症状和断头后张口喘气时间，测定脑组织中乳酸脱氢酶（LDH）含量；利用血管模型，大鼠前脑缺血 30 min 后再灌注 40 min。取脑组织分别测定 LDH 过氧化物歧化酶（SOD）、丙二醛（MDA）、一氧化氮（NO）的含量。结果表明，芦丁（50 mg/kg iv，100 mg/kg iv）均可显著改善小鼠脑缺血再灌损伤后的异常神经症状和抑制断头后，张口喘气时间的缩短及脑组织中 LDH 的减少，显著抑制大鼠脑缺血再灌损伤所致的脑水肿形成和脑组织中 LDH、SOD、MDA 及 NO 的变化。表明芦丁对脑缺血再灌损伤有显著的保护作用，其机制与抗自由基和 NO 有关。进一步的研究还表明，芦丁可显著提高脑缺血小鼠的存活率，改善神经元和胶质细胞的形态学变化；也可显著抑制缺血脑组织中 NO 及 MDA 含量的增加及减少缺血脑组织神经元的凋亡数目。

（3）对肾脏缺血损伤的保护作用

通过大鼠肾缺血再灌注损伤模型研究了芦丁对肾脏缺血再灌注损伤的保护作用及其机制，结果发现芦丁通过清除氧自由基保护缺血再灌注损伤的肾脏功能的机制可能与降低组织内 Fe^{2+}水平，抑制·OH 产生及直接清除自由基有关。芦丁可降低血清尿酸、肌酐、血尿素氮等水平，增加尿素、尿酸和高尿酸血症小鼠肌酐排泄率。在用果糖诱导的高尿酸血症大鼠模型中，芦丁阻断了 NLRP3 炎性小体介导的肾脏炎症反应，改善了大鼠肾脏的信号传导障碍，降低了脂质积累以及逆转了肾脏转运蛋白的失调。芦丁可以抑制肾缺血/再灌注中 iNOS 活性并减少 3-硝基酪氨酸和肾脏中 ROS 形成来发挥保护肾脏的作用。在顺铂诱导的雄性大鼠肾毒性中，芦丁预处理可使肾功能和氧化应激的生物标志物恢复，减轻顺铂诱导的肾脏病理学变化。芦丁改善顺铂肾毒性可能是通过抑制 NF-κB 和 TNF-α 通路介导的炎症反应、Caspase-3 介导的肾小管上皮细胞凋亡以及恢复顺铂诱导的肾组织病理变化来介导。另外，芦丁还表现出对溴酸钾诱导的大鼠肾毒性的保护作用。

（4）胃肠黏膜保护作用

赵维中等利用 3 种大鼠溃疡模型观察芦丁对胃黏膜损伤指数的影响，利用幽门结扎法收集胃液，观察芦丁对胃液分泌量、胃液酸度和胃蛋白酶活性的影响。结果芦丁可剂量依赖性地抑制冷冻-束缚应激和酸性乙醇引起的胃黏膜损伤，还可提高受体阻断药西咪替丁对胃黏膜的保护作用[106]。国内学者利用大鼠冷冻-束缚应激模型，测定胃黏膜中黄嘌呤氧化酶活性、还原型谷胱甘肽（GSH）含量，并观察芦丁与抗氧化剂（超氧化物歧化酶、别嘌呤醇、二甲基亚砜）联合用药对胃黏膜损伤的影响。结果发现，芦丁（5 mg/kg、20 mg/kg，每日 2 次，共 5 d，ig）在减轻大鼠冷冻-束缚应激引起的胃黏膜损伤的同时，抑制胃黏膜活性，提高胃黏膜 GSB 含量，另外还可提高抗氧化剂的胃黏膜保护作用；可见芦丁可明显减轻大鼠应激性胃黏膜损伤，抗氧化作用是它可能机制。芦丁结构中的苷元部分在保护胃黏膜中起主要作用，进一步的研究表明，对乙醇性胃黏膜损伤的保护作用可能与促进胃黏膜细胞合成或释放内源性 NO 有关。国外学者的研究表明，芦丁对乙醇诱导的大鼠结肠炎也有肠黏膜保护作用。

（5）保肝作用

肝硬化是肝细胞遭受破坏后以“瘢痕组织”替代，使血液流动改变导致肝细胞死亡和肝脏功能下降的严重疾病。肝损伤后紧接着是“肝纤维化”，在反复的损伤后观察到肝细胞的再生，细胞外基质沉积，导致纤维状胶原沉积。芦丁在四氯化碳（CCl_4）诱导的大鼠肝损伤中的保护作用研究表明，芦丁可降低由 CCl_4 导致的血清中丙氨酸氨基转移酶、天冬氨酸氨基转移酶、碱性磷酸酶和 γ-谷氨酰转肽酶水平；此外，还可调节血液中的胆固醇，提高内源性肝脏抗氧化酶（如过氧化氢酶、超氧化物歧化酶、谷胱甘肽过氧化物酶、谷胱甘肽-*S*-转移酶、谷胱甘肽还原酶和谷胱甘肽）的含量，降低肝脏抗氧化酶的水平（脂质过氧化反应是以剂量依赖性方式存在的）；与此同时，恢复了 *p53* 和 CYP2E1 的活性。对 BALB/c 小鼠进行 6 周的奥沙利铂治疗（10 mg/kg，腹腔注射）造成肝脂肪变性和神经毒性，而芦丁可减轻奥沙利铂诱导的肝毒性和神经毒性，提示芦丁具有保护肝脏作用。

（6）对神经及肺组织的保护作用

在小鼠模型中，芦丁抑制奥沙利铂诱导的慢性周围神经病变。奥沙利铂是结直肠癌化疗中最重要的铂类化合物之一，但具有一定的周围神经毒性。芦丁可以显著降低奥沙利铂诱导的脊髓脂质过氧化反应，减少一氧化氮的生成，发挥神经保护作用；急性肺损伤是一种“高发病率和高死亡率”的严重疾病，迄今尚未制定出有效的治疗方案。芦丁可以预防“支气管肺泡灌洗液中多形核粒细胞浸润”，减少脂质过氧化和促炎细胞因子的分泌。芦丁能够抑制脂多糖诱导的动脉血气交换和肺内嗜中性粒细胞浸润，抑制巨噬细胞炎性蛋白-2（macrophage inflammatory protein-2，MIP-2）和 MMP-9。另一研究表明，芦丁可有效抑制脂多糖诱导大鼠急性肺损伤肺组织中血管细胞黏附分子-1（vascular cell adhesion molecule-1，VCAM-1）和诱导型一氧化氮合酶（inducible nitric oxide synthase，iNOS）表达。也有证据表明，芦丁可以预防早期成人呼吸窘迫综合征，这可能是由于脂质过氧化反应被抑制。芦丁能降低 LPS 诱导的小鼠急性肺损伤时肺组织炎症反应水平，有利于肺组织结构和功能的保护；也发现芦丁对 LPS 诱导的小鼠急性肺损时 ENAC 的破坏具有一定的防护作用，能改善急性肺损伤时肺组织液体重吸收的能力。

11. 芦丁的抗急性胰腺炎作用

芦丁能有效防止低钙血症的发生并降低胰腺组织浓度。研究发现芦丁能提高胰腺组织大鼠磷脂酶含量，提示芦丁可能对胰腺组织的释放及激活具有抑制作用，有效防止大鼠低钙血症的发生，这可能是通过阻止 Ca^{2+}内流并降低胰腺组织细胞 Ca^{2+}超载，而减轻对 AP 模型组的病理生理损害。赵维中等采用放射免疫分析法测定经注射芦丁的模型大鼠血浆血栓素、前列腺环素及内皮素含量变化。结果发现，芦丁皮下注射给药能有效降低大鼠血清淀粉酶含量，改善胰腺组织的病理学变化。与 SO 组比较，AP 模型组造模后 12 h 的血浆 *T/P* 比值较 SO 组均显著升高（$p>0.01$）；芦丁各用药组的 *T/P* 比值比较说明，AP 模型组显著性降低。芦丁抗实验性作用机制可能与降低血浆 *T/P* 比值、改善胰腺微循环障碍有关。研究显示，芦丁可显著减少大鼠胰腺组织的含量，再次证明了芦丁可以抑制氧自由基对膜的过氧化作用，同时发现芦丁还可提高胰腺组织清除氧自由基的活力。提示芦丁一方面通过增强机体对氧自由基的清除能力，另一方面也可通过抑制过程中氧自由基对膜脂质的过氧化作用，发挥抗氧化作用。

（二）芦丁的药代动力学

肖小华采用高效液相色谱法（HPLC），以 CLC-ODS 柱为分析柱，乙腈：甲醇：磷酸液为流动相，检测波长为 UV 230 nm，分离和检测静脉注射及灌服芦丁后的大鼠血浆中芦丁成分。结果显示，芦丁的血浆最低检测浓度为 0.748 μg/mL，平均回收率为 95.5%～96.6%。HPLC 法特异性好，精密度及回收率高，能同时检测血浆样品中芦丁和阿司匹林成分；芦丁中各成分在大鼠体内的药代动力学过程符合二室模型。芦丁的血药浓度除 iv 组每日 80 mg/kg 剂量可测到变化外，其他各个剂量组的血浆中均未测到芦丁，可能的原因有：芦丁在血中迅速被酶代谢成为代谢产物，此代谢产物在本实验 HPLC 条件下不能分离和测定其含量；芦丁可能迅速分布到组织中，使血药浓度由于过低而不能测出（但此原因的可能性较小）[107]。有学者以色谱条件色谱柱为 Agilent Zorbax SB-ClR 柱（4.6 mm×250 mm，5 μm），以黄酮类化合物山柰酚为内标，采用流动相为 0.03%磷酸溶液-甲醇，以 0.8 mL/min 的流速进行梯度洗脱，检测波长为 258 nm，柱温为 30℃。芦丁溶于 5%羧甲基纤维素钠（CMC-Na）制成混悬剂，大鼠按剂量 200 mg/(kg·d)进行灌胃给药，采用 HPLC 法测定各组织中芦丁的含量。结果发现，各组织中芦丁的线性范围不同，线性关系良好。灌胃给药 5 次后，大鼠组织中的芦丁检出良好，在各组织含量分布中，以肾脏中含量最高，脾中含量最低。

国内学者研究发现，柿叶提取物中芦丁在大鼠体内的药动学符合二房室模型。芦丁在体内较快地被吸收，给药后 1 h 即达到峰浓度，峰浓度 C_{max} 为（1.658±0.184）mg/L，其他主要药动学参数：吸收速率常数 K_a=（2.436±0.883）/h、分布速率常数 α=（1.002±0.372）/h、消除速率常数 β=（0.083±0.067）/h、消除半衰期 $t_{1/2\beta}$=（9.418±7.256）h、药-时曲线下面积 AUC_{0-12}=（9.628±2.281）mg·h/L[108]。

（三）芦丁的毒理学研究

有研究者研究了芦丁对 Aβ25-35 肽段淀粉样纤维化及纤维细胞毒性的抑制作用。在 pH 值为 7.4、温度为 37℃条件下孵育 Aβ25-35 肽，采用硫黄素（thioflavin T，ThT）荧光和透射电子显微镜检测多肽的淀粉样纤维化；以淀粉样纤维处理 PC12 细胞建立细胞损伤模型，MTT 法检测细胞存活率，以评估芦丁对 β 淀粉样纤维细胞毒性的抑制作用。结果发现，Aβ25-35 肽段在 pH 值为 7.4、温度 37℃条件下，经孵育 60 h 左右形成淀粉样纤维；芦丁抑制 Aβ 淀粉样纤维的形成，破坏纤维结构，并降低纤维诱导的细胞损害。芦丁分子的主要生物活性结构包括 2 个芳香环核心和芳环上的多个羟基基团，这种多酚结构可通过一些非共价作用力诸如氢键、疏水相互作用和芳环间的 π-π 作用改变多肽链内部及链间的高级结构，阻断 Aβ 分子的纤维化进程，以及改变已经形成的淀粉样纤维结构。此外，在芬顿系统中，芦丁分子中的酚羟基可阻断自由基过程，起到清除活性氧和抗氧化的作用。报道发现，多酚化合物抑制蛋白质淀粉样纤维化的作用与其抗氧化作用密切相关。Aβ25-35 肽段中疏水区的 35 位蛋氨酸（M）在形成纤维后，其甲硫结构可介导自由基过程，引发活性氧的生成。芦丁抑制 Aβ25-35 肽段纤维化及纤维细胞毒性的作用还可能与其消除自由基的作用有关。芦丁能够抑制 Aβ25-35 的淀粉样纤维化和破坏成熟纤维结构，并降低 Aβ 纤维的细胞毒性[109]。有学者采用直接平皿掺入法，将芦丁原料药以 5 mg/皿、1 mg/皿、0.2 mg/皿、0.04 mg/皿、0.008 mg/皿为终浓度，在活化与非活化条件下，分别与鼠伤寒沙门氏菌组氨酸缺陷型突变菌株，37℃接触 48 h，计数回变菌落数。结果表明，在 0.008～5 mg 芦丁原料药/皿的测试浓度，+S9 与–S9 两种测试系统条件下，其作用的 5 种测试菌株的回变菌落数与阴性对照相比明显增加，回变菌落背景正常，未显示其有抑菌作用，且无剂量反应关系。芦丁在 5 mg/皿剂量范围内，对 TA 系列测试菌株无明显致 DNA 碱基置换及移码突变性。对芦丁造成 61 例不良反应病例分析发现，80%以上为 45 岁以上中老年人，55.7%存在超说明书适应证用药；57 例静脉途径给药的病例报告中，68%以葡萄糖注射液为溶媒，不良反应发生风险高于其他溶媒；22%存在同瓶配伍输注现象，易发生不良反应；77%不良反应出现在用药 30 min 内；不良反应表现主要为过敏样及过敏反应[110]。

三、芦丁的制剂与应用

1. 环糊精

将芦丁制成糊精包合物后，可极大增加芦丁溶解度。芦丁-β-环糊精包合物可防止挥发性成分的挥发，提高中药制剂的稳定性；改善有效成分的溶解性，提高制剂的溶出速率和生物利用度；使中药挥发油粉末化，便于制剂制备；掩盖药物的不良气味，利于患者服用；降低药物的刺激性，减少药物不良反应；用于有效成分的分离和含量测定。同时此包合物可作为天然黄色色素，在乙醇中，能提高色素制剂的耐光性，防止香味的逐渐消失或变化，与维生素E合用可提高其抗氧化能力，还可作食品营养增补剂。Ding等用共沉淀制备了芦丁β-环糊精包合物，采用多种方法对包合物进行鉴定，测定了包合常数，表明主客分子包合摩尔比为1∶1[111]。Calabr等通过H-NMR、紫外（UV）和圆二色谱等技术证实芦丁的一个芳香环进入了环糊精空穴内部形成包合摩尔比为1∶1的包合物[112]。用饱和水溶液法制备芦丁β-环糊精包合物，通过红外光谱、差示热量扫描等方法对包合物进行鉴定，结果表明主客分子包合的摩尔比为1∶1，芦丁的溶解度由51.12 mg/L上升到643.19 mg/L。双少敏等分别研究了β-环糊精与芦丁的包合反应，测定了其包合常数，结果表明，芦丁分子被环糊精包合后溶解度增加。苏彩娟等采用溶液法制备芦丁/羟丙基β-环糊精包合物，以提高芦丁的水溶性，并采用UV、红外（IR）、X射线衍射（XRD）等方法对该包合物的结构进行了表征[113]。国内学者采用冷冻干燥法制备芦丁-羟丙基-β-环糊精包合物，通过$L_9(3^4)$正交设计优选投料比、包合时间、包合温度，通过考察包合物的溶解度、相溶解度验证包合物的形成，使用X射线衍射法对包合物进行鉴定。结果表明，正交设计筛选出的最佳条件为投料比1∶4，包合时间2 h，包合温度45℃。以该法制备的芦丁-羟丙基-β-环糊精包合物溶解度得到显著提高，达到9.61 mg/mL；采用相溶解度法进行增溶试验，绘制相溶解度曲线，计算包合稳定常数（K_C）。利用研磨法制备芦丁-二甲基-β-环糊精包合物，以显微镜法、红外光谱法、体外溶出度法对包合物进行鉴定。结果发现芦丁与二甲基-β-环糊精相溶解度曲线属于AN型，在一定的二甲基-β-环糊精浓度范围内，芦丁的溶解度随着二甲基-β-环糊精浓度的增加呈线性增加，表明芦丁与二甲基-β-环糊精最佳包合比为1∶1，在线性范围内计算包合稳定常数（K_C）为294.58 L/mol。结果表明，芦丁与二甲基-β-环糊精包合后呈现了新的物相特征，芦丁-二甲基-β-环糊精包合物已经形成，研磨法制备该包合物能明显提高芦丁的溶解度。Miyake等制备了HP-β环糊精芦丁包合物，通过给比格犬口服芦丁及包合物的片剂实验证实，芦丁包合物能提供更高的血药浓度，同时能使芦丁在胃肠道中的稳定性提高[114]。

2. 微乳和纳米粒

邓硕等采用正交试验设计优化芦丁微乳处方，并在其基础上考察制备工艺因素对乳剂的影响，结果表明，用油相（中链甘油三酯-长链甘油三酯质量比1∶1）100 g/L、大豆磷脂18 g/L、白洛沙姆F-68 8 g/L、油酸5 g/L、维生素E_4 g/ L、甘油22.5 g/L，在室温下100 MPa均质6次，制备O/W型静脉注射芦丁亚微乳，其性质稳定，不产生溶血作用，可以提高芦丁溶解性，增加体内吸收[115]。国内学者用花生油/吐温20-司盘20-无水乙醇/水体系制备空白微乳，通过伪三元相图法，对配方进行最佳空白微乳选择，通过紫外分光光度法进行考察。微乳体系中芦丁的溶解度为1.523 mg/mL，是芦丁在水中溶解度的24.4倍，在油相中溶解度的4.3倍，磁力搅拌器搅拌均匀后，形成外观黄色、透明的芦丁微乳液[116]。国内学者以包封率为指标，采用正交设计优化法考察硬脂酸和大豆卵磷脂的用量、吐温80和聚乙二醇（PEG）400的体积分数对包封率的影响，优选最佳处方。用透射电镜观察外观形态，用电位/纳米粒度分析仪分析纳米粒的粒径及Zeta电位，用透析法评价体外释药特征。结果发现，以最佳处方制备的芦丁固体脂质纳米粒呈类球形，平均粒径为（195.8±11）nm，Zeta电位为（–20.65±0.6）mV，平均包封率为86.31%，72 h体外累积释放87.32%；以硬脂酸为脂质材料，采用高温乳化-低温固化法制备芦丁固体脂质纳米粒，以均匀设计法优化处方及制备工艺，并对其形态、粒径、Zeta电位、包封率（EE）、体外释药特征等进行评价。结果表明：所制备的RT-SLN外观呈类球形，粒径为（192.47±31.8）nm，Zeta电位（–18.90±0.27）mV。以包封率为评价指标表进行处方筛选，回归方程计算得优化工艺为药物-硬脂酸比1∶4，硬脂酸用量200 mg，聚山梨酯80浓度12 mg/mL，PEG400浓度5%、转速1500 r/min，初乳与分散相体积比为1∶7，预测优化值为90.11%，其95%的可信区间为83.71%～96.51%，平均EE为89.34%±0.93%，72 h药物累积释放约85%，体外释药符合Higuchi方程：Q=8.345$t_{1/2}$＋15.023（r=0.9892）。

3. 固体分散体和共沉淀物

固体分散体作为一种新型的载药系统，其能够显著地增加难溶药物的溶出，运用不同的载体和方法可以制得控释或缓释的固体分散体。张小莉等采用溶剂法制得不同比例的芦丁PEG6000固体分散体，制成的芦丁PEG6000固体分散体能极显著地提高原药的溶解度、溶出速率[117]。李维峰等采用7种载体（β-环糊精、聚乙烯吡咯烷酮、羟丙基纤维素、PEG6000、琥珀酸、乳糖、泊洛沙姆188），3种常用方法制备固体分散体。结果发现以PEG6000为载体，采用溶剂熔融法制备，熔融时间1 min、药物与载体比例1∶9、加热温度70℃ 为最佳方案[118]。周本宏等将难溶性药物芦丁与亲水性载体聚乙烯吡咯烷酮制备成共沉淀物，实验研究表明，聚乙烯吡咯烷酮共沉淀物能显著增加芦丁的溶解度和溶出速率[119]。芦丁以热甲醇溶解后加入 PEG6000，搅拌使完全溶解，蒸去溶剂，低温干燥，得淡黄色固体，粉碎即可。芦丁固体分散体系可使难溶性药物在水溶性载体中形成分子分散体系，改善药物的溶解性能，加快溶出速度，提高生物利用度，实现药物高效、速效、长效化，也可控制药物靶向释放，增加药物稳定性，避免药物氧化、水解等，显著提高芦丁的溶出速率，并维持在较高水平上。

将芦丁与亲水性载体 PVP 制成共沉淀物，它能显著增加芦丁的溶解度和溶出速率以及分散度，提高生物利用度。作为天然防晒剂，芦丁可用作祛红血丝霜，化妆品中添加芦丁能明显清除细胞产生的活性氧自由基，从而使皮肤润泽、细腻、抗皱。

4. 缓释片和控释片

Lauro 等以羟丙基甲基纤维素、十二烷基硫酸钠、聚乙烯吡咯烷酮、硬脂酸镁、胶体二氧化硅为辅料制备了芦丁缓释片[120]。臧志和等以羟丙基甲基纤维素、可压性淀粉、微晶纤维素为辅料，采用粉末直接压片法制备缓释骨架片，实验结果表明，羟丙基甲基纤维素用量越大，芦丁释放速率越慢，正交试验优化后处方体外释药符合 Higuchi 方程，控释片 10 h，体外释药 90%左右[121]。国内学者以乙基纤维素水分散体（surelease）为缓释材料，空白丸芯为载体，采用低喷流化床包衣技术制备芦丁缓释微丸，单因素考察隔离层增重、控释层增重、致孔剂种类和用量对释放度的影响。利用高效液相色谱法测定含量，紫外分光光度法测定体外释放度。结果发现，最优包衣处方工艺为隔离层增重 10%，控释层增重 18%，15%的乳糖为致孔剂。所得缓释微丸的体外释放度接近一级释药模型。结论表明，以流化床包衣技术制备的缓释微丸体外释放效果理想，工艺简单。也有学者以壳聚糖、阿拉伯胶和淀粉为辅料制备芦丁壳聚糖缓释片，以正交设计法进行处方筛选，用释放度实验考察芦丁壳聚糖缓释片不同释放时间的溶出参数。结果发现，含壳聚糖 1.5%、阿拉伯胶 1.5%和淀粉 0.5%时所制备的芦丁片具有明显的缓释作用，其 T_{50} 为（123.97±0.47）min，T_d 为（16.69±2.71）min，普通片 T_{50} 为（4.90±1.24）min，T_d 为（7.64±0.65）min，两者有显著性差异。结果表明，壳聚糖缓释效果良好，可作为芦丁缓释片的缓释辅料。该片剂处方设计合理，制备工艺简单易行。陈代勇等以羟丙基甲基纤维素为骨架材料制备缓释骨架片，实验表明释药速率随羟丙基甲基纤维素含有量增高而减慢，微晶纤维素和可压性淀粉的加入均加快芦丁释药速率，干法制片比湿法释药速度快，但两者的释药机制相同[122]。

取芦丁、羟丙基甲基纤维素、可压性淀粉、微晶纤维、硬脂酸镁适量制备芦丁 HPMC 控释片。由于芦丁溶解度小、生物利用度低，所以芦丁 HPMC 控释片可以减慢药物释放的速度，减少用药次数，提高生物利用度，从而提高疗效。陈丽等以不同浓度的壳聚糖为辅料制备了芦丁壳聚糖缓释片，随着壳聚糖浓度的增加，芦丁释放速率变慢，1.5%壳聚糖醋酸溶液制备的芦丁片具有明显的缓释作用[123]。

5. 微球和滴丸

微囊（微球）是利用天然的或合成的高分子材料作为囊膜壁壳，将固态或液态药物包裹成药库型微型胶囊。微囊可以掩盖药物的不良气味及口味；能够提高药物的稳定性；并会减少药物对胃的刺激；固化液态药物，形成缓控释制剂和靶向制剂等。肖莉等采用复凝聚法制备壳聚糖-海藻酸钠微囊，通过添加起泡剂将其制成胃内漂浮型微囊，制备的微囊具有 pH 值响应性，体外释放呈现 S 型脉冲释放特征，随着起泡剂用量的增加，释放时滞可由 3 h 延长为 6 h[124]。艾凤伟等以明胶为囊材，采用单凝聚法制备芦丁微囊，其具有肠溶性，可以使芦丁在胃内的酸性环境中得到保护，同时具有缓释作用，延长有效成分的释放时间[125]。李仲谨等采用共沉淀法制备芦丁环糊精聚合物载药微球，优化工艺参数制得的载药微球的总载药量为 2.45%，包封率为 81.67%[126]。Chen 等合成了聚己内酯乙二醇壳聚糖，该壳聚糖聚合物可在水溶液中自发地形成微球。随着聚乙二醇化程度的提高，所得微球粒径在 30～45 nm 范围内增大。当微球包合药物后，粒径大小及差异化程度均变大，采用戊二醛交联可使包合的药物微球释放时间延长，粒径缩小，戊二醛交联化程度越高，其持续释放时间越长[127]。苏秀霞等以明胶为载体，液体石蜡为油相，司盘 80 为乳化剂，戊二醛为交联剂，采用乳化交联法制备芦丁明胶微球[128]。

滴丸的制备基于固体分散法，即利用一种水溶性的固体载体将难溶性药物分散成分子、胶体或微晶状态。用固体分散技术制备的滴丸还具有吸收迅速、生物利用度高等特点，有利于提高药物的效用。李茂星等将芦丁用 PEG6000 作载体，制成水溶性滴丸，滴丸平均粒径（2.93±0.034）mm，粒重（15.32±0.258）mg（n=20），芦丁平均含量为每粒 2.19 mg，RSD=1.57%，可提高其在水中的溶解度，有利于充分发挥芦丁的药理作用，所制芦丁滴丸形状圆滑，大小均匀，制备工艺简单。

6. 颗粒剂和聚合物胶束

孟国良以枸橼酸、碳酸氢钠为泡腾剂，采用聚乙二醇包裹碳酸氢钠，通过正交试验设计，优选了聚乙二醇 6000、碳酸氢钠、枸橼酸的最佳配比，制备了芦丁泡腾颗粒，并对该工艺制备的泡腾颗粒进行质量评价研究；结果表明其有较好的速释效果，水中分布均匀，生物利用度高，能提高临床疗效。经过调味后的泡腾颗粒，口味更佳，良药不再苦口，使患者更乐于接受[129]。

芦丁聚合物胶束是由两亲性聚合物自发形成的热力学稳定体系，它对难溶性药物具有良好的增溶效果。将聚合物胶束作为口服给药的载体可以显著改善药物的溶解性，增加透过生物膜的药量，进而提高药效。Chat 等制备了芦丁的阳离子（CTAB、TFAB、DTAB）、非离子（Brij 78、Brij 58、Brij 35）、阴离子（SDS）及混合表面活性剂系统（CTAB-Brij 58、DTAB- Brij 35、SDS-Brij 35）的胶束溶液，实验结果显示，不同表面活性剂对提高芦丁的增溶能力及 DPPH 自由基清除能力顺序为：阳离子>非离子>阴离子[130]。Ribeiroa 等制备了 E62P39E62（环氧乙烷氧化丙烯）和 E137S18E137（环氧乙烷氧化苯乙烯）共聚物的芦丁胶束溶液，并在25℃和 37℃研究了其溶解能力，结果显示，制备的芦丁胶束的溶解能力要好于以前报道的芦丁 β-环糊精包合物。Lukáč 等采用双子表面活性剂和杂双子表面活性剂两种混合表面活性剂制备了芦丁胶束溶液，并对活性剂的最佳比例、溶液化特性等进行研究[131]。

7. 水凝胶和纳米晶

Valenta 等以芦丁为模型药物制备的水凝胶剂透过人工生物膜的速率要高于羟乙纤维素和聚丙烯酸酯钠的水凝胶，透过大鼠离体皮肤的速率也同样大于后两种水凝胶，制备的脱氧胆酸钠水凝胶具有更低的分子量，较好的触变性，同时起到皮肤渗透促进剂的作用[132]。Tran 等在 H_2O_2 和 HRP（辣根过氧化物）的条件下制备了芦丁酪氨酸壳聚糖衍生物水凝胶，体外实验表明改制剂能明显提高细胞增殖能力；小鼠背部创伤注射该水凝胶制剂，同样表现出良好的治愈能力[133]。有学者用相变温度为 25℃的 PLGA-PEG-PLGA 为载体，曲克芦丁为模型药物，物理混合法制备凝胶浓度为 20%（质量分数）含药凝胶，采用无膜溶出模型研究其在体外不同温度（40℃和 30℃）下的释药行为。结果显示：曲克芦丁的加入对温敏水凝胶的温敏性影响不大；通过改变 PLGA-PEG-PLGA 温敏水凝胶的温度可以改变其释药速度[133]。

药物纳米晶体技术是指将微米级的药物颗粒通过研磨分散或沉淀结晶，使粒径减小到亚微米级甚至毫微米级，并在稳定剂的作用下稳定存在。该技术制备工艺简单，性质考察方便，还能够提高难溶性药物在胃肠道中的溶解度，改善难溶性药物的口服生物利用度。Mauludin 采用冻干法制备了芦丁纳米晶体，其平均粒径为 721 nm，分散度指数为 0.288，动态法测定其在水中的溶解度高达 133 μg/mL，在 15 min 内能完全分散到水中。作者还考察了粉末直接压片法制得的芦丁纳米晶体片、原料药片及市售芦丁片的溶出行为，结果显示，30 min 内芦丁纳米晶体能完全溶出，相应的原料药片及市售芦丁片仅能溶出 71%和 55%。

第三节　芦丁衍生物的研究

芦丁的分子结构使得它的水溶较差，生物利用度较低。为了改善这种情况，研究者已经制得了许多水溶性较好、生物利用度提高的芦丁金属配合物，芦丁包合物，酰胺类、醚类衍生物。

一、芦丁结构衍生物的合成与结构表征

梁克军等在 1979 年用氯乙醇，采用醇介质法首先制得羟乙基芦丁，并于 1979 年 12 月通过药品鉴定并投料生产。羟乙基芦丁的制备不仅增大了芦丁的溶解度，而且扩大了其药理作用和临床应用范围。制备羟乙基芦丁方法还有环氧乙烷法、羟乙基芦丁制备法。芦丁的衍生物有二乙胺基乙基芦丁、二乙胺基甲基芦丁、芦丁羟甲基醚的赖氨酸盐等[134]。另外，以廉价的芦丁为原料，经苄基选择性保护、Williamson 成醚反应、DCC 缩合反应、催化加氢等步骤，可合成 27 个槲皮素酰胺类衍生物[135]。

（一）合成方法

1. 络合衍生物

黄建东以合成反应时间、反应温度、搅拌速度为考察因素，以合成物得率为考察指标，用正交试验设计方法优化了芦丁铬的合成工艺，得到的优化工艺参数为：加入无水碳酸钠，且加入三氯化铬之前的反应时间为 80 min；加入三氯化铬之后，直到反应停止的时间为 240 min；反应温度为 70℃；搅拌速度为 2100 r/min。运用红外光谱、X 射线衍射光谱、原子发射光谱等方法对合成并纯化的芦丁铬进行了分析检测，结果表明生成了稳定的芦丁铬化合物。对比芦丁和芦丁铬的 X 射线衍射光谱图，发现芦丁的晶态发生了改变，表明生成了稳定的化合物。芦丁铬的红外光谱图与芦丁的红外光谱图相比，各个官能团的峰有所位移，而且在 473.39 cm^{-1} 处出现了 Cr—O 的伸缩振动吸收峰，说明化合物中络合了 Cr 元素，原子发射光谱法测得纯化前和纯化后的芦丁铬中铬含量分别为 0.6%、3.8%[136]。

2. 醚类衍生物

颜子童用芦丁为原料，通过苄基选择性的保护，酸水解脱掉芸香糖苷，得到三苄基槲皮素；用 1,3-二溴丙烷作为桥梁，两次 Williamson 成醚反应在 3 位引入苯胺、苯酚和巯基类分子，最后经催化氢化，得到槲皮素醚类衍生物[137]。

3. 胺和氨基类衍生物

朱晓亮以含水量低于 1% 吡啶为反应体系，酶含量 20 mg/mL 以上的脂肪酶 LS-10 为催化剂，异丙胺/曲克芦丁乙烯酯的摩尔比为 5∶1 时，50℃反应 24 h 产率达到最大值（58%）。以曲克芦丁乙烯酯衍生物为底物，合成了含氮杂环（哌嗪、甲基哌嗪、哌啶、吗啡啉）的曲克芦丁酰胺衍生物。以曲克芦丁乙烯酯与吗啡啉反应为例，考察了不同影响因素对反应产率的影响。当以含水量低于 2%吡啶为反应溶剂，吗啡啉/曲克芦丁乙烯酯的摩尔比为 6∶1，酶源筛选后，再以脂肪酶 LS-10 为催化剂，温度 50℃，反应 24 h 时，产率达到最大值 51%。以曲克芦丁乙烯酯为底物，与二甲双胍在脂肪酶 lipase G Amano50 催化下，合成了含三嗪环的曲克芦丁衍生物。相比于振荡条件下，超声辐射能明显提高酶的活性[138]。

（二）结构表征

1. 紫外分光光度法

取芦丁精制品和铽化芦丁分别用甲醇制成 20×10^3 μg/L 溶液，以甲醇为空白，用紫外-可见分光光度计，分别在 200～700 nm 波长范围内扫描。芦丁在 230 nm 及 350 nm 波长处有两个较强的吸收峰，而铽化芦丁在 350 nm 波长处吸收强度降低，并且在 210 nm、270 nm 和 389 nm 处出现新吸收峰，可见铽化芦丁结构发生改变[139]。

2. 红外光谱法

称取 2 mg 配合物，加入 100 mg 溴化钾粉末，研细混匀，于红外灯下烘 10 min，压片，在 400～4000 cm^{-1} 波数进行扫描，配合物红外谱图与配体的谱图相比发生了较大变化。芦丁标样在 3423.21 cm^{-1} 处有吸收，单峰，归属为酚羟基的 ν（O—H）的伸缩振动，而在配合物中，此峰位移 207.97 cm^{-1}，证明羟基氧发生了配位。配体在 1651.84 cm^{-1} 处出现羰基伸缩振动吸收峰，配合物中，此峰的位置和配体中相比没有发生明显的变化，配体在 1607.47 cm^{-1}、1505.26 cm^{-1} 处出现的两个峰为苯环 C 键共轭体系的 C—C 键伸缩振动吸收峰，在配合物中这两个峰基本保留在原来位置，说明配位反应对苯环共轭体系影响不大，配体在 1203.72 cm^{-1} 处的吸收峰是醚的 C—O—C 伸缩振动吸收峰，配合物中此峰基本不变，这排除了醚氧原子成键的可能，在 620.38 cm^{-1} 附近处观察到有配合物 Tb—O 键特征吸收峰，而这些吸收峰在芦丁的红外谱图中没有出现，证明了芦丁和铽形成了以 Tb—O 键结合的铽-芦丁配合物[139]。

3. 元素分析及 ^{1}HNMR 分析法

配体和配合物的 C、H 含量可用元素分析仪测定，稀土离子的含量用 EDTA 法滴定，氯离子的含量用摩尔法滴定。在 25℃的 DMSO 溶液中，测得配合物的摩尔电导值 15.35 S·cm^2·mol^{-1}，表明配合物在 DMSO 溶液中属非电解质，氯离子处于配合物的内界，参与配位铽-芦丁：FABMS，*m/z* 553（7.1）、429（32.8）、325（12.8）、239（69.3）、179（19.3）、169（100）。由 FABMS-图谱中的 *m/z* 429、325 及 179 可以看出配合物中含有糖基，由 *m/z* 553 的碎片峰可以推断铽和芦丁的配合比例为 1∶1。配体及配合物的 ^{1}H NMR 谱，铽-芦丁配合物各峰归属为 *t*（ppm）：11.56（s，1H，5-OH）、10.73（s，1H，7-OH）、7.46（d，1H，2′-H）、7.51（d，1H，5′-H）、6.69（d，1H，6′-H）、6.12（d，1H，8-H）、6.04（d，1H，6H），与芦丁配体的谱图比较，配体于 9.23（1H，3′-O H）及 9.59（1H，4′-OH）的吸收峰在配合物中消失，表明铽-芦丁配位时，3′-O H 及 4′-OH 失去质子，并通过氧原子与铽配位[139]。

二、芦丁衍生物的生物活性研究

（一）络合衍生物的生物活性

1. 抗肿瘤

国内学者取处于对数生长期的肝癌细胞（HepG2），用 0.25% 胰蛋白酶裂解，收集细胞，1000 r/min，离心 5 min，磷酸盐缓冲溶液（PBS）洗 2 次，以 1×10^4 个/mL 的密度接种于 96 孔培养板中，待细胞长至 50%～60%融合时，加入不同剂量的芦丁及铽-芦丁配合物溶液，使其终浓度分别为 0.016 μmol/L、0.08 μmol/L、0.4 μmol/L、2 μmol/L、10 μmol/L、50 μmol/L，每个浓度 4 个孔，每一浓度均设立溶剂对照。加药培养 24 h 后每孔加入四氮唑盐（MTT）（5 mg/mL）15 μL，37℃继续培养 4 h，终止培养后小心吸去孔内培养上清液，每孔加入 DMSO 100 μL，振荡 10 min 使结晶充分溶解，酶标仪 490 nm 波长检测各孔吸光度，计算细胞生长抑制率。结果分析发现，该配合物对 HepG2 细胞具有一定的抑制作用，效果好于配体[133]。用芦丁与氯化氧硒反应合成芦丁硒配合物，采用 MTT 法考察芦丁硒配合物对 CNE2（鼻咽癌）、HEP2（喉癌）、BEL7404（肝癌）、KB（口腔上皮癌）及 HELA（宫颈癌）的抗肿瘤活性。结果发现，芦丁硒配合物对 CNE2、HEP2、BEL7404、KB 及 HELA 有显著的抑制作用，IC_{50} 分别为 26.78 mg/L、0.42 mg/L、8.37 mg/L、1.89 mg/L 和 0.35 mg/L，而芦丁则表现为促进 CNE2、HEP2 和 BEL7404 细胞增殖。

2. 降血糖

选链脲霉素造成的高血糖大鼠模型 40 只，随机分为模型对照组、阳性对照组和两个剂量组（组间差不大于 11 mmol/L）。各组均空腹 12 h 后给药，剂量组给予不同浓度的芦丁铬，模型对照组给予溶剂（5%的 CMC 溶液），阳性对照组给予罗格列酮马来酸盐，灌胃量 5 mL/kg，连续 30 d。实验中每周测体重和血糖各一次，测前空腹 12 h。研究发现，对大鼠体重影响：经口灌胃 30 d 后，测得的结果中，阳性药组及芦丁铬大小剂量组与对照组相比较均无显著性差异。对大鼠空腹血糖的影响：经口灌胃 30 d 后，芦丁铬（78 mg/kg 和 7.8 mg/kg）大小剂量组与对照组相比较有显著性差异，阳性药组（罗格列酮马来酸盐，0.4 mg/kg）与对照组相比较有显著性差异，芦丁铬大小剂量组相比较无显著性。芦丁和铬络合以后能够促进人体对芦丁和铬的吸收，从而预防由于铬缺乏引起的糖尿病，同时也能够起到芦丁的软化血管等作用[140]。

3. 抗菌

国内学者将稀土芦丁配合物用少量溶解后，用水稀释配制成的 0.002 mol/L 溶液，配体和稀土氯化物也分别配制成相同浓度溶液，采用平板滤纸抑菌法，分别试验并比较了对典型细菌大肠杆菌、金黄色葡萄球菌、变形杆菌、白色念珠菌和绿脓杆菌的抑菌作用。实验用培养基为普通牛肉膏培养基，将培养基高压蒸汽灭菌后冷却到 25℃倒入已灭菌的培养皿中水平放置，即得平板，然后将已培养好的菌种大肠杆菌、金黄色葡萄球菌、白色念珠菌、绿脓杆菌、变形杆菌分别涂布于培养基表面，放入含有药物的滤纸片，以和生理盐水作对照试验。在 37℃经培养后，用游标卡尺测定其抑菌圈直径, 圆滤纸片的直径为 6 mm。芦丁对大肠杆菌的最低抑菌浓度为 0.0005 mol/L，对金黄色葡萄球菌的最低抑菌浓度为 0.00025 mol/L，对白色念珠菌的最低抑菌浓度为 0.0005 mol/L，而配体芦丁对五种菌的最低抑菌浓度都为 0.0001 mol/L。抑菌试验证明该配合物的抑菌效果远远大于配体和稀土离子，且随着浓度的增加而抑菌性增加，它们的最低抑菌浓度很低。这表明稀土芦丁配合物有很强的抑菌性，显示了此类配合物在杀菌、消炎等方面具有很大的潜在应用价值。

（二）醚类衍生物的生物活性

1. 抗肿瘤

采用 MTT 法，测定 34 种化合物对人食管鳞癌（EC109）、人胃癌（HGC27）、人乳腺癌（MCF-7）、小鼠黑色素瘤（B16-F10）的体外抗肿瘤活性。结果显示，芦丁醚类衍生物中的部分化合物对这四种肿瘤细胞都具有一定的抑制作用。其中芦丁醚类化合物 T-6 对 B16-F10 的 IC_{50} 值达到 2.63 μmol/L，抑制作用明显优于 5-FU（IC_{50}=14.38 μmol/L）和槲皮素（IC_{50}>128 μmol/L）[137]。研究发现，芦丁衍生物对抗人乳腺癌 MDA-MB-435 细胞、MCF-7 细胞、人前列腺癌 DU-145 细胞、人结肠癌 HT-29 细胞、人肺癌 DMS-114 细胞、人黑素瘤 SK-MEL5 细胞增殖的活性远高于槲皮素，其对 DU-145 细胞的 IC_{50} 和 IC_{90} 值分别为（7.0±0.6）μmol/L、

（61.7±31.5）μmol/L[141]。翟广玉等研究发现 1 个新的醚类衍生物 QB，其对人食管鳞癌 EC109 细胞[IC_{50}为（5.201±0.176）μg/mL]、人食管鳞癌 EC9706 细胞[IC_{50} 为（33.309±1.535）μg/mL]和小鼠黑色素瘤 B16-F10 [IC_{50} 为（38.206±1.582）μg/mL] 的细胞毒活性均强于槲皮素 [IC_{50}分别为（9.629±0.984）μg/mL、（42.941±1.274）μg/mL、（55.072±1.741）μg/mL]，且对 EC109 细胞的细胞毒性与 5-氟尿嘧啶 [IC_{50} 为（5.426±0.734）μg/mL] 相当。Strazisar、贾景景等研究发现 3′-*O*-甲基槲皮素对多种肿瘤细胞具有抑制增殖和诱导凋亡的作用[142, 143]。Li 等研究发现 3-*O*-甲基槲皮素（异鼠李素）具有强抗乳腺癌作用，在高浓度（10 μmol/L）下对乳腺癌 SK-Br-3 和 SK-Br-3-LapR 细胞的抑制率分别达到了 88%和 89%[144]。

2. 抗菌

采用微量肉汤稀释法，以金黄色葡萄球菌、枯草芽孢杆菌、大肠杆菌、嗜麦芽窄食单胞菌四种细菌为测试菌，测定了芦丁醚类衍生物的体外最小抑菌浓度。结果显示，该系列化合物对四种测试的细菌均无特别突出的抑制作用[145, 146]。

3. 抗血栓

国外学者研究发现曲克芦丁等抗血栓药的作用主要是抑制血小板板活性，且提出曲克芦丁对浅表脉管血栓有疗效，可能是通过消除局部炎症，使该区域高压迅速降低所起作用。近年已明确提出曲克芦丁显著抑制血小板黏附到红细胞，抑制血小板激活因子，保护内皮细胞而起到抗血栓的作用[147]。Hladovec 曾建立生物黄酮类（曲克芦丁多种成分）抗血栓的实验模型，证明它们对大鼠动静脉血栓症有治疗效果，而作比较研究的阿司匹林只抗动脉血栓。因此，认为曲克芦丁等抗血栓药的作用主要是抑制血小板活性[148]。

（三）胺和氨基类衍生物的生物活性

1. 抗氧化和自由基

芦丁类化合物有提高动物机体抗氧化及清除自由基的能力。芦丁类化合物因酚羟基上的氢原子可与过氧自由基结合生成黄酮自由基，进而与其他自由基反应，从而终止自由基链式反应。芦丁衍生物可清除细胞产生的活性氧自由基，维护细胞的正常代谢，且作用远远大于维生素 E。通过对大鼠肝脏缺血再灌注的实验表明，芦丁衍生物对肝脏 I/R 损伤具有保护作用，能够抑制氧自由基活性，加速消除自由基，减少肝细胞脂质过氧化的发生，减轻自由基对肝组织细胞的损害，达到稳定肝细胞生物膜结构的作用。芦丁衍生物能降低四氯化碳实验性肝损伤小鼠血清谷丙转氨酶和谷草转氨酶的活性，降低小鼠血清中丙二醛的含量，明显减轻四氯化碳实验性肝损伤小鼠肝细胞的变性、坏死和炎症反应，证明芦丁衍生物能够抑制四氯化碳产生的自由基，降低脂质过氧化反应，起到保护肝脏的作用[148]。

2. 降血糖

研究表明，芦丁衍生物对于糖尿病有一定的治疗控制作用。黄光华等发现曲克芦丁可显著降低治疗组血浆黏度值、红细胞压积、血小板黏附率、全血低切黏度、全血高切黏度、纤维蛋白原等的症状，以及临床症状的改善幅度均显著高于用降血糖、降血脂等基本治疗及复方丹参注射液治疗的对照组，证明芦丁衍生物对糖尿病高黏血症有明显疗效，且未发现严重不良反应。芦丁衍生物还能上调链脲佐菌糖尿病大鼠海马 A 表达，拮抗氧化应激，提高动物的学习记能力。芦丁衍生物可以有效地治疗糖尿病，改善临床症状，提高神经传导速度，且安全、方便、不良反应少[85]。其抗高血糖作用的机制包括减少碳水化合物，从小肠吸收，抑制组织葡萄糖异生，增加组织葡萄糖摄取，刺激胰岛 β 细胞分泌胰岛素，防止胰岛变性。当前研究结果支持芦丁衍生物可预防或治疗与糖尿病相关病症[148]。

（四）乙酰化衍生物的生物活性

曲克芦丁（troxerutin）是天然芦丁经过羟乙基化制成的半合成黄酮类化合物，是羟基芦丁中最重要的有效成分。

1. 镇痛

曲克芦丁由芦丁经过加工生产出来，是一羟乙基芦丁、二羟乙基芦丁、三羟乙基芦丁和四羟乙基芦丁的混合物，其中，药效最强的是三羟乙基芦丁。研究发现，曲克芦丁的镇痛作用强于阿司匹林，弱于吗啡，其镇痛部位主要集中在中枢部位。张晨峥等采用醋酸诱发小鼠扭体反应和小鼠热板法对曲克芦丁进行了研究，结果表明，曲克芦丁具有一定的镇痛作用。

2. 对静脉病的治疗

曲克芦丁可抑制红细胞和血小板凝聚，增加小动脉的血管阻力，抑制毛细血管通透性的增加和减少毛细血管异常渗血，还可通过甲基转移酶增加局部肾上腺素的浓度，抑制血管壁透明质酸和组胺的合成，最终起到对静脉病的治疗作用[149]。Cesarone 等对曲克芦丁和地奥司明加肝素对照治疗慢性静脉功能不全（CVI）疗效的 8 周前瞻性的比较进行了研究，结果表明，曲克芦丁在改善 CVI 方面更具有优势，安全性良好。马利等对曲克芦丁动脉治疗血栓闭塞性脉管炎的临床效果进行观察，疗效显著，提示曲克芦丁具有活血化瘀和对内皮细胞进行保护的作用。何瑞玲等探讨了患肢末端静脉输注尿激酶联合肝素和曲克芦丁治疗下肢深静脉血栓的疗效，结果显示，联合使用肝素和曲克芦丁能有效治疗下肢深静脉血栓（DVT），创伤小，副作用小，方便易行。Unkauf 等通过设计实验，治疗组 75 例用曲克芦丁（1000 mg/d）治疗，对照组 25 例患者使用安慰剂。经过 3 个月治疗后，治疗组的沉重感、疼痛、抽筋、痛和针刺感等症状比对照组症状明显好转。130 例患者都是中等程度慢性静脉障碍的妇女，1/2 患者用曲克芦丁（1000 mg/d）治疗，一半用安慰剂，所有患者都穿同样的紧束长袜，研究人员检查患者的自我感觉症状如疼痛和测定腿的水肿程度[150]。其原理是利用曲克芦丁能疏通血管，改善微循环，促进新血管生成以增进侧支循环。马利等选择病例 98 例，分为治疗组 49 例和对照组 49 例，治疗组用前列地尔配合曲克芦丁注射液患肢动脉注射治疗，对照组应用前列地尔注射液治疗。均治疗两个疗程，结果是治疗组总有效率为 95.91%，优于对照组的 83.67%。提示曲克芦丁具有活血化瘀作用。曲克芦丁能够抑制血小板不被红细胞吸附，血小板激活因子被抑制，能够保护内皮细胞而起到抗血栓的作用。其原理是能抑制红细胞和血小板凝聚，防止血栓形成，疏通血管，改善微循环，对内皮细胞有保护作用。Belcaro 等选择 164 名健康人分为对照组和受试组，连续飞行 89 h。结果对照组 77%踝围加大，存在相应明显不适。服用曲克芦丁的剂量亦为每次 1 g，每日 2 次，服 3 d，曲克芦丁受试组只有 8%存在上述情况。通过以上实验可知，曲克芦丁可以改善微循环、减轻水肿[151]。

3. 对心脑血管疾病的治疗

曲克芦丁能与血小板载体蛋白结合，从而增加血小板 cAMP 含量，阻挡因红细胞与血小板聚集引起脑血栓的形成，增加脑动脉的血流量，改善脑部微循环，减轻脑水肿，对心血管疾病有一定的预防及治疗作用。曾宪彪等研究了疏血通脉胶囊对急性脑缺血模型大鼠的脑保护作用，结果显示，疏血通脉胶囊可减轻急性广泛性脑缺血大鼠水肿，减小局灶性脑缺血梗死面积和神经功能缺损。用刺五加配合曲克芦丁治疗急性脑梗死 53 例病例进行疗效观察，疗效显著，具有很好的协同作用，是治疗脑梗死较为理想的方法。曲克芦丁与川芎嗪、尿激酶联用治疗脑梗死和高血压并缺血性脑卒中，发现曲克芦丁与川芎嗪、尿激酶联用能有效阻止尿激酶溶栓后与体内不断生成的纤维蛋白原等凝血物质结合形成再梗死，明显改善脑部血液循环，效果显著。曲克芦丁可以很好地预防脑血管疾病，但是由于脑组织结构很复杂，单一使用曲克芦丁并不能取得很好的治疗效果，可以与其具有协同作用的其他药物配合使用，更好地发挥曲克芦丁的药理作用。曲克芦丁具有抑制红细胞和凝血因子聚集的作用，可用于治疗脑血管病。据报道曾用曲克芦丁治疗急性脑梗死患者 61 人，有效率达 85%。应用曲克芦丁、阿司匹林等治疗中风后偏瘫，据 29 例临床观察，偏瘫改善，能独立行走者 23 例（79.31%），痊愈率和显效率明显高于对照组[152]。

4. 对学习记忆的影响

选用 60 只 SD 大鼠分为六组：阳性组、曲克芦丁组、芦丁组、曲克芦丁苷元组、模型组、空白组，每组十只。阳性组腹腔注射 1.3 g/kg 的吡拉西坦，药物组分别腹腔注射 52 mg/kg 的曲克芦丁及类似物，模型组和空白组腹腔注射同体积生理盐水，10 天后，通过腹腔注射 1.5 mg/kg 东莨菪碱造成学习记忆障碍模型，采用 Morris 水迷宫和 Y 迷宫考察曲克芦丁及类似物对东莨菪碱造成的大鼠学习记忆障碍的作用。结果表明：曲克芦丁及芦丁可显著改善东莨菪碱造成的大鼠学习记忆障碍，而苷元则无明显作用。

5. 抗炎杀菌

曲克芦丁可以通过破坏微生物细胞膜及细胞壁的完整性，阻碍微生物细胞内释放成分而引起膜的电子传递、营养吸收、核苷酸合成及 ATP 活性，从而抑制微生物生长，起到抗炎消菌的作用。国内学者用曲克芦丁 36 mg/kg、72 mg/kg 治疗患者 8 天（致炎后 d14～d21）后，发现曲克芦丁可明显降低关节炎大鼠的足肿胀度和关节炎评分指数，抑制关节滑膜细胞的增生，还可显著改善血液流变学指标，并呈现一定的剂量依赖性。曲克芦丁 36 mg/kg、72 mg/kg 组也可显著抑制滑膜细胞培养上清中过高的 PGE2、IL-1 和 TNF-α 含量。经相关性分析表明，曲克芦丁减轻关节肿胀与其抑制滑膜细胞产生 PGE2、IL-1 和 TNF-α 的关系密切，其相关系数分别为 0.9567、0.9432 和 0.9258。结果表明，曲克芦丁对佐剂性关节炎具有一定的治疗作用，其改善异常的血液流变学可能是它的治疗机制之一，而抑制关节滑膜细胞异常分泌的 PGE2、IL-1 和 TNF-α 可能是其发挥治疗作用的重要机制。邹微观察了曲克芦丁对佐剂性关节炎大鼠的治疗作用及其可能的作用机理，结果表明，曲克芦丁对佐剂性关节炎有一定的治疗效果，起到一定的致炎作用。秦璐璐研究了曲克芦丁对 D-氨基半乳糖联合脂多糖（LPs）诱导大鼠急性肝衰竭的保护作用，结果显示，曲克芦丁治疗肝脏病理学改变较对照组明显好转，炎症减轻，坏死区域减少，表明曲克芦丁对大鼠急性肝衰竭有保护作用，可明显改善肝细胞炎症及坏死。

6. 治疗外科疾病

曲克芦丁可以治疗痔疮。有报道表明，患有痔疮的怀孕妇女服用曲克芦丁（1000 mg/d）后，明显减轻了痔疮症状。其原理是利用曲克芦丁能疏通血管，改善微循环。乳腺癌患者手术后，容易引起上臂水肿，100 多名乳腺癌患者用曲克芦丁治疗后，疗效比较满意。此外，曲克芦丁还具有镇痛作用，可以抑制 CCl_4 产生的自由基造成的脂质过氧化反应，从而对肝脏有一定的保护作用。

7. 对细胞损伤的保护作用

有研究报道，曲克芦丁有助于代谢综合征、神经性疼痛及 DNA 损伤等疾病及途径的缓解。曲克芦丁对代谢综合征的调控：在一项由高脂肪、高果糖膳食（HFFD）喂养小鼠并诱发代谢综合征（MS）模型的实验中发现，在膳食中添加 150 mg/kg 体重曲克芦丁可显著改善小鼠血脂水平；心肌过氧化物、NADPH 氧化酶、转化生长因子（TGF）、平滑肌动蛋白（a-SMA）与基质金属蛋白酶 MMP-9 和 MMP-2 的表达水平；肌钙蛋白 I 和肌球蛋白 I 降解；胶原蛋白水平升高；心肌细胞肥大和心肌钙的积累等心肌纤维化的趋势。表明曲克芦丁可以改善心脏收缩功能，起到对心脏的保护和抗纤维化作用。在高脂肪膳食（HFD）诱导的小鼠非酒精性脂肪肝（NAFLD）模型中 NAD^+ 的消耗会导致肝脏脂代谢的异常，进而产生肥胖、高血糖及高脂血症。曲克芦丁可以通过增加烟酰胺磷酸核糖转移酶（NAMPT）的表达量及抑制聚(ADP-核糖)聚合-1（RARP1）表达，抑制 NAD^+ 的消耗，改善肝脏脂代谢；显著抑制 HFD 喂养小鼠肝脏中 NF-kB 的激活与炎性因子的释放：沉默交配型信息调节因子 2 同源蛋白 KSirT1 的表达量和活性，促进 SirT1 介导的 AMPK 活化，来抑制雷帕霉素靶蛋白复合体 1（MTORC1）的信号；增强脂肪酸氧化与甘油三酸酯的分泌，抑制脂肪生成，维持脂质代谢稳态等方式，改善 NAFLD 的发生同时，它还被证实可通过直接结合并稳定 SirT1，激活 PPARY，刺激 TFAM 的反式激活并最终增加棕色脂肪组织中线粒体的数量及 UCP1 活性的方式，调控机体整体能量代谢水平。这被认为是一条治疗代谢综合征的关键途径。

（1）缓解氧化应激及神经系统疾病

CCAAT/增强子结合蛋白 β（C/EBP-β）可以调控多种生物进程，包括代谢、细胞增殖、分化以及免疫反应。软骨藻酸可以通过激活小鼠海马体中的 MEK/ERK1/2 通路，促进 C/EBP-β 的表达并诱导炎症反应。随着炎症反应的发生，通过 NF-κB 的信号转导提高活性氧水平造成线粒体损伤，进而导致小鼠发生记忆缺陷。曲克芦丁可以通过对周期蛋白依赖性激酶 1 的抑制，加强 I 型蛋白磷酸酶的去磷酸化作用及抑制 MEK/ERK1/2/C/EBP-β 通路的活化，改善由软骨藻酸造成的炎症与氧化应激反应，且被认为可用于治疗兴奋性脑损伤导致认知缺陷的预防。曲克芦丁对于慢性坐骨神经收缩损伤（CCI）引起的神经性疼痛也有一定治疗效果。在 CCI4 小鼠模型中，曲克芦丁可以显著抑制脊髓中 TNF-α 的表达量，且抑制 NF-κB 的活化，从而降低由 CCI4 手术引起的小胶质细胞活化作用。同时，曲克芦丁具有清除细胞内自由基的功能，有助于恢复细胞内谷胱甘肽（GSH）的水平，提高细胞对羟自由基诱导细胞损伤的耐受。

（2）与肾脏系统疾病

曲克芦丁被认为具有改善毛细血管功能、提高毛细血管韧性、降低渗漏性血管损伤、抗血栓、溶解纤维蛋白、治疗水肿等疗效，可能对肾微血管具有一定保护作用。在D-半乳糖诱导氧化应激导致肾损伤模型中，曲克芦丁被证实可以通过调节超氧化物歧化酶（SOD）、过氧化物酶（CAT）、谷胱甘肽过氧化物酶（GPX）、抑制NF-κB、诱生型一氧化氮合酶（iNOS）、环氧酶-2（COX-2）、前列腺素受体（EP-2）等促炎性因子的表达，缓解D-半乳糖诱导的肾损伤，诱导蛋白质、核酸等生命大分子的交联聚合，进而加剧膜系统损伤产生细胞毒性。研究报道，曲克芦丁对于降低肾脏中丙二醛的水平具有一定作用，从而缓解膜系统脂质过氧化。

三、芦丁类似物脑内药代动力学

采用甲醇蛋白沉淀的方法提取小鼠脑组织中的曲克芦丁、芦丁和曲克芦丁苷元，建立了曲克芦丁及类似物的UPLC-MS/MS分析方法。脑组织中曲克芦丁、芦丁、曲克芦丁苷元浓度在1～400 ng/mL内线性均良好（r=0.999以上），基质效应在90%～100%之间，回收率在92%～99%之间，日内日间RSD均<6.0%、稳定性RSD<5.0%，稳定性良好。该方法的回收率、精密度均符合要求，专属性强，无基质效应，简单、灵敏、准确，适用于小鼠脑组织中的曲克芦丁及类似物的脑部药代动力学研究。昆明小鼠分别尾静脉注射60 mg/kg曲克芦丁、芦丁及曲克芦丁苷元，在0.08 h、0.25 h、0.5 h、1 h、2 h、4 h、6 h、8 h、12 h、24 h取脑组织，用UPLC-MS/MS分析，所得结果采用非房室模型计算，进行相关脑部药代动力学研究。曲克芦丁、芦丁及曲克芦丁苷元的主要药代动力学参数为：T_{max}均为0.8 min，C_{max}分别为（888.07±15.06）ng/g、（303.20±5.73）ng/g和（294.72±10.00）ng/g，$t_{1/2}$分别为（6.01±1.39）h、（6.86±2.34）h和（5.29±1.25）h，MRT分别为（2.43±0.10）h、（2.29±0.19）h和（2.73±0.17）h，K_e分别为（0.11±0.03）h^{-1}、（0.11±0.04）h^{-1}和（0.14±0.03）h^{-1}，$AUC_{0\sim t}$分别为（495.64±14.36）ng·g/h、（180.08±6.09）ng·g/h和（193.65±9.77）ng·g/h。并且曲克芦丁组C_{max}和$AUC_{0\sim t}$比另两组药物组高得多，即分子量最大log$P$最小的曲克芦丁透过血脑屏障的量最大，提示可能存在其他因素造成曲克芦丁及类似物透过血脑屏障的差异[153]。采用体外培养大鼠肠道细菌和腹腔注射给药的方式代谢曲克芦丁，收集肠道菌群孵育液、尿液、粪便和胆汁样品，并采用HPLC法对曲克芦丁及其代谢物曲克芦丁苷元的代谢情况进行研究。结果表明，曲克芦丁在大鼠肠道细菌中的代谢速率较快，曲克芦丁在前6 h减少了77.13%，前12 h减少了99.14%，24 h代谢完全。代谢产物——曲克芦丁苷元自孵育1 h时即产生，随后逐渐增多，6 h时浓度最大，随后缓慢减少。曲克芦

丁在 1 h 时尚有较高浓度，随后浓度迅速下降，12 h 时浓度基本降至谷底，说明曲克芦丁在肠道菌群的作用下转化迅速，糖苷键迅速被裂解，绝大部分转化为曲克芦丁苷元。SD 大鼠腹腔给药曲克芦丁后，尿液中的排泄结果显示，0～24 h 的排泄量占总给药量的 16.17%。粪便中的排泄结果显示，0～24 h 的排泄量占总给药量的 0.54%。0～24 h 内从胆汁中排泄的曲克芦丁占总给药量的58.94%。0～24 h 内粪便中曲克芦丁苷元的产生量占总给药量的 22.69%[154]。有学者利用大鼠尾静脉注射给药三个剂量 5 mg/kg、20 mg/kg、100 mg/kg，血药浓度-时间曲线数据用 3p97 软件进行模型拟合和药代动力学参数的计算。根据最小信息准则（AIC），血药浓度-时间曲线符合静脉注射二室模型，其中权重为 $1/C$。三种剂量下平均消除半衰期 $t_{1/2\beta}$ 为（205.99±11.1）min，消除速率常数 K_{β} 为（0.0034±0.002）min^{-1}，AUC 分别为 3391.0 μg·min/mL、14838.8 μg·min/mL、88598.2 μg·min/mL。并且 AUC 给药剂量具有良好的线性关系，药动学参数与给药剂量无关，提示十取代芦丁硫酸钠在大鼠体内的处置情况属于线性动力学。将 12 只大鼠分为 2 组，尾静脉注射加 20 mg/kg 的十取代芦丁硫酸钠后分别进行尿液收集和胆汁收集。36 h 后，尿液和胆汁的累积排泄量率为 86.4%，其中尿液为 86.0%，胆汁为 0.318%，给药 36 h 后主要以原型药物的形式从尿中排泄，而胆汁中的排泄量很少，十取代芦丁硫酸钠原型药物在体内基本消除完全。说明静脉注射十取代芦丁硫酸钠以后，药物主要从肾脏进行排泄。运用鼠肝微粒体体外孵育的方法进行了十取代芦丁硫酸钠的体外代谢研究，结果表明十取代芦丁硫酸钠在空白鼠肝微粒体及经不同诱导剂（BNF，Dex 和 PB）诱导的鼠肝微粒体中的代谢不明显。十取代芦丁硫酸钠对大鼠的 CYP540 抑制实验证实，十取代芦丁硫酸钠对不同的亚型 CYP3A4、CYP1A2、CYP2B、CYP2C9、CYP2C19 和 CYP2D6 均没有显著的抑制作用[155]。

第四节 展 望

芦丁具有较强的药理活性，毒性低，广泛存在于植物界。随着药物化学和现代制剂技术的快速发展，近年来对芦丁的研究，对新资源的发现，提取工艺的改进，药理研究的深度、广度，以及化学研究及应用方面都取得了显著成绩，在厘清构效关系的基础上，以此化合物为先导化合物来进行结构优化，使其药理作用更具有针对性和高效性。目前对芦丁金属络合物的研究尚不够深入。因此，加强芦丁金属络合物的研究，确定芦丁金属络合物的分子结构与空间构型，有针对性地筛选金属元素，并与药理学研究等有机结合起来，可作为芦丁药物研究的方向[7]。市场上销售的芦丁制剂种类很多，如复方芦丁片，其由芦丁与维生素 C 组成，主要用于毛细血管出血症；复方三嗪芦丁片用于早期和中期高血压病的治疗；另外还有珍菊降压片、肝苏颗粒、消咳喘糖浆等。但这些产品普遍存在着技术水平低，服用剂量较大，服药间隔时间短的突出问题，不符合心脑血管疾病长期用药的原则，因而开发生物利用度高的芦丁长效制剂将是提高芦丁临床治疗效果的有效途径之一。芦丁及其苷元槲皮素均难溶于水，为改善其在水中的溶解性状，增加其药理活性，科研人员对其进行了长期而有效的研究[85]。目前，对芦丁制剂研究的热点，一方面是提高芦丁的溶解能力，加快药物在生物体内的释放速度，如芦丁包合物、固体分散体、亚微乳、纳米晶体、聚合物胶束溶液等；另一方面是控制芦丁在生物体内的停留时间，制备其缓控释制剂，如芦丁缓释片、微囊、水凝胶等[124]。随着药物化学和现代制剂技术的快速发展，芦丁及其衍生物将在我国有更为广阔的应用前景。同时目前关于曲克芦丁的镇痛作用只是初步得到验证，其应用方法还在不断地探索与研究之中，真正应用于临床还需要大量的实验与观察，如何能更好地发挥曲克芦丁的镇痛作用将是今后的主要研究方向；同时还要加大力度研究曲克芦丁与其他镇痛药剂的协同作用，全面提升曲克芦丁的镇痛效果。

参考文献

[1] 申小阁, 张翠平, 胡福良. 巴西蜂胶化学成分的研究进展. 天然产物研究与开发, 2015, 27: 915-930, 880.

[2] 王春玲. 蜂胶中芦丁和槲皮素的含量及抗氧化性能研究. 食品研究与开发, 2016, 37(1): 39-41, 94.

[3] 王小平, 林励, 白吉庆. 产地对蜂胶中芦丁含量的影响. 贵阳中医学院学报, 2010, 32(1): 26-28.

[4] Ganeshpurkar A, Saluja A K. The pharmacological potential of rutin. Saudi Pharmaceutical Journal, 2017, 25: 149-164.

[5] Gullón B, Lú-Chau T A, Moreira M T, et al. Rutin a review on extraction, identification and purification methods, biological activities and approaches to enhance its bioavailability. Trends in Food Science & Technology, 2017, 67: 220-235.

[6] 韩宝来, 李元元, 张玲玲, 等. 芦丁的光谱分析. 化学与黏合, 2017, 39(1): 72-76.

[7] 牛小花, 陈洪源, 曹晓钢, 等. 芦丁的研究新进展. 天然产物研究与开发, 2008, 20: 156-159.

[8] 王金宏, 潘琪, 石铄桐, 等. 芦丁的提取及抑菌活性研究进展. 黑龙江医药, 2018, 31(1): 23-25.

[9] 张国华, 赵玉新. 芦丁的提取分离及鉴定. 黑龙江科技信息, 2009, 8: 181.

[10] 舒晓宏, 冯梅, 陈华, 等. 槐花米中芦丁提取最佳 pH 值的实验研究. 大连医科大学学报, 2005, 27(2): 91-92.

[11] 盛建国, 彭小根. 槐米中芦丁的提取工艺条件研究. 食品工程, 2009, 1: 44-46.

[12] 颜军, 甘亚, 苟小军, 等. 星点设计-效应面法优化槐米中芦丁提取工艺. 中药材, 2011, 34(4): 628-631.

[13] 冯启蒙, 徐聪. 槐米中提芦丁纯化工艺研究. 价值工程, 2012, 19: 307-308.

[14] 童婧, 郭晓蓉, 房文亮, 等. 槐米中芦丁提取工艺研究. 中外医疗, 2011, 26: 41-42.

[15] 洪军, 胡晓稳, 王佩, 等. 槐米中芦丁的提取及抗氧化活性研究. 食品研究与开发, 2015, (15): 16-18.
[16] 杨德全, 叶建阳. 从苦荞麦中提取芦丁的研究. 延安大学学报: 自然科学版, 1997, 16(4): 69-71.
[17] 唐爱莲, 刘宁, 程难秋. pH 值对芦丁提取工艺影响及槲皮素制备工艺的研究. 桂林医学院学报, 1994, 7(3): 29-32.
[18] 孙振翰, 肖钰洁, 夏思伟, 等. 槐米中芦丁沸水提取与冷浸时间研究. 化工管理, 2018, 8: 143-144.
[19] 张宏志, 管正学, 王建立. 荞麦中天然芦丁的提取方法研究. 内蒙古农牧学院学报, 1997, 18(2): 26-29.
[20] 郁建平, 景仁志, 何照范, 等. 大孔吸附树脂提取荞麦芦丁工艺研究. 贵州农业科学, 1997, 25(2): 3-8.
[21] 雷燕妮, 张小斌. 乙醇回流法提取槐米中芦丁最佳条件探索. 陕西农业科学, 2017, 63(8): 46-47, 59.
[22] 顾生玖, 杨娜, 朱开梅, 等. 桂北金槐槐米中芦丁微波提取的工艺研究. 中国现代应用药学, 2011, 28(2): 121-124.
[23] 黄巧燕, 赵文英, 岳莉, 等. 槐米中黄酮成分的加压提取. 青岛科技大学学报: 自然科学版, 2012, 33(4): 377-381.
[24] 涂瑶生, 施之琪. 槐米中芦丁提取纯化工艺研究. 海峡药学, 2010, 22(1): 49-51.
[25] 闫克玉, 高远翔. 响应面分析法优化槐米总黄酮的提取工艺食品研究与开发, 2009, 30(7): 21-24.
[26] 冯希勇. 槐米中芦丁提取工艺研究. 内蒙古中医药, 2008, 12: 54.
[27] 牛秀会, 王淑红, 王琦, 等. 槐翻片中总黄酮提取工艺研究. 中国中医药信息, 2013, 20(5): 64-66.
[28] 李玉山. 芦丁的提取纯化及其衍生物的制备工艺研究. 中国药房, 2014, (27): 2587-2590.
[29] 郭乃妮, 杨建洲. 超声条件下碱提取酸沉淀法从槐米中提取芦丁的研究. 应用化工, 2009, 38(2): 207-209.
[30] 魏彩霞, 谢俊峰, 高媛媛. 槐米中芦丁的超声辅助提取工艺研究. 中国药业, 2010, 19(7): 36-37.
[31] 赵东维, 包木太, 张吉祥, 等. 正交试验法优选槐米中黄酮的超声波提取工艺. 青岛科技大学学报: 自然科学版, 2011, 32(6): 630-634.
[32] 张堃, 张双灵, 张忍. 超声波辅助提取荷叶和槐米黄酮的工艺研究. 现代食品科技, 2013, 29(3): 583-587.
[33] 付起凤, 王德娟, 孟凡佳. 正交法优化槐米中芦丁的超声提取工艺. 中医药信息, 2012, 29(6): 49-52.
[34] 邱岚, 梁琍, 邱学云, 等. 响应面分析法优化槐米中芦丁提取工艺. 食品研究与开发, 2018, 39(2): 97-102.
[35] 张颖. 芦丁提取工艺的研究. 临床合理用药杂志, 2014, 7(11): 86-87.
[36] 张恒, 张洪. 槐米中芦丁的提取工艺研究. 世界中医药, 2016, 11(4): 722-724.
[37] 李振东, 赵振贵. 微波法从槐花米中提取芦丁的实验研究. 应用化工, 2012, 41(2): 275-277.
[38] 姚倩, 郭晓强, 宋芹, 等. 槐米中芦丁提取工艺的比较研究. 成都大学学报: 自然科学版,

2013, 32(4): 332-334.
[39] 田洋. 槐米中芦丁的提取工艺研究进展. 广州化工, 2017, 45(6): 28-29.
[40] 萨燕平, 彭永芳. 超声辐射提取槐花米中的芦丁. 云南化工, 1996, 4: 25-26.
[41] 郭孝武.超声和热碱提取对芦丁成分影响的比较.中草药, 1997, 2: 88-89.
[42] 史振民, 张祝莲, 杨文选, 等. 超声法提取芦丁操作条件的最佳选择. 延安大学学报(自然科学版), 1999, 18(3): 46-48.
[43] 刘静, 张光华, 高敏. 槐米中芦丁的微波辅助萃取研究. 陕西科技大学学报, 2007, 25(5): 40-43.
[44] 潘媛媛, 王淑波, 敖宏伟, 等. 微波辅助提取槐米中芦丁的工艺研究. 化工科技, 2009, 17(1): 25-26.
[45] 李敏, 王晓梅, 热娜·卡斯木, 等. HPLC 同时测定中亚沙棘中的原儿茶酸、芦丁和异鼠李素. 华西药学杂志, 2014, 29(3): 314-316.
[46] 李颖平. 用碱溶酸沉法从槐米中提取芦丁工艺的优化. 山西农业科学, 2015, 43(6): 751-753.
[47] 舒俊翔, 王铮. 从槐米中芦丁提取纯化工艺研究进展. 湖南科技学院学报, 2016, 37(5): 44-46.
[48] 张艳丽, 符华林, 卢朝成, 等. 内部沸腾法提取槐米中的芦丁及其动力学和热力学研究. 中成药, 2015, 37(4): 895-898.
[49] 李应墀, 郑伯瑛, 卿光明, 等. 用煎煮法与渗滤法从槐米中提取芦丁的实验比较. 中成药, 1992, 23(10): 527.
[50] 罗亚东. 丙酮/$(NH_4)_2SO_4$双水相体系分离纯化槐米中芦丁的研究. 南宁: 广西大学, 2014.
[51] 李淑云. 紫外分光光度法测定芦丁控释片含量. 中国医药指南, 2010, 8(35): 196.
[52] 李晓芳. 紫外分光光度法测定银杏叶提取物中芦丁含量. 时珍国医国药, 2001, 12(3): 204.
[53] 王丽琴, 党高潮, 顾莹. 卡尔曼滤波光度法同时测定槐米中芦丁和槲皮素. 药物分析杂志, 2000, 20(1): 60-61.
[54] 李保新, 刘伟, 章竹君. 铁氰化钾化学发光体系测定芦丁. 分析化学, 2001, 29(4): 428-430.
[55] 崔慧, 陶绪泉, 张爱梅, 等. 催化动力学光度法测定芦丁. 2003, 20(5): 706-709.
[56] 王朝周, 程秀民. 薄层扫描法测定槐米中芦丁含量. 中国实验方剂学杂志, 2004, 10(4): 21-22.
[57] 杨海燕, 郭耀武, 叶蓁. 薄层扫描法测定小蓟中芦丁含量. 西北药学杂志, 1998, 13(4): 155.
[58] 魏若男, 陈志远, 耿敬章. 毛细管电泳电化学发光法检测银杏叶中的芦丁. 现代食品科技, 2017, 33(11): 257-262.
[59] 陈勇川, 穆海川, 刘松青. 高效毛细管电泳法测定槐花和槐角中芦丁的含量. 华西药学杂志, 2002, 17(4): 284-285.
[60] 孙国祥, 孙毓庆, 李阳. 毛细管电泳叠加对比法测定复方降压片中 5 组分含量. 沈阳药科大学学报, 2002, 19(4): 265-268.
[61] 孙莲, 阿合买提江, 马晓丽, 等. HPCE 法同时测定新疆药桑叶中芦丁、异槲皮苷、槲皮素与绿原酸的含量. 中国药房, 2011, 22(23): 2177-2178.
[62] 李向军, 熊辉. 毛细管电泳法测定复方芦丁片中的芦丁和维生素 C. 分析试验室, 2001, 20(5): 41-43.

[63] 赵登飞. HPLC 测定山绿茶胶囊中芦丁的含量. 中成药, 2002, 24(9): 724-725.
[64] 张晓燕, 姚国新, 刘英, 等. 高效液相色谱分析制备槐花散时温度对芦丁含量的影响. 2002, 13(3): 136-137.
[65] 李仲, 郭玫, 余晓晖, 等. 用高效液相色谱法测定款冬花中芦丁的含量. 甘肃中医学院学报, 2000, 17(3): 20-22.
[66] 王福成, 豆文太, 朱文学. HPLC 测定山楂精中牡荆苷、牡荆苷-2″-*O*-鼠李糖苷、金丝桃苷、芦丁的含量. 中成药, 2002, 24(2): 122-124.
[67] 朱丽华, 蒋国强, 杨水. 高效液相色谱法测定菟丝子中芦丁、槲皮素及山柰酚的含量. 浙江中医药大学学报, 2001, 25(4): 65-66
[68] 中国药典委员会编撰. 中华人民共和国药典. 2015 年版, 一部. 北京: 中国医药科技出版社, 2015: 342-343.
[69] 杨天鸣, 彭展英, 陆俭洁. 溴酸钾示波电位滴定法测定芦丁片中芦丁的含量. 药物分析杂志, 1998, S1: 127-128.
[70] 马志茹, 袁倬斌. 单扫示波极谱法测定槐米和芦丁制剂中芦丁的含量. 中草药, 1998, 29(2): 86-88.
[71] 杜德国, 孙素琴, 周群. 芦丁和维生素 C 的近红外漫反射光谱技术定量分析研究. 光谱学与光谱分析, 2000, 20(4): 474-476.
[72] 刘源, 翟丽屏, 黄居梅. 钇-芦丁-SDBS 体系的荧光特性及芦丁的测定. 山东省泰山微量元素科学研究会第三届学术研讨会论文集, 2006: 156-159.
[73] 王学军, 梁旭华, 徐恒. HPLC 法同时测定杜仲叶中 4 种成分的含量. 中医药信息, 2017, 34(1): 33-35.
[74] 屠一锋, 周文, 丁元晨, 等. 血管舒张药芦丁含量的微分脉冲极谱法测定. 苏州大学学报: 自然科学版, 1992, 8(3): 363-364.
[75] 张会丽, 彭领, 刘秋伟, 等. 芦丁苯甲酸酯的合成与表征. 化学世界, 2017, 10: 577-581.
[76] 翟广玉, 颜子童, 渠文涛, 等. 芦丁锑的合成及清除自由基活性研究. 化学试剂, 2013, 35(9): 777-781.
[77] 李艾华, 郭艳华, 张玉敏, 等. 芦丁铬配合物的合成及组合物的抑菌作用研究. 天然产物研究与开发, 2016, 28: 551-555, 541.
[78] 郭胜男, 翟广玉, 渠文涛, 等. 芦丁铅的合成及清除自由基活性研究. 化学与黏合, 2015, 37(2): 125-128.
[79] 刘卫朝. 芦丁湿法合成曲克芦丁工艺研究. 化工管理, 2014, (4): 143.
[80] Ikeda N E A, Novak E M, Maria D A, et al. Synthesis, characterization and biological evaluation of Rutin-zinc(II) flavonoid-metal complex. Chemico-Biological Interactions, 2015, 239, 184-191.
[81] 周鹏, 吴建章, 仇佩虹, 等. 芦丁-硒配合物的合成及抗肿瘤活性研究. 中国药学杂志, 2007, 42(24): 1905-1906.
[82] 李自红, 魏悦, 范毅, 等. 芦丁的电喷雾离子阱质谱分析. 分析实验室, 2015, (2): 186-189.
[83] 龙泉江, 杨韬. 芦丁的研究概况及展望. 中国中医药信息杂志, 2002, 9(4): 39-42.
[84] 韩英华, 秦元璋. 芦丁研究现状. 山东中医杂志, 2003, 22(10): 635-637.
[85] 夏维木, 陈杞, 陈士明. 应用 ESR 技术观察芦丁对 O^{2-}的清除作用. 第二军医大学学报,

1997, 18(4): 388-389.

[86] 林静. 芦丁的临床药理特点. 中国临床药理学杂志, 2009, (119): 256-257.

[87] Araruna M K, Brito S A, Morais-Braga M F B, et al. Evaluation of antibiotic & antibiotic modifying activity of pilocarpine & rutin. Indian Journal of Medical Research, 2012, 135: 252-254.

[88] Pimentel R B, da Costa C A, Albuquerque P M, et al. Antimicrobial activity and rutin identification of honey produced by the stingless bee *Melipona compressipes manaosensis* and commercial honey. BMC Complementary Medicine and Therapies, 2013, 13: 151.

[89] Dubey S, Ganeshpurkar A, Bansal D, et al. Experimental studies on bioactive potential of rutin. Chronicles of Young Scientists, 2013, 4: 153-157.

[90] Dubey S, Ganeshpurkar A, Shrivastava A, et al. Rutin exerts antiulcer effect by inhibiting the gastricproton pump. Indian Journal of Physiology, 2013, 45(4): 415-417.

[91] Stojkovic′D, Petrovic′J, Sokovic′ , et al. *In situ* antioxidant and antimicrobial activities of naturally occurring caffeic acid, pcoumaric acid and rutin, using food systems. Journal of the Science of Food, 2013, 93(13): 3205-3208.

[92] Ha Y. Rutin has therapeutic effect on septic arthritis caused by Candida albicans. International Immunopharmacology, 2009, 9(2): 207-211.

[93] 王亚男, 柳秉润, 邓旭明, 等. 芦丁对金黄色葡萄球菌 Sortase A 的抑制作用. 吉林农业大学学报, 2013, 35(3): 303-307.

[94] 赵强, 赵海福. 紫花苜蓿中芦丁的提取及抗菌活性研究. 中国奶牛, 2013, 20: 25-27.

[95] 林建原, 陆兴. 芦丁稀土钐配合物的自由基清除及抑菌作用. 天然产物研究与开发, 2013, 25(10): 1334-1338, 1356.

[96] 李艾华, 郭艳华, 张玉敏, 等. 芦丁铬配合物的合成及组合物的抑菌作用研究. 天然产物研究与开发, 2016, 28(4): 551-555, 541.

[97] 王金宏, 潘琪, 石铄桐, 等. 芦丁的提取及抑菌活性研究进展. 黑龙江医药, 2018, 31(1): 21-23.

[98] Markert C, Markert C. Neoplasia: A disease of differentiation. Cancer Research, 1968, 28: 1908-1914.

[99] Lin J P, Yang J S, Lin J J, et al. Rutin inhibits human leukemia tumor growth in a murine xenograft model *in vivo*. Environmental Toxicology, 2012, 27(8): 480-484.

[100] Alonso-Castro A J, Domínguez F, García-Carrancá A. Rutin exerts antitumor effects on nude mice bearing SW480 tumor. Archives of Medical Research, 2013, 44(5): 346-351.

[101] 孔庆峰, 许志彤, 邓玉文. 国内蜂胶黄酮的药理学研究近况. 实用医学杂志, 2006, 23(8): 1003-1004.

[102] Vetter S W. Glycated serum albumin and AGE receptors. Advances in Clinical Chemistry, 2015, 72: 205-275.

[103] 潘静芳, 刘云涛, 简磊. 芦丁对糖尿病小鼠降血糖作用研究. 解放军药学学报, 2016, 32 (3) : 243-245.

[104] 李光民, 储金秀, 韩淑英. 荞麦花叶中芦丁调节糖脂代谢的作用及机制. 华西药学杂志, 2010, 25(4): 426-428.

[105] Das J, Ramani R, Suraju M O. Polyphenol compounds and PKC signaling. Biochem. Biophys. Acta , 2016, 1860(10): 2107-2121.

[106] 赵维中, 王宇翱, 陈志武, 等. 芸香甙的胃粘膜保护作用研究. 安徽医科大学学报, 1998, 33(2): 93.
[107] 肖小华. 复方芦丁的药代动力学研究. 局解手术学杂志, 2004, 13(6): 367-369.
[108] 陈杨芳. HPLC 测定柿叶提取物中芦丁在大鼠体内的血药浓度及药动学研究. 中华灾害救援医学, 2015, 3(10): 568-570.
[109] 张银娟, 曾成鸣. 芦丁对 β 淀粉样肽纤维化及细胞毒性的抑制作用. 西北药学杂志, 2017, 32(1): 65-68.
[110] 冯亚楠, 刘欣欣, 李永辉, 等. 61 例曲克芦丁制剂不良反应的文献分析. 中国药物警戒, 2015, 12(11): 683-686.
[111] Ding H Y, Chao J B, Zhang G M, et al. Preparation and spectral investigation on inclusion complex of beta cyclodextrin with rutin. Spectrochim Acta A Mol Biomol Spectrosc, 2003, 59(14): 3421-3429.
[112] Calabr M L, Tommasini S, Donato P, et al. The rutin cyclodextrin interactions in fully aqueous solution: Spectroscopic studies and biological assays. Biomed Anal, 2005, 36(5): 1019-1027.
[113] 苏彩娟, 王金水, 刘本国, 等. 芦丁/羟丙基-β-环糊精包合物的表征及其抗氧化能力研究. 河南工业大学学报(自然科学版), 2011, 32(1): 53-57.
[114] Miyake K, Afima H, Hirayama F, et a1. Improvement of solubility and oral bioavailability of rutin by complexafion with 2-hydroxy-propyl-*b*-cyclodextrin. Pharmaceutical Development and Technology, 2000, 5(3): 399-407.
[115] 邓硕, 王东凯, 叶林茂, 等. 芦丁亚微乳剂的制备及其理化性质的考察. 中国药剂学杂志, 2009, 7(1): 11-19.
[116] 田进军, 薛艳. 芦丁微乳化研究. 南阳理工学院学报, 2011, 3(6): 109-112.
[117] 张小莉, 王东文. 芦丁 PEG6000 固体分散体的制备及其溶解性能研究. 解放军药学学报, 2000, 16(6): 306-308.
[118] 李维峰, 翟永松, 杜守颖. 芦丁固体分散体的制备及其溶出性能研究. 中成药, 2010, 32(12): 2071-2075.
[119] 周本宏, 罗云, 姜俊勇, 等. 芦丁共沉淀物的研究. 中国医院药学杂志, 1995, 15(4): 151-153.
[120] Lauro M R, Torte M L, Maggi L, et al. Fast and slow release tablets for oral administration of flavonoids: rutin and quercetin. Drug Development and Industrial Pharmacy, 2002, 28(4): 371-379.
[121] 臧志和, 陈代勇, 訾铁营, 等. 均匀设计在芦丁控释片研究中的应用. 解放军药学学报, 2003, 17(9): 380-381.
[122] 陈代勇, 赵淼, 臧志和, 等. 芦丁缓释骨架片释药机制影响因素考察. 医药导报, 2004, 23(4): 214-216.
[123] 陈丽, 葛为公, 裴世成, 等. 芦丁壳聚糖缓释片的制备与释放度测定. 医药导报, 2010, 29(10): 1331-1333.
[124] 肖莉, 张韵慧, 许建辰, 等. 芦丁壳聚糖-海藻酸钠漂浮微囊的制备研究. 中草药, 2008, 39(2): 209-212.
[125] 艾凤伟, 王佳瑜, 李艳凤, 等. 芦丁微囊的制备及其质量评价. 中国实验方剂学杂志, 2010, 17(16): 32-35.

[126] 李仲谨, 杨威, 刘艳, 等. 芦丁 β-环糊精聚合物微球的制备与表征技术. 淀粉工程, 2010, 11(4): 86-89.

[127] Chen C, Cai G Q, Zhang H W, et a1. Chitosan-poly(caprolactone)-poly(ethylene glyco1)graft copolymers: Synthesis, self-assembly, and drug release behavior. Journal of Biomedical Materials Research Part A, 201I, 96(1): 116-124.

[128] 苏秀霞, 赵艳, 李仲谨, 等. 芦丁明胶微球的制备工艺研究及性能表征. 食品科技, 2011, 36(1): 219-223.

[129] 孟国良. 芦丁泡腾颗粒的研制. 西北药学杂志, 2009, 24(1): 4042.

[130] Chat O A, Najar M H, Mir M A, et al. Effects of surfactant micelles on solubilization and DPPH radical scavenging activity of Rutin. Journal of Colloid and Interface Science, 2011, 355(1): 140-149.

[131] Lukáč M, Prokipčák I, Lacko I, et al. Solubilisation of griseofulvin and rutin in aqueous micellar solutions of gemini and heterogemini surfactants and their mixtures. European Journal of Pharmaceutical Sciences, 2011, 44(3): 194-199.

[132] Valenta C, Nowack E, Bernkop-Schnurch A. Deoxycholate-hydrogels: Novel drug carrier systems for topical rise. International Journal of Pharmaceutics, 1999, 185(1): 103-111.

[133] Tran N Q, JoungY K, Lih E, et al. *In situ* forming and rutin releasing chitosan hydrogels as injectable dressings for dermal wound healing. Biomacromolecules, 2011, 12(8): 2872-2880.

[134] 李茂星, 谢景文, 葛欣. 芦丁的药效学研究进展. 华西药学杂志, 2000, 15(6): 450-454.

[135] 渠文涛. 槲皮素酰胺类衍生物的合成与生物活性研究. 郑州: 郑州大学, 2013.

[136] 黄建东. 芦丁铬的合成及其辅助降血糖功能研究. 北京: 北京林业大学, 2011.

[137] 颜子童. 槲皮素醚类衍生物的合成及抗菌和抗肿瘤活性研究. 郑州: 郑州大学, 2014.

[138] 朱晓亮. 酶催化曲克芦丁酰胺衍生物的合成研究. 焦作: 河南工业大学, 2013.

[139] 丁冶春, 夏侯国论, 王家智, 等. 稀土芦丁配合物的合成、表征及抗肿瘤活性研究. 光谱实验室, 2011, 28(2): 614-617.

[140] 黄建东, 王建中, 孟阿会, 等. 芦丁铬的合成及其辅助降血糖作用观察. 食品工业科技, 2011, 32(6): 376-383.

[141] 杨扬, 郭举. 具有抗肿瘤活性的槲皮素衍生物研究进展. 中草药, 2018, 49(6): 1468-1475.

[142] Strazisar M, Mlakar V, Glavac D. The expression of COX-2, hTERT, MDM2, LATS2 and S100A2 in different types of non-small cell lung cancer (NSCLC). Cellular & Molecular Biology Letters, 2009, 14(3): 442-456.

[143] 贾景景, 郭中原, 梁曜华, 等. 槲皮素衍生物的合成及其抗肿瘤活性研究. 中国药学杂志, 2016, 51(23): 2013-2017.

[144] Li J X, Zhu F, Lubet R A, et al. Quercetin-3-methyl ether inhibits lapatinib-sensitive and resistant breast cancer cell growth by inducing G2/M arrest and apoptosis. Molecular Carcinogens, 2012, 52(2): 134-143.

[145] 周昌奎, 吴晓华. 曲克芦丁临床研究新进展. 中国生化药物杂志, 2005, 26(5): 317-319.

[146] 曹婉鑫, 唐瑶, 陈洋. 曲克芦丁药理作用的研究进展. 中国食物与营养, 2015, 21(9): 73-77.

[147] 付远清. 曲克芦丁的药理性质及临床应用概况. 中国中医药指南, 2012, 10(7): 59-60.

[148] Ghorbani A. Mechanisms of antidiabetic effects of flavonoid rutin. Biomedicine & Pharmacotherapy, 2017, 96: 305-312.

[149] 严郁, 刘可欣, 徐珽. 曲克芦丁在慢性静脉功能不全疾病的临床进展. 中国医院药学杂志, 2013, 33(10): 813-815.

[150] Unkauf M, Rehn D, Klinger J, et al. Investigation of the efficacy of oxerutins compared to placebo in patients with chronic venous insufficiency treated with compression stocking. Arzneimittle Forschung, 1996, 46(5): 478-482.

[151] Belcaro G, Cesarone M R, Nicolai des A N, et al. The lionflit venomtm study: A randomi zedtrial prophylaxis of flight edema in normal subjects. Clinical and Applied Thrombosis-Hemostasis, 2003, 9(1): 9-23.

[152] 曹婉鑫, 唐瑶, 陈洋. 曲克芦丁药理作用的研究进展. 中国食物与营养, 2015, 21(9): 73-75 .

[153] 赵倩如. 曲克芦丁及类似物脑内药动学及部分机制研究. 合肥: 安徽医科大学, 2015.

[154] 余芳. 曲克芦丁在大鼠体内和体外的代谢研究. 合肥: 安徽医科大学, 2015.

[155] 王向军. 十取代芦丁硫酸钠的质量控制和药物代谢动力学研究. 杭州: 浙江大学, 2006.

（孙红武）

萜类篇

虽然目前蜂胶的研究和蜂胶产品的开发主要针对其中的类黄酮类化合物，但是随着分离技术的发展，越来越多的研究发现蜂胶含有的萜类化合物与黄酮类化合物一样，也具有很强的生理活性。萜类化合物是一类以碳氢元素为基本构成的具有较强生物活性的物质，是以异戊二烯（C_5H_8）为基础呈倍数变化而形成的一大类化合物。在 1910 年，德国化学家 Otto Wallach 因此发现而获得诺贝尔化学奖，2015 年帮助中国获得第一个诺贝尔奖的青蒿素，也是萜家族的一员，所以萜的基本结构异戊二烯被称为“生物起源的异戊二烯规律”乃属实至名归。

自 20 世纪初 Kustenmacher 在蜂胶中鉴定发现了单萜类物质肉桂酸和肉桂醇后，对蜂胶中化学成分的研究一发而不可收。蜂胶化学成分极为复杂，约含 55%的树脂和树胶，30%的蜂蜡，10%的芳香挥发油和 5%的花粉等夹杂物。虽然蜂胶中挥发油含量不高，但成分相当复杂，主要包含萜烯类化合物、芳香族化合物、脂肪族化合物及其他挥发性的醇、醛、酸和酯等，其中萜烯类化合物为其中主要的活性成分之一，主要有单萜与倍半萜类化合物，少数为二萜类和三萜类化合物。

蜂胶中的单萜包括无环单萜、单环单萜和双环单萜及其含氧衍生物。蜂胶中无环单萜的基本骨架是月桂烯烷，主要成分为香叶醇和芳樟醇；单环单萜类化合物的基本碳架为薄荷烷和桉叶素类；双环单萜类化合物共有 5 种基本骨架，其中以蒎烷型和莰烷型最为稳定，在蜂胶中发现的相应化合物种类也最多。单萜类多具较强的香气和生物活性，常用作芳香剂、矫味剂、皮肤刺激剂、防腐剂、消毒剂及祛痰剂等[1]。

倍半萜类，根据骨架类型分为无环倍半萜、单环倍半萜、双环倍半萜和三倍半萜。常见的倍半萜化合物有金合欢醇、芹子烯、石竹烯、石竹烯氧化物、长叶烯等。倍半萜及其含氧衍生物常具较强的生物活性，如抗炎、解痉、抑菌、强心、降血脂、抗原虫和抗肿瘤等。

二萜类属于基于 C_{20} 骨架的萜烯类，由四种异戊二烯基组成，它们起源于甲丙戊酸或脱氧-木糖磷酸，目前已经从自然界中发现了 3000 多种二萜类化合物，但只有少数被认为是有临床治疗潜力的化合物。而蜂胶是含有天然药物活性二萜的重要资源之一。蜂胶中发现的二萜类化合物类型，按骨架可分为单环二萜、双环二萜、三环二萜和四环二萜。Popova、Righi 分别从克里特蜂胶和希腊蜂胶中发现了 29 种二萜类化合物，并证明该类化合物具有较强的抗细菌活性[2]。

三萜类化合物，主要以环菠萝蜜烷型和乌苏烷型为主，多数为四环三萜和五环三萜，其中代表物有从巴西的和埃及的蜂胶中提取到的羽扇豆醇、羊毛甾醇、β-香树精、三萜酸甲基酯等。关于三萜化合物的药理研究主要集中在来自植物的苷类的抗肿瘤活性方面。

目前关于蜂胶中萜类的药理作用研究报道的主要作用有：免疫调节、降血糖、降血压、抗肿瘤、杀菌消炎、镇痛、解热、祛痰、止咳、局部麻醉等。其中，抗炎、止痛和抑制肿瘤的作用相对较为显著。加之萜类化合物与黄酮类化合物共存于蜂胶之中，同为蜂胶中的主要功效成分，与黄酮类化合物有协同作用，从而使萜类化合物成为具有开发潜力的天然药用资源。但是，目前有关蜂胶萜类单体活性相对集中的研究较少，本章将仅对蜂胶中萜类主要成分的倍半萜代表物石竹烯的现代化研究作汇集整理，以期为蜂胶化学成分的研究和新产品开发提供新的启示。

第四章　石　竹　烯

第一节　石竹烯概述

石竹烯（caryophyllene）或 β-石竹烯（β-caryophyllene，BCP）（下述均称为 β-石竹烯）是一种挥发性双环倍半萜内酯类化合物，广泛存在于许多植物的精油中，是植物香料的重要的成分，自古以来多用于食物调味。随着现代工业发展，化学提取技术的飞跃，β-石竹烯通常在医药、食品、化妆品工业中作为重要的工业原料，多用于糖果、牙膏、饮料、药品和化妆品的制造。而蜂胶是蜜蜂采集植物树脂与其上颚腺、蜡腺等分泌物混合形成的胶黏性物质，其主要成分来源于植物，据现代化学成分分析研究结果显示，在蜂胶中占有 10%的芳香挥发油，而在其中 β-石竹烯已被证实为其生物活性物质的主要成分之一。β-石竹烯主要来源于可食用的动植物，具有上千年的食用历史。近年来在美国食品药品监督管理局（FDA）和欧洲食品安全局（EFSA）批准 β-石竹烯作为食品和化妆品添加剂和调味剂之后，人们开始对 β-石竹烯进行广泛研究。随着关于 β-石竹烯的抗氧化、抗炎、抗菌、抗肿瘤的药理作用的研究报道日益增加，β-石竹烯的巨大的潜在药物效应研究已然成为医学基础研究热点[3]。

一、化学结构与特点

萜类化合物是一类以碳氢元素为基本构成的具有较强生物活性的物质，在结构上具有一个共同点，就是这些分子可以看作是两个或两个以上的异戊二烯分子，以头尾相连结合起来的，也就是说萜是一类以异戊二烯（C_5H_8）为基础呈倍数变化而形成一大类化合物。而作为倍半萜的 β-石竹烯同样遵循“异戊二烯规律”，其由三个异戊二烯单元构成，通式 $C_{15}H_{24}$。

在自然界中，β-石竹烯主要以反式石竹烯(*E*)-β-石竹烯和少量的同分异构体以混合形式存在，比如石竹烯氧化物、(*Z*)-β-石竹烯（异石竹烯）及 α-石竹烯（蛇麻烷）等（图 4-1），从骨架上来看 β-石竹烯是由一个张力较大的四元环和一个柔性的九元环构成的稠环类化合物，在九元环中分别有一个环内双键和一个环外双键，使得该分子具有发生跨环重排、得到产物结构多样的潜力。基于该结构，β-石竹烯全合成中，关键是两个桥头碳上氢的构型确定和四元环的形成。而九元环上的两个双键较为活泼，四元环的张力较大，这些都是β-石竹烯衍生物合成的关键部位。因此，有关β-石竹烯衍生物的反应多集中在2个双键和张力较大的四元环上，以进行一系列相关的结构修饰。

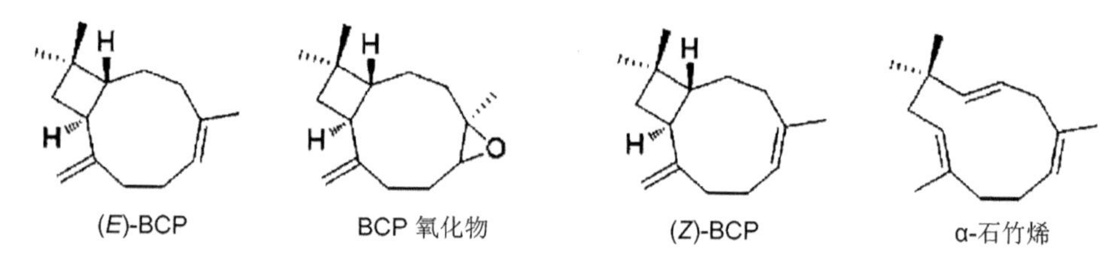

图 4-1　(*E*)-β-石竹烯、石竹烯氧化物、(*Z*)-β-石竹烯和α-石竹烯的化学结构

β-石竹烯的分子结构数据：摩尔折射率 66.59；摩尔体积 228.4 cm^3/mol；等张比容（90.2 K）228.4；表面张力 29.7 dyn/cm；介电常数（*F*/m）2.61；极化率（10～24 cm）26.40。

二、理化性质

根据国际纯粹与应用化学联合会（International Union of Pure and Applied Chemistry，IUPAC）优先命名法则，β-石竹烯命名为(1*R*,4*E*,9*S*)-4,11,11-trimethyl-8-methylidenebicyclo[7.2.0]undec-4-ene，CAS号为87-44-5。中文别名为反式丁香烯、β-丁香油精、β-丁香烯、L-石竹烯、反式石竹烯。英文别名包括β-caryophyllene、(–)-beta-caryophyllene、*trans*-(1*R*,9*S*)-8-methylene-4,11,11-trimethyl bicyclo[7.2.0]undec-4-ene、(–)-*trans*-caryophyllene。分子式：$C_{15}H_{24}$；分子量：204.36。

β-石竹烯天然品存在于丁香油、丁香茎油、锡兰桂皮油、肉桂叶油、薰衣草油、百里香油、胡椒油、甘椒油等精油中，常温下，β-石竹烯为无色至微黄色油状具有辛香、木香、柑橘香、樟脑香的液体；不溶于水，溶于乙醇和乙醚等有机熔剂（1 mL 溶于 6 mL 95%乙醇）；沸点为254～257℃（760 mmHg）；相对密度0.897～0.910；折射率 n_{20D} 为 1.498～1.504。

三、β-石竹烯的提取和检测

（一）β-石竹烯的提取

β-石竹烯作为天然香料已经被广泛应用于化妆品和食品添加剂中，因其分子量大，并且香气停留时间长，所以合成的大多是名贵的定香剂和保香剂。早在1994年，荷兰化妆品市场中1/3的化妆品都使用了β-石竹烯；1998年，整个欧洲的香体露市场45%的产品添加了β-石竹烯。除美国FDA和EFSA外，我国国家标准化管理委员会也规定β-石竹烯可以用作食品用天然香料（参见GB 2760—2007）。尤其是近年来的药理研究表明，β-石竹烯还具有局部麻醉、抗炎、驱蚊虫、抗焦虑、抗抑郁等药理作用，因此，β-石竹烯的开发越来越受研究者的关注。目前，β-石竹烯的来源除生物合成和化学合成外，主要是从天然的植物中提取，因此天然产物中的提取方法的优化对其应用的推广也起到至关重要的作用。除了在蜂胶之外，自然界中石竹烯主要存在于多种芳香植物中，根据文献，各常见挥发油来源及其中β-石竹烯的含量有：大麻（大麻花精油的3.8%～37.5%）、黑香菜（7.8%）、丁香（丁香芽精油的1.7%～19.5%）、啤酒花（5.1%～14.5%）、罗勒（5.3%～10.5%）、牛至（4.9%～15.7%）、黑胡椒（7.29%）、薰衣草（薰衣草油的4.62%～7.55%）、迷迭香（0.1%～8.3%）、真肉桂（6.9%～11.1%）、柴桂（25.3%）、依兰（3.1%～10.7%）、青蒿（8.5%～12.24%）[4]。从这些天然植物中提取β-石竹烯方法包括蒸馏法、超声波提取法、索氏提取法、超临界流体萃取法、固相微萃取技术。

1. *蒸馏法*

工业上用于挥发油提取的蒸馏方法包含水蒸气蒸馏法、共水蒸馏法、隔水蒸馏法三种。三种方法均需将含挥发性精油的植物的粗粉或碎片浸泡湿润后加热蒸馏。水蒸气蒸馏法即将植物粉碎物加入水蒸气蒸馏装置中蒸馏；共水蒸馏法则是将植物粉碎物加倍量水共水蒸馏；隔水蒸馏法是将粉碎物置隔水蒸馏装置中，底部加倍量水，隔水蒸馏。三种方法均可使植物中的挥发性成分蒸馏而出，经冷凝后收集馏出液。刘亚梅[5]对三种蒸馏法石竹烯得率比较发现：β-石竹烯含量共水蒸馏法高于其他两种方法，在隔水蒸馏过程中其他脂溶性成分受热熔融分散进入水中，出油时间较共水蒸馏晚，水蒸气蒸馏工业成本较共水蒸馏高。随即其他研究者又对影响挥发油收率的三个主要因素即加水量、浸泡时间和蒸馏时间各取3个水平，以β-石竹烯含量为评价指标，进行$L_9(3^4)$正交试验，得出从青蒿中提取石竹烯最佳工艺条件为采用共水蒸馏法不浸泡，加入8倍量水，提取5小时。

和其他提取法相比较，蒸馏法流程、设备、操作等方面的技术都比较成熟，成本低而得率高且产量大，设备及操作都比较简单。蒸馏法方法中对植物的粉碎度是得油率的主要影响因素，但是粉碎得太细，反而会影响得油率和提取效率，同时提取时间也是影响提取效率的一大因素，提取到一定的阶段，得油量基本上就稳定在一个数值，时间太长只会增加提取成本，也有可能会使挥发油的某些成分因加热而被破坏。同时，由于芳香精油主要组分倍半萜烯类物质沸点高且相近，如β-石竹烯和长叶烯的沸点相差在2℃以内，在工业上很难实现直接分离，因此采用水蒸气蒸馏法提取β-石竹烯面临提纯的难题。

2. 超声波提取法

超声波提取法是采用超声波辅助溶剂进行提取，声波产生高速、强烈的空化效应和搅拌作用，破坏植物的细胞，使溶剂渗透到其中，缩短提取时间，提高提取率。和蒸馏法一样，植物在提取前需粉碎，然后按照一定料液比加入溶剂中，轻摇混匀后放入超声仪，经一定功率超声波处理之后转入容器，利用蒸馏装置蒸馏、冷凝收集馏出液。由于超声波提取法是利用超声波的空化作用、机械效应和热效应等加速胞内有效物质的释放、扩散和溶解，馏出液成分多是其优点，但是提取率不高，可能与常压操作、萃取温度低有关。在姜清彬等[6]的研究中，采用超声波提取法提取火力楠叶片中挥发性精油，通过正交试验的结果进一步进行方差分析，得出超声时间、温度、功率和频率四因素均极显著影响火力楠叶片油提取得率，在超声时间、温度、功率和频率分别45 min、50℃、200 W和60 kHz时得率最高，β-石竹烯提取率为24.45%。

3. 索氏提取法

索氏提取法利用溶剂回流和虹吸原理，使固体物质每一次都能为纯的溶剂所萃取，所以萃取效率较高。索氏提取法在萃取前先将植物粉碎，以增加液体浸溶面积。然后将粉碎植物放在滤纸套内，放置于萃取室中。加热溶剂沸腾后，蒸气通过导气管上升，被冷凝为液体滴入提取器中。当液面超过虹吸管最高处时，即发生虹吸现象，溶液回流入烧瓶，因此可萃取出溶于溶剂的部分物质。利用溶剂回流和虹吸作用，可使植物中的可溶物富集到烧瓶内。姜清彬等[6]研究报道在对火力楠叶中挥发油成分提取过程中，正交试验结果显示，影响索氏提取法提取得油率的因素从大到小为料液比>温度>时间，料液比影响最大，时间影响最小，β-石竹烯提取率为到8.88%，同等条件下β-石竹烯得率较超声提取法和蒸馏提取法得率低。

4. 超临界流体萃取法

超临界流体萃取法是使用超临界流体作为萃取溶剂将一种组分（萃取剂）与另一种组分（基质）分离的过程。提取通常来自固体基质，但也可以来自液体。超临界流体萃取法可用作分析目的样品制备步骤，或更大规模地用于从产品中除去不需要的物质或收集所需产物（例如精油，即包括石竹烯及其氧化物）。在超临界流体萃取法中，二氧化碳（CO_2）是最常用的超临界流体，其过程为将植物粉碎后放入萃取容器中，将液态CO_2泵送到加热区，在加热区将其加热到超临界状态，然后使其进入萃取容器，在那里CO_2迅速扩散到固体基质中并溶解待萃取的物质。在较低压力下将溶解的物质从萃取池吹扫到分离器中，并使萃取的物质沉降。然后可以将 CO_2 冷却、压缩并再循环，或排放到大气中。在萃取过程中压力、温度、CO_2 流量、夹带剂乙醇的浓度、夹带剂用量、萃取时间等因素是影响萃取物含量的主要因素，需要正交试验进行优化条件。在孙彬等[7]对百里香挥发性化学成分的研究中，分别使用蒸馏法和超临界流体萃取法提取中药百里香挥发油，通过气相色谱/质谱联用技术鉴定，蒸馏法提取物成分 50 种，β-石竹烯含量 0.715%，β-石竹烯氧化物含量 1.953%；超临界流体萃取法提取成分 61 种，β-石竹烯含量 0.501%，β-石竹烯氧化物含量 0.411%。在对天然植物中的 β-石竹烯提取方法中，和其他方法比较，超临界流体萃取法采用的 CO_2 是安全、无毒、廉价的液体，超临界 CO_2 具有类似气体的扩散系数、液体的溶解力，表面张力为零，能迅速渗透进固体物质之中，不仅可以有效地提取芳香组分，而且还可以提高产品纯度，具有高效、不易氧化、纯天然、无化学污染等特点。但是该方法所使用的仪器设备投资大，成本较高，β-石竹烯得率和传统蒸馏法相比较较低。

5. 固相微萃取技术

在 20 世纪 90 年代加拿大 Waterloo 大学的 Pawliszyn 教授的研究小组首次研究开发了固相微萃取（solid-phase microextraction，SPME）技术，萃取不同种类来自不同介质的挥发性和非挥发性物质，可以是液相或气相。萃取后，可直接将 SPME 纤维转移到分离仪器的注射口，例如气相色谱/质谱仪进样口，对其进行分析物的解吸并进行分析。黄山学院生命与环境科学学院毕淑峰研究团队[8]采用该技术中的顶空固相微萃取法（HS-SPME）从黄山野菊花中提取到 β-石竹烯（2.72%）及其氧化物（5.80%）等挥发性成分，该方法无需溶剂，集取样、萃取、浓缩、进样于一体，具有操作简便、萃取速度快、使用成本低、富集效率高、对环境友好、适用范围广泛等特点，并且检测限可以达到某些化合物的万亿分之一水平。但是其量产化能力低，目前多用于植物精油成分的分析鉴定应用。

（二）β-石竹烯的检测方法

β-石竹烯属倍半萜烯，由三个异戊烯构成，广泛存在于植物、昆虫、微生物及海洋生物中，目前多采用高效液相色谱联用氢火焰离子化检测器（high performance liquid chromatography-flame ionization detector，HPLC-RID）、气相色谱联用示差折光检测器（gas chromatography-refractive index detector，GC-FID）、毛细管柱气相色谱（capillary gas chromatography，capillary-GC）法测定天然动植物产品中 β-石竹烯成分及含量。除以上常用的方法外，随着新的检测仪器的开发应用，目前越来越多的研究开始采用气相色谱-质谱联用仪（gas chromatography-mass spectrometry，GC-MS）对 β-石竹烯进行分析检测。

1. 高效液相联用氢火焰离子化检测法

吴竹等[9]报道采用大连依力特 C_{18} 柱（150 mm×4.6 mm，5 μm）；流动相为甲醇–0.4%磷酸溶液（65∶35）；流速 1.0 mL/min；柱温 40℃；示差检测器为氢火焰离子化检测器（flame ionization detector，RID）；使用加甲醇制成每毫升含石竹烯 0.09 mg 对照品，测定咽立爽中石竹烯的含量。在该方法中计算得 β-石竹烯的峰面积的 RSD 为 1.21%，表明进样精密度良好；按照供试品溶液制备方法制备供试液，分别在制备后 0 h、2 h、4 h、8 h、12 h、24 h 时测定记录 β-石竹烯的色谱峰面积，计算 RSD 值，样品中 β-石竹烯峰面积的 RSD 为 1.01%，表明该检测法中样品溶液在 24 h 内稳定性良好；按照供试品溶液制备方法制备 6 份供试液，在上述色谱条件下测定，记录 β-石竹烯的色谱峰面积，β-石竹烯平均含量为 0.073%（RSD=1.53%）。精密称取同一批号已知石竹烯含量样品 20 粒，研细混匀，精密称取 0.025 g，共 6 份，按供试品溶液制备方法制备供试液，精密吸取各溶液 10 μL 进行测定，β-石竹烯的平均回收率为 101.45%，RSD 为 1.42%。经方法学考察证明，该检测法分离度好、阴性对照无干扰、达到定量要求，且该方法下各成分于 12 min 内得到很好的分离，分析速度较快，操作简单准确，重现性好。

2. 气相色谱相联用示差折光检测法

吴卓娜等[10]报道：使用 Agilent 7890B 气相色谱仪（美国 Agilent），焰火离子检测器；色谱条件：弹性石英毛细管柱（Agilent HP-5，30 m×0.32 mm，0.25 μm）；进样口温度 230℃；检测器温度 250℃；分流进样（50∶1）；程序升温：初始 70℃，2℃/min 升至 150℃，2℃/min 升至 170℃，5℃/min 升至 230℃，保持 11 min；流速 1 mL/min；精密称取 β-石竹烯对照品和正十八烷，用正己烷制成 0.294 mg/mL 对照品溶液和 15.008 mg/mL 的内标溶液，分别精密吸取混合对照品储备液 50 μL、100 μL、200 μL、400 μL、700 μL、1000 μL、2000 μL 置于 5 mL 量瓶中加入内标溶液 0.5mL，以正己烷稀释至刻度，取 1 μL 注入气相色谱仪，按照上述色谱条件测定，记录峰面积，计算得回归方程：β-石竹烯 Y=0.6459X–0.007，r=0.9992，结果表明 β-石竹烯在 0.229～0.1174 mg/mL 范围内呈良好线性关系；连续进样 6 次，β-石竹烯与内标物峰面积比值的 RSD 为 2.56%，重复性考察试验中 β-石竹烯含量的 RSD 为 2.00%，稳定性试验中 β-石竹烯与内标物峰面积比值的 RSD 为 2.49%，加样回收率试验中 β-石竹烯平均回收率为 1.10%。该法具有分离能力好、灵敏度高、分析速度快、操作方便等优点，但是沸点太高的物质或热稳定性差的物质都难于应用气相色谱法进行分析。

3. 毛细管柱气相色谱法

王芳等[11]采用 SP-3420 型气相色谱仪（北京北分瑞利分析仪器公司），色谱条件：HP-5MS 石英毛细管柱（30 m×0.25 mm）色谱柱；初始 90℃，保持 5 min，10℃/min 升至 170℃，保持 5min，40℃/min 升至 150℃，保持 2 min；载气为高纯氮气，流量 1.2 mL/min（0.12 MPa），补充气为氮气，流量 40 mL/min，分流比为 1∶10，燃烧气为氢气，流量 40 mL/min，助燃气为空气，流量 500 mL/min；采用氢火焰离子化检测器检测，检测器温度 270℃，气化室温度 235℃。精密称取萘 100 mg，用石油醚（30～60℃）定容至 100 mL 作为内标溶液。精密称取 β-石竹烯对照品 90.2 mg，置于 10 mL 量瓶中，加石油醚（30～60℃）稀释至刻度，摇匀，配成 9.02 mg/mL 的对照品储备液，取对照品储备液 1 mL，加石油醚（30～60℃）10 mL 即得 0.902 mg/mL 的对照品溶液。精密吸取内标溶液 1 mL 置于 10 mL 量瓶中，用石油醚（30～60℃）定容至刻度即得阴性对照品。取积雪草精油样品溶液 2 μL 进样，按上述色谱条件测定，β-石竹烯理论塔板数为 580551，β-石竹烯峰（R=1.6）与内标峰（R =44.5）分离良好。

分别精密吸取 β-石竹烯对照品溶液 0.25 mL、0.5 mL、0.75 mL、1.0 mL、2.0 mL、4.0 mL 于 10 mL 容量瓶中，精密加入内标溶液 1.0 mL，用石油醚（30～60℃）稀释至刻度。每个浓度分别取 2 μL 进样两次，以 β-石竹烯与内标物的峰面积比平均值为 Y 轴，以 β-石竹烯与内标物的浓度比为 X 轴，进行回归处理，得回归方程为 $Y=-0.0107+0.779X$（r = 0.9999），结果表明 β-石竹烯在 0.02255～0.3608 mg/mL 范围内具有良好的线性关系；精密吸取同一供试品溶液 2 μL，连续进 5 针，按上述色谱条件测定 β-石竹烯与内标物的峰面积比值，RSD 为 2.68%（n=5）；取同一批药材 5 份配制样品溶液，分别配制样品溶液，各精密吸取 2 μL 进样，按上述色谱条件测定 β-石竹烯与内标物的峰面积比值 RSD 为 1.06%（n=5）；精密吸取同一供试品溶液 2 μL，每间隔 1 h 测定 1 次，共 8 次，结果表明该法在 8 h 内稳定，RSD 为 1.65%；精密吸取已知含量的样品溶液适量，加入一定量的 β-石竹烯对照品溶液（9.02 mg/mL），各精密加入内标溶液（1 mg/mL）1.0 mL，摇匀，精密吸 2 μL 进样，连续测定 3 次，取平均值计算平均回收率为 99.26%，RSD 为 2.70%；该方法测定积雪草精油中 β-石竹烯的含量为 12.16%～15.08%。这种方法操作简便、专属准确，具有良好的重复性。

4. 气相色谱-质谱联用仪检测法

段春改等[12]报道：采用 Agilent 7890A 型气相色谱仪、5975C 型质谱仪、7693A 自动进样器，色谱柱为 HP-5MS 毛细柱（30 m×0.25 mm×0.25 μm）；精密称取 β-石竹烯用石油醚配制成 β-石竹烯质量浓度 6 g/L 的对照品溶液；程序升温：初始 70℃保持 3 min，5℃/min 升至 100℃保持 3 min，3℃/min 升至 135℃保持 5 min，1℃/min 升至 140℃保持 10 min；2℃/min 升至 165℃，10℃/min 升至 220℃；样口

温度 230℃，载气为 He；柱流速为 1 mL/min，分流比为 20∶1；进样量为 1 μL。质谱条件为接口温度 280℃，电离源为 EI，电子能量 70 eV，扫描质量范围为 50～600 amu。精密吸取对照品溶液 0.1 μL、0.5 μL、1.0 μL、5.0 μL、10.0 μL，按以上色谱条件测定，以峰面积积分值为纵坐标，对照品进样量为横坐标绘制标准曲线，计算回归方程为：Y=13684.4X + 1058703（R= 0.9992）。表明 β-石竹烯在 0.6～60.0μg 进样范围内呈良好的线性关系；精密称取样品，连续测定 6 次，6 次结果 β-石竹烯含量分别为 0.0331%、0.0325%、0.0333%、0.0328%、0.0330%、0.0329%，RSD 为 0.85%，表明本法精密度良好；精密称取 6 批样品，每份按上述方法连续测定 6 次，6 次结果 β-石竹烯含量分别为 0.0337%、0.0326%、0.0333%、0.0331%、0.0335%、0.0327%，RSD 为 1.3%，表明重复性良好；采用加样回收法，取已知含量的样品，按上述色谱条件测定对照品，平均回收率为 99.935%，RSD 为 0.30%；精密称取样品 5 份，每份质量为制备供试溶液，分别在 0 h、4 h、8 h、16 h、24 h 时测定 β-石竹烯含量，结果表明本法在 24 h 内稳定，RSD 为 2.43%。通过方法学考察，证明此法可行，结果准确、可靠，重现性好，可用于样品中 β-石竹烯的检测。

第二节　β-石竹烯的现代化研究

β-石竹烯作为一种双环倍半萜型的天然产物是一类高沸点的挥发油成分，除广泛应用于食品和化妆品行业外，现有研究表明其还有很多生物活性。β-石竹烯及其衍生物具有独特的结构和生理活性，能够成为新药设计开发中的先导化合物，目前在国内外研究比较热门。对 β-石竹烯的研究多集中于其药理作用、提取分离、合成以及两个双键的结构修饰方面。鉴于 β-石竹烯及其衍生物在药物合成中有较大的应用潜力和价值，对其进行相关的结构改造与优化，使之发展成为理想的药物将成为新药研究的一个热点。

一、β-石竹烯的合成与结构表征

（一）合成方法

1. 化学合成

在化学合成 β-石竹烯中，关键是两个桥头碳上氢的构型确定和四元环的形成。而九元环上的两个双键较为活泼以及四元环的张力较大，是 β-石竹烯衍生物合成的关键部位。

Larionov 等[13]报道了一种以(+)-六氢-3a-羟基-7a-甲基-1*H*-茚-1,5(6*H*)-二酮（A）为原料经过一系列反应合成 β-石竹烯，合成路线如下所述。

首先化合物 A 经 $NaBH_4$ 还原 5 位羰基成(3a*R*,5*S*,7a*R*)-7a-甲基-3a,5-二羟基-六氢-1*H*-1-茚酮（B），在进行 Mitsunobu 反应脱水后用三甲基硅咪唑（TMS-Im）保护 1 位的羟基生成(3a*R*,7a*R*)-7a-甲基-3a-(三甲基硅氧基)-2,3,3a,6,7,7a-六氢-1*H*-1-茚酮（C）。将化合物 C 的 3 位羰基还原为羟基生成(1*R*,3a*R*,7a*S*)-7a-甲基-3a-(三甲基硅氧基)-2,3,3a,6,7,7a-六氢-1*H*-1-茚醇（D），再取代为对甲苯磺酸烷基酯并将 1 位羟基去保护形成对甲苯磺酸[(1*R*,3a*R*,7a*S*)-7a-甲基-3a-羟基-2,3,3a,6,7,7a-六氢-1*H*-1-茚醇]酯（E）。E 在强碱 NaH 的作用下重排成九元环(2*Z*,6*E*)-6-甲基-2,6-环壬二烯-1-酮（G）。G 发生亲电加成，生成(*R*,*E*)-5-甲基-8-(2-甲基-1-丙醇-2-基)-4-环壬烯-1-酮（H），将 H 中的羟基缩合成磺酸酯后在碱性条件下环合成(1*S*,9*R*,*E*)-6,10,10-三甲基二环[7.2.0]十一烷-5-烯-2-酮（J），J 经过 Wittig 反应生成 β-石竹烯（K）。该路线的关键是九元环 G 的合成，九元环 G 内的所有碳原子都是具有固定的构型，不能随意变换，确保了 β-石竹烯的两个氢的构型，并且进行分子内部的重排形成四元环（图 4-2）[13]。

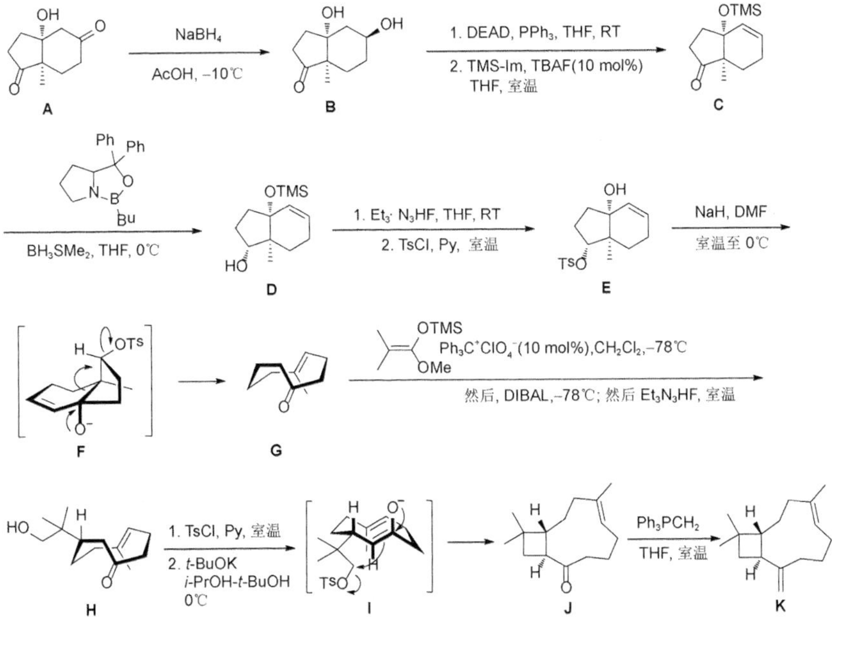

图 4-2 β-石竹烯化学合成过程

2. 生物合成

近百年来 β-石竹烯在化妆品工业中一直作为重要原料，为化妆品提供香味。人们最初获得 β-石竹烯主要是通过从植物中提取的方法，随着 20 世纪末科学研究的大爆发，人们对 β-石竹烯的生物活性的研究日新月异，临床研究表明 β-石竹烯的抗炎、抗菌和麻醉等药理作用使其有作为药物开发的潜质，加之化学家确定了倍半萜物质作为生物燃料的应用可能，因此如何对β-石竹烯进行大规模产量化合成，尤其如何通过低能耗环保的方式合成β-石竹烯是科学家们需要解决的技术关键。从植物中提取和化学合成一直被认为是大规模生产β-石竹烯的常用选择，然而，这两种方法都有其自身的缺点。低浓度、高耗能、回收率差和对环境有害，使从植物中分离和化学合成β-石竹烯既不可行又不经济。作为一种常见的萜类化合物，β-石竹烯广泛存在于芳香性植物中，其中富含萜类化合物的青蒿备受关注，在 Reinsvold 等[14]的研究中，团队从青蒿中提取获得β-石竹烯合酶基因（*QHS1*），将该基因片段插入蓝细菌（cyanobacterium *Synechocystis* sp.，strain PCC6803）的基因组中，使用 RT-PCR 确认 *QHS1* 的转录和表达，通 GC-FID 和 GC-MS 技术检测培养液中β-石竹烯的含量，证实通过转基因技术在菌株中合成β-石竹烯的可行性。该研究在 Yang 团队[15]的研究中得到进一步的认证。Yang 等将乙酰辅酶 A 合酶（*ACS*）、β-石竹烯合酶（*QHS1*）和香叶基二磷酸合酶（*GPPS2*）基因序列转染并使其在大肠杆菌细胞中共表达，在培养液中加入乙酸作为合成原料，在 72 小时内β-石竹烯的产量可达到 1.05 g /L，乙酸转化为β-石竹烯（克对克）的转化率达到 2.1%。该菌株的乙酸合成β-石竹烯的产率也达到理论产率的约 5.6%。Oda 等[16]从森林土壤样品中分离出菌株 *Nemania aenea* SF 10099-1 加入液-液界面生物反应器（底部铺垫液体培养基，中间相加入真菌膨胀微球，顶部加入含β-石竹烯的有机溶剂）能将β-石竹烯指定区域立体低环氧化合成(−)-β-石竹烯氧化物，该研究为β-石竹烯衍生物生物合成提供了思路。

（二）结构表征

β-石竹烯通过化学或生物法合成后，通常会采用一些物理的或化学的方法对物质进行化学性质的分析、测试或鉴定，阐明物质的化学特性，以确定合成产物的性质。在现有对β-石竹烯化学表征鉴定方法中，常用的有紫外分光光度法、差示量热扫描法和傅里叶红外分光光度法。紫外分光光度法：量取 10 μL β-石竹烯分散于 10 mL 蒸馏水中，得到β-石竹烯混悬液，离心后取上清，置于紫外-可见分光光度仪中在 200～800 nm 范围内扫描 UV-vis 吸收谱图，紫外扫描谱图中在 205 nm 处可出现一个最大吸收峰。差示量热扫描法：将约 5 mg 样品置于铝制坩埚中，精密称重后，盖上坩埚盖，用针头扎孔后将坩埚置于 STA 449C 热分析仪中，设定热分析仪以 15℃/min 的速度从 40℃升温至 350℃，保护气体为氮气，流速为 25 mL/min，β-石竹烯在 180～260℃范围内可出现一个放热峰。傅里叶红外分光光度法：将β-石竹烯冻干粉与溴化钾粉末按照 1∶100 的体积比进行混合，置于研钵中研磨均匀后压片成直径为 8 mm 的圆形薄片后在 4000～400 cm^{-1} 范围内使用 is50 FT-IR 傅里叶红外分光光度仪对样品进行扫描。FT-IR 扫描谱图用 OMNIC9.2 分光光度计软件进行分析，β-石竹烯红外吸收光谱图中的吸收谱带主要分布在 3070～2680 cm^{-1} 和 1637～870 cm^{-1} 范围内，包括—CH_2 的不对称伸缩振动（2931 cm^{-1}）和对称伸缩振动（2860 cm^{-1}）、C═C 的对称伸缩振动（1637 cm^{-1}）、—CH_3 的对称变形振动（1382 cm^{-1} 和 1367 cm^{-1}），由于 β-石竹烯的 11 位碳原子上连接有两个甲基，因此—CH_3 的对称变形振动吸收峰分裂为双峰（1389 cm^{-1} 和 1370 cm^{-1}），在波数为 885 cm^{-1} 处出现强度较大的吸收峰，为 β-石竹烯的特征吸收峰。

二、β-石竹烯的药理作用与机制

β-石竹烯广泛存在于芳香植物中，常用于化妆品、食物添加剂和防腐剂中。现代医学研究 β-石竹烯具有抗氧化、抗炎、抗菌、抗癌等药理作用，下面将对其药理作用和涉及的分子机制、信号通路作较详细介绍。

（一）β-石竹烯的中枢神经系统药理作用及机制

1. β-石竹烯的抗抑郁症和焦虑症作用及其机制

Galdino 团队[17]在观察 β-石竹烯对抑郁和焦虑症作用的动物研究中发现给予 β-石竹烯（50 mg/kg、100 mg/kg 和 200 mg/kg），在旷场实验中可增加抑郁和焦虑症模型小鼠水平得分，明显延长小鼠在旷场中心区域的停留时间；而对转杆实验小鼠跌落次数没有明显影响。在戊巴比妥诱导的睡眠试验中，给予小鼠 β-石竹烯（200 mg/kg 和 400 mg/kg），可明显缩短小鼠的睡眠诱导时间、延长睡眠持续时间；在焦虑测试中给予小鼠 β-石竹烯（100 mg/kg 和 200 mg/kg），增加了孔板测试中孔洞浸头行为的次数，增加了小鼠高架十字迷宫上穿越开臂的次数和开臂的停留时间，增加了穿梭箱实验中穿越到亮室的次数和停留在亮室的时间。为了进一步探索 β-石竹烯改善抑郁和焦虑症模型小鼠症状的机制，研究团队在给予抑郁和焦虑症模型小鼠 β-石竹烯之前使用氟马西尼和 NAN-190 分别阻断苯二氮䓬类受体和 $5\text{-}HT_{1A}$ 受体，结果显示无论是 NAN-190 组还是氟马西尼组小鼠焦虑症状无明显改善，说明石竹烯的抗焦虑作用机制可能不涉及苯二氮䓬类受体和 $5\text{-}HT_{1A}$ 受体。为了进一步探索 β-石竹烯改善抑郁焦虑症状的机制，Bahi 研究团队[18]首先给予抑郁和焦虑症模型小鼠 β-石竹烯（50 mg/kg），使用高架十字迷宫、旷场实验和埋珠实验评估其对焦虑症状的影响，采用悬尾实验和强迫游泳实验对小鼠绝望行为进行评估，结果显示 β-石竹烯对模型组小鼠的焦虑和抑郁症状均有所改善：可增加旷场实验中小鼠得分，减少埋珠数目和挖掘次数，减少悬尾实验和强迫游泳实验的不动时间，尤其值得关注的是，预先给予Ⅱ型大麻素受体（cannabinoid receptor subtype 2，CB2）拮抗剂 AM630 可取消β-石竹烯对模型小鼠抑郁和焦虑症状的改善作用。Sharon Anavi 及其团队将β-石竹烯与特殊载体结合（该研究已获得美国国家专利，专利号：US 20150051299 A1）给予苯环己哌啶（NMDA 拮抗剂）诱导精神分裂症模型小鼠用于治疗精神分裂症。苯环己哌啶可致小鼠持久精神分裂症状，β-石竹烯的给予改善了苯环己哌啶所致小鼠运动行为异常，降低了动物焦虑和抑郁行为学指标评分，给予 CB2 拮抗剂 AM630 则可取消β-石竹烯对小鼠精神症状的改善作用。该实验也同样解释β-石竹烯抗精神失常的机制可能涉及大麻素受体的激动效应。

同样为了证明β-石竹烯抗焦虑和抑郁的机制，Klein 团队[19]采用蒸馏法从刺桐中制得植物精油，经过气相色谱-质谱联用仪检测法测得精油中石竹烯含量为 4.9%～10.8%。使用犬尿胺作为底物，用两种不同的酶源进行单胺氧化酶抑制试验，首先采用线粒体悬液对刺桐精油作用进行了评价，随后采用人基因重组技术而获得的单胺氧化酶-A 和单胺氧化酶-B 测定精油的 IC_{50}，两种方法均在黑色聚苯乙烯 96 孔板上进行，反应体积均为 200 μL。首先第一种方法中，反应体系包括：140 μL PBS，10 μL DMSO（2%）或优降宁或氯吉灵（两药浓度为均为 10 μmol/L，其中 DMSO 作为阴性对照，优降宁用于单胺氧化酶-A 的抑制实验，氯吉灵用于单胺氧化酶-B 的抑制实验），20 μL 苦参碱（浓度为 0.5 mmol/L），反应体系在 37℃孵育 20 min 后加入 20 μL 线粒体混悬液（0.5 mg/mL），37℃孵育 30 min，最后加入 75 μL 的 NaOH（1 mol/L）以终止反应。第二种方法中，反应体系包括：58 μL 磷酸钾缓冲液，2 μL DMSO（2%），20 μL 犬尿胺（浓度为 0.5 mmol/L），20 μL 的单胺氧化酶-A（0.09 mg/mL）或单胺氧化酶-B（0.15 mg/mL），37℃孵育 30 min 后，用 25 μL 的 NaOH（1 mol/L）以终止反应。用 Wallac Envision 高通量扫描仪测定反应液荧光强度（激发波长 λ=310 nm，发射波长 λ=400 nm），为计算 IC_{50} 值，设计剂量范围为 1～200 μg/mL，分别在 1 μmol/L 和 10 μmol/L 的剂量下，测定十五烷的含量。结果显示刺桐精油能明显抑制单胺氧化酶-B 的活性，IC_{50} 值为 5.65 μg/mL（1～200 μg/mL）。

从上述已有研究来看，β-石竹烯具有抗焦虑和抑郁的药理作用，其作用机制可能涉及内源性大麻受体Ⅱ型的激动作用和单胺氧化酶-B 的活性的抑制作用。内源性大麻受体包括Ⅰ型和Ⅱ型（CB1 和 CB2），两者均为 G 蛋白偶联受体，是内源性大麻素系统的主要组成部分。它们不仅在维持能量平衡、代谢、神经传导和免疫反应中起重要作用，也参与很多疾病的病理生理过程，其中 CB1 主要定位于中枢神经系统，而 CB2 主要存在于外周组织和免疫细胞中。然而，最近免疫组化研究表明，CB2 在大脑中的神经胶质细胞和神经元也表达。两种类型的大麻素受体与许多信号传导途径相关，介导细胞对各种生物活性分子（如激素、局部介质或神经递质）的反应，参与许多临床疾病，如精神疾病（抑郁症和焦虑症等）、神经变性/神经炎性疾病（帕金森病、阿尔茨海默病等）、肥胖、骨质疏松症、中风和脊髓损伤的病理机制。目前有学者认为β-石竹烯属于植物大麻素（pCBs），为了证实植物大麻素β-石竹烯能激动大麻素受体这一理论，Gertsch 等[20]从欧洲栗（*C. sativa*）中提取大麻素（5 μg/mL）作为高选择性的大麻素受体配体，通过对大麻精油色柱层析分离得到β-石竹烯作为CB2受体配体。定量放射性配体结合实验表明：β-石竹烯及其异构体能剂量依赖性地取代来自HEK293细胞中表达的CB2受体上的放射性配基[^{3}H]CP55,940，K_i值分别为155 nmol/L和485 nmol/L。在进一步证实β-石竹烯竞争性结合CB2受体上Δ9-四氢大麻酚（Δ9-tetrahydrocannabinol，THC）结合位点研究中，受到β-石竹烯非极性水溶性差的影响（$c\log P$=6.7）而导致形成浓度>1 μmol/L的油滴，因此在该部分实验中位β-石竹烯位移曲线显示出双相趋势，并且从Hill曲线计算的β-石竹烯K_i值为（780±12）nmol/L，使用GraphPad Prism软件和使用Dixon分析进一步证实了β-石竹烯与CP55,940结合位点的竞争性结合，其中抑制常数约为500 nmol/L，因为THC和CP55,940在CB2受体中具有相同的结合位点，所以Gertsch认为β-石竹烯与THC结合口袋或重叠位点结合。Gertsch接下来在对β-石竹烯与CB2受体结合相互作用的Silico对接分析中，使用Surflex-Dock计算与已建立的CB2受体同源性模型的计算对接分析表明，β-石竹烯结合到水可及腔的疏水区域中。通过MD/MM模拟，使β-石竹烯-CB2复合能最小化，CB2受体配体的推定结合位点位于7TM束的近细胞外位点处的螺旋Ⅲ、Ⅴ、Ⅵ、Ⅶ附近。Gertsch研究中又进一步确定β-石竹烯与CB2受体的相互作用是否与G蛋白活化有关，实验结果表明与强效高亲和力大麻素配体WIN55，212-2（$K_{ih\text{CB2}}$=1.2 nmol/L）一样，β-石竹烯抑制*h*CB2受体转染的K1细胞CHO中毛喉素刺激的cAMP产生；为了评估β-石竹烯是否是CB2受体的完全激动剂，该团队测量了原发性HL60细胞中CB2介导的细胞内钙瞬变（$[Ca^{2+}]_i$），发现β-石竹烯与内源性大麻素2-花生四烯酰甘油（Go途径的有效激活剂）产生同样效应，均可导致$[Ca^{2+}]_i$释放且呈浓度依赖性，同时在缺乏CB2受体表面表达的HL60细胞中，β-石竹烯不会触发$[Ca^{2+}]_i$释放，而且和2-花生四烯酰甘油一样，其诱导的$[Ca^{2+}]_i$释放可被CB2受体拮抗剂SR144528完全阻断。以上研究结果证实β-石竹烯为内源性大麻受体CB2的激动剂，同时结合Klein团队证实β-石竹烯可抑制单胺氧化酶-B活性的结论，目前认为β-石竹烯抗焦虑和抑郁的中枢效应机制与其作用于内源性大麻受体CB2，CB2进而激活G蛋白激酶，以及作用于单胺氧化酶-B从而增加突触间隙单胺递质浓度相关。

2. β-石竹烯的抗神经元退行性变作用及机制

氧化应激、亚硝基应激、线粒体功能障碍、神经炎症反应和随后的神经元死亡是神经炎症性疾病和神经退行性疾病的主要病理生理过程。在最近的研究中，证实双环倍半萜化合物β-石竹烯对常见的神经元退行性变和炎症损伤具有显著的改善作用，其机制多涉及对细胞免疫、体液免疫过程的影响，对位于星形胶质细胞、小胶质细胞和少突胶质祖细胞上大麻素受体的作用，减少神经元 DNA 断裂、蛋白质氧化和线粒体过氧化等，下面对于一些常见的神经元退行性疾病中 β-石竹烯的药理作用和机制作具体阐述。

（1）在阿尔茨海默病（Alzheimer's disease，AD）病理生理变化中的作用与机制

在发现富含 β-石竹烯的精油能改善模型小鼠的认知功能障碍和脑组织中 AD 样病理改变后，Marco 团队[21]为了揭示其机制，采用黑松精油研究其中各成分对乙酰胆碱酯酶（AChE）和丁酰胆碱酯酶（BChE）作用（此研究主要基于临床上抗胆碱酯酶药为治疗 AD 的药物，能改善临床患者的症状的应用），在研究中发现黑松精油能抑制 AChE 和 BChE 的活性（IC_{50} 分别为 51.1 μg/mL 和 80.6 μg/mL），实验团队接下来采用 GC 和 GC-MS 分析精油中成分，发现其中 β-石竹烯能选择性抑制 AChE（IC_{50} 为 120.2μg/mL），认为 β-石竹烯改善动物 AD 症状的机制可能与其抑制 AChE，减少中枢中乙酰胆碱的分解，提高神经突触间的传递活动相关。董志团队[22]在研究 β-石竹烯对 APP/PS1 小鼠学习记忆能力的改善作用及相关机制实验中，给予 APP/PS1 小鼠 β-石竹烯灌胃（分为 16 mg/kg、48 mg/kg 和 144 mg/kg 三个剂量组）10 周，采用 Morris 水迷宫测试小鼠学习能力和空间记忆能力，发现随着训练次数的增加，野生型小鼠的寻台潜伏期逐渐缩短，而给予空白对照溶剂组的 APP/PS1 小鼠的寻台潜伏期随着训练次数增加并没有明显的变化，表现出明显的三维空间学习能力障碍。在空间探索实验中对小鼠的三维空间记忆能力进行评估，发现空白对照溶剂组 APP/PS1 小鼠却没有表现出象限的偏好，β-石竹烯处理的 APP/PS1 小鼠的在目标象限停留时间比空白溶剂对照组增加，说明 β-石竹烯能改善 APP/PS1 小鼠三维记忆能力。在行为学测试后，检测小鼠脑组织中的 Aβ 蛋白水平，结果显示 β-石竹烯能减少 APP/PS1 小鼠海马和皮层组织中 Aβ 沉积。测定小鼠脑组织胶质纤维酸蛋白（glial fibrillary acidic protein，GFAP）和离子钙接头蛋白（ionized Ca^{2+} binding adaptor molecule-1，Iba-1）的表达水平，结果显示在 β-石竹烯处理 APP/PS1 小鼠的大脑皮层中胶质纤维酸蛋白和离子钙接头蛋白明显下降，说明 β-石竹烯能够明显抑制 APP/PS1 小鼠大脑皮层中星型胶质细胞和小胶质细胞的激活。测定小鼠皮层炎症相关酶和蛋白水平，结果显示对比溶剂组 APP/PS1 小鼠大脑皮层组织中 COX2 蛋白表达增高，TNF-α 和 IL-1β 的 mRNA 水平有升高的现象，β-石竹烯给予能显著降低 APP/PS1 小鼠大脑皮层组织中炎症相关酶蛋白和炎症介质的 mRNA 含量。在接下来的实验中，该团队对 β-石竹烯改善 APP/PS1 小鼠认知功能障碍和抑制大脑皮层的炎症反应的机制进行了探索。APP/PS1 小鼠分别灌胃给予 β-石竹烯（48 mg/kg）、β-石竹烯（48 mg/kg）+CB2 受体拮抗剂 AM630（10 mg/kg）、β-石竹烯（48 mg/kg）+PPARγ 拮抗剂 GW9662

(1 mg/kg)、M630(10 mg/kg)、GW9662(1 mg/kg),给药周期为10周。结果显示,CB2受体拮抗剂AM630和PPARγ拮抗剂GW9662取消了β-石竹烯对APP/PS1小鼠学习记忆的改善功能,逆转了β-石竹烯对APP/PS1小鼠大脑皮层星型胶质细胞和小胶质细胞的激活抑制作用和减少了小鼠大脑皮层组织中炎症相关酶蛋白和炎症介质的mRNA含量的效应。说明β-石竹烯能通过激活CB2受体减轻AD病理生理变化中神经元的炎症反应,从而改善AD的症状,其机制可能与CB2受体激活后PPARγ活化有关。

(2)在帕金森病的病理生理变化中的作用与机制

在Javed等[23-24]的研究中,采用SD大鼠,分为:对照组(仅腹腔注射溶剂);AM630组(仅腹腔注射CB2激动剂AM630,剂量为1 mg/kg);ROT组(腹腔注射鱼藤酮诱导大鼠产生帕金森样症状,剂量为2.5 mg/kg);ROT + BCP组(先腹腔注射β-石竹烯剂量为50 mg/kg,30 min后再腹腔注射鱼藤酮剂量为2.5 mg/kg);ROT-BCP + AM630组(先腹腔注射AM630剂量为1 mg/kg;30 min后腹腔注射β-石竹烯剂量为50 mg/kg,注射β-石竹烯30 min后再腹腔注射鱼藤酮剂量为2.5 mg/kg)。腹腔给药,每天一次,持续4周。给药结束后处死动物,将各组收集的大鼠的中脑在pH 8.0的氯化钾缓冲液匀浆,一部分匀浆液低温离心以获得线粒体上清液,用于分光光度测量和酶联免疫吸附测定抗氧化酶、脂质过氧化产物和促炎细胞因子的含量;另一部分组织匀浆后提取蛋白质,测定NF-κB、p65、COX2、iNOS和CB2的蛋白含量;脑组织切片进行TH、GFAP、Iba-1免疫荧光染色,测量纹状体TH-ir多巴胺能神经元和纤维的光密度来评估纹状体纤维的损失,根据免疫荧光强度来判断星形胶质细胞和小胶质细胞的活化程度。结果显示:对照组和AM630组的大鼠CB2受体表达水平无明显变化;鱼藤酮降低了大鼠脑组织中CB2受体的表达;而ROT + BCP组的CB2受体的表达较ROT组增加;但其增加的效应被AM630抵消(ROT-BCP + AM630组)。免疫荧光结果定量分析显示鱼藤酮组大鼠多巴胺神经元丢失明显,β-石竹烯可以减轻鱼藤酮引起的纹状体多巴胺神经元的损伤,而阻断CB2受体会取消β-石竹烯的保护作用;在神经元炎症水平评估方面,鱼藤酮可导致大鼠小胶质细胞和星状胶质细胞的活化,炎症相关的酶COX2表达上调,NF-κB、iNOS表达增加,炎症因子IL-1β、IL-6和TNF-α含量增加,氧化应激水平增加,亚硝酸盐水平升高。β-石竹烯给予可以抑制小胶质细胞和星状胶质细胞活化,降低这些与炎症相关的酶的表达、减少炎症因子含量以及减轻氧化应激水平。而给予CB2的拮抗剂可以取消β-石竹烯对脑组织炎症的抑制作用。该系列研究结果表明植物来源的倍半萜化合物β-石竹烯在鱼藤酮诱导的帕金森大鼠模型中表现出有效的抗炎和抗氧化作用。主要的潜在机制是激活CB2受体,使氧化/亚硝化应激和神经炎症减弱,抑制小胶质细胞和星状胶质细胞的活化和促炎细胞因子的释放，减少黑质纹状体多巴胺神经元的损伤。

Viveros-Paredes[25]采用 1-甲基-4-苯基-1,2,3,6-四氢吡啶（MPTP）诱导的帕金森小鼠模型，β-石竹烯的预处理减轻了 MPTP 诱导的帕金森模型小鼠大脑神经胶质细胞活化，降低了脑组织的炎性细胞因子的水平，保护了大脑黑质和纹状体中的多巴胺能神经元损失，改善了小鼠运动功能障碍，用 CB2 选择性拮抗剂 AM630 处理后，β-石竹烯的神经保护作用和抑制的神经胶质细胞活化被逆转，进一步证实了 β-石竹烯改善模型小鼠帕金森样症状的机制与 CB2 有关。

3. β-石竹烯的抗癫痫作用及机制

de Oliveira 团队[26]采用成年 C57BL 鼠，注射 β-石竹烯（10 mg/kg、30 mg/kg、100 mg/kg）或溶剂对照，60 min 后注射戊四唑（60 mg/kg），15 min 内观察并记录小鼠肌肉阵发性抽搐的潜伏期、全身性癫痫发作的潜伏期以及杜拉特的潜伏期，同时采用脑电图作为评判癫痫发作状况的指标。另外，团队还采用旷场实验、物体辨识实验、强迫游泳和旋转实验来判定小鼠探索性行为和运动技能；测定小鼠大脑皮层和海马中硫代巴比妥酸反应物质（thiobarbituric acid-reactive substances，TBARS）、非蛋白硫醇（nonprotein thiols，NPSH），以评价惊厥致大脑组织的氧化应激和脂质过氧化水平。结果显示，β-石竹烯可延长戊四唑致癫痫小鼠的肌肉阵发性抽搐的潜伏期、全身性癫痫发作的潜伏期以及杜拉特的潜伏期，其作用呈剂量依赖性；行为学测试结果显示，β-石竹烯对旷场实验中小鼠中心停留时间、强迫游泳不动时间和旋转实验从杆上掉落潜伏期无明显影响，但对物体辨识实验中小鼠对新物体识别时间延长；生化实验结果显示，β-石竹烯能增加小鼠惊厥后大脑皮层 TBARS 水平，降低海马区 NPSH 含量。综上，该团队认为 β-石竹烯能减轻戊四唑致癫痫和惊厥作用，并通过降低脑组织脂质过氧化水平，减轻氧化应激损伤，对神经元起到保护作用。

为了进一步确认 β-石竹烯的抗癫痫作用并明确其作用机制，Tchekalarova 团队[27]采用最大电休克发作实验和戊四唑注射致癫痫模型，同时采用苯妥英钠和地西泮作为阳性对照药，采用转杆实验判定小鼠运动能力，Morris 水迷宫测定小鼠空间学习记忆水平，采用测定脑组织中 MDA 来评价脂质过氧化水平。结果显示 β-石竹烯对模型小鼠的保护作用与阳性对照药物苯妥英钠相当。作为 CB2 激动剂的 β-石竹烯，可减少癫痫发作，其作用与降低脂质过氧化有关。β-石竹烯能剂量依赖性地降低 Morris 水迷宫穿越靶象限的潜伏期，增加穿越次数，根据实验结果，该团队认为 β-石竹烯具有抗癫痫作用并能改善癫痫发作所致认知障碍，其作用可能通过激动 CB2 受体产生。

4. β-石竹烯对脑缺血损伤的保护作用及机制

（1）对脑缺血急性期的神经元保护作用

Poddighe 等[28]采用雄性 Wistar 大鼠，在双侧颈总动脉闭塞再灌注术（bilateral common carotid artery occlusion followed by reperfusion，BCCAO/R）前给予大鼠 β-石竹烯 180 mg/kg 灌胃预处理。在结扎双侧颈总动脉后 30 min 恢复血流再灌，60 min 后收集血液离心取血浆，收集新鲜脑组织与血浆作脂质含量分析；脑组织冰冻切片用于进行免疫组织化学实验；新鲜大脑皮层匀浆离心后上清液与收集的血浆一起用同位素标记，采用高效液相色谱和高效液相色谱-大气压化学电离-质谱分析大鼠血浆和大脑额叶皮层中的 2-花生四烯酸甘油酯（2-arachidonoylglycerol，2-AG）、花生四烯乙醇胺（arachidonoylethanolamide，AEA）、十六酰胺乙醇（palmitoylethanolamide，PEA）、油酰乙醇酰胺（oleoylethanolamide，OEA）、二十二碳六烯酸（docosahexaenoic acid，DHA）和脂质过氧化浓度；使用氯仿/甲醇（体积比 2∶1）从不同脑区提取总脂质并轻度皂化，采用高效液相色谱检测其中游离脂肪酸浓度；采用 Western blotting 法和免疫组化方法测定脑组织中 CB1、CB2、PPARα 和 COX2 蛋白含量。脑组织和血浆的脂肪酸谱结果显示，β-石竹烯可降低模型大鼠大脑皮层和血浆中脂质过氧化水平，能降低内源性大麻素系统的活化程度，减少 COX2 和 PPARα 的表达。综上实验结果，该团队认为 β-石竹烯对缺血再灌损伤大鼠急性期神经元损伤起到保护作用，其机制可能涉及 β-石竹烯激动 CB2 和 PPARα 受体，调节内源性大麻素系统的活化和抗脂质过氧化作用。

为了进一步探索相关机制，最近 Yang 团队[29]在体内实验的基础上结合体外实验对其保护作用和机制做了研究探讨。在大脑中动脉闭塞缺血再灌注术前连续 3 天每天给予小鼠腹腔注射 β-石竹烯（三个剂量组：8 mg/kg、24 mg/kg 和 72 mg/kg），腹腔给药 3 天后施行手术，术后 24 小时，对小鼠进行神经功能评分，取脑组织染色测量梗死体积，术后 48 小时处死动物并在体灌注固定脑组织切片，采用透射电镜观察脑组织细胞超微结构，采用 ELISA 测定动物脑组织中炎症因子 TNF-α 和 IL-1β 水平，采用 Western blotting 法和实时定量荧光 PCR 测定脑组织中高迁移率组-1（high-mobility group box 1，HMGB1）、受体相互作用蛋白激酶 1（receptor-interacting protein kinase 1，RIPK1）、受体相互作用蛋白激酶 3（receptor-interacting protein kinase 3，RIPK3）和混合谱系激酶结构域蛋白（mixed lineage kinase domain-like protein，MLKL）转录表达，免疫组化方法测定脑组织中 Caspase-3 和 TUNEL 含量。动物试验结果显示 β-石竹烯预处理可缩小梗死体积，保护神经元超微结构，减少神经元的坏死和凋亡，减少 HMGB1、RIPK1、RIPK3 和 mLKL 转录表达，降低大脑中炎症因子 TNF-α 和 IL-1β 水平。在动物实验证实了 β-石竹烯对缺血再灌神经元损伤的保护作用后，该团队采用体外实验对其作用和机制作进一步证实和探索。在体外实验中，取小鼠胚胎制备原代海马神经元，进行体外培养，在原代神经元培养第 7 天，培养基中加入 β-石竹烯(浓度分别为 0.2 μmol/L、1 μmol/L、5 μmol/L、25 μmol/L），1 小时后采用氧糖剥夺和复糖复氧法（oxygen-glucose deprivation and re-oxygenation，OGD/R）作为缺血再灌神经元损伤的体外模型。在氧糖剥夺和复糖复氧法损伤后 48 小时通过 LDH 渗漏法测定确定神经元损伤，用核形态学分析评估神经元死亡情况，同时使用 4%多聚甲醛固定原代神经元 10 分钟后与抗体共孵育用荧光显微镜和共聚焦激光扫描显微镜分别观察原代神经元。体外实验结果进一步证实 β-石竹烯可减轻脑缺血再灌注过程中的脑损伤。其机制可能是通过抑制细胞死亡和炎症反应。但是否通过抑制坏死细胞释放 HMGB1 从而发挥其抗炎保护缺血区神经元的作用还需要进一步证实。

（2）对慢性脑缺血认知功能障碍的改善

和急性大脑缺血所导致神经元损伤相比较，慢性脑缺血致认知功能障碍是指由一系列脑血管供血不足因素引起脑组织长期缺血缺氧所致神经元损害从而引起的以严重认知功能障碍为主要特征的综合征。在 Zhang 团队[30]前期研究证明了 β-石竹烯可以通过激动 CB2 对于缺血导致的脑损伤具有较好的保护作用之后，该团队进一步采用 β-石竹烯用于慢性脑缺血致认知功能障碍模型大鼠，验证其对慢性脑缺血致认知功能障碍的作用，并初步探讨其作用机制。该研究选用 SD 雄性大鼠采用 MCAO 术建立慢性脑缺血模型。在造模成功后 28 天，分别给予不同剂量的 β-石竹烯和 CB2 拮抗剂 AM630，连续给药 22 天后，利用脑血流仪测定血流、Morris 水迷宫评价大鼠空间学习记忆能力后处死动物，取脑组织固定切片，通过 HE、TUNEL 染色观察大鼠海马神经细胞和周边神经纤维结构的变化；采用免疫组织化学染色和蛋白质印迹方法检测大鼠脑组织中 PI3K、Akt、p38 MAPK、ERK 及 CB2 的表达情况。脑血流监测结果表明高剂量 β-石竹烯能明显提高大鼠血流的恢复率；Morris 水迷宫结果证实 β-石竹烯能改善大鼠因脑缺血导致的空间学习记忆能力的损伤；TUNEL 染色发现 β-石竹烯给药能减少大鼠神经细胞凋亡，HE 染色结果提示 β-石竹烯可以减轻慢性脑缺血诱发的大鼠脑组织的神经元和神经纤维病理改变；免疫组织化学染色发现 β-石竹烯给药可以上调 CB2 的表达；蛋白质印迹实验结果提示 β-石竹烯可以上调 CB2、PI3K、Akt、ERK 的表达，而抑制 p38 MAPK 的激活。实验提示 β-石竹烯可以改善慢性脑缺血致学习记忆功能障碍，其所发挥的神经保护作用可能是通过上调 CB2 的表达，调控 PI3K/Akt、p38 MAPK/ERK 通路实现。

5. β-石竹烯对酒精成瘾的作用及机制

Mansouri 等[31]在基于内源性大麻素系统与酒精成瘾相关的研究基础上，采用雄性成年 C57BL/6 小鼠，给予 2.5%～20%（*V*/*V*）的乙醇溶液、0.04%和 0.08%（*w*/*V*）糖精钠二水合物溶液、30 μmol/L 和 60 μmol/L（*w*/*V*）半硫酸奎宁溶液。动物分组后每天腹腔注射分别给予 β-石竹烯（25 mg/kg、50 mg/kg 和 100 mg/kg）、β-石竹烯（50 mg/kg）+CB2 拮抗剂 AM630（3 mg/kg）以及同体积对照溶剂。同时进行双瓶偏好实验，结果显示 β-石竹烯能呈剂量依赖性地减少小鼠测试期间乙醇的消耗，减少双瓶实验中对乙醇瓶的偏好度，抑制乙醇诱导的条件位置偏好，缩短翻正反射消失的持续时间，且不减少总液体量的消耗。而 CB2 拮抗剂 AM630 则取消了 β-石竹烯的减少酒精依赖和敏感性的作用。该实验说明 β-石竹烯能减少酒精成瘾的发生，其机制与其激动 CB2 有关。

（二）β-石竹烯抗炎和镇痛作用及其机制

炎症是一种复杂的病理生理反应，当机体暴露在感染、药物、物理化学刺激下会导致炎症反应产生。历史久远的芳香疗法使用精油即可产生抗炎镇痛的效应，其中作为多种精油的组分的天然倍半萜成分 β-石竹烯，其抗炎镇痛功效已在许多实验研究中得到了证实。在各种原因致慢性疼痛的病理生理过程中，内源性大麻素系统的作用具有非常重要的地位，且 CB2 受体已被证明参与了疼痛和炎症反应。下面就 β-石竹烯的抗炎镇痛作用和机制作具体介绍。

1. 抗神经性疼痛

神经病理性疼痛是由各种原因损伤神经引起，它涉及神经的异常电生理活动，外周和中枢对疼痛的敏化，中枢抑制性调节作用减弱，小胶质细胞病理性激活等。神经性疼痛的治疗通常使用药物治疗、物理治疗、心理治疗和介入治疗，但只能缓解症状，目前用于神经性疼痛治疗的药物包括抗抑郁药（三环类抗抑郁药物、5-羟色胺和/或去甲肾上腺素再摄取抑制剂）和抗惊厥药（加巴喷丁和普瑞巴林）。

众多对 β-石竹烯镇痛作用的研究均报道 β-石竹烯对神经性病理性疼痛有良好的镇痛效应，其效果优于目前合成的 CB2 激动剂。Klauke 等[32]研究显示在福尔马林疼痛模型中，β-石竹烯能减轻炎症慢性期疼痛，其镇痛效应与 CB2 激动相关。β-石竹烯还能改善热板法和机械法实验中动物的痛觉反应，长期给药无明显依赖性和耐受性。Paula-Freire 等[33]在小鼠各种疼痛模型中（热板试验、福尔马林试验和坐骨神经慢性收缩性损伤所致的慢性疼痛模型），使用 β-石竹烯能产生明显的镇痛效应，其镇痛作用和阿片类镇痛剂一样可被纳洛酮取消，并且 AM630 也可逆转其镇痛作用，提示 β-石竹烯的镇痛作用有可能通过内源性大麻素系统发挥。同样 Katsuyama

等[34]在辣椒素诱导的疼痛模型中发现 β-石竹烯镇痛作用呈剂量依赖性，其可能机制涉及内源性阿片受体和内源性大麻素受体，β-石竹烯通过激活 CB2 受体促进释放内啡肽和抑制促炎细胞因子发挥镇痛效应，同样 β-石竹烯对吗啡的镇痛效应具有协同作用，能减少吗啡的用量。在另一项 β-石竹烯和二十二碳六烯酸（DHA）联合使用对炎症性疼痛的镇痛作用观察的研究中[35]，发现 β-石竹烯对二十二碳六烯酸镇痛效应也有协同作用，可以减少持续性疼痛模型中的疼痛行为，在福尔马林试验中不影响动物睾酮、雌二醇的水平。现有研究已证明 β-石竹烯对 CB2 受体和阿片受体有双重靶向作用，和其他镇痛药一起合用具有镇痛的协同效应。

2. 抗痉挛性疼痛

早期在 Camara 等[36]研究中，从百里香（*Plectranthus barbatus*）提取得到精油，对精油中浓度在 1～300 μg/mL 的物质进行分离和鉴定分析，其中主要物质之一为 β-石竹烯，在离体实验中，观察 β-石竹烯对豚鼠回肠收缩的影响，研究结果显示：对乙酰胆碱引起的回肠收缩效应，石竹烯抑制率为 6.8%～18%，其机制可能与阻断平滑肌细胞 Ca^{2+}的交换有关。Leonhardt 团队[37]接下来提取了芍药挥发性精油，以观察其中 β-石竹烯成分对大鼠回肠平滑肌收缩的作用，结果显示：β-石竹烯能降低回肠的基础张力，其作用不受六甲铵、L-硝基精氨酸甲酯或消炎痛的影响，IC_{50} 为（68.65±9.51）μg/mL；β-石竹烯可诱发氯化钾收缩前回肠的浓度依赖性舒张，其 IC_{50} 为（17.35±0.75）μg/mL；能抑制乙酰胆碱和氯化钾对大鼠回肠的收缩作用；可取消钙离子和钡离子导致的回肠收缩作用。该团队认为 β-石竹烯是参与肌肉松弛和抗痉挛作用的重要成分，其抑制作用是肌源性的，机制似乎主要是通过减少细胞内钙离子浓度而发挥解痉作用。

3. 局部麻醉效应

Ghelardini 等[38]报道从桃金娘中分离到的 β-石竹烯在体内和体外实验中显示有局部麻醉的药理作用：体内实验中，浓度为 10～1000 mg/mL 的 β-石竹烯滴眼能减少家兔的角膜反射；体外实验中，浓度为 10^{-4}～1.0 mg/mL 的 β-石竹烯能减少大鼠膈神经的放电。这些数据初步证实了 β-石竹烯的局部麻醉活性，但是具体机制还需要进一步研究探索。

4. 抗炎

大量体外和体内研究报道证实 β-石竹烯具有强大的抗炎作用。β-石竹烯在不同的体内模型中都有显著的抗炎效应，如二甲苯致小鼠耳水肿、脂多糖诱导炎症和角叉菜胶引起的大鼠爪炎症等。其抗炎作用主要与其作用于 CB2，激动 CB2 受体，减少促炎细胞活化，减少趋化因子表达，阻止 CB2 介导的免疫炎症的发生发展有关。具体机制包括：β-石竹烯与 CB2 结合，抑制腺苷酸环化酶，减少环腺苷酸介导的细胞内钙的转运过程，从而进一步激活 ERK1、ERK2 和 p38 介导的信号通路[20]；β-石竹烯与 CB2 结合，抑制 toll 通路的激活，减少 CD14/TLR4/MD2 复合物的结合，减少 toll 通路活化介导的促炎因子 IL-1、IL-6 和 IL-8 的表达，减少 TH1 介导的细胞炎症过程；β-石竹烯激动位于脾脏、胸腺以及循环中炎症细胞上的 CB2，调控这些炎症细胞的凋亡过程[39, 40]。

（三）β-石竹烯抗病毒、抗真菌、抗寄生虫感染和植物病虫害的作用及其机制

自古以来，人们有着使用天然植物提取的芳香精油治疗感染性疾病的记载。近几十年来，科学家开始从精油中分离和提取化合物用于抗感染的研究，Bernardes 团队[41]采用水蒸气蒸馏法提取迷迭香挥发油，并用气相色谱-质谱法对其进行分析，鉴定了 62 个成分，其中最主要的成分有樟脑（18.9%）、马鞭草酮（11.3%）、α-蒎烯（9.6%）和 β-石竹烯（5.1%），在抗菌活性实验中证实这些成分对变形链球菌、*S.mitis* 链球菌、溶血链球菌、唾液链球菌、*S.sobrinus* 链球菌和粪肠球菌均有抑菌作用。在大量研究报道植物精油中的化合物具有抗菌作用的研究背景下，研究者开始聚焦植物精油中单种分子的抗菌活性及机制。Hammami 等[42]，从假单胞菌中提取挥发油（其中石竹烯含量为 6.3%），在抗病毒实验研究中，该挥发油能抑制柯萨奇病毒的活性，具有抗病毒的作用。Venturi 等[43]从长春花和金盏花中提取芳香性精油，用 0.0095%（*V*/*V*）和 0.039%（*V*/*V*）的剂量检测了 Vero 细胞中疱疹病毒（HSV-1）的活性，用肉汤微量稀释法测定抑菌活性（精油浓度为 5.2～500 μg/mL），结果显示：在长春花和金盏花精油中 β-石竹烯为其中主要成分（含量分别为 14.2% 和 32.2%），在培养基中加入提取精油可使 KOS 和 VR-733 菌株的病毒滴度显著降低。精油对红毛癣菌的 MIC 为 10～83 μg/mL，对菲顿絮凝菌的 MIC 为 83～500 g/mL。综上，β-石竹烯具有抗病毒和抗皮肤癣菌的作用。

除了具有抑制细菌生长、抗病毒和抗真菌的作用外，关于石竹烯抗微生物的研究中，大量报道指出，β-石竹烯具有抗寄生虫感染的作用。有研究证实大量富含 β-石竹烯的植物提取物能有效地防治疟疾、蛔虫和利什曼病原虫等寄生虫感染性疾病；β-石竹烯具有驱蚊活性，其杀蚊的研究也有报道：从天南星中分离出的 β-石竹烯对伊蚊幼虫不仅具有很强杀灭作用而且能抑制成虫咬吸行为。Ali 等[44]从南美洲乔木（*A.aegypti*）中提取得到富含 β-石竹烯的挥发精油，证实其对伊蚊虫卵和幼虫具有杀灭作用，且呈浓度依赖性。在另外一项研究中[45]，从阿育吠陀植物中分离出的 β-石竹烯对疟疾病媒幼虫亚按蚊的半数致死浓度为 41.66 g/mL，对登革热媒介白纹伊蚊的半数致死浓度为 44.77 g/mL，对日本脑炎载体三带喙库蚊半数致死浓度 48.17 g/mL。这些研究结果提示 β-石竹烯可以替代合成杀虫剂，具有用于防治虫媒传播的寄生虫感染疾病的应用前景。除此，另一研究团队[46]发现

β-石竹烯对氯喹敏感的恶性疟原虫株的红细胞期具有抗疟活性，对肝细胞、肾脏细胞和脾细胞都有保护作用，β-石竹烯可降低小鼠对伯氏疟原虫的感染，其抑制率可达 88.2%。对利什曼原虫的生长也具有剂量依赖性的抑制作用[47-49]；胡椒叶中提取分离得到β-石竹烯，观察到β-石竹烯可通过消除感染的巨噬细胞来减少利什曼原虫的感染，其对利什曼原虫的杀灭作用与巨噬细胞产生的一氧化氮无关，具体机制待进一步深入研究。小鼠腹腔接种转染马桑利什曼原虫株感染巨噬细胞，给予β-石竹烯能缓解小鼠感染症状，其疗效与指南推荐的用于治疗利什曼病和蛔虫病的药物戊脒相当。在另一些β-石竹烯抗线虫感染的研究中，通过对β-石竹烯与谷胱甘肽 S-转移酶的基团对接能力及两者之间亲和力的大小的测定，证实了β-石竹烯能杀灭南方根结线虫，并初步证实其抗线虫作用涉及减少虫体内谷胱甘肽 S 转移酶的表达及抑制酶活性作用相关。

在人类农业生产过程中，植物病虫害的防治对农作物的产量起到至关重要的作用，过去的几十年，人们开始意识到化学杀虫剂的使用存在着污染环境、引起虫体耐药性产生和致基因突变的重大缺陷，寻找绿色安全的杀虫剂成了目前该领域的研究热点。科学家们发现植物本身可产生挥发性萜类化合物，可调节自身与其他有机体之间的作用，这些化合物具有许多不同的功能，从调节植物激素的合成到对非生物因素的损伤防护，甚至参与生物应激反应等，这些萜类化合物作为信号传导物质，介导植物与植物、植物与动物和植物与微生物的相互作用。其中β-石竹烯在防御植物病虫害的研究方面取得了重要的进展，有研究提出[50-53]，具有拟南芥萜烯合酶基因的芳香性植物其释放的β-石竹烯可减少病菌的感染，当植物受损伤时，β-石竹烯合成和分泌会增加，食用该植物的这种反应起到驱避动物的效果。当然其除了驱避食草动物伤害外，β-石竹烯还可吸引授粉昆虫和驱赶害虫，比如有研究证实β-石竹烯等倍半萜对亚洲瓢虫具有诱虫效应，从丁香中提取的精油具有抗蚤成虫、蜱虫若虫的作用；从云南牡蛎根状茎分离得到的精油显示了其对灰飞虱的驱避活性；从广藿香挥发油中提取的精油具有杀灭德国蟑螂的作用；从鼠尾草属植物中提取的精油对秋季黏虫、斜纹夜蛾具有杀虫活性等，而这些从植物中提取分离所得的芳香精油都被证实主要成分之一为β-石竹烯，这些研究揭示了β-石竹烯农作物的保护作用，其很有可能替代传统的农药，作为低毒、对环境有好的经济农作物栽培和食用果蔬管理的杀菌杀虫剂。

（四）β-石竹烯抗肿瘤作用及其机制

β-石竹烯具有抗炎、化学防护和抗肿瘤的生物活性，有研究报道，β-石竹烯抗瘤作用主要与其作用于肿瘤细胞生长周期，影响肿瘤细胞分化，通过内源性途径诱导肿瘤细胞凋亡或增加肿瘤细胞对放化疗的敏感性有关。目前关于不同来源的植物精油提取物中的β-石竹烯抗不同肿瘤细胞的报道数以千计，比如：Legault等[54]从冷杉提取β-石竹烯，研究其对α-胡敏烯、异核茶烯和紫杉醇抗癌活性的增强作用，实验结果显示β-石竹烯能提高α-胡敏烯或异核茶烯对MCF-7细胞的生长抑制，还能增强紫杉醇对MCF-7、DLD-1和L-929细胞的抗癌活性，其机制可能与改变了肿瘤细胞膜的通透性，改变转运蛋白表达和增加紫杉醇在肿瘤细胞浓度有关。Fraternale等[55]从贾姆氏菌（*S. jamensis*）中提取精油（β-石竹烯含量14.8%），该团队以U937细胞株为研究对象，发现含β-石竹烯成分的精油可促进肿瘤细胞凋亡。Chang等[56]采用泽泻精油，经过气相色谱-质谱联用技术，分析鉴定其中10种有效成分，以β-石竹烯及其氧化物含量最多，采用RL95-2细胞作为研究对象，结果显示泽泻精油处理可使RL95-2细胞阻滞于G2/M期，并通过上调Caspase-3、Caspase-8、Caspase-9、Bad、Bak、Bax蛋白表达和下调Bcl-2、Bcl-XL表达从而促进RL95-2肿瘤细胞凋亡，除此外，精油还对A549（肺癌）、Hep G2（肝癌）、FaDu（咽鳞状癌）、Mda-mb-231（乳腺癌）细胞，尤其是对前列腺c型（Lncap）细胞有明显抑制作用。

除了体外实验中证实β-石竹烯具有抗肿瘤的活性外，在体内实验中β-石竹烯也能对动物体内的肿瘤细胞产生抑制作用。Jung等[57]研究发现C57BL/6N小鼠皮下注射B16F10黑色素瘤细胞后，给予高脂饮食会刺激肿瘤的生长和肿瘤细胞淋巴转移，其机制与高脂饮食刺激肿瘤增殖有关。研究者采用雄性C57BL/6N小鼠，给予高脂饮食喂养（饲料中混有0、0.15%或0.3%的β-石竹烯）16周后，小鼠皮下注射黑色素瘤细胞B16F10，接种三周后切除肿瘤，肿瘤切除后2周处死动物。各项指标测定显示：高脂饮食喂养可导致小鼠体重增加；空腹血糖升高；瘤体增长速度增加；透射电镜扫描发现高脂喂养小鼠肿瘤组织和淋巴腺中巨噬细胞中脂液泡增加，F4/80+巨噬细胞增加；细胞上甘露糖受体表达上调。而β-石竹烯可减轻这些改变。同时体外培养结果表明，β-石竹烯可抑制3T3-l1前脂肪细胞的脂质积累；减少单核细胞趋化蛋白-1的表达，减少脂肪细胞和B16F10肿瘤细胞数量；抑制M2-MΦ分泌导致的单核细胞迁移；抑制血管生成和淋巴管生成。该实验结果提示：抑制脂肪细胞和M2-细胞的聚集和TH中CCL 19/21-CCR 7表达可能是β-石竹烯抑制高脂饮食刺激小鼠黑色素瘤进展的机制。除此，也有研究发现β-石竹烯治疗可以减轻大鼠实验性化疗引起的白细胞减少：Campos等[58]选用雄性Wistar大鼠，采用5-氟尿嘧啶化疗诱导继发性白细胞减少模型，在化疗前3天给予β-石竹烯治疗[50 mg/(kg·d)]，在化疗结束后采用白细胞计数观察到β-石竹烯可预防化疗致白细胞减少症。

可以说关于β-石竹烯抗肿瘤的报道论文多以千计，其抑制的肿瘤类型在各报道中也不尽相同，而且其机制也涉及不同的受体和通路，根据现有报道对β-石竹烯抗肿瘤作用作一一梳理。

1. 对β-石竹烯敏感的肿瘤细胞主要类型

乳腺癌 MCF-7 细胞、前列腺癌 PC-3 细胞、肺癌 A549 细胞、直肠癌 DLD-1、黑色素瘤 M4BEU、结肠癌 CT-26 细胞[54, 59]；无色素性黑色素瘤 C32 细胞、肾细胞腺癌细胞[60]；人结肠癌 Caco-2 细胞[61]；HeLa 肿瘤细胞[62]；人白血病细胞系 U937[63]；淋巴瘤、人神经母细胞瘤 IMR-32 细胞[64]；人卵巢腺癌 OVCAR-8 细胞、人转移性前列腺癌 PC-3M 细胞、人支气管肺泡癌 NCI-H358M、肉瘤 180 肿瘤细胞[65]；人红细胞性白血病 K562 细胞[66]；肺癌 A549 细胞、肝癌 Hep G2 细胞、咽部鳞状上皮癌 FaDu 细胞、乳腺癌 MDA-MB-231 细胞、前列腺癌 LNCaP 细胞、子宫内膜癌 RL95-2 细胞[56]；鼻咽癌 KB 细胞[67]；B16F10-Nex2、U87、HL-60、HCT、A2058 细胞等[48]。

2. 抗肿瘤作用靶点

1）抑制细胞增殖：上调 sp21 和 p53 表达；下调 cyclin-D1、Cmyc、ERK1/2 表达；减少 TNF-α、NF-κB、STAT3 转录及表达；抑制 COX2 活性。

2）抑制肿瘤细胞代谢：抑制 MMP-9 和 ICAM-1 表达。

3）抑制血管生成：减少 VEGF 表达。

4）抑制肿瘤侵袭和转移：下调 MMP-9、ICAM-1、NF-κB、STAT3 转录及表达。

5）促进肿瘤细胞凋亡：下调 Bcl-2、Mdm2、COX2、Cmyb 表达；抑制 15-LOX-1 活性及表达；上调 Bax、Bak1、Caspase-8、Caspase-9、ATM ；增加 ROS 的生成；减少线粒体膜电位；上调 Annexin V、TUNEL 水平；抑制 IκBα 激酶活性；减少 p65 移位和磷酸化；下调 IAP1、IAP2 和 Bcl-xL 等。

（五）β-石竹烯对呼吸、泌尿生殖、内分系统及其他系统疾病的药理作用及机制

1. 呼吸系统疾病

呼吸系统疾病是发生率最高的疾病之一，人类采用天然植物治疗呼吸系统疾病历史悠久，人们擅长于寻找和使用当地常见的植物来治疗哮喘、支气管炎、普通感冒咳嗽和百日咳等各种呼吸道的疾病。至今，这一天然的顺势疗法仍流行于偏远山林地区。虽然随着现代科学研究的发展已研制开发出大量抗菌药、镇咳平喘药和祛痰药并广泛应用于临床，但是从天然动植物中寻找安全有效的化合物一直是药物研发的方向之一。Wu 团队[68]采用水蒸气蒸馏法从麝香草提取挥发性芳香精油（β-石竹烯 5.26%），采用 A 型流感病毒（IVA）感染小鼠，感染后使用麝香草精油灌胃 5 天，取小鼠血清和肺组织，血清 IL-4 和 IFN-γ 水平，肺组织中 MOD、SOD、TAOC 和 GSH-Px 的活性，结果显示麝香草精油能降低小鼠血液和

肺组织中病毒滴度；降低血清干扰素-γ 和 IFN-γ 水平；提高肺组织中 MOD、SOD、TAOC 和 GSH-Px 的活性从而增加小鼠肺组织抗氧化能力，对 A 型流感病毒感染小鼠具有治疗作用。Shah 等[69]在离体实验中采用家兔空肠，观察淫羊藿挥发油对平滑肌的自发收缩和高钾引起的收缩作用，探讨其平喘的机制。实验结果显示含有 β-石竹烯的淫羊藿精油能抑制空肠平滑肌的自主收缩和高钾所致收缩，可引起钙浓度-反应的曲线的平行右移，表明淫羊藿精油抗平滑肌痉挛的作用可能是通过抑制电压依赖性钙通道介导的。Pinho-da-Silva 等[70]为了进一步证实淫羊藿挥发油以及其他常见的民间用于治疗呼吸道疾病的植物中起作用的主要成分为 β-石竹烯以及具体的机制，该团队采用单纯的石竹烯成分和大鼠支气管平滑肌细胞作为研究对象，采用全细胞膜片钳技术，研究石竹烯对电压依赖性钙通道的影响：发现石竹烯可以抑制支气管平滑肌细胞钙内流，其抑制率可达到 50%，但是在去钙离子的环境中并不影响电兴奋-收缩耦合反应，该结果从细胞水平进一步证明 β-石竹烯平喘作用涉及钙离子通道的阻断。除了以上实验研究证实 β-石竹烯用于控制呼吸道症状跟抗炎平喘有关，也有研究提出其作用机制也涉及抑制呼吸道的过敏反应：Rogerio 等[71]使用 BALB/c 小鼠的气道变应性炎症模型，预防性（致敏模型第 18～22 天）或治疗性（致敏模型第 22 天）给予小鼠 β-石竹烯（50 mg/kg），同时采用糖皮质激素地塞米松或布地奈德为阳性对照药，在造模第 22 天，检测小鼠支气管肺泡灌洗液中的嗜酸性粒细胞数量，IL-5、CCL11、IFN-γ 和 LTB4 等过敏相关炎症介质水平，检测肺组织中 NF-κB、AP-1 和 P-selectin 含量。结果显示不管是预防性还是治疗性，给药 β-石竹烯可减少气道变应性炎症模型小鼠呼吸道中嗜酸性细胞数目；下调 NF-κB、AP-1 和 P-selectin 表达；减少炎症介质 IL-5、CCL 11、IFN-γ 和 LTB4 含量。结果提示 β-石竹烯在气道变应性炎症小鼠模型中表现出明显的抗过敏抗炎作用，这种作用似乎是通过减少炎症介质的表达、黏附分子的表达和抑制转录因子的激活而实现。

2. *泌尿系统疾病*

为了研究 β-石竹烯对肾脏组织损伤的保护作用并明确其机制，根据目前大量报道已证实 β-石竹烯是大麻素受体的激动剂，美国 NIH 实验室[72]采用敲除 *CB2* 基因的 C57Bl/6J 小鼠，腹腔注射 β-石竹烯（1 mg/kg、3 mg/kg 和 10 mg/kg），2 小时后小鼠腹腔注射顺铂（25 mg/kg），注射顺铂 72 小时后处死小鼠，收集血液检测血尿素氮和肌酐的含量以评价肾功能状态，取肾脏匀浆或固定组织切片，HE 染色观察中性粒细胞及巨噬细胞浸润，免疫组化法检测肾脏中趋化因子 MCP-1、MCP-2，黏附因子 ICAM-1，RT-PCR 检测炎症细胞因子 TNF-α、IL-1β，以及氧化/硝化应激相关 *NOX-2*、*NOX-4* 基因表达，结果显示 β-石竹烯能保护野生鼠顺铂所致肾脏损伤，并且其保护作用呈剂量依赖性，而对 *CB2* 基因敲除小鼠 β-石竹烯未见肾脏保护作用，该研究提示 β-石竹烯可能通过激动内源性 CB2 而发挥抗炎、抗氧化/硝化应激作用，从而减轻顺铂所致的小鼠肾脏损伤。除了对化疗药物顺铂所致肾脏损伤具有保护作用外，Sharma 等[39]发现 β-石竹烯能降低缺血再灌损伤肾脏中促炎细胞因子含量，降低脂质代谢水平，减少氧化应激损伤相关酶的表达，能改善肾脏功能和缺血所致肾脏组织学的改变。

3. 子宫内膜异位症与痛经

无论是在数百年前还是在现代社会，中草药被都广泛用于治疗妇科疾病，比如痛经、子宫内膜异位症、子宫肌瘤、月经不调（过多或过少）以及更年期综合征等。其中，子宫内膜异位症是最常见但是最难处理的病症之一，严重影响病人生活质量。子宫内膜异位症临床表现多样，其异位内膜细胞的异常增殖和凋亡是主要的病理生理变化，涉及多种信号通路。

内源性大麻素系统除了已被证实具有镇痛作用外，还参与了与细胞增殖和纤维化相关的通路，越来越多的研究证实在子宫内膜上皮细胞和基质细胞中的表达的 CB1 和 CB2 受体的激动能有效改善子宫内膜异位症的病理生理变化和临床症状。

Abbas 等[73]取大鼠自身的子宫内膜细胞进行腹腔种植，同时给予 β-石竹烯，四周后，β-石竹烯可降低 52.5%的腹腔种植内膜细胞数，能引起种植内膜细胞中的囊腔上皮和血管内皮细胞凋亡，减少其中的肥大细胞和嗜酸性细胞浸润，并且和正常大鼠相比较，β-石竹烯处理组大鼠妊娠时间和产仔率无明显变化。

Ou 等[74]采用含 β-石竹烯、乙酸芳樟酯、芳樟醇和桉叶油素的混合精油进行了一项随机、双盲临床试验：48 名原发性痛经妇女被随机分配到精油组（n=24）和合成香料组（n=24），从最后一次月经结束到下次月经开始之间，每天使用含精油或合成香料的乳霜按摩腹部，经过一次月经周期干预后采用数字评定量表和语言评定量表对此次周期中的痛经症状评分，结果显示精油组患者在芳香疗法后，痛经的持续时间从 2.4 天减少为 1.8 天，数字评定量表和语言评定量表评分均显著下降，该研究认为 β-石竹烯可作为痛经治疗药物。

4. 糖尿病

目前减少氧化应激反应和减少胰岛素抵抗是糖尿病研究的热门领域。Wu 等[75]提出 β-石竹烯是过氧化物酶体增殖物激活受体-α（PPAR-α）的天然激动剂的假设，并测定 β-石竹烯对 PPAR-α 的亲和力和激动能力，实验结果证实了该团队的 β-石竹烯是 PPAR-α 的天然激动剂的假设，可能成为治疗糖尿病的候选药物。Basha 等[76]采用链脲佐菌素诱导的糖尿病大鼠模型，采用格列本脲作为阳性对照药，实验结果显示，β-石竹烯可增加胰岛素分泌，降低大鼠血糖和糖化血红蛋白水平，纠正大鼠肝、肾、骨骼肌碳水化合物代谢酶的异常。

Suijun 等[77]研究了 β-石竹烯对葡萄糖刺激引起胰岛素分泌的影响，并探讨了其作用机制：采用 MIN6-b 细胞，用 RNAi 技术抑制 MIN6-b 细胞中 CB1、CB2 和 Arf6 的表达，在培养基中加入浓度为 0.1 μmol/L、0.5 μmol/L 和 1 μmol/L 的 β-石竹烯，测定胰岛素的浓度，实验结果显示 β-石竹烯能增加 MIN6-b 细胞因葡萄糖刺激产生的胰岛素分泌作用，并且该效应呈剂量依赖性，β-石竹烯能激活小 G 蛋白 Arf6 、Rac1 和 Cdc42 的表达，而且采用 RNAi 沉默小 G 蛋白 Arf6 后也可使 β-石竹烯增加 MIN6-b 细胞葡萄糖刺激导致的胰岛素分泌的效应消失，该研究结果不仅揭示 β-石竹烯调节血糖的机制与其激动 CB2 有关，更重要的是还发现了一个全新的机制，即 β-石竹烯还可能通过小 G 蛋白 Arf6 调节胰岛细胞分泌胰岛素，它们参与调节胰岛素分泌颗粒向质膜的转运，以及和细胞膜之间的对接、连接、融合以及最后完成分泌过程。

5. 高脂血症

高甘油三酯血症被认为是动脉粥样硬化和冠状动脉疾病的独立危险因素。在脂代谢过程中，PPARs 起着至关重要的作用。正如我们在前面所述，β-石竹烯对 PPAR-α 具有激动作用，而且经证实 β-石竹烯是内源性大麻系统 CB2 的激动剂，CB2 和 PPARs 相互作用是治疗炎症性疾病包括神经退行性疾病和代谢性疾病在内的重要治疗靶点。β-石竹烯对 CB2 受体的激活可触发 PPARs 信号通路的激活，不仅在胰岛素抵抗中发挥治疗作用而且也参与了肝脏中脂质代谢调节。在 Wu 等[75]的研究中不仅证实了 β-石竹烯是 PPAR-α 的天然激动剂，还发现 β-石竹烯可诱导 HepG2 细胞对脂肪酸和脂质氧化物的摄取，抑制 LXR-SREBP-1c 旁路的激活，从而促进脂肪酸摄取，减少脂质的氧化，降低肝脏中甘油三酯的浓度。研究还发现，β-石竹烯可诱导 PPAR-α 的激活，从而增加摄取和清除脂肪酸和脂质氧化物的相关基因的表达促进脂肪的分解代谢，这些基因包括：脂肪酸转运蛋白 4、酰基辅酶 A 合成酶、肉碱棕榈酸转移酶和酰基辅酶 A 氧化酶基因。此外，β-石竹烯激活 PPAR-α 后可通过降低 LXR/RXR 与 LXRE 的结合，从而抑制 LXR-SREBP-1c 旁路的激活，调节合成甘油三酯、胆固醇酯及磷脂氧化所必需的 *SREBP-1c* 和 *SCD1* 的基因表达。

和高甘油三酯血脂一样，血液中高胆固醇的升高也是心血管疾病的主要危险因素。Harb 研究团队[78]在大鼠高胆固醇模型中研究了 β-石竹烯的降胆固醇的作用，研究结果显示 β-石竹烯可抑制肝羟甲基戊二酰辅酶 A 还原酶的活性，显著降低血清中总胆固醇、低密度脂蛋白含量，显著降低动脉粥样硬化指数，并明显增高血清中高密度脂蛋白水平。除了降低血清中胆固醇含量外，β-石竹烯还能减轻模型大鼠的肝肿大、肝脏大泡性脂肪变性，降低血清中肝丙氨酸氨基转移酶和天冬氨酸氨基转移酶的活性，减轻高脂血症导致大鼠肝脏损伤。此外，β-石竹烯还能增加抗氧化酶超氧化物歧化酶的活性。

6. 动脉粥样硬化

动脉粥样硬化是一种血管病变，其病理生理变化包括炎症反应、血管内腔狭窄和动脉壁弹性降低，而在这些病理生理变化中，内源性大麻素系统被证实参与动脉粥样硬化的炎症反应。虽然关于 CB1 的作用还未证实，但是不少研究已确认 CB2 受体的激活可减少动脉粥样硬化斑块的炎症，减少急性脑卒中后白细胞浸润相关的脑损伤。在体外研究中，β-石竹烯可以显著抑制 HSP60 诱导的 VSCM 细胞增殖，其机制可能涉及 β-石竹烯激活 CB2 减少炎症反应的激活有关。在上述部分研究中提及 β-石竹烯可降低血液中的甘油三酯和胆固醇含量，具有降血脂作用，除此外，文献表明 β-石竹烯具有抗氧化活性，由于其对羟基阴离子、超氧阴离子和脂质过氧化物的自由基有清除作用，导致活性氧（reactive oxygen species，ROS）减少[79, 80]。ROS 参与 HMG-CoA 还原酶的活化，导致胆固醇合成增加导致高脂血症。因此，β-石竹烯可通过减少 ROS 导致的 HMG-CoA 还原酶活化进而减少胆固醇合成而降低血脂。其次，大量研究证实 β-石竹烯激活 CB2 可减轻炎症，抑制细胞免疫反应。Kudinova 等[81]的研究发现 β-石竹烯的间苯二酚衍生物可减少用酵母聚糖攻击诱导无菌性炎症的小鼠肝脏中的胆固醇，β-石竹烯作为 PPAR-α 的配体，通过与 PPAR-α 的配体结构域结合影响参与脂肪酸 β 氧化、TG 代谢、高密度脂蛋白（HDL）代谢、胆固醇代谢和转运基因的表达来调节脂质代谢。综上，β-石竹烯的抗动脉粥样硬化作用涉及了其抗氧化应激损伤和降低血脂的作用。

7. 消化系统疾病

炎性肠病（inflammatory bowel disease，IBD）作为现代社会的高发病，目前还未有特异性药物治疗。近年来不少研究提出内源性大麻素受体的激活对胃肠功能有一定的影响：最近的研究表明，CB2 激动剂可改善小鼠 2,4-二硝基苯磺酸诱导的结肠炎，除了内源性大麻素系统，不少研究也发现 PPARγ 也在 IBD 中扮演了重要的角色，在病变结肠上皮细胞中呈高表达状态，而病灶中巨噬细胞和淋巴细胞的 PPARγ 表达却降低，且其表达水平与机体和肠道菌群之间的相互作用密切相关，使用 PPARγ 的激动剂罗格列酮或曲格列酮等，可减少体内外实验中病变组织 IL-1β 和 TNF-α 等炎症因子的表达。

基于大量研究中都证实了大麻素通路和 PPARγ 在 IBD 病理生理变化中的作用，β-石竹烯为 CB2 和 PPARγ 的激动剂，为了观察 β-石竹烯对 IBD 是否具有干预作用，并深入研究其机制，Cho 等[82]采用 5%葡聚糖硫酸钠诱导 BALB/c 小鼠结肠炎模型，给予β-石竹烯灌胃7天。发现：在症状上，β-石竹烯能减少动物的腹泻和直肠出血的发生，减少了小鼠体重的下降，改善了活动指数；β-石竹烯能明显抑制炎症、水肿和肌肉肥大增厚导致的结肠缩短；β-石竹烯能显著降低结肠黏膜髓过氧物酶（myeloperoxidase，MPO）的增加，提示中性粒细胞浸润减少。这些动物实验结果均提示β-石竹烯对炎性肠炎具有抗炎作用，鉴于炎性肠炎研究中发现IL-6/STAT 3信号通路的激活在疾病的发生发展过程中起到至关重要的作用，为了进一步揭示β-石竹烯抗结肠炎的药理机制，该团队对结肠组织中的IL-6表达水平进行检测，结果显示：β-石竹烯能抑制葡聚糖硫酸钠导致的小鼠结肠组织IL-6 mRNA水平的升高，激活细胞外信号调节激酶，增加NF-κB、cAMP与反应元件结合，上调Caspase-3 mRNA的表达。在该研究中证实了β-石竹烯对结肠炎症具有抗炎作用，能改善模型小鼠的症状，但是是否与CB2或（和）PPARγ激动有关还没得到证实。接下来Bento等[83]根据Cho团队的报道，研究了β-石竹烯抗炎作用机制是否涉及CB2或（和）PPARγ，该研究在给予50 mg/kg的β-石竹烯干预同时，随机抽取小鼠分为CB2拮抗剂组和PPARγ拮抗剂组，分别给予CB2拮抗剂AM630 10mg/kg和GW9662 1 mg/kg腹腔注射连续7天。给药结束后，分别采用：测量髓过氧化物酶和*N*-乙酰氨基葡萄糖苷酶活性间接评估中性粒细胞和巨噬细胞在结肠的浸润情况；使用酶联免疫吸附剂评估TNF-α、IL-1β、角质形成细胞衍生趋化因子、干扰素-γ、IL-4、IL-10和转化生长因子-β的水平；提取肠道组织总RNA，采用实时PCR测定以上炎症因子的表达和肠道组织中CB2、PPARγ mRNA水平。接下来团队进一步采取体外实验研究β-石竹烯在结肠炎中抗炎的机制与CB2或（和）PPARγ的关系：采用乳鼠肠系膜淋巴结通过细胞培养获取淋巴细胞，采用CD1小鼠获得总骨髓并分离巨噬细胞，然后培养肠上皮细胞-6（一种未转化的大鼠肠上皮细胞系），其中一组细胞在刺激前用β-石竹烯处理，一组细胞在β-石竹烯处理前1小时用CB2选择性拮抗剂AM630（5 μmol/ L）预处理，所有的细胞均采用LPS刺激4小时，刺激后收集无细胞上清液，测定细胞因子CXCL1/ KC、CINC-1、巨噬细胞炎性蛋白-2的蛋白质水平和TNF-α的mRNA表达。在动物实验部分，与前述Cho团队的研究结果相似，β-石竹烯对结肠炎症具有抗炎作用，能改善模型小鼠的症状，减少肠组织炎症反应，细胞因子和趋化因子TNF-α、IL-1β、INF-γ和CXCL1/KC的mRNA和蛋白表达，另外还观察到β-石竹烯还可抑制模型小鼠结肠组织中NFκB、CREB、ERK1/2和IKKα/β活化，抑制Caspase-3和Ki-67活化但不抑制Claudin-4；在体外实验部分，β-石竹烯可减少LPS刺激的巨噬细胞中促炎细胞因子的产生（CXCL1/KC、CINC-1、巨噬细胞炎性蛋白-2和TNF-α）。以上的研究表明，CB2在结肠炎患者的发炎结肠中上调，β-石竹烯预防性口服治疗可显著降低动物结肠中CB2的表达，选择性CB2拮抗剂AM630消除了β-石竹烯对结肠损伤的保护作用，证明β-石竹烯的抗炎作用具有 CB2 依赖性。考虑到一些研究表明 CB2 和 PPARγ 之间存在密切的相互作用，PPARγ 激动剂可改善结肠炎，为了进一步验证是否 PPARγ 还参与了 β-石竹烯在结肠炎中的抗炎作用，Bento 团队在以上的动物实验给予 β-石竹烯的基础上，同时使用 PPARγ 拮抗剂 GW9662 腹腔注射，和 CB2 拮抗剂的作用相似，PPARγ 拮抗剂逆转了 β-石竹烯对结肠炎的抗炎作用，说明 β-石竹烯的抗结肠炎作用可能与 PPARγ 相关。

除了炎症性肠病，消化性溃疡作为胃肠道系统高发性疾病，同样也严重地危害着全球健康。目前抑制胃酸分泌和增强胃黏膜防御能力是治疗胃十二指肠溃疡的有效方法。Tambe 等[84]在动物实验中研究了 β-石竹烯对大鼠胃黏膜的保护作用，发现 β-石竹烯在不影响胃酸和胃蛋白酶的分泌的情况下能显著抑制水浸应激和药物导致的胃黏膜损伤，既具有胃保护作用，又具有抗炎和消肿作用。该团队研究结果显示：β-石竹烯并不是通过减轻侵袭因子（胃酸和胃蛋白酶）对胃黏膜的损害发挥抗溃疡作用，而是通过增加胃黏膜上皮细胞的分裂，增加前列腺素的合成从而实现抗炎、抗溃疡效应。

8. 肝脏疾病

科学家一直致力于从动植物中能找到具有肝脏保护作用天然化学成分，Vinholes 等[85]使用化学（DPPH 和羟基自由基）和生物（Caco-2 细胞）模型评价了在植物和植物衍生的食品和饮料中常见的倍半萜化合物，包括反式法尼醇、顺式橙花叔醇、α-蛇麻烯和愈创木酚的抗氧化和抗增殖作用。研究结果发现：愈创木酚（IC_{50}=0.73 mmol/L）对 DPPH 具有较高的清除能力，反式法尼醇（IC_{50}=1.81 mmol/L）和顺式橙花叔醇（IC_{50}=1.48 mmol/L）对羟基自由基更具活性，除 α-蛇麻烯外，所有化合物都能够保护 Caco-2 细胞免受叔丁基氢过氧化物诱导的氧化应激损伤，这一体外实验结果赋予了倍半萜化合物作为抗氧化剂和抗增殖剂用途的前景。在此体外实验的基础上该研究团队进一步在动物实验中对 15 种倍半萜类化合物的肝保护作用进行了研究，并对其构效关系做了初步分析。这 15 种倍半萜成分除了包括前期报道的化合物外，还包括 β-石竹烯，研究通过硫代巴比妥酸活性物质测试在来自 Wistar 大鼠的肝匀浆中内源性脂质过氧化，研究结果显示除 α-蛇麻烯外，受试的倍半萜（包括 β-石竹烯）都可有效降低内源性和诱导脂质过氧化中的丙二醛水平。使用开发的 3D-QSAR 模型，将肝保护活性与分子特性相关联，显示出良好的拟合（R^2_{adj} 为 0.819 和 0.972，分别对于模型 A 和 B），具有良好的预测能力（Q^2> 0.950 和 SDEP <2 %，分别对于模型 A 和 B），与倍半萜类化合物的结构和化学特征相关的效应网络，例如形状、分支、对称性和电负性片段的存在，可以调节对这些化合物的保肝活性。

基于以上的研究，为了确定β-石竹烯对大鼠肝脏细胞保护作用并初步探讨其机制，Calleja 等[79]采用动物实验与体外细胞培养相结合的研究路线，在动物实验中，实验者使用 Wistar 大鼠，在腹腔注射四氯化碳的同时分别给予β-石竹烯口服灌胃。采用组织切片观察肝细胞坏死情况，根据有无结节、纤维间隔和胆汁淤积对肝脏损伤进行评分定级；采用生化实验测定肝组织氧自由基的清除能力；肝组织匀浆液离心分离肝微粒体，测定肝微粒体脂质过氧化情况；测定血液中总胆红素含量、乳酸脱氢酶、碱性磷酸酶和谷氨酰转肽酶活性以评定肝功能情况；提取大鼠肝组织中的 RNA 检测转化生长因子-b1（transforming growth factor-b1，Tgfb1）、金属蛋白酶组织抑制剂-1（tissue inhibitor of metalloproteinase-1，Tmp1）和Ⅰ型胶原 a1（type I collagen a1，Col1a1）基因的表达情况。在体外实验中使用 CFSC-2G 细胞培养，培养基中加入四氯化碳和β-石竹烯，收集细胞检测：乳酸脱氢酶、碱性磷酸酶和谷氨酰转肽酶活性；检测 Tgfb1、Tmp1 和 Col1a1 表达水平。结果显示β-石竹烯具有抗炎活性，可减轻四氯化碳致肝损伤，可减轻肝细胞纤维化，抑制肝星状细胞的激活；抑制肝细胞微粒体脂质过氧化反应，清除羟自由基和超氧阴离子，抑制 5-脂氧合酶活性；减少大鼠肝细胞和 CFSC-2G 细胞的 *Col1a1*、*Tgfb 1* 和 *TIMP 1* 基因的表达；降低乳酸脱氢酶、碱性磷酸酶和谷氨酰转肽酶活性，改善肝功能。Mahmoud 等[86]采用胆总管结扎致大鼠肝细胞凋亡和纤维化的动物模型，在胆总管结扎术后 2 周，分别给予大鼠 CB2 受体激动剂β-石竹烯、CB1 受体拮抗剂、加压素、β-石竹烯+CB 2 拮抗剂 AM630、溶剂对照，两周后测定大鼠血清转氨酶活性和胆红素水平；肝脏细胞胶原蛋白含量和羟脯氨酸含量；计数 Bcl-2 阳性肝细胞；检测 CB1、CB2 受体和基质金属蛋白酶-1 的 mRNA 表达。结果显示，与假手术大鼠相比，胆管结扎大鼠显示胆红素水平升高，转氨酶活性升高，肝脏胶原蛋白含量增加，羟脯氨酸水平降低，Bcl-2 阳性肝细胞减少，CB1、CB2 受体和基质金属蛋白酶-1 的 mRNA 表达增加。用β-石竹烯或加压素干预后的大鼠肝脏纤维化减轻，胶原蛋白含量和转氨酶活性提高，胆红素水平降低，*CB1*、*MMP-1* 基因表达增加，AM630 的 CB2 受体阻断作用抵消了β-石竹烯对 CB 受体和 *MMP-1* 基因表达的影响，提示β-石竹烯对胆管结扎大鼠的肝细胞保护作用涉及其 CB2 的激动效应。

9. 对皮肤组织的影响

Cornwell 等[87]在研究天然挥发油的 12 种倍半萜化合物对皮肤的促渗作用中，用倍半萜烯油或固体倍半萜预处理表皮膜，可增加皮肤对亲水性渗透剂 5-氟尿嘧啶的吸收速率，且倍半萜的促渗作用时间长。角质层水/药物分配研究表明，倍半萜化合物促渗的重要作用机制是增加角质层中的表观药物扩散性。该研究表明，倍半萜化合物作为一类低毒性和低皮肤刺激性的化合物，可促进人体皮肤对 5-氟尿嘧啶吸收。

Yang 等[88]采用黑色素瘤细胞体外培养模型，使用 β-石竹烯处理后测定黑色素含量、酪氨酸酶活性，检测与黑色素生成相关蛋白 MITF、酪氨酸酶、TRP-1 和 TRP-2 的水平。结果显示：β-石竹烯可减少黑色素瘤细胞中黑色素含量，降低酪氨酸酶活性，这可能与 β-石竹烯下调 MITF、酪氨酸酶、TRP-1 和 TRP-2 的表达有关。

10. 衰老

Pant 等[89]研究了 β-石竹烯调节寿命的潜力，采用 *Caenorhabditis elegans* 模型系统，结果显示在正常培养条件下，β-石竹烯能显著降低秀丽隐杆线虫细胞内自由基水平并延长其寿命。此外，β-石竹烯还可调节秀丽隐杆线虫的进食行为，增加咽部抽吸和改善体型，显著降低肠脂褐素的水平，并且使用突变体的转基因菌株，观察到 β-石竹烯增加了 MEV-1 和 DAF-16 的存活时间。对 mRNA 的半定量分析表明，β-石竹烯可增加参与调节氧化应激、异生生物解毒和长寿的基因（*SIR-2.1*、*SKN-1* 和 *DAF-16*）表达。

三、β-石竹烯的制剂学研究

β-石竹烯是从大量的用于药用植物和香料中获得的精油的主要成分之一，具有抗氧化作用，同时目前大量的研究报道了 β-石竹烯在抗癌、抗微生物、抗焦虑、抗抑郁、肾保护、肝保护和神经保护等方面的药理作用。尽管有这种公认的药理学作用提示 β-石竹烯具有巨大的临床应用潜力，但是由于 β-石竹烯在理化性质上是油状液体，具有易挥发、水溶性差的特点，加之 β-石竹烯具有强烈的辛辣或木质气味并且在暴露于光和氧气时易氧化的特点限制了其应用。

环糊精（cyclodextrins，CD）是一类环状低聚糖分子，由 6,7,8（α-,β-,γ-CD）或多个吡喃型葡萄糖通过 α-1,4 糖苷键连接而成。环糊精分子结构中最显著的特征是其具有一个立体空腔结构，该空腔腔外部分亲水、腔内憎水，且具有一定尺寸。环糊精的憎水空腔能将多种不同种类的化合物包裹入内而形成包合物（inclusion complex），如蛋白质、核苷酸和小分子化合物等，形成包合物之后，能使得包裹入环糊精中的化合物水溶性增加，稳定性提高，毒性降低。因此 β-环糊精包合技术已广泛应用于中药挥发油的包合。此外，β-环糊精包合技术可以促进一些不溶性萜烯的控制释放。因此 β-石竹烯与 β-环糊精的络合可能会给 β-石竹烯成药并应用于临床提供广阔的前景。除了 β-环糊精包合技术外，目前还有研究将 β-环糊精上引入羟丙基打破 β-环糊精分子内的环状氢键，在保持环糊精立体空腔结构的同时克服了β-环糊精水溶性差的缺点，是目前研究最为深入、应用最为广泛的环糊精衍生物之一。与β-环糊精相比，羟丙基β-环糊精在水中溶解度大大提高，热稳定性增加，其相对表面活性和溶血活性较低，对肌肉无刺激性，肾毒性较小，是美国 FDA 批准的安全低毒的药用辅料，是一种理想的注射剂增溶剂和药物赋形剂。除了在β-环糊精上引入羟丙基外，也有引入甲基对其进行结果改造后与 β-石竹烯包合的制剂研究，下面将分别介绍 β-石竹烯/β-环糊精、β-环糊精/羟丙基β-环糊精和β-石竹烯/β-甲基环糊精包合物的制剂学研究。

（一）β-石竹烯/β-环糊精包合物

1. β-石竹烯/β-环糊精包合物的制备

刘桦[90]研究团队在 β-石竹烯制剂研究中采用共沉淀法制备了 β-石竹烯/β-环糊精包合物，步骤如下：先称取3.004 g β-环糊精于置于有搅拌子的圆底烧瓶中，加入 50 mL 去离子水，于恒温磁力搅拌器（50℃，25 r/min）中搅拌至β-环糊精不再溶解形成饱和溶液为止。将0.5 mL 的石竹烯标准品（452.52 mg）与0.5 mL的乙醇混匀后滴加到 β-环糊精饱和溶液中，搅拌，待溶液冷却至室温，置 4℃冰箱中冷藏24 h。抽滤，白色粉末用10 mL 石油醚洗涤，将滤饼置于40℃电热恒温鼓风干燥箱中干燥至恒重，得到的干燥白色粉末（3.2468 g）即为β-石竹烯/β-环糊精包合物，将其于室温下保存于密闭容器中，计算包合物回收率为94.03%。

2. β-石竹烯/β-环糊精包合物的鉴定

1）紫外-可见分光光度计法：称取10 mg β-石竹烯标准品，用乙醇稀释并定容至刻度得浓度为1 mg/mL 的β-石竹烯乙醇溶液，然后用乙醇稀释到浓度为2 μg/mL 的乙醇溶液；精密称取β-石竹烯、β-石竹烯物理混合物（将β-环糊精30 mg 和β-石竹烯 5 μL 混合均匀即得）和β-石竹烯/β-环糊精包合物各30 mg 置于10 mL 离心管中，分别加入5 mL 乙醇，将混合溶液振摇10 min，12000 r/min 离心10 min，取上清，并将物理混合物的上清液稀释100倍。将β-环糊精、β-石竹烯（2 μg/mL）、物理混合物和包合物于200～800 nm 波长处进行紫外光谱扫描，其吸光光谱图显示：β-石竹烯最大吸收波长为205 nm，而β-环糊精在205 nm 处无吸收，表明β-环糊精不干扰 β-石竹烯的测定；物理混合物在 205 nm 处有最大吸收，表明物理混合后β-石竹烯不能被β-环糊精包裹；β-石竹烯/β-环糊精包合物在205 nm 处无吸收表明β-石竹烯已进入β-环糊精空腔内形成包合物。

称取质量为5～8 mg 的β-环糊精、β-石竹烯、物理混合物和β-石竹烯/β-环糊精包合物，置于封闭的铝锅中，精密称重后进行加热分析，初始温度为40℃，以5℃/min 升至 335℃，氮气流速为40 mL/min。β-环糊精、β-石竹烯、物理混合物和β-石竹烯/β-环糊精包合物的热分析显示：约125℃处有一较宽的倒峰，这是加热过程中由β-石竹烯气化而引起的；β-环糊精的热分析图则有3个吸热峰，温度分别约为82℃、226℃及310℃，这和β-环糊精中水分子的丢失有关；物理混合物的热分析图则同时具有β-石竹烯和β-环糊精的吸热峰特征，表明经过物理混合后β-石竹烯并未被β-环糊精包合；而β-石竹烯/β-环糊精包合物的热分析图中的β-石竹烯特征吸热峰消失，且β-环糊精的吸热峰的位置也发生了变化，表明形成β-石竹烯/β-环糊精包合物。

2）傅里叶变换红外光谱法：将β-环糊精、物理混合物、β-石竹烯/β-环糊精包合物和溴化钾粉末按1∶100（*m/m*）混合研匀并制备成样片；将β-石竹烯滴在一片溴化钾窗片上，用另一片溴化钾窗片夹住后采集其红外吸收光谱图，光谱范围4000～400 cm^{-1}，分辨率4 cm^{-1}。β-环糊精、β-石竹烯、物理混合物和β-石竹烯/β-环糊精包合物的红外吸收光谱图显示：β-石竹烯红外吸收光谱图中的吸收峰包括—CH的伸缩振动（3067 cm^{-1}）、剪式振动（1448 cm^{-1}）和面外弯曲振动（886 cm^{-1}），$—CH_2$的不对称伸缩振动（2926 cm^{-1}）和对称伸缩振动（2857 cm^{-1}），C═C的对称伸缩振动（1633 cm^{-1}）以及$—CH_3$的对称变形振动（1382 cm^{-1}和1367 cm^{-1}）。由于β-石竹烯的11位碳原子上连接有两个甲基，因此$—CH_3$的对称变形振动吸收峰分裂为双峰（1382 cm^{-1}和1367 cm^{-1}）。波数为886 cm^{-1}吸收峰的强度大，是β-石竹烯的特征吸收峰。β-环糊精红外吸收光谱图中的吸收峰包括O—H的伸缩振动（3384cm^{-1}），$—CH_2$的不对称伸缩振动（2927 cm^{-1}），H—O—H的弯曲振动（1648 cm^{-1}）以及C—O—C的不对称伸缩振动（1157cm^{-1}）。物理混合物的红外吸收光谱图中有β-石竹烯的特征吸收峰（886cm^{-1}）但强度很弱，表明经过物理混合后并未被β-环糊精包合；β-石竹烯/β-环糊精包合物红外吸收光谱图中则没有β-石竹烯的特征吸收峰，表明形成了β-石竹烯/β-环糊精包合物。

3. β-石竹烯/β-环糊精包合率的测定

将β-石竹烯（452.5 mg）和150 mL水加入到圆底烧瓶中，连接挥发油提取器，加热提取至β-石竹烯，用无水硫酸钠除水后称重（373.7 mg），计算β-石竹烯的空白回收率为82.59%。将β-石竹烯换成相同质量的β-石竹烯/β-环糊精包合物，其他条件不变，得到包合物中β-石竹烯的质量为231.84 mg，计算出包合率为62.04%。

4. 体外溶出度研究

1）溶出介质的配制：盐酸（0.1 mol/L）的配制：取质量分数为36%～38%的盐酸9 mL，加水稀释并定容至1L，摇匀，即得；磷酸盐缓冲液（pH 6.8）的配制：取磷酸二氢钾溶液250 mL，加0.2 mol/L氢氧化钠溶液118 mL，加水稀释并定容至1 L，摇匀，即得。

2）标准曲线的制备：以盐酸（0.1 mol/L）为溶出介质的标准曲线的制备，精密称取 5.00 mg β-石竹烯标准品加 0.1 mol/L 盐酸稀释并定容至刻度得浓度为 1 mg/mL 的储备液。分别精密量取不同体积的储备液，用盐酸稀释得浓度分别为 5 μg/mL、8 μg/mL、10 μg/mL 的系列标准溶液。于 200～280 nm 进行紫外扫描，结果表明 β-石竹烯在 205 nm 处有最大吸收，故选 205 nm 作为吸收波长测定其吸光度，以 β-石竹烯的吸光度与相应的浓度（C，μg/mL）进行线性回归，得标准曲线方程为 A=0.0638C+0.0845（r=0.9994），结果表明 β-石竹烯在 1～10 μg/mL 范围内线性关系良好。以磷酸盐缓冲液（pH 6.8）为溶出介质的标准曲线的制备方法同上，不同的是用磷酸盐缓冲液（pH 6.8）代替盐酸（0.1 mol/L），以 β-石竹烯的吸光度与相应的浓度（C，μg/mL）进行线性回归，得标准曲线方程为 A=0.0654C+0.0664（r=0.9993），结果表明 β-石竹烯在 1～10 μg/mL 范围内线性关系良好。

3）测定方法：分别以经超声脱气处理的盐酸（0.1 mol/L）和磷酸盐缓冲液（pH 6.8）900 mL 为溶出介质，在温度为（37±0.5）℃，转速 50 r/min 的条件下，将 β-石竹烯/β-环糊精包合物（相当于 β-石竹烯 10 mg，平行 3 份）置于溶出杯内，依法操作，分别于 5 min、10 min、20 min、30 min、45 min、60 min、90 min、120 min、180 min时取出溶出液5 mL，同时立即补充等量的相应溶出介质，溶出液以12000 r/min 离心，将上清液于 205 nm 波长处测定吸光度，计算各时间点的累积溶出率。β-石竹烯/β-环糊精包合物的累积释放曲线显示累积释放率呈先快后慢最后不变的趋势。90 min 后，β-石竹烯/β-环糊精包合物在盐酸（0.1 mol/L）和磷酸盐缓冲液（pH 6.8）溶出介质中的累积释放率分别约为 90%和 60%，在这两种介质中的累积释放率的不同可能和它本身的物理性质及所处的环境有关。溶出度结果表明 β-石竹烯/β-环糊精包合物中的 β-石竹烯有较好的体外溶出度，提示将 β-石竹烯制成 β-石竹烯/β-环糊精包合物后有可能改善其生物利用度，这可能是由于 β-环糊精的亲水性表面改善了 β-石竹烯/β-环糊精包合物在溶出介质中的润湿性从而使 β-石竹烯从包合物中溶出速率更快、释放的更多。

（二）β-石竹烯/羟丙基-β-环糊精包合物

1. β-石竹烯/羟丙基-β-环糊精包合物的制备[91]

β-石竹烯/羟丙基-β-环糊精包合物（BCP/HPβCD）的制备采用溶液搅拌-冷冻干燥法。HPβCD 精密称量后，加入装有 10 mL 蒸馏水的玻璃瓶中，恒温磁力搅拌 1 h 使之溶解。精密量取 β-石竹烯，加入无水乙醇溶解后滴加到 HPβCD 饱和溶液中，继续搅拌相应时间，冷却至室温（25℃）后，0.45 μm 微孔滤膜过滤。滤液置于–20℃冰箱中预冻 5 h，然后转移至–80℃冰箱中过夜，将样品放入真空冷冻干燥仪中进行冷冻干燥，24 h 后即得 BCP/HPβCD 包合物冻干粉末。

2. β-石竹烯/羟丙基-β-环糊精包合物的鉴定

1）紫外-可见分光光度法：分别称取 21 mg HPβCD，量取 10 μL β-石竹烯分散于 10 mL 蒸馏水中，得到 HPβCD 水溶液和 β-石竹烯混悬液。称取 22 mg BCP/HPβCD 包合物冻干粉溶于 10 mL 蒸馏水，制成溶液。然后称取 20 mg HPβCD，量取 10 μL β-石竹烯加入研钵中，研磨均匀，加入 10 mL 蒸馏水分散得到 β-石竹烯和 HPβCD 的物理混合物。将以上样品离心后取上清，置于紫外-可见分光光度仪中，在 200～800 nm 范围内扫描各样品的 UV–vis 吸收谱图。在 HPβCD 的扫描图谱中，在 200～800 nm 波长范围内没有出现任何吸收峰；β-石竹烯的扫描图谱中，在 205 nm 处出现了一个最大吸收峰；β-石竹烯与 HPβCD 的混合物同样在 205 nm 处出现了最大吸收峰；而 BCP/HPβCD 包合物在此处却没有明显的吸收峰出现，说明 β-石竹烯被包裹进了 HPβCD 分子内部，形成了包合物。

2）差示量热扫描法：采用 STA 449C 热分析仪对 HPβCD、β-石竹烯、HPβCD 和 β-石竹烯物理混合物以及 BCP/HPβCD 包合物进行差示热扫描。样品置于铝制坩埚中，精密称重后，将坩埚置于分析仪中。设定热分析仪以 15℃/min 的速度从 40℃升温至 350℃，保护气体为氮气，流速为 25 mL/min。扫描曲线中可以看到，在 180～260℃范围内出现了一个放热峰，这与 β-石竹烯沸点温度一致，提示此处温度为 β-石竹烯的沸点温度；在 HPβCD 扫描曲线中，在 70℃左右出现了一个放热峰；物理混合物的扫描曲线在 180～230℃范围出现了一个放热峰，该放热峰与 β-石竹烯扫描曲线相比，温度发生了变化，说明将 β-石竹烯与 HPβCD 研磨制备成物理混合物时也使得 β-石竹烯的性质发生了改变。BCP/HPβCD 包合物的扫描曲线在 60℃处出现了一个与 HPβCD 相似的吸热峰，而在 180～260℃范围内没有 β-石竹烯特征的放热峰出现，BCP/HPβCD 包合物中 β-石竹烯特征峰的消失提示 β-石竹烯被包裹进入了 HPβCD 的分子腔中，证明了包合物的形成。

3）傅里叶红外分光光度法：用 is50 FT-IR 傅里叶红外分光光度仪对 HPβCD、β-石竹烯、HPβCD 和 β-石竹烯物理混合物以及 BCP/HPβCD 包合物在 4000～400 cm^{-1} 范围内进行扫描。分别将 HPβCD、β-石竹烯、HPβCD 和 β-石竹烯物理混合物以及 BCP/HPβCD 包合物冻干粉与溴化钾粉末按照 1∶100 的体积比进行混合，研磨压片成直径为 8 mm 的圆形薄片。β-石竹烯制备扫描样本时先将溴化钾压片，再将 β-石竹烯滴加到溴化钾圆片上进行扫描。结果显示：β-石竹烯红外吸收光谱图中的吸收谱带主要分布在 3070～2680 cm^{-1} 和 1637～870 cm^{-1} 范围内，包括—CH_2 的不对称伸缩振动（2931 cm^{-1}）和对称伸缩振动（2860 cm^{-1}），C═C 的对称伸缩振动（1637 cm^{-1}）以及—CH_3 的对称变形振动（1382 cm^{-1} 和 1367 cm^{-1}），在波数为 885 cm^{-1} 处出现强度较大的吸收峰，为β-石竹烯的特征吸收峰；HPβCD 红外吸收光谱图中则出现一个较强的 O—H 伸缩振动吸收峰（3401 cm^{-1}），—CH_2 的不对称伸缩振动（2930 cm^{-1}），H—O—H 的弯曲振动（1643 cm^{-1}）以及 C—O—C 的不对称伸缩振动（1157 cm^{-1}）；物理混合物红外吸收光谱图中有强度很弱的β-石竹烯的特征吸收峰（885 cm^{-1}），表明β-石竹烯经过物理混合后并未被 HPβCD 包合；BCP/HPβCD 包合物红外吸收光谱图中则没有β-石竹烯的特征吸收峰，表明 HPβCD 和β-石竹烯之间存在着相互作用力，形成了分子间氢键，即形成了 BCP/HPβCD 包合物。

3. BCP/HPβCD 包合率测定

包合物包合率的测定采用气相色谱法。色谱柱采用 Wondacap5（30 m×0.25 nm×0.25 μm）毛细管色谱柱。采用程序升温：初始温度 100℃，以 15℃/min 升温至 140℃，保持 0.5 min，然后以 30℃/min 升温至 270℃，保持 5 min。以氢气为载气，流速 1.62 mL/min。进样口温度 250℃，进样量 1 μL，分流比 20∶1。称取 BCP/HPβCD 冻干粉末溶于含有 1.001 mg/mL 内标萘的乙醇溶液中，进样分析，测得当β-石竹烯与 HPβCD 的投料比为 0.2，反应温度为 50℃，反应时间为 3 h 的条件下，制备得到的包合物的包合率为 56.9%。

4. 体外溶出度研究

采用 ZRS-6G 型溶出度仪进行制剂的溶出度考察。将称量后的 BCP/HPβCD 包合物冻干粉末和物理混合物分别置于转篮中，将转篮放入 PBS 缓冲液中以 50 r/min 转速进行旋转，温度设定为（37±0.5）℃。从转篮放入释放介质开始计时，分别在 5 min、10 min、20 min、30 min、45 min、60 min、90 min、120 min、180 min、300 min 时间点取样 5 mL，然后立即补充等量同温的溶出介质。将所有取出的样片置于离心机中，12000 r/min 离心 5 min，上清液用紫外分光光度法测定吸光度值，计算出各时间点药物含量，并计算出累积溶出量。以时间为横坐标，累积释放溶出量为纵坐标，绘制制剂的体外溶出度曲线。将所得到的结果分别进行不同模型的数据拟合，包括零级方程、一级方程、Weibull 方程、Higuchi 方程和 Ritger-Peppas 方程，考察制剂的释药特性。β-石竹烯与 HPβCD 的物理混合物体外溶出曲线显示两者的溶出曲线均由一个快速溶出的初始阶段和缓慢溶出的第二阶段构成。物理混合物中β-石竹烯的溶出在 30 min 左右即接近最大溶出量。BCP/HPβCD 包合物中β-石竹烯的溶出与物理混合物相比明显更加缓慢。对 BCP/HPβCD 包合物的溶出曲线进行数据拟合，从零级方程、一级方程、Weibull 方程、Higuchi 方程和 Ritger-Peppas 方程的拟合结果来看，BCP/HPβCD 包合物中药物的溶出更符合一级方程，回归方程为 $\ln(100-Q)=4.3324-0.0060t$。

（三）β-石竹烯/β-甲基环糊精包合物

1. β-石竹烯/β-甲基环糊精包合物的制备[92]

首先对 β-甲基环糊精（methyl-β-cyclodextrin，MβCD）进行相溶解度研究：称取一定量的β-石竹烯加入到含 MβCD 的饱和液的烧瓶中，搅拌达到平衡之后，取等分试样，用膜滤器（0.45 μm）过滤，在乙醇/水（1∶9，*V/V*）溶液中稀释，离心 10 min，并在 203 nm 下用分光光度法分析，计算表观稳定常数。根据相溶解度结果，采用以 β-石竹烯和 MβCD 等摩尔在陶瓷研钵中均匀混合，得到 β-石竹烯和 MβCD 物理混合物，分别采用揉合法（Kneading，KN）、旋转蒸发法（rotary evaporation，ROE）和冻干制备固体系统法（lyophilization，Lph）后过筛（180 μm 筛粒度分数）。最终产品密封储存在于琥珀色玻璃中。

2. β-石竹烯/β-甲基环糊精包合物的鉴定

1）差示量热扫描法：采用连接到 Shimadzu TA-60WS / PC 软件的热分析仪（Shimadzu 60 系列）对 MβCD、β-石竹烯、MβCD 和 β-石竹烯物理混合物以及 BCP/MβCD 包含物进行差示量热扫描。样品精密称重后置于铝制坩埚中，将坩埚置于分析仪中，设定热分析仪以 10℃/min 的速度从 20℃升温至 250℃，保护气体为氮气，流速为 2℃·m^3/min。在 β-石竹烯扫描曲线中可以看到，45～127℃范围内出现了一个放热峰；在 MβCD 扫描曲线中，43℃和 127℃左右各出现了一个吸热峰；物理混合物的扫描曲线在 160～200℃范围出现了一个放热峰。旋转蒸发法和冻干制备固体系统法的 BCP/MβCD 产物的扫描曲线未出现 β-石竹烯的吸热峰，表明包合复合物的形成，揉合法获得的 BCP/MβCD 产物在 200℃出现吸热峰，表明 β-石竹烯和 MβCD 之间部分络合。

2）傅里叶红外分光光度法：用 JASCO FT/IR-420 光度仪对 MβCD、β-石竹烯、MβCD 和 β-石竹烯物理混合物以及 BCP/MβCD 包含物在 4000～400 cm^{-1} 范围内进行扫描（分辨率 4 cm^{-1}）。结果显示：β-石竹烯红外吸收光谱图中的吸收谱带包括═CH 在 3069 cm^{-1} 和 1447 cm^{-1} 处的伸缩振动，C═C 键在 1635 cm^{-1} 处的伸缩振动和 1637 cm^{-1} 的对称伸缩振动，—CH_2 在 2931 cm^{-1} 处的不对称伸缩振动和 2860 cm^{-1} 处对称伸缩振动，—CH_3 在 1382 cm^{-1} 和 1367 cm^{-1} 处的对称变形振动，886 cm^{-1} 处观察到 β-石竹烯的最强吸收峰，为该分子的═CH 的面外变形振动表征；MβCD 红外吸收光谱图中 3385 cm^{-1} 处出现一个较强的 O—H 伸缩振动吸收峰，2928 cm^{-1} 处出现拉伸 C—H 吸收峰，1193 cm^{-1}、1082 cm^{-1} 和 1022 cm^{-1} 处出现 C—O—伸缩、醚和羟基上的键相容的吸收峰；物理混合物红外吸收光谱图中在 886cm^{-1} 处有较弱的 β-石竹烯特征吸收峰，而 BCP/MβCD 包合物中无此吸收峰，

表明 β-石竹烯和 MβCD 之间形成了分子键，即形成了 BCP/MβCD 包合物。

3)核磁共振光谱：使用 3mmNMR 探针和氘代二甲基亚砜(DMSO)-d_6 作为溶剂，在 Varian 600MHz 光谱仪上获得 β-石竹烯、MβCD 和 BCP/MβCD 包合物核磁共振光谱。采集参数由 43k 点组成，扫描宽度为 7.2 kHz，脉冲宽度为 2.4 μs，总重复时间为 10 s。计算核磁共振光谱化学位移变化（$\Delta\delta$）。结果显示：在存在 β-石竹烯的情况下，观察到 H3 和 H5 的显著的高场移位；MβCD 谱中高场位移的顺序为 H3（$\Delta\delta$=−0.242 ppm）> H5（$\Delta\delta$=−0.116 ppm）；BCP/MβCD 包合物两个质子都位于环糊精腔内，H3 质子靠近环糊精的宽边，表明药物在腔中的进入优先由宽侧发生，然而在腔的狭窄侧，也观察到位于 H5 质子附近的 H6 和甲基-6′的显著的高场位移，表明药物-环糊精相互作用的建立也可以在窄侧发生，这些高场位移表明了 β-石竹烯与 MβCD 甲基的络合，证实了 β-石竹烯分子一部分位于环糊精腔内的假设。

4）旋转框架核过载效应（rotating-frame nuclear overhauser effect，ROESY）光谱学：检测 β-石竹烯和 MβCD 的分子间核过载效应（NOE），通过二维相 NOE 光谱确定环糊精腔中包含 β-石竹烯的程度和构相。使用相同的光谱仪和探针在相敏模式下获得 ROESY 光谱，采集参数分别包括 F2 和 F1 尺寸的 1.7k 和 0.9k，定义了 5 kHz 的光谱宽度。在傅里叶变换之前，FID 被零填充并且在两个维度上乘以高斯变迹函数。校准后，选择的磁化混合时间为 150 ms。结果显示：MβCD 的 H6 质子和 β-石竹烯甲基、MβCD 的甲基质子之间有分子间交叉峰，β-石竹烯甲基（a 和 b）与 MβCD 的 H6 质子之间的相互作用的发生一致，证实了药物在窄环侧部分包含在环糊精腔中或者由宽侧完全包含。

3. BCP/MβCD 包合物中 β-石竹烯的测定

通过扫描电子显微镜分别分析通过揉合、旋转蒸发和冻干制备固体系统法制得的 BCP/MβCD 包合物，在电镜照片中可以观察到不规则无定形颗粒的存在，其中 MβCD 的原始形态消失，说明 BCP/MβCD 包合物形成，根据电镜扫描结果计算得其揉合法包合率为 86.85%，旋转蒸发法包合率为 63.98%，冻干制备固体系统法包合率为 66.22%。

4. 体外溶出度研究

按照 Higuchi 和 Connors 描述的方法，将过量的 β-石竹烯加入到含有 MβCD 溶液的烧瓶中，搅拌 72 小时，取等分试样，用膜滤器（0.45 μm）过滤，在乙醇/水（1∶9，*V*/*V*）溶液中稀释，离心 10 min，并在 203 nm 下用分光光度法分析（Shimadzu UV 1800）。以时间为横坐标，累积释放溶出量为纵坐标，绘制制剂的体外溶出度曲线，计算表观稳定常数，结果显示与 BCP/HPβCD（表观稳定常数：

125.00 L/mol）相比较，BCP/MβCD（表观稳定常数：218.76 L/mol）中的β-石竹烯的溶出率更高。

四、β-石竹烯的药代动力学和安全性研究

（一）药代动力学

作为双环倍半萜化合物，β-石竹烯存在于许多植物的精油中一直作为香料而被广泛应用。近年来，该化合物由于其抗肿瘤、抗炎、抗氧化等药理学生物活性再次引起了关注。但由于β-石竹烯易挥发，水溶性差，对光、氧、湿度和高温敏感的特性，导致其药用价值的开发有限，随着药物制剂日新月异的发展，药物传递系统对β-石竹烯的成药性起到了助推作用。在众多的β-石竹烯制剂中，有学者对β-石竹烯、β-石竹烯/β-环糊精包合物和含β-石竹烯的铜巴油纳米乳液的药物代谢动力学进行了研究报道。

最近美国国家卫生研究院心血管生理学和组织损伤实验室[93]在研究β-石竹烯对酒精性肝损伤的保护作用和机制的项目中，测定了连续给予乙醇 10 天处理的小鼠在连续十天腹腔注射β-石竹烯中最后一次注射药物后第 30 min、60 min、120 min 和 360 min 动物肝、肾、脑和血清中β-石竹烯的含量和连续给予乙醇 10 天处理的小鼠在一次性分别给予口服灌胃和腹腔注射β-石竹烯后 30 min、60 min、120 min 和 360 min 动物肝、肾、脑和血清中β-石竹烯的含量，检测结果显示：不管是哪种情况，给药后均能在血清中检测到β-石竹烯，说明β-石竹烯是可吸收的；无论口服给药还是腹腔注射，β-石竹烯在肝脏中浓度为脑组织浓度的 50 倍；口服给药和腹腔注射相比较，两种给药方式在给药后第 30 min 和 60 min 血清中β-石竹烯含量无显著差异。

在对β-石竹烯/β-环糊精包合物的药代动力学研究中[94]，SD 大鼠分别灌胃给予 50 mg/kg β-石竹烯和β-石竹烯/β-环糊精包合物，分别在给药后 0.167 h、0.333 h、0.5 h、0.75 h、1 h、1.5 h、2 h、3 h、4 h、6 h、8 h、10 h 和 12 h 从大鼠后眦静脉丛采取 0.5 mL 血液，离心取 100 μL 上清液，采用气相色谱-质谱联用仪测定β-石竹烯的含量，结果显示：与β-石竹烯相比较，β-石竹烯/β-环糊精包合物达峰时间缩短[β-石竹烯 T_{max} 为（3.50±0.60）h]；β-石竹烯/β-环糊精包合物 T_{max} 为（2.80±0.80）h]；峰浓度增加[β-石竹烯 C_{max} 为（0.12±0.02）μg/mL；β-石竹烯/β-环糊精包合物 C_{max} 为（0.56±0.35）μg/mL]；半衰期缩短[β-石竹烯 $T_{1/2}$=（4.07±0.07）h；β-石竹烯/β-环糊精包合物 $T_{1/2}$=（3.25±0.65）h]；平均维持时间缩短[β-石竹烯 MRT=（7.69±0.13）h；β-石竹烯/β-环糊精包合物 MRT=（5.63±0.93）h]；AUC 增加[β-石竹烯 $AUC_{0\sim12\ h}$=（1.05±0.08）μg·h/mL，$AUC_{0\sim\infty}$=（1.28±0.10）μg·h/mL；β-石竹烯/β-环糊精包合物

$AUC_{0\sim12\ h}$=（2.72±1.22）μg·h/mL，$AUC_{0\sim\infty}$=（2.96±1.16）μg·h/mL]。该研究药代动力学数据表明 β-石竹烯/β-环糊精包合物的水溶性和溶解度的提高，有利于β-石竹烯在胃肠道吸收。

在生活中，富含 β-石竹烯的植物精油最常见的应用是在皮肤局部作为芳香疗法介质或舒缓抗炎，现有为了提高其渗透性的纳米乳液制剂的改良应用研究，纳米乳液制剂能通过改善亲水性、增加皮肤接触面积和穿透性使 β-石竹烯成分能到达真皮层。巴西化学家 Lucca 等[95]从亚马孙地区的植物中提取到植物树脂粗铜巴油（β-石竹烯含量 42%），制成纳米乳液制剂，在猪耳上覆盖 8 h 后检测皮肤各层次 β-石竹烯的含量，未经剂型改造的粗铜巴油处理的猪耳，只在角质层检测到 β-石竹烯，而纳米乳液制剂，除了在角质层外还在表皮和真皮层检测到 β-石竹烯，说明纳米制剂具有促渗作用。

作为具有药用前景的 β-石竹烯，由于广泛存在于化妆品和食品添加剂中，这就决定了人们可能会通过各种途径摄入，虽然人们认为植物成分是天然而安全的，但是大量的草药制剂影响药物代谢酶活性的案例无时无刻不在提醒致力于 β-石竹烯药物开发的研究者在基础药理研究的同时要考虑药物在生物转化过程中通过肝药酶而相互作用。在生物体内，负责 β-石竹烯生物转化的主要有 CYP 450、羰基还原酶、NADPH-醌氧化还原酶、醛酮还原酶、UDP-葡萄糖醛酸转移酶、SUL 光转移酶和谷胱甘肽 S-转移酶等。捷克研究者 Nguyen 等[96]首次对 β-石竹烯对肝微粒体酶系统的影响做了研究，报道 β-石竹烯、α-蛇麻烯以及 β-石竹烯氧化物可以抑制大鼠和人肝微粒体中 CYP1A2 和 CYP3A/2B 活性，虽然该研究只是在体外实验中进行，但是考虑到 CYP3A 是主要的代谢药物的酶，β-石竹烯与其他药物一起使用时在肝药酶水平上可能会因为有相互作用而影响药物的代谢，在 β-石竹烯的药用价值研究中其对肝药酶的作用应该引起研究者的重视。

（二）安全性研究

萜类是一类安全有效的具有活性的天然化合物。作为双环倍半萜类化合物的 β-石竹烯，在过去几十年作为原料或添加剂广泛应用于化妆品、食品和香水中，美国 FDA、我国和欧盟等食品及药品监管机构已将 β-石竹烯归类为一种调味品和辅料，可单独或与其他调味品一起使用于食品中。在对 β-石竹烯毒性研究中，和对照组相比较尚未发现 β-石竹烯对动物重要器官的大体形态和显微结构的影响，长期用药也未增加实验动物肿瘤发生率。β-石竹烯作为安全、天然的大麻素受体激动剂，在大鼠和家兔的体内实验中 LD_{50} 均大于 5000 mg/kg，在实验中大鼠呼吸道吸入局部给药剂量（12～48 mg/kg）未发现呼吸系统毒性，4%浓度的 β-石竹烯药膏局部用于皮肤也未见皮肤刺激反应和过敏现象。Gertsch 及其同事[20]认为 β-

石竹烯可通过作用于内源性大麻系统发挥抗炎作用，并提出膳食补充 β-石竹烯 10～200 mg/d 有利于身体健康。Lima 等[97]在对含有 β-石竹烯组分的阴道霜的临床前研究中，在推荐人类使用剂量 10 倍的剂量下未见实验大鼠的母体毒性、胎儿毒性和胚胎毒性，初步证实了妊娠期用药的安全性。但是在药代动力学研究中发现 β-石竹烯可通过乳汁排泄，在缺乏儿童用药安全性研究数据情况下，哺乳期用药值得注意。

目前关于 β-石竹烯的临床前研究中未发现其对细菌的核分裂指数、微核率、红细胞多色比率和反向突变的影响，因此可以初步推断 β-石竹烯无遗传毒性、致突变和骨髓抑制作用[39, 97]。有趣的是，关于 β-石竹烯不但目前未见其致畸、致突变和致癌的特殊毒性的报道，反而有研究指出以石竹烯为代表的倍半萜化合能对抗环境污染引起的基因突变[98]。在以烟蒂化合物作为 S9 外源代谢激活剂对鼠伤寒沙门氏菌（TA98 和 TA100 株）和大肠杆菌（WP2uvrA 株）作用来模拟其对哺乳动物细胞色素 P450 代谢的系统的影响研究中发现：不管是作为预处理、与烟头化合一起给予还是后处理，β-石竹烯都能阻遏 2-硝基芴、甲磺酸甲酯、2-氨基蒽和叠氮化钠的致突变作用，其机制可能与 β-石竹烯具有亲脂性，能作用于细胞膜基质，从而延缓了脂质过氧化的发生发展，降低了细胞膜的脆性，减少烟蒂中有害物质渗透进入细胞内相关，也有研究报道，β-石竹烯可以增加 Nrf2 酶活性，使毒物体内生物转化中的Ⅱ相反应增强，加速烟蒂中致癌化合物杂环芳香胺的代谢[39]。也有研究者提出由于这些实验是在体外进行，β-石竹烯的体内安全性也需要进一步的证实。

即使大量关于 β-石竹烯安全性研究都一致认为其是可靠、安全的添加剂和原料，但是鉴于 β-石竹烯化学结构不稳定，在空气中易氧化，其氧化物容易导致光敏性皮炎。同时由于缺乏大量临床前和临床研究，β-石竹烯在人类的有效剂量和中毒剂量尚未见报道，慢性毒性也未明确，同时在不同疾病状态下的毒性作用和特殊人群的用药安全也缺乏相关研究。

五、β-石竹烯的临床应用研究

在本篇前部分介绍到 β-石竹烯作为广泛存在于自然界植物中的重要成分，是植物挥发精油重要组分，已确认存在于多种植物中。在长达 6000 多年的生产生活中，人类擅长于从自然界寻找物质来对抗病痛，近百年来传统的植物疗法在化学技术和现代生物学研究的助推下加快了现代化的进程，从药用植物或动物产品中提取单一成分进行精准的机制研究是药物研究的重要组成部分。虽然 β-石竹烯这一成分的研究基本聚焦于其药理学及机制，临床研究报道微乎其微，但是生物学和制药技术日新月异的发展为β-石竹烯的临床应用勾勒出美好的蓝图，本部分将对目前现有的关于含有β-石竹烯和含β-石竹烯的植物的临床应用研究作相应介绍。

（一）精神神经系统疾病

作为人类的生命活动的中枢，大脑在功能和形态学上一旦发生了功能失衡和结构损伤都会引起机体一系列病理生理改变，在临床上则表现为各种精神和神经系统的疾病。目前关于这些疾病的机制研究和针对疾病治疗的药物开发进展可以说是日新月异，在对β-石竹烯在中枢神经系统疾病的作用的基础研究中发现其目前可以明确作用的受体有：大麻素受体Ⅱ型、Toll样受体、过氧化物增殖体受体α/γ以及阿片受体μ。目前认为β-石竹烯在精神神经系统疾病中可能通过作用于以上受体或其他未明确途径起到抗炎、抗氧化应激损伤、改善组织细胞代谢、影响重要神经递质代谢（比如乙酰胆碱和单胺类递质等）和平衡递质功能而发挥相应的作用。目前的研究以疾病的动物模型和体外实验为主，尚无β-石竹烯用于这些疾病的临床应用研究，但是对于含有β-石竹烯成分的大麻精油的临床实验和病例还是有少数的报道。

1. 抑郁症和焦虑症

通过在PubMed和知网中分别采用抑郁症和β-石竹烯、焦虑症和β-石竹烯为关键词对β-石竹烯的临床应用作搜索，结果显示相关文献分别为13篇和16篇，这些文献的报道研究多在动物和细胞中进行。其中意大利学者Gulluni等[99]在5名健康志愿者中观察了大麻精油对神经系统的影响，测量了受试者情绪状态和自主神经系统参数：大麻精油（β-石竹烯含量为18.7%）给予后，受试者舒张压降低、心率增加、皮肤温度显著升高，受试者表述自己更有活力并平静放松，脑电图记录显示α波（8～13 Hz）的平均频率增加，β_2波（18.5～30 Hz）的平均频率和相对功率显著降低，表明大麻精油可以减轻正常人的焦虑情绪，缓解抑郁状态。该研究为β-石竹烯的抗抑郁和抗焦虑症的临床应用提供了基础。

2. 阿尔茨海默病和帕金森病

关于β-石竹烯与阿尔茨海默病和帕金森病的相关文献在PubMed的数量分别为9篇和7篇。其中捷克共和国学者Russo[100]对含有β-石竹烯的大麻的临床应用做了文献整理，该综述总结大麻对阿尔茨海默病和帕金森病的症状有一定的改善作用，确切的机制可能跟大麻中的四氢大麻酚及酸性前体、大麻二酚及酸性前体、四氢大麻酚酸和大麻二酚酸相关，虽然β-石竹烯已确诊可以作用于大麻素受体，但是β-石竹烯是否能用于阿尔茨海默病和帕金森病的临床治疗目前仍缺乏有效的证据。

3. 癫痫

以"癫痫和β-石竹烯"为关键词在PubMed中搜索文献结果为7篇，除去一篇对百里香精油的研究综述外，其他文献均为在动物实验中观察β-石竹烯或含β-石竹烯成分的植物的抗癫痫作用和可能的机制，β-石竹烯在癫痫这一疾病中的临床应用前景还需在大量的动物实验及临床研究中证实。

4. 脑缺血

脑缺血作为影响人类健康的头号杀手，每年关于其机制研究和临床药物的开发报道的数量可以说是数以万计，目前关于脑缺血的治疗方案包括恢复血供和保护神经元两大方面，关于β-石竹烯的药理作用的基础研究在动物实验和体外研究中已证实β-石竹烯具有抗炎、抗氧化应激和损伤修复等作用，但是依然缺乏临床研究支持其在脑缺血中的安全性和有效性，β-石竹烯在应用于脑缺血的临床治疗之前还有漫长的研究道路要走。

（二）抗炎和镇痛

相比于β-石竹烯在中枢神经系统疾病的临床应用研究，β-石竹烯的抗炎和镇痛作用的临床研究报道明显增加，这得力于人类早期的医药模式：多在自然界寻找物质来缓解病痛。近十几年来大麻的药用价值研究和开发对β-石竹烯的抗炎和镇痛临床应用起到巨大的推进作用。Baron等[101]在分析大麻药用登记册时发现疼痛是最常见的使用大麻的原因，而临床上也有大麻治疗慢性头痛和偏头痛的病例报告，但这些报告通常因为缺乏安慰剂对照组而影响结果可信性，鉴于以往研究的不足，Baron采用电子调查表形式对2032名患有偏头痛、关节炎和慢性疼痛并使用大麻的患者进行调查，统计了患者的大麻使用方法、频率、剂量和大麻品种。在2032名患者中，疼痛综合征占42.4%（n=861），慢性疼痛占29.4%（n=598），关节炎占9.3%（n=188），头痛占3.7%（n=75）。在这些疼痛情况中，头痛患者使用大麻率最高占24.9%。大麻种属中以"OG Shark"使用最多。许多疼痛患者用大麻代替处方药，最常见的是阿片类镇痛药、抗抑郁或抗焦虑药、非甾体抗炎药、抗惊厥药、肌肉松弛剂、麦角类药物。该研究认为慢性疼痛是大麻使用的最常见原因，且以头痛最常见，而在众多的大麻种属中含四氢大麻酚、β-石竹烯和β-月桂烯高的OG Shark最受青睐，该研究进一步提出β-石竹烯为大麻这一植物的重要组分，其抗炎镇痛作用需要进一步开发研究，此研究为一些含β-石竹烯丰富的物质在临床上取代大麻镇痛抗炎提供了依据。另外，意大利学者[102]对25例糖尿病伴远端对称性多发性疼痛性神经病变患者在给予PEA治疗的同时联合给予从天然植物当中提取的含β-石竹烯、没药和鼠尾草酸的混合物作为膳食补充剂，结果显示补充剂具有良好的耐受性且无明显不良反应，可减轻糖尿病患者远端对称性多发性疼痛性神经病变的疼痛症状，提出含β-石竹烯的膳食补充剂具有作为此种患者的营养品的潜力。

（三）微生物及寄生虫感染

从抗生素的发现至今，从药用植物中提取化合物一直是抗微生物药物研发的重要领域，植物精油用于感染自古就有记载，尤其是当抗生素和抗菌药使用后微生物耐药现象日益严重的情况下，人们对植物精油的应用尤加重视。虽然关于精油的研究数目众多，但是对精油中单一成分尤其是β-石竹烯抗菌、抗病毒和抗寄生虫感染作用的基础研究和临床应用却凤毛麟角。现有的研究证实β-石竹烯在体外实验中具有抗菌、抗病毒、抗真菌和寄生虫感染的活性，加之其是公认的低毒安全的食物和化妆品添加剂，除去β-石竹烯在食品和化妆品中增加香味的作用外还具有防腐的作用，但是这些精油成分组分复杂，很多具有致敏性，因此关于β-石竹烯的抗各种微生物的临床应用开发的道路上，我们面对不仅有进一步确认其抗感染强度高低的问题，还有包括致敏性等不良反应的考量[103, 104]。

（四）肿瘤

本篇前部分介绍β-石竹烯的药理作用及机制提到研究者在开发新的抗肿瘤药物过程中，从一些药用植物中分离出β-石竹烯研究其体外和动物体内抗肿瘤作用及机制。β-石竹烯的抗肿瘤作用在不同的细胞系和在体模型中并不完全相同，其主要的抗肿瘤机制可能跟抑制细胞增殖、干扰肿瘤细胞代谢、抑制肿瘤血管发生、抑制肿瘤侵袭和转移、促肿瘤细胞凋亡和抗炎症损伤等相关。鉴于目前关于单组分的β-石竹烯在不同类型肿瘤的作用和作用机制尚不明确还有待深入研究，所以关于β-石竹烯的抗肿瘤临床应用研究缺如。但是，值得肯定的是，在临床中化疗药物在抗肿瘤杀死肿瘤细胞的同时往往伴有严重的不良反应，这些不良反应与剂量相关，而β-石竹烯不仅仅作为公认的低毒安全的食品添加剂，还具有抗炎抗氧化损伤等组织器官保护作用，可减轻化疗所致的组织器官损伤，同时其镇痛作用可以缓解癌症疼痛，甚至还在基础研究中还显示出抗肿瘤效应对其他化疗药物产生协同作用，一旦其开发应用于临床，势必会成为理想的、安全的肿瘤化疗辅助药物。

（五）其他

含β-石竹烯的植物或精油在民间的应用涉及呼吸系统、泌尿系统生殖、心血管系统、内分泌系统等，但是关于β-石竹烯单一组分在这些组织器官的作用和机制基础研究寥寥无几，且主要集中于体外实验和动物水平，β-石竹烯在这些器官系统疾病治疗中的成药可能性还待进一步研究论证。

第三节　β-石竹烯衍生物的研究

一、β-石竹烯衍生物的合成

凡是遵循异戊二烯法则以碳氢元素为基本构成，两个或两个以上的异戊二烯首尾、尾尾或不按照顺序相连聚合而成的物质均为萜烯类物质。根据异戊二烯单元的数目，可分为单萜（monoterpene，$n=2$）、倍半萜（sesquiterpene，$n=3$）、二萜（diterpene，$n=4$）、三萜（triterpene，$n=6$）直至多萜（polyterpe*ne*）类物质，这一系列物质容易形成醇类、醛类、酮类、氧化物、过氧化物、卤化衍生物。β-石竹烯由三个异戊二烯单元构成，通式 $C_{15}H_{24}$，为双环倍半萜化合物。从骨架上来看，β-石竹烯是由一个四元环和一个九元环构成的稠环类化合物；从结构上看，在九元环中分别有一个环内双键和一个环外双键，使得这些分子具有容易开环重排并进行相关的结构修饰得到一系列衍生物的潜力，下面将对各衍生物的合成作简单介绍。

（一）β-石竹烯的酰化

在酸性条件下 β-石竹烯能和乙酸酐发生酰化反应，Bandna 等[105]报道了在 $BF_3·Et_2O$ 中催化 β-石竹烯酰化的过程：β-石竹烯、醋酐和 $BF_3·Et_2O$ 在室温下混合反应可得到三个产物分别为(*E*)-1-[(1*S*,6*S*,9*R*)-6,10,10-三甲基-6-羟基二环[7.2.0]十一烷-2-亚基]-2-丙酮（a_1）、乙酸[(1*S*,6*S*,9*R*)-2,6,10,10-四甲基-2-乙酰基二环[7.2.0]十一烷-5-醇]酯（a_2）和乙酸[(1*S*,6*S*,9*R*)-6,10,10-三甲基三环[6.3.1.0$^{1.9}$]十二烷-2-醇]　酯（a_3）即乙酰石竹烯 3 个产物。反应式如图 4-3 所示[103]。

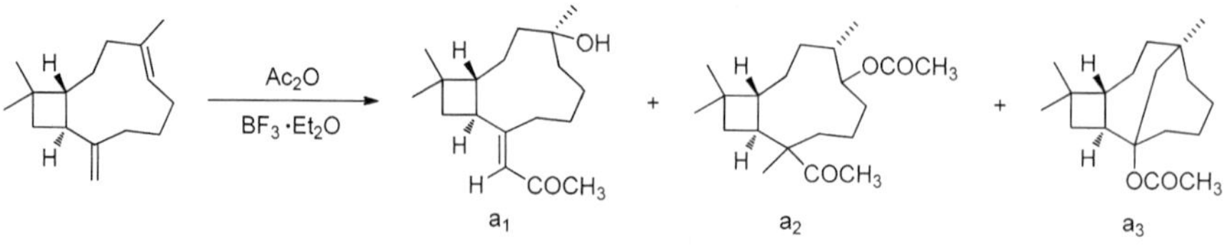

图 4-3　β-石竹烯与乙酸酐的酰化反应

除了和乙酸酐发生酰化反应外也有报道称杂多酸也能催化 β-石竹烯乙酰化：杂多酸 H3PW12O40 在 Keggin 系列中是一种活性很高的杂多酸，可用作乙酰化 β-石竹烯酰化的催化剂，其反应条件温和。乙酰化石竹烯 a_3 根据其立体构型还可分为(6*S*)-乙酰石竹烯（b_1）和(6*R*)-乙酰石竹烯（b_2）。

在非均相体系中，β-石竹烯的乙酰化的产率较低，但 b_1 和 b_2 的选择性较高，几乎全是 b_1，只有少量的 b_2。均相体系中 β-石竹烯的酰化产物 b_1 和 b_2 的物质的量比为 80∶20，控制反应条件可使 $n_{b1}∶n_{b2}$=1∶1，在均相体系中的合成路线如图 4-4 所示[106]。

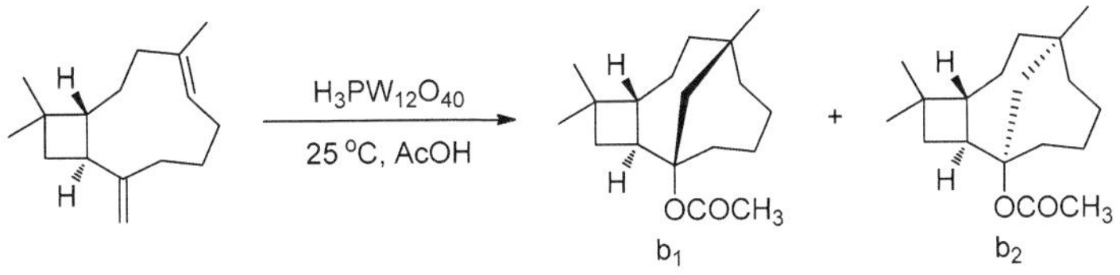

图 4-4　杂多酸催化 β-石竹烯的酰化反应

（二）β-石竹烯的氧化

β-石竹烯氧化物除了存在于天然的植物中外，还可以通过 β-石竹烯的氧化得到。β-石竹烯的氧化反应最常见的是自动氧化。Skold 等[107]报道将 β-石竹烯盛于锥形瓶置于室温暴露于空气中，每天搅拌 4 次，每次 1 h，连续 48 周。用 GC 分析暴露于空气的 β-石竹烯样品，以确定 β-石竹烯的剩余含量，分析结果表明：β-石竹烯含量于暴露开始下降，第 5 周剩余量约 50%，第 48 周剩余量约 1%。在对 β-石竹烯氧化产物的 HPLC 分析中，除了石竹烯氧化物的峰之外，还观察到对应于未鉴定的氧化产物的少量微小峰。综上，自动氧化法耗时长，杂质多。除自动氧化生成 β-石竹烯氧化物外，Oda 等[16]报道了利用担子菌 SF 10099-1 中真菌细胞色素 P450 单加氧酶催化得到 β-石竹烯氧化物的方法，该研究首次在液体-液体界面生物反应器中（底部相是液体介质，中间相是真菌球微球，石竹烯在顶部有机相中）对 β-石竹烯进行区域和立体选择性环氧化，该反应系统由 5 个液体-液体界面生物反应器重叠而成，优化了培养条件、碳氮比、真菌微球种类、培养基初始 pH 值和 β-石竹烯浓度，其中最佳的碳源和氮源是戊醛糖和胰蛋白胨，最适聚丙烯腈微球体为 MMF-DE～1（原 MFL-80SDE；无涂层型），虽然菌株不能在 pH 5.5 以下生长，但是 β-石竹烯的内循环环氧化在 pH 6.0～9.0 之间却可以高效地进行，该生物转化体系对底物和产物的抑制效应有良好的缓解作用，同时 β-石竹烯在有机相的比例可以达到 50%（*W*/*V*），虽然 β-石竹烯氧化物对参与反应的微生物有强大的生物毒性，但是其产物的浓度仍可以高达 30 g/L，最终甲醇重结晶纯化的第一次和第二次 β-石竹烯氧化物得率可分别达到 97.51%和 99.33%[16]。

（三）β-石竹烯醇的合成

β-石竹烯醇作为倍半萜醇在香料原料中占有一定地位，但是其沸点高，难以从天然产物中提取；同时β-石竹烯醇的羟基位于桥头碳，是个空间位阻较大的叔醇，很难用一般方法酯化，因此石竹烯醇的合成方法受到广泛重视。把易得的β-石竹烯作为合成β-石竹烯醇的原料，在以浓硫酸、各种氯代醋酸、阳离子交换树脂以及分子筛作为催化剂在不同溶剂中进行水合，但这些反应过程难以控制，产物过于复杂不易提纯，且收率很低，故难以推广和产业化[108]。曹玉蓉等[109]团队对比了用对甲苯磺酸或浓硫酸作催化剂的β-石竹烯的水合反应，用正交设计试验方法分析和优化合成β-石竹烯醇的方法。在对甲苯磺酸作用下的水合：将8.1 g（0.0047 mol）无水对甲苯磺酸溶于8 mL无水四氢呋喃，在10℃以下滴加7.39 g（0.036 mol）β-石竹烯，于20℃搅拌8 h后，滴加冷的饱和碳酸钠溶液至溶液pH 12，分出有机层进行水蒸气蒸馏至无油状物蒸出，分离馏出液中的白色蜡状固体，干燥，得粗品用石油醚重结晶3次，得2.0 g纯β-石竹烯醇，收率24%；在浓硫酸作用下的水合：将2.89 g（0.0142 mol）β-石竹烯溶于4 mL无水乙醚中，冰水冷却，反应温度控制在10℃以下，滴加1 mL98%（0.0184 mol）浓硫酸，其他操作与在对甲苯磺酸作用下的水合反应相同，粗品用石油醚重结晶3次，得0.6 g纯β-石竹烯醇，收率19%。用正交设计方法，使用三因素二水平正交设计表对比对甲苯磺酸及浓硫酸对水合反应的影响，选择最佳反应条件，结果表明，用无水对甲苯磺酸与β-石竹烯反应，影响较大的是溶剂和反应温度两个因素，酸与β-石竹烯的物质的量比对反应结果影响不大，用四氢呋喃作溶剂优于无水乙醚，这主要是由于对甲苯磺酸在四氢呋喃中的溶解度较大，因而所用溶剂量较少，酸的浓度高，对反应有利。刘红军[110]主持研究的制备β-石竹烯醇于2000年在美国获得专利批准，该项目以马尾松松脂中倍半萜烯组分为原料以先反应后分离的技术得到大量高纯度的β-石竹烯醇，转化率达到80%以上。

虽然β-石竹烯醇难以从天然产物中提取且通过β-石竹烯水合反应得率低，所幸的是飞速发展的生物科技对β-石竹烯醇的工业量化生产照进了一丝曙光。Wu等[111]在2018年发表在*Metabolic Engineering Communications*杂志上的文章报道了将来自灰链霉菌β-石竹烯醇合酶基因（*GcoA*）克隆到载体pBbE1a和pBbE1a-CI4A-CS后转录到大肠杆菌得到构建体DH1-GcoA和DH1-CS-GcoA，这两个菌株均可产生十余种萜烯化合物，两种菌株培养基中检测到β-石竹烯醇的浓度分别为17 mg/L和7 mg/L，在该发现的基础上可以通过进一步优化发酵条件以提高产量，为β-石竹烯醇的量产提供可能。

（四）β-石竹烯衍生物的3个同分异构体的合成

Hinkley等[112]报道了一种以β-石竹烯为原料，经过一系列反应合成同分异构体衍生物的方法。先臭氧化开环将β-石竹烯还原为缩醛4-[(1*R*,4*S*)-2,2-二甲基-4-(5,5-二甲氧基-1-戊烯-2-基)环丁基]-2-丁酮（f_4），再进行 Wittig 反应生成含两个缩醛官能团的化合物 2-甲基-2-[4-甲基-6-((1*R*,4*S*)-2,2-二甲基-4-(5,5-二甲氧基-1-戊烯-2-基))-3-己烯基]-1,3-二氧五环（f_5），经还原为 4-[(1*S*,2*R*)-3,3-二甲基-2-(3-甲基-7-氧代-3-烯基)环丁基]-4-戊烯醛（f_6），最后进行 McMurry 环化反应，生成不同比例的(1*R*,4*E*,8*E*,13*S*)-4,8,15,15-四甲基-12-亚甲基二环[11.2.0]十五烷-4,8-二烯（f1），(1*R*,4*S*,8*E*,13*S*)-4,8,15,15-四甲基-12-亚甲基二环[11.2.0]十五烷-4,8-二烯（f_2）和(1*R*,4*Z*,8*E*,13*S*)-4,8,15,15-四甲基-12-亚甲基二环[11.2.0]十五烷-4,8-二烯（f_3）。该反应中 f_4 也可以用 4-[(1*S*,2*R*)-3,3-二甲基-2-(3-氧代丁基)环丁基]-4-戊烯醛与 1,3-丙二醇反应生成的缩醛来代替，最后的产物 f_1、f_2 和 f_3 比例有所不同，其合成路线如图 4-5 所示[112]。

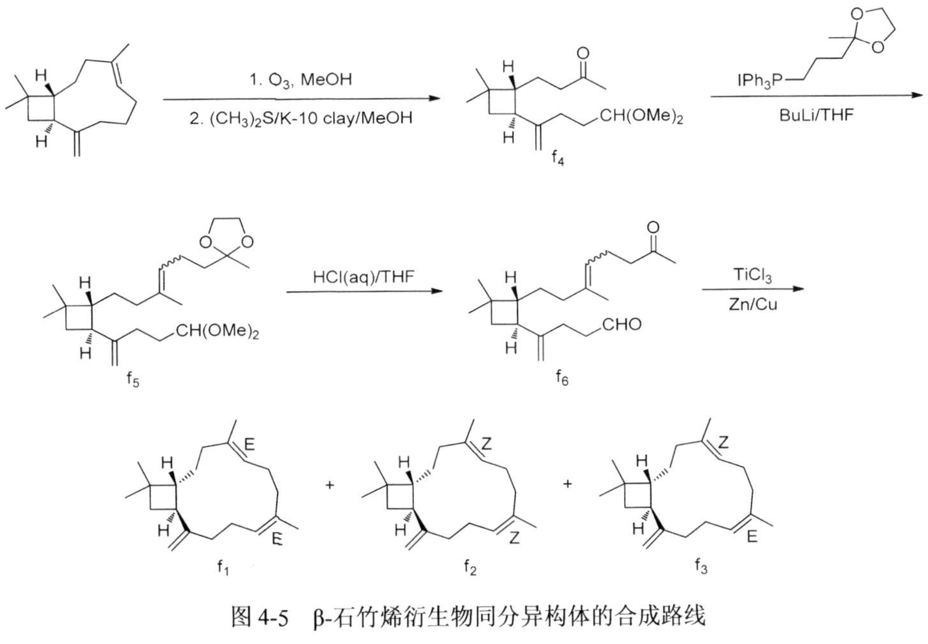

图 4-5　β-石竹烯衍生物同分异构体的合成路线

二、β-石竹烯衍生物的生物活性研究

前文介绍到 β-石竹烯具有独特的结构和生理活性，能够成为新药设计开发中的先导化合物，其双键较为活泼和四元环张力大的结构特点，为其结构改造提供了可能性，其衍生物在药物合成和应用中有较大的潜力，所以有可能成为新药研究的热点。下面将对 β-石竹烯醇和 β-石竹烯的氧化物的生物活性研究作相应的介绍。

（一）β-石竹烯醇的生物活性

β-石竹烯醇（β-caryophyllene alcohol；caryolan-1-ol），根据国际纯粹与应用化学联合会优先命名法则命名为 tricyclo[6.3.1.02，5]dodecan-1-ol,4,4,8-trimethyl-，[1*R*-(1.a.,2.a.,5.b.,8.b.)]-；4,4,8-trimethyltricyclo[6.3.1.02,5]dodecan-1-ol。CAS 登录号为 472-97-9，分子式为 $C_{15}H_{26}O$，分子量为 222.72。β-石竹烯醇通常是由植物精油，如丁香子油、苦配巴油、熏衣草油及牡荆油中的β-石竹烯经分离提纯后，通过水合反应而获得，β-石竹烯醇被美国 FDA（21CFR121.1164）批准用于食品调味。除此外 β-石竹烯醇气味甜香还带有木香和丁香样气息，香气尚可用，在香精香料行业也能够发挥其价值。Bhatia 等[108]和 Api 等[113]对其在香料中的应用和安全性做了文献检索报道，在现有的研究资料中尚未发现 β-石竹烯醇的皮肤最大暴露量的研究，根据化妆品公司提供的成分表分析认为每日皮肤最大暴露量 0.0005 mg 是安全的。除了作为香料和食品调味剂使用外，在 20 世纪 70 年代，我国兴起的传统中医药复兴活动中，医药工作者对治疗慢性支气管炎的中草药进行成分分析，确定 β-石竹烯醇是多种药用植物中有效成分之一[114, 115]。孙静云等[116]研究报道水合反应得到的 β-石竹烯醇具有平喘止咳的作用。周成林等[117]采用特异性哮喘豚鼠模型，β-石竹烯醇和地塞米松雾化吸入，记录豚鼠引喘潜伏期和呼吸频率以评价药物的止喘效果；收集支气管肺泡灌洗液，进行白细胞计数；取血清和肺组织，肺组织匀浆离心取上清，测定血清和肺组织中 SOD 活性和 MDA 含量；取连带气管右肺中叶切片，HE 染色观察气管和肺组织病理形态。结果显示 β-石竹烯醇能明显延长哮喘潜伏期，改善豚鼠呼吸困难的症状；减少肺泡灌洗液中细胞总数、嗜酸粒细胞和中性粒细胞的数量；增加血清和肺组织中 SOD 活性的同时降低 MDA 的含量；减轻气管上皮脱落、炎症反应、纤毛脱失和微血管渗漏，减少炎症细胞浸润。提示 β-石竹烯醇具有抗炎平喘的作用，其机制可能与其抗炎和抗氧化应激损伤的作用有关。在王志祥等申请的专利[118]（CN101129343）中报道 β-石竹烯醇能减少氨水诱导小鼠咳嗽的症状，减少咳嗽次数，提出 β-石竹烯醇可与其他作用于呼吸系统疾病的药物组成复方制剂，用于镇咳、祛痰。

Cote 研究团队[119]从草根和土壤接触部分离出链霉菌属 S4-7 菌株培养，并收集培养基中挥发性物质，经 GC-MS 检测并进行成分分析发现其中含有 β-石竹烯醇，分别将 10 μL、20 μL 和 40 μL 的含 5 μg/μL 的 S4-7 的挥发性混合物加入 *B. cinerea* 培养基共孵育 4 天后测量菌丝长度，结果表明 S4-7 的挥发性混合物能显著抑制菌丝生长，且呈剂量依赖性。使用合成的 β-石竹烯醇检测其抗真菌活性，IC_{50} 为 0.026 μmol/mL。收集共培养培养基样本进行基因检测，基于基因富集理论，该团队提出 β-石竹烯醇可能通过影响真菌的以下生物学功能发挥抗真菌作用：脂质合成与神经酰胺有关的基因（*sur4*、*scs7* 和 *lro1*）；染色质重塑相关基因（*eaf1* 和 *hpr1*）；渗透压应激反应相关基因（*smp1* 和 *ste11*）；DNA 复制应激反应相关基因（*ste11*、*mgs1*、*cot1* 和 *csg2*）；与运输有关的细胞器、高尔基体和内质网相关基因（*did4*、*vid22*、*vps4*、*sip3*、*cot1*、*vma9*、*vps52*、*eug1*、*vms1*、*rer1* 和 *csg2*）。以上这些观察结果表明，β-石竹烯醇可影响真菌生长，其机制可能与影响真菌膜脂质发生、抑制囊泡形成和真菌中转运系统相关。

（二）β-石竹烯氧化物的生物活性

和 β-石竹烯相似，β-石竹烯氧化物同样具有强烈的木质香味，在化工业中用作化妆品和食品添加剂，被美国 FDA 和欧洲食品安全局（EFSA）批准作为调味剂，识别号为：06.043。虽然 β-石竹烯氧化物水溶性差，不易被生物体吸收利用，但是在体外实验中发现其作用于人工脂质双分子层，提示 β-石竹烯氧化物对细胞有高度亲和力，是发挥生物活性的基础，在此基础下可以通过研发脂质体药物传送系统，提高其生物利用度，以期发挥体内作用。

β-石竹烯氧化物与 β-石竹烯一样，广泛存在于天然植物中，精油数据库（EssOilDB，http：// nipgr.res.in/Essoildb/）数据表明罗勒属植物、鼠尾草和虎杖为其主要天然来源，现代药理学研究表明无论是纯物质还是植物精油成分，β-石竹烯氧化物都具有抗氧化、抗炎、抗肿瘤、抗病毒和镇痛的作用[120, 63, 122-123]。接下来将对 β-石竹烯氧化物生物活性作用和可能机制作相应的介绍。

1. 抗氧化作用

Ali 等[123]收取也门地区罗勒和石蚕属植物叶提取精油，通过 GC-MS 分析精油成分里面含有 β-石竹烯氧化物，接着将 5 mg DPPH 溶解在 2 mL 甲醇中制备 DPPH 溶液，以 2 mg/mL 浓度制备精油溶液并稀释至不同浓度。采用 96 孔板，向每个孔中加入 5 μL 甲醇 DPPH 溶液和 5 μL 精油溶液后，摇动 96 孔板 2 min 以确保充分混合，用铝箔包裹并在黑暗中储存 30 min，使用微量滴定板 ELISA 读数器在 517 nm 的波长下测量溶液的光密度（OD），并计算脱色百分比作为抗氧化活性的指标，结果显示两种植物叶提取的精油的自由基抑制 IC_{50} 分别为 31.55 μL/mL 和 31.41 μL/mL，说明含有 β-石竹烯氧化物的罗勒和石蚕属植物叶具有抗氧化作用。Sepahvand 等[124]用水蒸气蒸馏法从丹参叶提取挥发油，采用 GC-MS 法分析其成分，结果显示精油中 β-石竹烯氧化物含量为 2.8%，同样采用 DPPH 自由基法测定精油抗氧化能力，结果显示含有 β-石竹烯氧化物的丹参精油具有显著的抗氧化活性。当然，除以上研究以外还有大量文献报道含 β-石竹烯氧化物的精油的抗氧化作用，但是精油里面成分众多，单一成分的 β-石竹烯氧化物是否也会表现出良好的清除氧自由基抗氧化的能力？其通过什么样的机制发挥抗氧化作用？目前尚缺乏相关研究。

2. 抗炎镇痛作用

Chavan等[122]从番荔枝树皮的石油醚提取物中分离提取得到β-石竹烯氧化物，采用热板法研究β-石竹烯氧化物对小鼠痛阈值的影响，结果显示β-石竹烯氧化物能明显提高小鼠的痛阈值，其效应呈剂量依赖性，25 mg/kg剂量时其镇痛作用最大，效应与50 mg/kg的喷他佐新镇痛作用相当；在小鼠对醋酸反应扭体实验模型中，25 mg/kg剂量的β-石竹烯氧化物对小鼠扭体反应有明显抑制作用，其效果与100 mg/kg剂量阿司匹林相当；在卡拉胶致小鼠足部肿胀模型中，25 mg/kg剂量的β-石竹烯氧化物能明显缓解炎症的肿胀症状，其作用与100 mg/kg剂量阿司匹林相当。以上实验结果显示β-石竹烯氧化物具有抗炎作用。

龙舌兰属于芸香科树木，在印度文化和医学中地位突出，多用于消炎止痛。Sain团队[64]为了研究其作用和机制，分析了龙舌兰提取物的成分，结果显示β-石竹烯氧化物为提取物主要成分之一，该团队用不同浓度的龙舌兰提取物处理尤尔卡特和人神经母细胞瘤细胞，采用流式细胞仪分析发现提取物具有诱导瘤细胞凋亡的作用，在进一步检测基因变化时发现提取物下调了与炎症相关的酶COX2和15-LOX的基因表达，提示富含β-石竹烯氧化物的龙舌兰提取物可能具有抗炎作用，其抗炎机制可能与下调炎症相关的酶COX2和15-LOX表达有关。关于β-石竹烯氧化物的抗炎作用现有的文献多集中于从植物中提取的精油的生物活性的研究，同时对精油成分进行分析确认里面含有β-石竹烯氧化物，关于β-石竹烯氧化物单一成分的抗炎作用及其机制研究鲜见。

疼痛作为临床的常见症状，其类型、致痛物质及机制各不相同。除前面部分介绍含有β-石竹烯氧化物的番荔枝和龙舌兰植物提取精油可以通过抑制炎症相关的酶表达，从而提高实验动物的痛阈值和缓解炎症所致的疼痛症状，其镇痛机制跟抗炎作用密切相关外，Chavan还提出鉴于从番荔枝提取得到的β-石竹烯氧化物在热板镇痛实验中所表现出的镇痛效应，其机制可能还涉及中枢的内源性阿片受体，但在Gertsch等[20]的研究中采用放射性配基结合实验已证实β-石竹烯氧化物与大麻素受体的亲和力很低，这也不难解释为什么关于倍半萜类化合物的镇痛作用研究中β-石竹烯氧化物未能引起太多关注的现象。

3. 抗肿瘤作用

从结构上看β-石竹烯氧化物含有亚甲基和环氧化物环外官能团，因此它能通过巯基和氨基共价结合蛋白质和DNA碱基，提示β-石竹烯氧化物可能具有抗肿瘤的潜力。β-石竹烯氧化物可抑制PC-3-前列腺癌细胞和MCF-7-乳腺癌细胞增殖，其作用呈剂量依赖性，此外，它在这些细胞中诱导ROS产生，MAPK活化和抑制PI3K/AKT/mTOR/S6K1信号通路从而起到抗增殖和转移的作用。也有研究发现β-

石竹烯氧化物可增强 PC-3 中肿瘤抑制因子的表达，抑制 AKT/mTOR/S6K1 通路信号传导等[125-127]。Kim 等[128]发现 β-石竹烯氧化物可以通过抑制转录激活因 3、PI3K/AKT/mTOR/S6K1 信号级联反应抑制信号转导，并且可通过 ROS 介导的 MAPKs 激活来诱导细胞凋亡，抑制肿瘤生长和抑制转移。该团队实验结果显示 β-石竹烯氧化物在多种黑素瘤、乳腺癌和前列腺癌细胞系中阻断了诱导型和组成型 NF-κB 活化细胞，通过抑制 IκBα 激酶的活化和 p65 核转位和磷酸化来抑制 TNFα 诱导的 IκBα 降解，使抗凋亡基因（*IAP1*、*IAP2*、*Bcl-2*、*Bcl-xL* 和 *survivin*）、增殖相关基因（COX2、细胞周期蛋白 D1 和 c-Myc）、侵袭相关基因（MMP）的表达减少，从而使 TNF-α 和化疗药物诱导的细胞凋亡增加，肿瘤细胞侵袭受到抑制。

虽然在肿瘤的治疗方案中目前免疫疗法的应用显著减少了病患的痛苦，延长了生存时间，但是局限于可用药物有限且适应证不多，目前临床上肿瘤药物治疗仍以传统化疗药物为主，传统化疗往往在使用过程中毒副作用大，因此改善化疗效果减轻不良反应的方法之一就是经典的化疗药物与天然化合物（例如倍半萜等）合用以提高疗效、减少耐药和减轻不良反应，所以近年来关于 β-石竹烯氧化物抗肿瘤作用的研究的报道多集中于其对化疗药物作用的影响。比如作为广泛使用的化疗药物多柔比星，其通过抑制肿瘤细胞的促生长信号传导发挥抗肿瘤的作用，但是多柔比星的心脏毒性和耐药性限制了临床使用，有关研究表明多柔比星的耐药机制涉及肿瘤细胞的药物转运蛋白比如 p 糖蛋白、多药耐药蛋白 1 和乳腺癌耐药蛋白表达增加从而减少药物在细胞中浓度有关，因此选取低细胞毒性剂量与其他有抗肿瘤活性的药物联用是减少不良反应和耐药发生的思路。Hanusova 等[129]在体外采用乳腺癌细胞 MDA-MB-231、MCF7 细胞作体外研究和 Ehrlich 荷瘤小鼠做体内研究，观察 β-石竹烯氧化物对多柔比星作用的影响。研究中采用中性红摄取试验评估细胞毒性作用的影响；使用 x-CELLigence 系统中的实时测量以测试肿瘤细胞迁移能力；使用蛋白质印迹分析检查分子的表达；使用 HPLC 测定血浆和肿瘤中的多柔比星浓度。结果显示 β-石竹烯氧化物可增加多柔比星在体外实验中对 MDA-MB-231 抗增殖作用，增加体内实验中肿瘤细胞的凋亡。同年，意大利学者[120]也报道了该研究团队对 β-石竹烯氧化物的多柔比星的抗肿瘤协同作用，该团队采用的是 ATP 结合盒、多药耐药蛋白 1 和乳腺癌耐药蛋白高表达的人类结肠直肠腺癌 Caco-2 细胞株、MDR1 低表达 T 细胞白血病 CCRF/CEM 细胞株和 MDR1 低表达/过表达的 CEM /ADR5000 细胞株，发现 β-石竹烯氧化物可增加多柔比星的抗肿瘤效应，比较不同细胞系的作用后认为该增敏作用可能与抑制肿瘤细胞的药物外排相关蛋白表达有关。

总之，这些研究都提示 β-石竹烯氧化物对许多癌细胞系具有抗癌活性，或具有对其他化疗药物的增敏作用和抗耐药发生的能力，但是还需在体内研究进一步证实并明确其机制。

4. 抗微生物感染作用

药用植物中含有多种化学成分，具有抑制病毒等微生物复制的潜力，一些植物将被广泛用于治疗各种传染性和非传染性疾病，成为新的具有抗病毒生物活性产物的天然来源。精油是来源于天然植物的次级产物，在民间和香料工业中有广泛的应用。同样，精油因其生产工艺和程序的特点，其中成分众多，主要有单萜和倍半萜烯以及苯丙酸类，包括碳水化合物、醇类、醚类、醛类和酮类，是芳香植物和药用植物的芳香和生物特性的主要成分，精油所具有的抗感染的生物活性是其研究领域的重要组成部分[130]。

胡平[131]采用水蒸气蒸馏法提取了草果、十三香、路路通、广玉兰叶、吴茱萸、排草、桑白皮、银杏叶、芦苇茎叶、芦根、香蒲叶、空心莲子草茎叶 12 种植物精油，采用菌丝生长速率法测定了 12 种植物精油在质量浓度为 1g/L 时对苹果腐烂病菌、苹果炭疽病菌、葡萄灰霉病菌、梨黑星病菌、苹果轮纹病菌、枣炭疽病菌的抑菌效果，从中筛选出 4 种抑菌活性较好的植物精油，并采用 GC-MS 对其化学成分进行分析，其中路路通精油主要成分是 β-石竹烯氧化物（10.65%），提示 β-石竹烯氧化物具有抑制真菌生长的作用。袁彩红[132]优化水蒸气蒸馏法从紫花松果菊提取精油，采用 GC-MS 分析成分，其中 β-石竹烯氧化物含量为 7.49%，随后通过杯碟法研究了紫花松果菊挥发油对常见的霉菌和细菌的抑制作用，并测定了最小抑菌浓度，结果显示紫花松果菊挥发油对大肠杆菌、枯草芽孢杆菌和金黄色葡萄球菌均有抑菌效应，其最低抑菌浓度分别为：0.63 mg/mL、1.25 mg/mL 和 2.5 mg/mL。刁文睿[133]在其研究中确认公丁香油脂含有 4.29%的 β-石竹烯氧化物，公丁香油脂对食品中常见的金黄色葡萄球菌、大肠杆菌等八种食品腐败菌均具有较好的抑制效果，通过 AKP 活性测定、细胞膜渗透性和完整性实验及扫描（SEM）及透射电镜（TEM）观察，认为公丁香油脂可能通过破坏细菌细胞壁和细胞膜导致菌体内容物泄露而死亡，并且精油可能渗透进入细胞通过影响细菌 DNA 及蛋白合成代谢。

类似的关于含 β-石竹烯氧化物的植物精油抑菌抗病毒的研究还包括了菊花精油对 7 种菌株金黄色葡萄球菌、蜡样芽孢杆菌、枯草芽孢杆菌、柑橘溃疡病菌、酿酒酵母菌、白色念珠菌和桔青霉的抑菌作用；水杉种子挥发油对梨黑斑病菌、苹果霉心病菌、大蒜叶枯病菌、莴苣灰霉病菌、小麦赤霉病菌、茶轮斑病菌、构骨炭疽病菌和大葱紫斑病菌 8 种植物病原真菌生长的影响；石蚕属植物精油抗柯萨奇病毒 B 的作用；等等[134, 42]。虽然目前得到证据是 β-石竹烯氧化物是多种植物精油的主要成分，而这些植物精油在体外实验中显示出一定的抗病原微生物的活性，但是却未见有研究对单一组分的β-石竹烯氧化物的抗病原微生物作用及其具体机制的深入研究。

第四节　展　　望

在本篇中我们对蜂胶中的倍半萜成分——β-石竹烯的化学结构、来源、提取、检测方法、制剂、药理学活性、药代动力学及β-石竹烯衍生物等做了介绍。作为蜂胶成分之一的β-石竹烯广泛存在于自然界的植物中，由于具有芳香气味且低毒，自古在化妆品和香料世界中广泛被使用，近代的药理学活性研究又赋予了其医药领域的开发潜力，目前报道的关于β-石竹烯可能会有治疗作用的疾病有神经性疼痛、溃疡性结肠炎、肝病、脑缺血、癌症、阿尔茨海默病、帕金森病、亨廷顿氏症、精神分裂症、癫痫、情绪障碍和酒精成瘾等。除了生物活性的研究外，β-石竹烯目前研究的热点还包括从原料中提取纯化、对β-石竹烯进行结构修饰。提取方面主要改进的是从青蒿和松节油中提取的工艺；结构修饰方面的着手点主要在β-石竹烯的两个活泼的双键上。虽然β-石竹烯在蜂胶中含量较低，关于β-石竹烯各个方面的研究还处于初步阶段，但是我们相信在今后随着科学技术的发展，对蜂胶的成分研究和β-石竹烯的研究会越来越深入，蜂胶必定会在医疗卫生、食品工业、日用化工和农林及畜牧业等越来越多的领域更好地造福人类。

参 考 文 献

[1] 张翠平, 胡福良.蜂胶中的萜类化合物.天然产物研究与开发, 2012, 24(7): 976-984.

[2] 郑宇斐, 蒋侠森, 陈曦, 等.2018 年国内外蜂胶的研究概况.蜜蜂杂志, 2019, 39(4): 1-8.

[3] 刘晓宇, 陈旭冰, 陈光勇,β-石竹烯及其衍生物的生物活性与合成研究进展.林产化学与工业, 2012, 32(1): 104-110.

[4] Fidyt K, Fiedorowicz A, Strządała L, et al.β-Caryophyllene and β-caryophyllene oxide natural compounds of anticancer and analgesic properties.Cancer Med, 2016, 5(10): 3007-3017.

[5] 刘亚梅.中药青蒿解热有效部位青蒿挥发油及其制剂青蒿油软胶囊的药学研究.成都: 成都中医药大学, 2007.

[6] 姜清彬, 李清莹, 王里, 等.四种方法对火力楠叶片油的提取分析.分子植物育种, 2018, 16(6): 1985-2000.

[7] 孙彬, 王鸿, 陆曼, 等.应用超临界 CO_2 流体萃取技术研究中药百里香挥发性化学成分.西北植物学报, 2001, (5): 990-996.

[8] 毕淑峰, 程雪翔, 陈静雯, 等.顶空-固相微萃取-气相色谱-质谱联用分析黄山野菊花的挥发性成分.北京联合大学学报(自然科学版), 2016, 30(2): 88-92.

[9] 吴竹, 杨佳年, 王秋萍, 等.HPLC-RID 同时测定咽立爽口含滴丸中樟脑、石竹烯、龙脑、异龙脑含量.中华中医药杂志, 2017, 32(12): 5625-5628.

[10] 吴卓娜, 吴东鹏, 侯剑伟, 等.GC-FID 法测定不同产地广藿香药材中 3 种挥发性成分.数理医药学杂志, 2017, 30(8): 1189-1192.

[11] 王芳, 王俊, 傅秀娟, 等.气相色谱法测定积雪草挥发油中石竹烯的含量.泸州医学院学报, 2010, 33(5): 572-574.

[12] 段春改, 陈钟, 姜国志.气相色谱-质谱联用仪分析草豆蔻配方颗粒中石竹素和反式石竹烯含量.中医学报, 2015, 30(3): 407-409.

[13] Larionov O V, Corey E J. An unconventional approach to the enantioselective synthesis of caryophylloids.Am Chem Soc, 2008, 130(10): 2954-2955.

[14] Reinsvold R E, Jinkerson R E, Radakovits R, et al.The production of the sesquiterpene β-caryophyllene in a transgenic strain of the cyanobacterium *Synechocystis*. Plant Physiol, 2011, 168(8): 848-852.

[15] Yang J, Nie Q.Engineering Escherichia coli to convert acetic acid to β-caryophyllene.Microb Cell Fact, 2016, 15: 74.

[16] Oda S, Fujinuma K, Inoue A, et al.Synthesis of (–)-β-caryophyllene oxide via regio-and stereoselective endocyclic epoxidation of β-caryophyllene with *Nemania aenea* SF 10099-1 in a liquid-liquid interface bioreactor (L-LIBR).Biosci Bioeng, 2011, 112(6): 561-565.

[17] Galdino P M, Nascimento M V, Florentino I F, et al. The anxiolytic-like effect of an essential oil derived from *Spiranthera odoratissima* A. St. Hil. leaves and its major component, β-caryophyllene, in male mice.Prog Neuropsychopharmacol Biol Psychiatry, 2012, 38(2): 276-284.

[18] Bahi A, Mansouri S, Memari E, et al.β-Caryophyllene, a CB2 receptor agonist produces multiple behavioral changes relevant to anxiety and depression in mice.Physiol Behav, 2014, 135: 119-124.

[19] Klein-Junior L C, dos Santos Passos C, Tasso de Souza T J, et al.The monoamine oxidase inhibitory activity of essential oils obtained from Eryngium species and their chemical composition.Pharm Biol, 2016, 54(6): 1071-1076.

[20] Gertsch J, Leonti M, Raduner S, et al.β-caryophyllene is a dietary cannabinoid.Proc Natl Acad Sci USA, 2008, 105(26): 9099-9104.

[21] Bonesi M, Menichini F, Tundis R, et al.Acetylcholinesterase and butyrylcholinesterase inhibitory activity of Pinus species essential oils and their constituents.Enzyme Inhib Med Chem, 2010, 25(5): 622-628.

[22] Cheng Y, Dong Z, Liu S.β-Caryophyllene ameliorates the Alzheimer-like phenotype in APP/PS1 Mice through CB2 receptor activation and the PPARγ pathway.Pharmacology, 2014, 94(1-2): 1-12.

[23] Javed H, Azimullah S, Haque M E, et al.Cannabinoid type 2 (CB2) receptors activation protects against oxidative stress and neuroinflammation associated dopaminergic neurodegeneration in rotenone model of Parkinson's Disease.Front Neurosci, 2016, 10: 321.

[24] Ojha, Javed H, Azimullah S, et al.β-Caryophyllene, a phytocannabinoid attenuates oxidative stress, neuroinflammation, glial activation, and salvages dopaminergic neurons in a rat model of Parkinson disease. Mol Cell Biochem, 2016, 418(1-2): 59-70.

[25] Viveros-Paredes J M, González-Castañeda R E, Gertsch J, et al. Neuroprotective effects of β-caryophyllene against dopaminergic neuron injury in a murine model of Parkinson's Disease induced by MPTP. Pharmaceuticals, 2017, 10: 60.

[26] de Oliveira C C, de Oliveira C V, Grigoletto J, et al.Anticonvulsant activity of β-caryophyllene

against pentylenetetrazol-induced seizures.Epilepsy Behav, 2016, 56: 26-31.
[27] Tchekalarova J, Conceicao K, Gomes A L, et al.Pharmacological characterization of the cannabinoid receptor 2 agonist, β-caryophyllene on seizure models in mice.Seizure, 2018, 57: 22-26.
[28] Poddighe L, Carta G, Serra M P, et al.Acute administration of beta-caryophyllene prevents endocannabinoid system activation during transient common carotid artery occlusion and reperfusion.Lipids Health Dis, 2018, 17(1): 23.
[29] Yang M, Lv Y, Tian X, et al.Neuroprotective effect of β-caryophyllene on cerebral ischemia-reperfusion injury via regulation of necroptotic neuronal death and inflammation: *In vivo and in vitro*.Front Neurosci, 2017, 11: 583.
[30] Zhang Q, An R, Tian X, et al.β-Caryophyllene pretreatment alleviates focal cerebral ischemia-reperfusion injury by activating PI3K/Akt signaling pathway.Neurochem Res, 2017, 42(5): 1459-1469.
[31] Mansouri S, Ojha S, Maamari E, et al.The cannabinoid receptor 2 agonist, β-caryophyllene, reducedvoluntary alcohol intake and attenuated ethanol-induced place preference and sensitivity in mice.Pharmacol Biochem Behav, 2014, 124: 260-268.
[32] Klauke A L, Racz I, Pradier B, et al.The cannabinoid CB2 receptor-selective phytocannabinoid beta-caryophyllene exerts analgesic effects in mouse models of inflammatory and neuropathic pain. Eur Neuropsychopharmacol, 2014, 24(4): 608-620.
[33] Paula-Freire L I, Andersen M L, Gama V S, et al.The oral administration of trans-caryophyllene attenuates acute and chronic pain in mice.Phytomedicine, 2014, 21(3): 356-362.
[34] Katsuyama S, Mizoguchi H, Kuwahata H, et al.Involvement of peripheral Cannabinoid and opioid receptors in β-caryophyllene-induced antinociception.Eur J Pain, 2013, 17(5): 664-675.
[35] Fiorenzani P, Lamponi S, Magnani A, et al.*In vitro* and *in vivo* characterization of the new analgesiccombination beta-caryophyllene and docosahexaenoic acid.Evid Based Complement Alternat Med, 2014, 2014: 596312.
[36] Camara C C, Nascimento N R, Macedo-Filho C L, et al.Antispasmodic effect of the essential oil of plectranthus barbatus and some major constituents on the guinea-pig ileum.Planta Med, 2003, 69(12): 1080-1085.
[37] Leonhardt V, Leal-Cardoso J H, Lahlou S, et al.Antispasmodic effects of essential oil of pterodon polygalaeflorus and its main constituent β-caryophyllene on rat isolated ileum.Fundam Clin Pharmacol, 2010, 24(6): 749-758.
[38] Ghelardini C, Galeotti N, Mannelli L, et al.Local anaesthetic activity of beta-caryophyllene. Farmaco, 2001, 56(5-7): 387-389.
[39] Sharma C, Kaabi J M, Nurulain S M, et al. Polypharmacological properties and therapeutic potential of β-caryophyllene: A dietary phytocannabinoid of pharmaceutical promise.Curr Pharm Des, 2016, 22(21): 3237-3264.
[40] Ku C M, Lin J Y.Anti-inflammatory effects of 27 selected terpenoid compounds tested through modulating Th1/Th2 cytokine secretion profiles using murine primary splenocytes.Food Chem, 2013, 141(2): 1104-1113.
[41] Bernardes W A, Lucarini R, Tozatti M G, et al.Antibacterial activity of the essential oil from rosmarinus officinalis and its major components against oral pathogens.Z Naturforsch C, 2010, 65(9-10): 588-593.

[42] Hammami S, Jmii H, Mokni R, et al.Essential oil composition, antioxidant, cytotoxic and antiviral activities of teucrium pseudochamaepitys growing spontaneously in Tunisia.Molecules, 2015, 20(11): 20426 -20433.

[43] Venturi C R, Danielli L J, Klein F, et al.Chemical analysis and *in vitro* antiviral and antifungal activities of essential oils from glechon spathulata and glechon marifolia.Pharm Biol, 2015, 53(5): 682-688.

[44] Ali A, Tabanca N, Kurkcuoglu M, et al.Chemical composition, larvicidal and biting deterrent activity of essential oils of two subspecies of *Tanacetum argenteum* (Asterales: Asteraceae) and individual constituents against *Aedes aegypti* (Diptera: Culicidae).Med Entomol, 2014, 51(4): 824-830.

[45] Govindarajan M, Rajeswary M, Hoti S L, et al.Eugenol, α-pinene and β-caryophyllene from *Plectranthus barbatus* essential oil as eco-friendly larvicides against malaria, dengue and Japanese encephalitis mosquito vectors.Parasitol Res, 2016, 115(2): 807-815.

[46] Kamaraj C, Rahuman A A, Roopan S M, et al.Bioassay-guided isolation and characterization of active antiplasmodial compounds from *Murraya koenigii* extracts against *Plasmodium falciparum* and *Plasmodium berghei*.Parasitol, 2014, 113: 1657-1672.

[47] Soares D C, Portella N A, Ramos M F, et al.Trans-beta-caryophyllene: An effective antileishmanial compound found in commercial copaiba oil (*Copaifera* spp.).Evid Based Complement Alternat Med, 2013, 2013: 761323.

[48] Capello T M, Martins E G, de Farias C F, et al.Chemical composition and *in vitro* cytotoxic and antileishmanial activities of extract and essential oil from leaves of *Piper cernuum*.Nat Prod Commun, 2015, 10(2): 2285-2888.

[49] Moura D F, Amaral A C, Machado G M, et al.Chemical and biological analyses of the essential oils and main constituents of Piper species.Molecules, 2012, 17(2): 1819-1829.

[50] Ashitani T, Garboui SS, Schubert F, et al.Activity studies of sesquiterpene oxides and sulfides from the plant *Hyptis suaveolens* (Lamiaceae) and its repellency on *Ixodes ricinus* (Acari: Ixodidae).Exp Appl Acarol, 2015, 67(4): 595-606.

[51] Guo S S, You C X, Liang J Y, et al.Chemical composition and bioactivities of the essential oil from etlingera yunnanensis against two stored product insects.Molecules, 2015, 20(9): 15735-15747.

[52] Liu X C, Liu Q, Chen H, et al.Evaluation of contact toxicity and repellency of the essential oil of pogostemon cablin leaves and its constituents against blattella Germanica.Med Entomol, 2015, 52(1): 86-92.

[53] Cardenas-Ortega N C, Gonzalez-Chavez M M, Figueroa-Brito R, et al.Composition of the essential oil of *Salvia ballotiflora* (Lamiaceae) and its insecticidal activity.Molecules, 2015, 20(5): 8048-8059.

[54] Legault J, Pichette A.Potentiating effect of beta-caryophyllene on anticancer activity of alpha-humulene, isocaryophyllene and paclitaxel.J Pharm Pharmacol, 2007, 59(12): 1643-1647.

[55] Fraternale D, Albertini M C, Rudov A, et al.Compton: Trichomes, essential oil constituents and cytotoxic-apoptotic activity.Nat Prod Res, 2013, 27(17): 1583-1588.

[56] Chang C C, Hsu H F, Huang K H, et al.*Anti*-proliferative effects of *Siegesbeckia orientalis* ethanol extract on human endometrial RL-95 cancer cells.Molecules, 2014, 19(12): 19980-19994.

[57] Jung J I, Kim E J, Kwon G T, et al.β-Caryophyllene potently inhibits solid tumor growth and

lymph node metastasis of B16F10 melanoma cells in high-fat diet-induced obese C57BL/6N mice.Carcinogenesis, 2015, 36(9): 1028-1239.
[58] Campos M I, Vieira W D, Campos C N, et al.Atorvastatin and trans-caryophyllene for the prevention of leukopenia in an experimental chemotherapy model in Wistar rats.Mol Clin Oncol, 2015, 3(4): 825-828.
[59] Kubo I, Chaudhuri S K, Kubo Y, et al.Cytotoxic and antioxidative sesquiterpenoids from *Heterotheca inuloides*.Planta Med, 1996, 62: 427-430.
[60] Loizzo M R, Tundis R, Menichini F, et al .Antiproliferative effects of essential oils and their major constituents in human renal adenocarcinoma and amelanotic melanoma cells .Cell Prolif, 2008, 41(6): 1002-1012.
[61] Zhang W, Lim L Y. Effects of spice constituents on P-glycoproteinmediated transport and CYP3A4-mediated metabolism *in vitro*.Drug Metab Dispos, 2008, 36(7): 1283-1290.
[62] Gowda PJ, Ramakrishnaiah H, Krishna V, et al. Caryophyllene-rich essential oil of *Didymocarpus tomentosa*: Chemical composition and cytotoxic activity.Nat Prod Commun, 2012, 7: 1535-1538.
[63] Selestino Neta M C, Vittorazzi C, Guimaraes A C, et al. Effects of β-caryophyllene and *Murraya paniculata* essential oil in the murine hepatoma cells and in the bacteria and fungi 24-h time-kill curve studies.Pharm Biol, 2017, 55(1): 190-197.
[64] Sain S, Naoghare P K, Devi S S, et al.Beta caryophyllene and caryophyllene oxide, isolated from *Aegle marmelos*, as the potent *anti*-inflammatory agents against lymphoma and neuroblastoma cells.Antiinflamm Antiallergy Agents Med Chem: United Arab Emirates, 2014, 13(1): 45-55.
[65] Do N F J E, Ferraz R P, Britto A C, et al.Antitumor effect of the essential oil from leaves of *Guatteria pogonopus* (Annonaceae).Chem Biodivers, 2013, 10: 722-729.
[66] Lampronti I, Saab A M, Gambari R.Antiproliferative activity of essential oils derived from plants belonging to the Magnoliophyta division.Int J Oncol, 2006, 29: 989-995.
[67] Shirazi M T, Gholami H, Kavoosi G, et al.Chemical composition, antioxidant, antimicrobial and cytotoxic activities of *Tagetes minuta* and *Ocimum basilicum* essential oils.Food Sci Nutr, 2014, 2: 146-155.
[68] Wu Q F, Wang W, Dai X Y, et al.Chemical compositions and anti-influenza activities of essential oils from *Mosla dianthera*.J Ethnopharmacol, 2012, 139(2): 668-671.
[69] Shah A J, Rasheed M, Jabeen Q, et al.Chemical analysis and calcium channel blocking activity of the essential oil of *Perovskia abrotanoides*.Nat Prod Commun, 2013, 8(11): 1633-1636.
[70] Pinho-da-Silva L, Mendes-Maia P V, Teofilo T M, et al.*Trans*-caryophyllene, a natural sesquiterpene, causes tracheal smooth muscle relaxation through blockade of voltage-dependent Ca^{2+} channels.Molecules, 2012, 17(10): 11965-11977.
[71] Rogerio A P, Andrade E L, Leite D F, et al.Preventive and therapeutic anti-inflammatory properties of the sesquiterpene alpha-humulene in experimental airways allergic inflammation.Br J Pharmacol, 2009, 158(4): 1074-1087.
[72] Horvath B, Mukhopadhyay P, Kechrid M, et al.β-Caryophyllene ameliorates cisplatin-induced nephrotoxicity in a cannabinoid 2 receptor-dependent manner.Free Radic Biol Med, 2012, 52(8): 1325-1333.
[73] Abbas M A, Taha M O, Zihlif M A, et al.β-Caryophyllene causes regression of endometrial implants in a rat model of endometriosis without affecting fertility.Eur J Pharmacol, 2013,

702(1-3): 12-19.
[74] Ou M C, Hsu T F, Lai A C, et al. Pain relief assessment by aromatic essential oil massage on outpatientswith primary dysmenorrhea: A randomized, double-blind clinical trial. J Obstet Gynaecol Res, 2012, 38(5): 817-822.
[75] Wu C, Jia Y, Lee J H, et al.*Trans*-caryophyllene is a natural agonistic ligand for peroxisome pro-liferator-activated receptor-α. Bioorg Med Chem Lett, 2014, 24(14): 3168-3174.
[76] Basha R H, Sankaranarayanan C. β-Caryophyllene, a natural sesquiterpene, modulates carbohydrate metabolism in streptozotocin-induced diabetic rats.Acta Histochem, 2014, 116(8): 1469-1479.
[77] Wang S-J, Yang Z-B, Gao J-C, et al.A role for trans-caryophyllene in the moderation of insulin secretion.Biochem Biophys Res Commun, 2014, 444(4): 451-454.
[78] Harb A A, Bustanji Y K, Abdalla S S, et al.Hypocholesterolemic effect of β-caryophyllene in rats fed cholesterol and fat enriched diet.J Clin Biochem Nutr, 2018, 62(3): 230-237.
[79] Calleja M A, Vieites J M, Montero-Meterdez T, et al.The antioxidant effect of β-caryophyllene protects rat liver from carbon tetrachloride-induced fibrosis by inhibiting hepatic stellate cell activation.Br J Nutr, 2013, 109: 394-401.
[80] Alvarez-Gonzalez I, Madrigal-Bujaidar E, Castro-Garcia S.Antigenotoxic capacity of beta-caryophyllene in mouse, and evaluation of its antioxidant and GST induction activities.J Toxicol Sci, 2014, 39: 849-859.
[81] Kudinova E N, Salakhutdinov N F, Fomenko V V, et al.Effect of the synthetic resorcinol derivative of caryophyllene on cholesterol biosynthesis and the functional activity of immune system cells.Pharm Chem J, 2006, 40: 540-543.
[82] Cho J Y, Kim H Y, Kim S K.β-Caryophyllene attenuates dextran sulfate sodium-induced colitis in mice via modulation of gene expression associated mainly with colon inflammation.Toxicol Rep, 2015, 2: 1039-1045.
[83] Bento A F, Marcon R, Dutra R C, et al.β-Caryophyllene inhibits dextran sulfate sodium-induced colitis in mice through CB2 receptor activation and PPARγ pathway.Am J Pathol, 2011, 178(3): 1153-1166.
[84] Tambe Y, Tsujiuchi H, Honda G, et al.Gastric cytoprotection of the non-steroidal *anti*-infla mmatory sesquiterpene, beta-caryophyllene.PlantaMed, 1996, 62(5): 469-470.
[85] Vinholes J, Gonçalves P, Martel F, et al.Assessment of the antioxidant and antiproliferative effects of sesquiterpenic compounds in *in vitro* Caco-2 cell models.Food Chem, 2014, 156: 204-211.
[86] Mahmoud M F, Swefy S E, Hasan R A, et al.Role of cannabinoid receptors in hepatic fibrosis and apoptosis associated with bile duct ligation in rats.Eur J Pharmacol, 2014, 742: 118-124.
[87] Cornwell P A, Barry B W.Sesquiterpene components of volatile oils as skin penetration enhancers for the hydrophilicpermeant 5-fluorouracil.J Pharm Pharmacol, 1994, 46(4): 261-269.
[88] Yang C H, Huang Y C, Tsai M L, et al.Inhibition of melanogenesis by β-caryophyllene from lime mint essential oil in mouse B16 melanoma cells.Int J Cosmet Sci, 2015, 37(5): 550-554.
[89] Pant A, Mishra V, Saikia S K, et al.Beta-caryophyllene modulates expression of stress response genes and mediates longevity in Caenorhabditis elegans.Exp Gerontol, 2014, 57: 81-95.
[90] 刘桦.积雪草抗抑郁成分的质量控制与β-石竹烯的药动学研究.上海：第二军医大学, 2013.
[91] 娄杰.β-石竹烯包合物对慢性脑缺血诱发大鼠认知功能障碍的作用及机制研究.重庆：重庆医科大学, 2017.

[92] Santos P S, Souza L K M, Araujo T S L, et al. Methyl-β-cyclodextrin inclusion complex with β-caryophyllene: Preparation, characterization, and improvement of pharmacological activities. ACS Omega, 2017, 2(12): 9080-9094.
[93] Varga Z V, Matyas C, Erdelyi K, et al.β-Caryophyllene protects against alcoholic steatohepatitis by attenuating inflammation and metabolic dysregulation in mice.Br J Pharmacol, 2018, 175(2): 320-334.
[94] Liu H, YangG, TangY, et al.Physicochemical characterization and pharmaco-kinetics evaluation of β-caryophyllene/β-cyclodextrin inclusion complex.Int J Pharm, 2013, 450(1-2): 304-310.
[95] Lucca L G, Matos S P, Borille B T, et al. Determination of β-caryophyllene skin permeation/retention from crude copaiba oil (*Copaifera multijuga* Hayne) and respective oil-based nanoemulsion using a novel HS-GC/MS method.J Pharm Biomed Ana, 2015, 104: 144-148.
[96] Nguyen L T, Mysliveckova Z, Szotakova B, et al.The inhibitory effects of β- caryophyllene, β-caryophyllene oxide and α-humulene on the activities of the main drug-metabolizing enzymes in rat and human liver *in vitro*.Chem Biol Interact, 2017, 278: 123-128.
[97] Lima C S, Medeiros B J, Favacho H A, et al.Pre-clinical validation of a vaginal cream containing copaiba oil (reproductive toxicology study).Phytomedicine, 2011, 18(12): 1013-1023.
[98] Sotto A, Evandri M G, Mazzanti G.Antimutagenic and mutagenic activities of some terpenes in the bacterial reverse mutation assay.Mutat Res, 2008, 653(1-2): 130-133.
[99] Gulluni N, Re T, Loiacono I, et al.Cannabis essential oil: A preliminary study for the evaluation of the brain effects.Evid Based Complement Alternat Med, 2018, 2018: 1709182.
[100] Russo E B.Cannabis therapeutics and the future of neurology.Front Integr Neurosci, 2018, 12: 51.
[101] Baron E P, Lucas P, Eades J, et al.Patterns of medicinal cannabis use, strain analysis, and substitution effect among patients with migraine, headache, arthritis, and chronic pain in a medicinal cannabis cohort.J Headache Pain, 2018, 19(1): 37.
[102] Semprini R, Martorana A, Ragonese M, et al.Observational clinical and nerve conduction study on effects of a nutraceutical combination on painful diabetic distal symmetric sensory-motor neuropathy in patients with diabetes type 1 and type 2.Minerva Med, 2018, 109(5): 358-362.
[103] Kucharska M, Szymanska J A, Wesoowski W, et al.Comparison of chemical composition of selected essential oils used in respiratory diseases.Med Pr, 2018, 69(2): 167-178.
[104] Meza A, Lehmann C.Betacaryophyllene: A phytocannabinoid as potential therapeutic modality for human sepsis? Med Hypotheses, 2018, 110: 68-70.
[105] Bandna, Jaitak V, Kaul V K, et al.Synthesis of novel acetates of beta-caryophyllene under solvent-free Lewis acid catalysis. Nat Prod Res, 2009, 23(15): 1445-1450.
[106] Rochak A D, Rosdriguesn V S, Kozhevnikov I V, et al.Heteropoly acid catalysts in the valorization of the essential oils, Acetoxylation of β-caryophyllen.Applied Catalysis A: General, 2010, 374: 87-94.
[107] Skold M, Karlberg A T, Matura M, et al.The fragrance chemical beta-caryophyllene-air oxidation and skin sensitization.Food Chem Toxicol, 2006, 44(4): 538-45.
[108] Bhatia S P, Letizia C S, Api A M.Fragrance material review on beta-caryophyllene alcohol. Food Chem Toxico, 2008, 46(11): S95-96.
[109] 曹玉蓉, 吕晓玲, 孟凡宝, 等.β-石竹烯醇的合成研究.高等学校化学报, 1999, (7): 94-96.

[110] 刘红军.β-石竹烯醇的制备与应用.精细与专用化学品, 2003, 2003(Z1): 17-18.

[111] Wu W, Liu F, Davis R W.Engineering Escherichia coli for the production of terpene mixture enriched in caryophyllene and caryophyllene alcohol as potential aviation fuel compounds. Metab Eng Commun, 2018, 6: 13-21.

[112] Hinkley S F R, Perry N B, Weavers R T.Synthesis of a caryophyllene isoprenologue, a potential diterpene natural product.Tetrahedron, 2005, 61(15): 3671-3680.

[113] Api A M, Belsito D, Botelho D, et al.RIFM fragrance ingredient safety assessment, β-caryophyllene alcohol, CAS Registry Number 472-97-9.Food Chem Toxicol, 2018, 122(1): S566-572.

[114] 防治慢性支气管炎艾叶油研究协作组.防治慢性气管炎艾叶油平喘有效成分的研究.医药工业, 1977, (10): 8-23.

[115] 唐法娣，卞如濂，谢强敏，等.β-丁香烯醇的药理研究.中国药理学通报，1991，7(2): 145-148.

[116] 孙静云，于琳，陈萍，等.β-丁香烯代谢产物和结构改造的研究.药学学报，1987，22(3): 179-184.

[117] 周成林，钱之玉.β-石竹烯醇抑制哮喘豚鼠气道炎症及清除氧自由基作用.药物生物技术, 2006, (5): 373-376.

[118] 王志祥，朱俊才，张志炳，等.β-石竹烯醇在制备镇咳和/或祛痰药物中的应用：中国, CN101129343A. 2008-02-27.

[119] Cote H, Boucher M A, Pichette A, et al.*Anti*-inflammatory, antioxidant, antibiotic, and cytotoxic activities of *Tanacetum vulgare* L.Essential Oil and its constituents.Medicines (Basel), 2017, 25: 4(2).

[120] Giacomo S, Sotto A, Mazzanti G, et al.Chemosensitizing properties of β-caryophyllene and β-caryophyllene oxide in combination with doxorubicin in human cancer cells. Anticancer Res, 2017, 37(3): 1191-1196.

[121] Dunkic V, Vuko E, Bezic N, et al.Composition and antiviral activity of the essential oils of *Eryngium alpinum* and *E.amethystinum*.Chem Biodivers, 2013, 10(10): 1894-1902.

[122] Chavan M J, Wakte P S, Shinde D B.Analgesic and *anti*-inflammatory activity of caryophyllene oxide from *Annona squamosa* L.bark.Phytomedicine, 2010, 17(2): 149-151.

[123] Ali N A A, Chhetri B K, Dosoky N S, et al. Antimicrobial, antioxidant and cytotoxic activities of *Ocimum forskolei* and *Teucrium yemense* (Lamiaceae) essential oils.Medicines (Basel), 2017, 4(2): E17.

[124] Sepahvand R, Delfan B, Ghanbarzadeh S, et al.Chemical composition, antioxidant activity and antibacterial effect of essential oil of the aerial parts of *Salvia sclareoides*.Asian Pac J Trop Med, 2014, 7S1: S491-496.

[125] Park K R, Nam D, Yun H M, et al.β-Caryophyllene oxide inhibits growth and induces apoptosis through the suppression of PI3K/AKT/mTOR/S6K1 pathways and ROS-mediated MAPKs activation.Cancer Lett, 2011, 12: 178-188.

[126] LoPiccolo J, Blumenthal J G, Bernstein W B, et al.Targeting the PI3K/Akt/mTOR pathway: Effective combinations and clinical considerations.Drug Resist, 2017, 11: 32-50.

[127] Ryu N H, Park S M, Kim H M, et al.A hexane fraction of guava leaves (*Psidium guajava* L.) induces anticancer activity by suppressing AKT/mammalian target of rapamycin/ribosomal p70 S6 kinase in human prostate cancer cells.J Med Food, 2011, 15: 231-241.

[128] Kim C, Cho S K, Kapoor S, et al.β-Caryophyllene oxide inhibits constitutive and inducible STAT3 signaling pathway through induction of the SHP-1 protein tyrosine phosphatase.Mol Carcinog, 2014, 53(10): 793-806.

[129] Hanusova V, Caltova K, Svobodova H, et al.The effects of β-caryophyllene oxide and trans-nerolidol on the efficacy of doxorubicin in breast cancer cells and breast tumor-bearing mice.Biomed Pharmacother, 2017, 95: 828-836.

[130] Astani A, Reichling J, Schnitzler P.Screening for antiviral activities of isolated compounds from essential oils.Evid Based Complement Alternat Med, 2011, 2011: 253643.

[131] 胡平.草果精油化学成分及其对植物病原真菌的抑制作用.合肥: 安徽农业大学, 2016.

[132] 袁彩红.紫花松果菊挥发油成分分析及抗炎抑菌、抗氧化作用研究.合肥: 安徽农业大学, 2010.

[133] 刁文睿.公丁香油脂的体外抗氧化、抑菌活性及抑菌机理研究.太原: 山西师范大学, 2015.

[134] 谢占芳.八种菊花挥发性成分及其抑菌活性研究.郑州: 河南大学, 2016.

（杨俊卿 罗 映）

有机酸篇

有机酸是指一些具有酸性或羧基的有机化合物。蜂胶中的有机酸类化合物很多，包括咖啡酸、茴香酸、对香豆酸、阿魏酸、异阿魏酸、桂皮酸、苯甲酸和对羟基苯甲酸等，还有 10 余种必需氨基酸和多种维生素。这些有机酸的作用十分复杂，根据编著本书的立意，对咖啡酸以外的物质在第一章中已有介绍，而必需氨基酸和维生素的作用十分清楚，这里不做介绍。

咖啡酸（caffeic acid），化学名称为 3,4-二羟基肉桂酸（3,4-dihydroxycinnamic acid）。有较广泛的抑菌和抗病毒活性，主要用于化妆品中，但近年来的研究表明咖啡酸对实验动物有致癌作用，在 2017 年 10 月世界卫生组织国际癌症研究机构公布的致癌物清单中，咖啡酸属对人类可能致癌的 2B 类。咖啡酸在蜂胶中主要以咖啡酸苯乙酯（caffeic acid phenethyl ester，CAPE）的形式存在。CAPE 具有抗氧化、抗癌、抗病毒、抗菌、抗动脉硬化、抑制 DNA 复制、诱导细胞凋亡和提高机体免疫力等多种重要药理活性，近年来的对 CAPE 功能团进行的化学结构改造的研究发现其具有更强的抗癌、抗心肌缺血再灌注损伤、抗糖尿病及其并发症等作用。

第五章　咖啡酸苯乙酯

第一节　咖啡酸苯乙酯概述

蜂胶中的有机酸成分复杂，咖啡酸主要以咖啡酸苯乙酯（caffeic acid phenethyl ester，CAPE）形式存在于蜂胶中，是其中主要的生物活性组分之一，蜂胶的许多生物学活性均与CAPE有关。由于极强的抗炎和抗氧化活性而起到抗肿瘤等作用，CAPE是近年来国外蜂胶活性成分研究的一大热点。不同地区蜂胶的 CAPE 含量不同，产自中国的蜂胶中 CAPE 含量比较高，达到 15～25 mg/g，而产自巴西的蜂胶则不含有CAPE[1]。迄今为止，未见有关咖啡酸苯乙酯的制剂学研究的报道。

一、咖啡酸苯乙酯的理化性质

（一）化学结构与特点

1. 咖啡酸苯乙酯的结构特点

咖啡酸苯乙酯又称 3,4-二羟基-反式-肉桂酸苯乙酯，英文名称：phenethyl caffeate、caffeic acid phenethyl ester 和 3,4-dihydroxy-*trans*-cinnamic acid phenethyl ester。其化学结构中含有邻二羟基（儿茶酚）苯基和不饱和键（图 5-1），为清除自由基的一种常见结构。两个邻位酚羟基，使苯环上电子密度增高，极易被氧化而呈色。酯键也不稳定，易水解，宜置–20℃环境下储存。

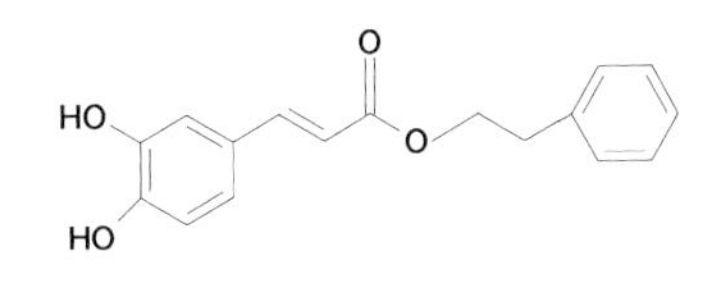

图 5-1　咖啡酸苯乙酯的化学结构图

2. 咖啡酸苯乙酯的分子结构数据

分子结构数据为：摩尔折射率 47.47，摩尔体积 121.8 cm^3/mol，等张比容 362.0（90.2 K），表面张力 77.8 dyn/cm，极化率 18.81×10^{-24} cm^3。

（二）基本理化信息

咖啡酸苯乙酯，分子式 $C_{17}H_{16}O_4$，分子量 284.31，CAS 登录号 104594-70-9。

CAPE 物性数据如下：

性状：黄色结晶（水），遇碱液变橙色，有刺激性 密度（g/mL，25/4℃）：1.478

熔点（℃）：194～198　　沸点（℃，常压）：223～225

闪点（℃）：220　　溶解性：可溶于热水、乙醇、微溶于冷水

二、咖啡酸苯乙酯的提取和检测

（一）提取[2]

蜂胶中含咖啡酸苯乙酯为 1%～4%，不同产地的蜂胶其含量差异很大。研究者们做了大量的工作，探索了很多从蜂胶中提取咖啡酸苯乙酯的方法，如乙醇浸提、连续逆流二氧化碳超临界提取和高效液相色谱制备等。

1）乙醇浸提：方法简单、不需要投入大型设备、成本低，但提取物的纯度低、杂质多，适用于批量蜂胶的初步提取。

2）连续逆流二氧化碳超临界提取：超临界二氧化碳提取是一种理想的绿色提取方法。该提取法反应介质便宜、无毒、易挥发，反应活性低、临界点低（T_c=31℃和 P_c=7.4 MPa）。但需要特种设备，价格昂贵。

3）高效液相色谱（HPLC）制备：本法需用制备型 HPLC。制备型 HPLC 是在分析型 HPLC 的基础上发展起来的一种高效分离纯化技术，使用配置较低的制备型 HPLC 往往就能获得令人满意的分离效果，目前商业用高纯度咖啡酸苯乙酯及其标准品均用本法制得。

（二）检测

蜂胶中咖啡酸苯乙酯的检测按 2015 年农业部颁布的标准[3]采用 LC/MS 方法进行，外标法定量。本方法适用于蜂胶提取物及蜂胶胶囊中咖啡酸苯乙酯的测定，最低检出限为 3 mg/kg，定量限为 10 mg/kg。

1. 试样处理

取蜂胶乙醇提取物或蜂胶胶囊内容物 20～30 g，混匀。精确称取 0.2 g（精确到 0.1 mg）置于 150 mL 的具塞锥形瓶中，加入 85 mL 甲醇，超声 15 min，冷却至室温，转移至 100 mL 棕色瓶中，用甲醇冲洗具塞锥形瓶并转移至容量瓶中，用甲醇定容，混匀。吸取 10 mL 溶液至 50 mL 离心管中，7000 r/min 离心 10 min，吸取 1 mL 上清液至 50 mL 棕色容量瓶中，用甲醇∶水（80∶20，*V*/*V*）定容，混匀后过 0.22 μm 有机膜待测。

2. 测定条件

（1）液相色谱条件

色谱柱：C_{18} 柱（150 mm×2.1 mm，3 μm）；流动相：以含 0.5%甲酸的甲醇为流

动相 A，以含 0.5%甲酸的水为流动相 B，A+B 之间的比例为 8+2；流速：0.2 mL/min；进样量：5 μL；柱温：30℃。

（2）质谱条件

离子源：电喷雾离子源；扫描方式：负离子扫描；喷雾电压：3000 V；毛细管温度：350℃；雾化气和气帘气为氮气，碰撞气为氩气；检测方式多反应监测（MRM），条件见表 5-1。

表 5-1　咖啡酸苯乙酯的保留时间和多反应监测条件

中文名称	保留时间（min）	定量离子对（*m/z*）	定性离子对（*m/z*）	碰撞能量（eV）
咖啡酸苯乙酯	3.5	283.1/135.0	283.1/135.0；283.1/179.0	29；21

（3）定性测定

检出的色谱峰保留时间与咖啡酸苯乙酯标准物质保留时间相对标准差在±2.5%以内，并且在扣除背景后所选择的两对离子对的丰度比偏差不超过表 5-2 的规定，则可判断样品中存在咖啡酸苯乙酯。

表 5-2　定性测定时相对离子丰度的最大允许偏差

相对离子丰度	>50%	20%～50%	10%～20%	≤10%
允许的相对偏差	±20%	±25%	±30%	±50%

（4）定量测定

采用外标法定量，将系列标准液（用甲醇溶解后配制的咖啡酸苯乙酯标准品溶液 0.0002 mg/L、0.001 mg/L、0.01 mg/L、0.05 mg/L、0.20 mg/L 和 0.50 mg/L）分别进样，以浓度对峰面积回归，绘制标准工作曲线。用标准工作曲线对样品进行定量，试液中的分析物的响应值应在仪器的线性范围内。

第二节　咖啡酸苯乙酯的现代化研究

一、咖啡酸苯乙酯的合成与结构表征

（一）合成方法

CAPE 早已实现化学合成，合成的方法很多，现选择如下方法进行介绍。

1. 直接催化酯化法

酸催化酯化法是 CAPE 实现人工合成最先使用的方法，反应式见图 5-2，在此基础上，不断改进合成方法，采用不同的催化剂，例如以甲苯磺酸作催化剂，苯作为脱水剂，咖啡酸与苯乙醇回流 3～4 d，色谱分离得到咖啡酸苯乙酯，收率 40%[4]。另外，以偶合试剂二环己基碳二亚胺（DCC）为催化剂，咖啡酸在 DCC 催化下，与苯乙醇在室温下反应 8 h，减压蒸馏除掉反应溶剂，最后用乙酸乙酯和石油醚过柱分离得到咖啡酸苯乙酯，收率 38%[5]。

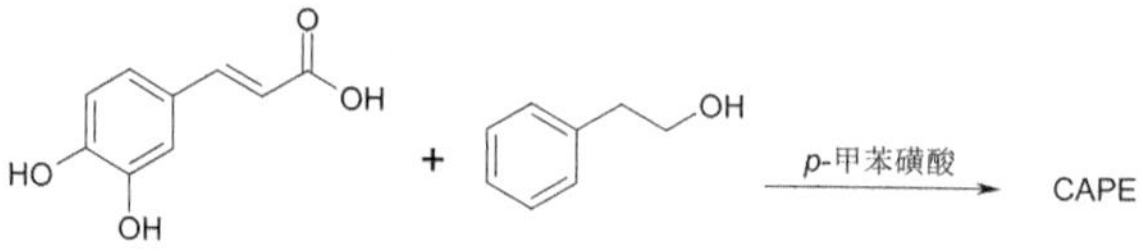

图 5-2　酸催化合成 CAPE 路线

2. 卤代烃与酸反应法

咖啡酸与 β-苯基溴乙烷反应（图 5-3）合成。具体过程为咖啡酸与氢氧化钠溶于六甲基磷酰胺（HMPA）中，搅拌 1 h 后，滴加 β-苯基溴乙烷 / HMPA 混合液，室温下反应，乙醚 / 环己烷过柱得到纯品，收率 70%[6]。

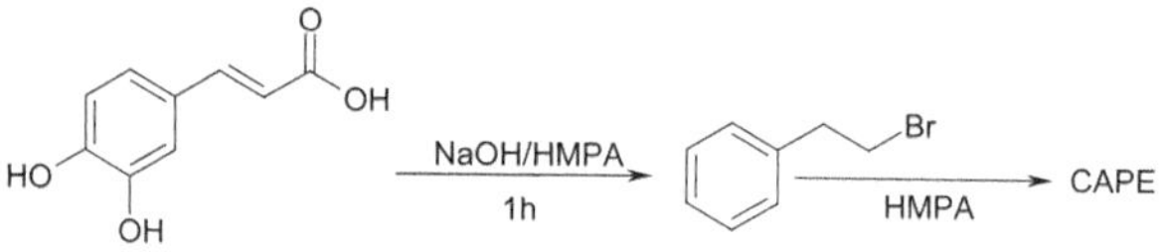

图 5-3　卤代烃与酸反应法合成 CAPE 路线

3. 酰卤法

酰卤法为咖啡酸与二氯亚砜反应，反应式见图 5-4。咖啡酸与过量的二氯亚砜在回流温度下反应约 1 h 后，除去未反应的二氯亚砜得到固态中间体酰氯，然后在室温下滴加苯乙醇、吡啶和溶剂混合液反应 1 h，最后用二氯甲烷/正己烷过柱得到纯品，收率 86%[7]。

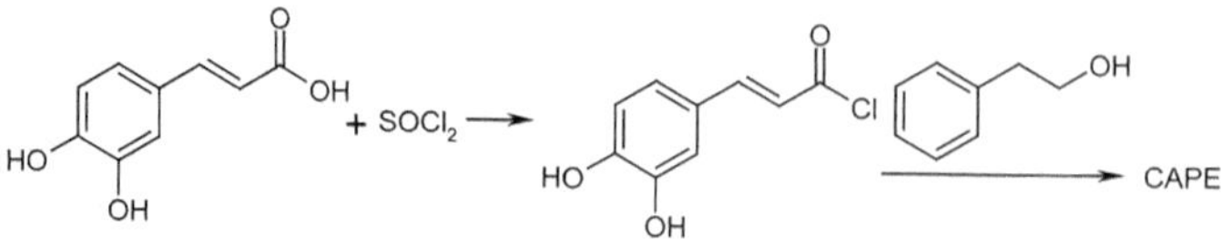

图 5-4　酰卤法合成 CAPE 路线

4. 丙二酸单酯法

以甲苯为溶剂，在三氟甲磺酸二苯胺盐（DPAT）的催化下，丙二酸和醇酯化生成丙二酸二酯，然后与 KOH 反应生成丙二酸单酯钾盐，酸化后得到丙二酸单酯，3,4-二羟基苯甲醛与其缩合反应，制得 CAPE[8]。反应式见图 5-5。

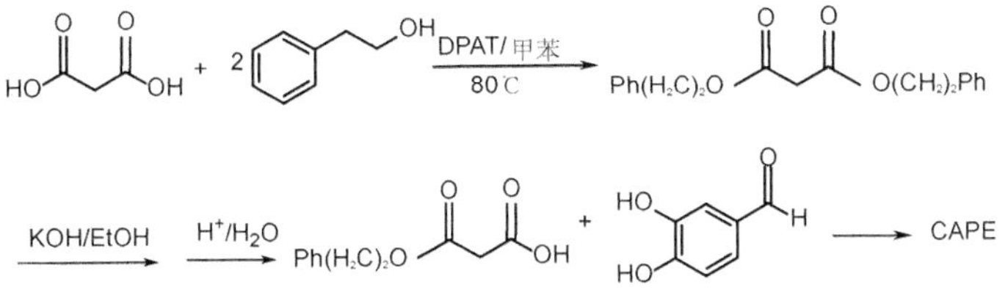

图 5-5　丙二酸单酯法合成 CAPE 路线

5. 生物合成法

Stevenson 等采用南极假丝酵母脂肪酶 B（Novozym 435）催化咖啡酸和苯乙醇合成 CAPE，0.5 mmol 的咖啡酸和苯乙醇溶于叔丁醇，并在反应体系中加入分子筛，在 Novozym 435 的催化下，合成 CAPE[9]。

（二）结构表征[10]

化合物的结构表征方法较多，最有效的方法当属核磁共振和单晶 X 射线衍射法。可能是 CAPE 结构较简单等原因，文献中查不到单晶衍射的数据。（CAPE 红外吸收光谱和核磁共振光谱见附录 5-1 和附录 5-2）。

二、咖啡酸苯乙酯的药理作用与机制

（一）抗氧化作用

CAPE 结构中的邻二酚羟基（儿茶酚）结构，使苯环上的电子密度较高，很容易自动氧化，是一种强的抗氧化剂。

Sudina 等[11]实验表明，CAPE 在 10 μmol/L 就能完全阻断中性粒细胞中活性氧物质的产生，阻断黄嘌呤氧化酶系统。朱敏等[12]对羟基肉桂酸类化合物，包括咖啡酸、咖啡酸苯乙酯、阿魏酸、阿魏酸苯乙酯、绿原酸等，采用硫氰酸铁法和酸值测定法，比较研究它们的抗氧化作用，结果表明，其抗氧化性能与苯环上所含羟基的数目有关，随着羟基数目的增多，抗氧化性能增强。

Ozyurt 等[13]通过研究蜂胶提取物对大鼠急性肾损伤的抗氧化活性表明，蜂胶提取物的抗氧化效果强于维生素 E。Ocak 等[14]也研究了 CAPE、维生素 C、维生素 E 和 *N*-乙酰半胱氨酸对万古霉素所诱导的鼠肾毒性的保护作用，发现万古霉素能显著降低肾脏中过氧化氢酶的活性，维生素 E、维生素 C、*N*-乙酰半胱氨酸和 CAPE 均能降低由万古霉素所引起的血尿素氮水平的升高，同时还能降低肾中丙二醛和一氧化氮水平，CAPE、维生素 C、维生素 E 和 *N*-乙酰半胱氨酸均能对万古霉素所诱导的肾毒性起到保护的作用。CAPE 对心脏具有保护作用，可能是其抗氧化作用和上调一氧化氮水平共同作用的结果[15]。CAPE 能显著改善由异烟肼引起的血红细胞中 SOD 活性和丙二醛水平的升高，谷胱甘肽过氧化酶和过氧化氢酶活性的降低，这与其能抑制黄嘌呤氧化酶系统、清除活性氧机制有关[16]。Kart 等[17]用 CAPE 治疗顺铂诱导的兔肝损伤，发现治疗组的谷胱甘肽水平及黄嘌呤氧化酶活性在正常范围内。在组织形态学上，治疗组的肝脏细胞水肿、坏死现象较对照组轻。其抗氧化机理主要通过抑制脂质过氧化、氮化反应降低活性氧（ROS）的生成，从而保护线粒体，维持细胞膜的流动性。

（二）抗炎症作用

含有 CAPE 的蜂胶乙醇提取液能抑制角叉菜胶诱导的关节炎、胸膜炎和大鼠足肿胀，但不含 CAPE 的提取液不具有这些抗炎活性。CAPE 已被证实是一个特异的 NF-kB 抑制剂，可经抑制 NF-κB 途径降低胃溃疡组织中 TNF-a、IFN-γ 和 IL-2 等一系列细胞因子的水平[18]。Jung 等[19]体内研究 CAPE 对脂多糖（LPS）诱导的鼠炎症反应的保护作用，结果表明 CAPE 能显著减少由 LPS 引起的静脉血浆中 TNF-α 和 IL-1β 浓度的增加，能显著抑制 LPS 诱导的 NF-κB 的激活，下调基质金属蛋白酶-9（MMP-9）的活性。CAPE 能通过降低内毒素性休克炎症的严重程度和炎症介质的产生，达到抗炎作用。Chen 等[20]报道 CAPE 可以诱导人类白血病 HL-60 细胞的凋亡，减少炎症部位白细胞、嗜中性粒细胞和单核细胞的浓度以及组织液的渗出。

CAPE 还可以抑制 NO 的产生，减轻自身性免疫疾病如风湿性关节炎、溃疡性结肠炎等中的 NO 合成增加引起的机体损伤。Song 等[21]报道，CAPE 抑制 LPS+IFN-γ 诱导的 NO 含量增多，主要是通过作用于诱导型一氧化氮合酶（iNOS）启动子中的 NF-κB 位点，以及直接抑制有催化活性的 iNOS 活性来抑制 iNOS 基因的转录，抑制 *NOS* 基因的表达从而起到抗炎症的作用。

（三）抗癌作用

1988 年，Grunberger 等[22]从蜂胶中提取分离得到咖啡酸苯乙酯，并对鼠/人的正常细胞、黑素瘤细胞和乳腺癌细胞进行了细胞毒性试验，试验表明咖啡酸苯乙酯对癌细胞具有良好的选择性毒性作用，而对正常细胞几乎没有毒性作用。

郭川等[23]建立人神经胶质瘤细胞株模型，运用流式细胞术检测 CAPE 对胶质瘤细胞株 U251 的作用，发现 CAPE 可以抑制神经胶质瘤的生长，促进神经胶质瘤细胞株的凋亡。进一步通过建立裸鼠胶质瘤模型[24]，运用定时荧光定量 PCR、蛋白质印迹法检测 CAPE 对胶质瘤细胞株的异常 Wnt/β-catenin 通路及靶基因 *c-myc* 的影响，发现 CAPE 可以抑制神经胶质瘤异常 Wnt/β-catenin 通路中 *β-catenin*

基因及 *c-myc* 基因的表达，对神经胶质瘤的生长起抑制作用。

何渝军等[25]采用 MTT 法检测不同浓度 CAPE 处理体外培养的大肠癌 SW-480 细胞的增殖活性，发现 CAPE 作用 SW-480 细胞 24 h 后，细胞形态学改变，细胞胞体缩小、变圆、皱缩，核固缩碎裂，当 CAPE 的浓度为 10 mg/L 时最为明显。随着 CAPE 浓度的增加、核作用时间的延长，SW480 细胞的生长抑制率逐渐升高，呈现剂量依赖性和时间依赖性。细胞 G0/G1 期比例增加，S 期比例下降。CAPE 对大肠癌 SW480 细胞株具有明显的生长抑制作用，其作用机制与阻滞细胞周期 G1 期和诱导细胞凋亡有关。向德兵等[26]探讨了 CAPE 对体外培养人结肠癌 HCT116 和 SW480 细胞株 β-catenin 蛋白表达的影响，蛋白质印迹法检测结果显示，不同浓度的 CAPE 处理 HCT116 和 SW480 细胞后，β-catenin 总蛋白表达降低，并呈现剂量和时间依赖性。谢家印等[27]研究了 CAPE 对体外培养的结肠癌细胞 HCT116 细胞周期和 cyclin D1 表达的影响，结果显示，G0/G1 期细胞百分率上升，S 期细胞百分率下降，并呈现剂量依赖性。蛋白质印迹法和 RT-PCR 检测发现，cyclin D1 蛋白和 mRNA 表达均降低，并呈剂量和时间依赖性。这些研究表明，CAPE 将结肠癌细胞阻滞在 G1 细胞周期，诱导癌细胞的凋亡，其机制可能与其下调 cyclin D1 的表达有关。

（四）其他作用

1. 心肌缺血再灌注损伤的保护作用

文和等[28]报道，SD 大鼠离体心脏缺血再灌注期间，模型组收缩力减弱，张力增加，心率减慢，冠脉流量明显减少，出现心律失常。CAPE 处理后再灌注收缩力增强，张力降低，心率增快，冠脉流量明显增加，节律整齐。停灌后模型组心肌组织丙二醛（MDA）、蛋白羰基化（PCO）含量明显升高，超氧化物歧化酶（SOD）含量降低，而给药组 MDA、PCO 的含量较模型组减少（$p<0.01$），且减少 SOD 含量的降低（$p<0.01$）。缺血再灌注能够增加心脏的氧化应激，诱导氧化损伤，CAPE 保护可以减少氧化损伤，且呈剂量依赖性。王云杰等以多柔比星造模发现，CAPE 对多柔比星造成的心肌损伤有很好的保护作用。CAPE 能使受损的心肌 CK、LDH 和 BNP 明显下降（$p<0.05$），心肌中 NO 含量、NOS、GSH、CAT 和 SOD 活性明显上升，MDA、LPO 含量显著下降（$p<0.05$），心肌病理损伤减轻。

2. 改善糖尿病综合征

1）糖尿病肾病和肝病

龚频用高脂高糖和链脲佐菌素（STZ）建立糖尿病 SD 大鼠模型，发现 10 μmol/kg 的 CAPE 连续 4 周后，其血糖和血脂水平明显降低（$p<0.01$），肝肾中的 SOD、CAT

活性明显升高（$p<0.01$），肝肾组织 MDA、PCO 含量显著降低（$p<0.01$）。CAPE 对糖尿病大鼠肝肾的保护作用可能与其抗氧化作用有关[29]。

Celik 等[30]对糖尿病大鼠的研究发现，CAPE 可显著降低空腹血糖。CAPE 作为抗糖尿病因子的作用是通过诱导肝脏葡萄糖激酶和丙酮酸激酶的 mRNA 表达，同时抑制丙酮酸羧激酶的表达，从而抑制肝糖原分解。研究还发现，CAPE 可显著提高血胰岛素水平。Gibbs 等[31]研究结果显示，CAPE 组 db/db 小鼠胰岛的表面积与对照组相比较大，同时观察到，CAPE 组能相对良好地保持胰岛和 β 细胞的结构。相关研究[32]显示，脂肪组织的葡萄糖转运蛋白 4（glucose transporter 4，GLUT4）可缓解胰岛素的抵抗和分泌不足。总而言之，CAPE 可通过提高胰岛素的分泌和改善胰岛素抵抗这两方面而发挥作用。

2）糖尿病眼病

袁鹏等[33]用 CAPE 腹腔给药处理 STZ 诱导的糖尿病发现，5 mg/kg 的剂量就能很好地保护 SD 大鼠的视网膜，维持视网膜屏障的稳定，能使大鼠视网膜伊凡思蓝渗漏量减少 45%以上。

3）糖尿病心肌病

关于对糖尿病心肌病的作用研究不多，Fan 等[34]在 2018 年报道，CAPE 能有效预防 STZ 诱导小鼠糖尿病心肌。其机制是通过 NOX4/NF-κB 细胞信号通路呈现其抗氧化、抗炎症和抗纤维化作用，从而保护糖尿病小鼠心肌免受损伤。

三、咖啡酸苯乙酯的药代动力学和安全性研究

（一）药代动力学

咖啡酸苯乙酯进入机体后，易被体内酯酶水解，半衰期短。Tang 等[35]研究了咖啡酸苯乙酯在狗体内的代谢，通过液质联用同时测定了咖啡酸苯乙酯和它的代谢产物咖啡酸，测得线性范围为 10～10000 ng/mL，咖啡酸苯乙酯和咖啡酸的批内的精密度分别为 98.3%～101.2%、97.2%～103.0%，批间精密度分别为 95.2%～104.0%、97.9%～102.0%，且相对偏差不超过 4.8%、2.1%～4.7%；标准曲线的方程为：$Y = -5.2\text{e} - 0.08X^2 + 0.00277X + 0.00274$（$R$=0.9998）、$Y = -7.7\text{e} - 008X^2 + 0.00195X + 0.00072$（$R$=0.9983）；加样回收率在 97.9%～110.2%之间，RSD 值小于 5.8%，且血浆样品的稳定性好。

Celli 等[36]研究了大鼠血浆内的咖啡酸苯乙酯，采用液质联用方法，通过液-液（乙酸乙酯）萃取制备样品，以乙腈和水为流动相进行梯度洗脱。该方法具有良好的选择性，灵敏度为 1 ng/mL，线性为 5～1000 ng/mL，批内和批间的精密度为 94%～106%，回收率为 104%～109%，咖啡酸苯乙酯口服之后，迅速吸收，以

原型或者结合葡萄糖醛酸从尿液快速排泄。

Wang 等[37]考察了咖啡酸苯乙酯 5 mg/kg 静脉注射后大鼠体内药动学，使用超高效液相色谱液质联用，流动相为水-甲醇（50∶50）用乙酸乙酯萃取样品两次，定量限为 10～10000 ng/mL，它的表观分布容积为 1555 mL/kg，消除半衰期是 21.2 min，AUC_{∞}是 34.8μg·min/mL，样品稳定性很好。

苟静等[38]研究表明，CAPE 对结肠癌细胞 Caco-2 的转运与浓度成正相关，呈被动转运的方式。CAPE 对结肠癌细胞 Caco-2 的表观渗透系数 Papp 值为 3.27×10^{-6}～4.86×10^{-6} cm/s，细胞透过率良好。CAPE 还能诱导 Caco-2 细胞 P 糖蛋白（P-gp）的表达，增强其对外来物质的外排作用。

（二）安全性研究

对咖啡酸苯乙酯的研究至今仍是实验室研究阶段，其安全性主要体现在细胞毒性的研究上。咖啡酸苯乙酯对许多癌细胞具有较强的毒性，其半数有效浓度多数在 30～100 μmol/L 之间，其抗癌作用已如前述，这里不再重复。

咖啡酸苯乙酯对正常细胞的毒性很低。MTT 法测定，与 100 μmol/L 咖啡酸苯乙酯共培养 24 小时，对小鼠巨噬细胞和心肌细胞 H9C2 几无影响；共培养 48 小时，小鼠巨噬细胞存活率在 75%左右[38]，小鼠心肌细胞 H9C2 存活率 95%以上[39]。

第三节 咖啡酸苯乙酯衍生物的研究

与多数天然活性成分一样，咖啡酸苯乙酯的抗炎、抗氧化和抗癌等的效应均不强。近年来，围绕其分子结构中的儿茶酚结构、酯键、苯环和苯乙醇的碳链等进行了大量的结构改造，得到了许多生物效应更好的衍生物。

一、咖啡酸苯乙酯结构修饰衍生物的合成

（一）咖啡酸苯乙酯的化学结构分析

CAPE 分子 1、2、5、13、14、15、16、17 位上的氢可被取代，7、8 位已被加成或取代，与酯键相连的 10 位还可延长碳链。详见图 5-6。药物的构效关系研究表明，化合物的结构决定其性质，其物理化学参数、电性参数和立体化学参数的改变，必然会影响化合物的生物活性。运用 Chemoffice 8.0 中的 MOPAC 程序，邓莉[10]对文献报道的 CAPE 衍生物进行了化学参数分析，当疏水性参数 Clog P 在 1～5 之间时，参数值减小，抗癌活性逐渐增强。 此外，抗癌活性还随分子总能量值的减小而升高（见附录 5-3）。

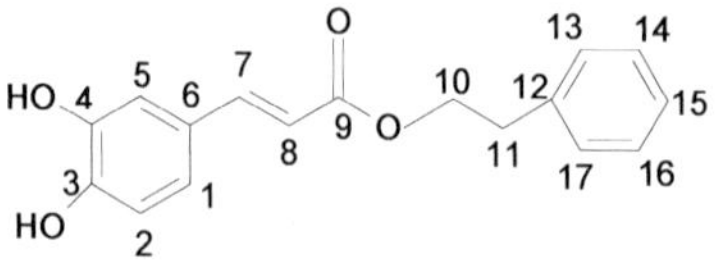

图 5-6　CAPE 的分子结构特点

（二）咖啡酸苯乙酯衍生物的合成与结构表征

1. 硝基取代衍生物的合成与结构表征

（1）硝基取代衍生物的分子设计

邓莉[10]、李德娟[40]等先后在其硕士论文中设计合成了苯乙醇环上的不同位置的硝基取代物。她们按照不同的 CAPE 衍生物疏水性参数 ClogP、分子总能量值差异，为增强 CAPE 衍生物的活性，在适当降低其疏水性参数和分子总能量值的基础上设计合成了咖啡酸对硝基苯乙酯和咖啡酸邻硝基苯乙酯衍生物。邓莉以抗癌活性的要求为基础，根据 MOPAC 软件计算 CAPE 及其衍生物的疏水性参数值为 CAPE（3.30）>CA（0.98），CAPE（3.30）>NO_2 衍生物（3.04），分子总能量值为 CAPE（–3677.77）>CA（–2543.76），NO_2 衍生物（–4506.26）>CAPE（–3677.77）。因此，按 ClogP 减小和分子总能量降低、抗癌活性升高的规律来设计合成的 NO_2 衍生物活性增高是可期的。

（2）硝基取代衍生物的合成与结构表征

1）CAPE 对位硝基取代衍生物的合成与结构表征。

邓莉[10]以咖啡酸为起始物，用二氯亚砜制成咖啡酰氯，然后与对硝基苯乙醇酯化合成了咖啡酸对硝基苯乙酯（caffeic acid p-nitro phenethyl ester，CAPE-*p*NO_2），见图 5-7。

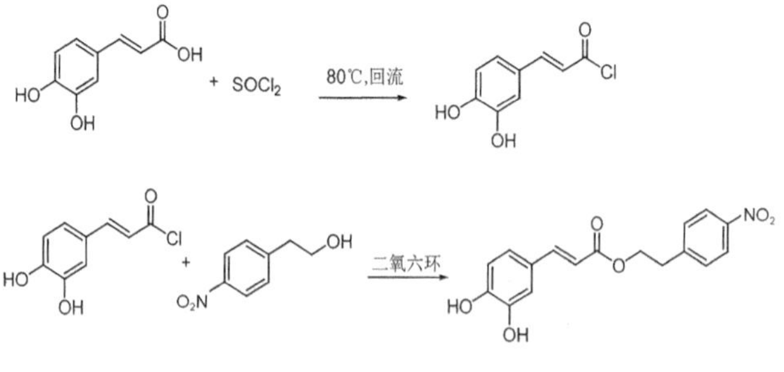

图 5-7　咖啡酸对硝基苯乙酯合成路线图

合成过程：将咖啡酸（1.02 g，5.6 mmol）溶于过量的二氯亚砜（二氯亚砜使用前重蒸）中，80℃回流搅拌反应 1 h 后，减压蒸馏除去未反应的二氯亚砜得到中间产物酰氯，将酰氯溶于 25 mL 干燥的二氧六环，搅拌滴加对硝基苯乙醇（1.40 g，8.4 mmol）的二氧六环溶液 10 mL，一定温度下反应 1 h，薄层监测反应。反应结束后，反应液旋蒸得到黄棕色粗产物，最后经柱层析（丙酮∶石油醚=1∶2）分离纯化，得到咖啡酸对硝基苯乙酯，为淡黄色结晶，极微溶于水，溶于丙酮、乙酸乙酯，不溶于石油醚，分子式为 $C_{17}H_{15}O_6N$。（表征数据见附录 5-4。）

2）CAPE 邻位硝基取代衍生物的合成与结构表征。

合成的 CAPE-*p*NO_2 溶解性很差，笔者课题组李德娟、张艳艳用 SYBYL 专业分子模拟软件模拟发现，咖啡酸邻硝基苯乙酯（caffeic acid *o*-nitro phenethyl ester，CAPE-*o*NO_2）和咖啡酸间硝基苯乙酯（caffeic acid *m*-nitro phenethyl ester，CAPE-*m*NO_2）在溶解性，对心血管、胃肠道、肾脏和肝脏的毒性上较 CAPE-*p*NO_2 更优。她们分别在邓莉合成方法的基础上改进合成了 CAPE-*o*NO_2 和 CAPE-*m*NO_2，两个化合物的合成过程几乎相同，这里介绍 CAPE-*o*NO_2 的合成。

合成过程：将咖啡酸 0.9 g（5.0 mmol，Ⅰ）和二氯亚砜 20 mL 置 100 mL 圆底烧瓶中，80℃回流反应，待反应液变为澄清后，减压蒸馏除去剩余的二氯亚砜，得到乳白色固体咖啡酸酰氯（Ⅱ），加入无水二氯甲烷 20 mL 使其溶解，在室温条件下滴加邻硝基苯乙醇 0.8 g（4.8 mmol，Ⅲ）的二氯甲烷溶液 20 mL，再滴加三乙胺 0.4 mL（2.9 mmol），升温至 50℃回流反应，薄层色谱法监测反应进程，反应完毕后，减压蒸馏除去溶剂得到浅黄棕色黏稠液体，用适量无水丙酮溶解后，加入 80～100 目硅胶搅拌混匀，再减压蒸馏除去丙酮后，用柱层析分离纯化，收集洗脱液，真空旋蒸干燥，得棕褐色固体，用丙酮-石油醚混合溶剂重结晶，得浅黄棕色晶体，反应总收率 46%。合成路线见图 5-8。

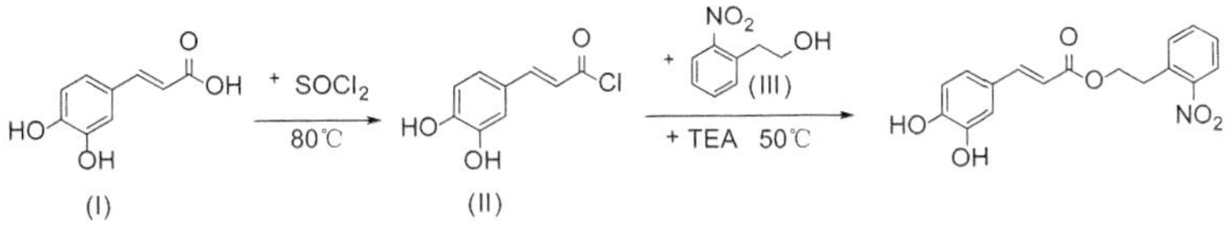

图 5-8　CAPE-*o*NO_2 的合成路线图

合成的咖啡酸邻硝基苯乙酯为浅黄棕色结晶，极微溶于水，溶于丙酮、乙酸乙酯、二氯甲烷，不溶于石油醚，分子式为 $C_{17}H_{15}O_6N$。（表征数据见附录 5-5。）

2. 邻二酚羟基取代衍生物的合成与结构表征

咖啡酸苯乙酯邻二酚羟基取代衍生物为咖啡酸苯乙酯相邻两个酚羟基（3 位和 4 位）被其他基团取代得到的化合物（见图 5-9）。

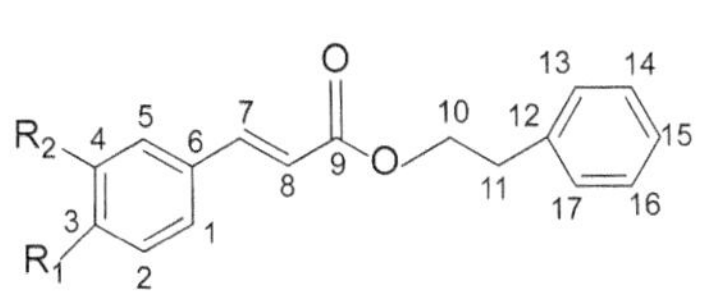

图 5-9　咖啡酸苯乙酯邻二酚羟基取代衍生物

（1）合成方法一

Lee 等[7]采用了一锅法反应成功地制得高产率的 CAPE 及其衍生物，其中苯乙基 3-（3，4-二甲氧苯基）丙烯酸酯（PEDMC）、苯乙基 3-（4-溴苯基）丙烯酸（BrCAPE）为 CAPE 邻二酚羟基取代衍生物，结构式见图 5-10。

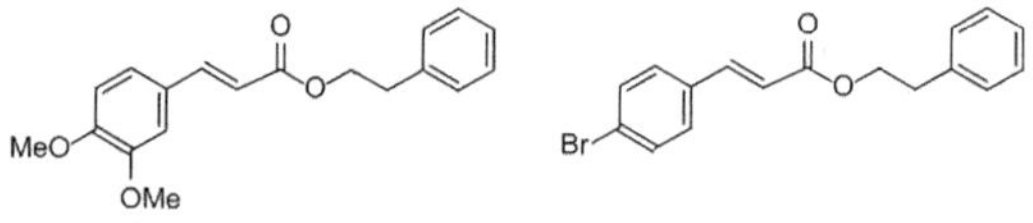

图 5-10　CAPE 邻二酚羟基取代衍生物 PEDMC 和 BrCAPE 的化学结构式

李树春等[41]也利用一锅法合成了 16 种 CAPE 邻二酚羟基取代衍生物（见表 5-3）。其中衍生物 13 和 15 与 Lee 等[7]合成的 PEDMC 和 BrCAPE 为同一化合物。

表 5-3　李树春等合成的 16 种咖啡酸苯乙酯邻二酚羟基取代衍生物，1 为咖啡酸苯乙酯[41]

衍生物	R_1	R_2
1	OH	OH
2	OAll	OAll
3	OH	OCH_3
4	CH_3COCH_2O	OCH_3
5	CH_3COO	OCH_3
6	OAll	OCH_3
7	OH	H
8	OAll	H
9	CH_3COCH_2O	H
10	CH_3COO	H
11	OCH_2O	OCH_2O
12	H	H
13	OCH_3	OCH_3
14	CH_3	H
15	Br	H
16	F	H
17	OCH_3	H

All=—$CH_2CH{=}CH_2$

1）合成过程。

Lee 等[7]由肉桂酸合成酯的大致过程：咖啡酸（1.02 g，5.6 mmol）溶解到 25 mL

二氧六环（dioxane，干燥），再加入 $SOCl_2$（0.6 mL，8.2 mmol）。混合物回流加热（100℃ 油浴）1h 后滴加苯乙醇（1.0 mL，8.4 mmol），继续加热 1 h，然后在真空中浓缩溶剂。粗产物过层析柱（二氧化硅 EA：乙烷=1：1）得到目标产物 CAPE-1（1.37 g，86%）。化合物 PEDMC 和 BrCAPE 合成方法与 CAPE-1 的一锅法相似，产率分别为 92%和 88%。

李树春等[41]合成的 16 种 CAPE 邻二酚羟基取代衍生物有两种合成方法，其中 12 种衍生物（2，5，6，8 和 10～17） 是以二氧六环为溶剂，将咖啡酸和 β-苯乙醇、氯化亚砜进行一锅酯化，制备这些化合物大概的反应步骤见图 5-11。将被取代的肉桂酸和氯化亚砜回流 0.5 h，再用真空干燥箱烘干。产物溶解在干燥的吡啶中，滴加 β-苯乙醇。混合物在室温下搅拌 2 h，减压去除溶剂后，剩余物质过硅胶柱，层析得到目标产物产率高。被取代物肉桂酸可以购买，也可以利用经典方法用对应的酸合成得到。

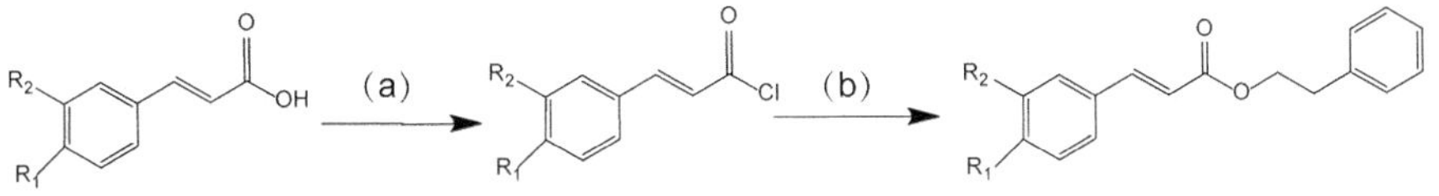

图 5-11 2，5，6，8 和 10～17 化合物合成路线

试剂和反应条件（a） $SOCl_2$，回流；（b）$C_6H_5CH_2CH_2OH$，吡啶

向春艳[42]利用相似的方法合成了阿魏酸-苯乙醇酯（PEC-4），合成路线见图 5-12。将 0.78 g 阿魏酸（4 mmol）与 15 mL $SOCl_2$ 加入三颈烧瓶，安装回流装置，75℃反应 1 h，减压蒸馏得到酰氯。用溶剂溶解酰氯，逐滴加入 1 mL 苯乙醇（8.4 mmol），低温条件下，反应 2.5 h，薄层板跟踪显示反应结束后，蒸馏获得黄棕色液状粗产物，再用柱色谱分离提纯[V(乙酸乙酯)：V(石油醚)=1：5]，得到目标产物 PEC-4，产率 57%。

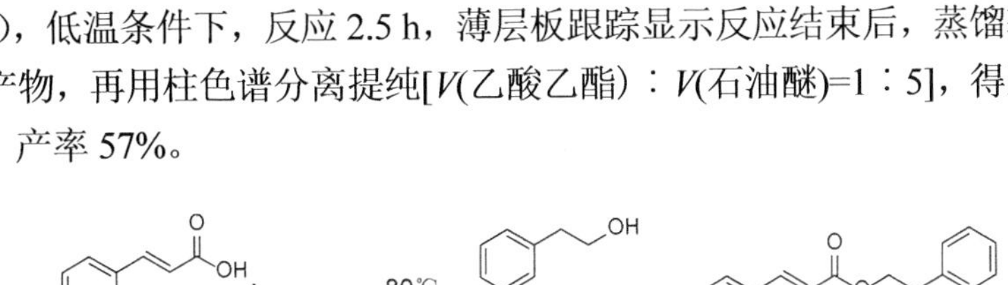

图 5-12 阿魏酸-苯乙醇酯（PEC-4）合成路线

李树春等[41]合成另外 4 种邻二酚羟基取代衍生物（3，4，7 和 9）的方法见图 5-13。这些化合物是由对应的 6 或 8 脱保护制得。两种丙酮醚 4 和 9 是异常反应的结果，可能是 Wacker 氧化，也能够从反应混合物中分离得到高产率。

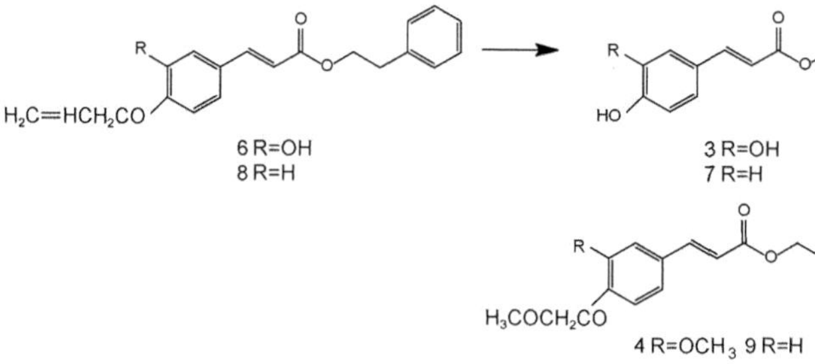

图 5-13　3，4，7 和 9 化合物的合成路线

试剂和反应条件：$PdCl_3/Cu_2Cl_2$，CH_3OH/H_2O（10∶1）

2）结构表征[42]。

^{1}H NMR，^{13}C NMR 和质谱分析这些化合物[7]。以 $CDCl_3$ 为溶剂测定 ^{1}H NMR 光谱，$CHCl_3$（7.26 ppm）为硅烷基化合物的内标，TMS 为其他化合物的内标。在 $CDCl_3$ 中测定 ^{13}C NMR 光谱，以 $CHCl_3$（77.0 ppm）为内标。在使用前，溶剂过磷酸酐或 CaH_2 新蒸馏，THF 过钠化二苯酮。所有的反应在氮气下进行，硅胶（硅胶 60 目、230～400 目，Merck）用于层析，有机提取物过无水 $MgSO_4$ 干燥。（PEC-4 表征数据见附录 5-6。）

（2）合成方法二

Lee 等[43]合成了 14 个 CAPE 的邻二酚羟基取代衍生物，在 Lee 的另外两篇文献[44, 45]中也出现过，合成路线见图 5-14。Lee 等[43]报道的化合物编号 1～14 对应 Lee 等的另一篇文献[44]中化合物编号 3a～3n。其中，1 为 CAPE，2～7 只修饰了 CAPE 的酚羟基（R_1、R_2）；8～14 除了对 CAPE 相邻两个酚羟基进行了修饰，还在 R_3 位接入了 OH 基团。Lee 等[43]合成的 2、5 和 7 分别与李树春[41]合成的衍生物 3、7 和 17 为同一结构的化合物。

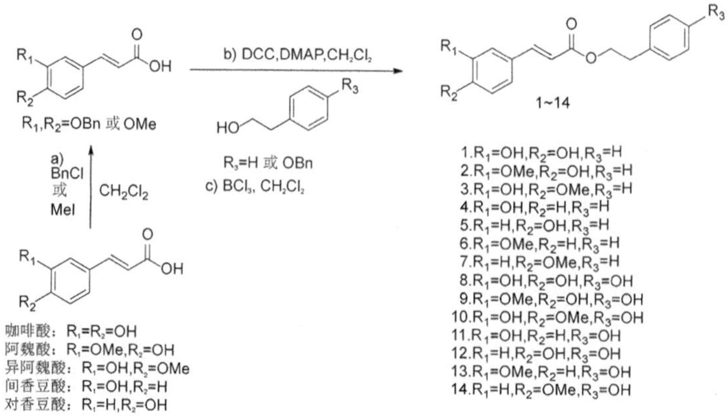

图 5-14　Lee 等得到的 14 种 CAPE（1）及衍生物（2～14）合成路线[43]

1）合成过程[43, 44]。

不同的肉桂酸分别和氯化苄（benzyl chloride）或 MeI 反应，选择性保护苯丙酸芳香环上的羟基。通过酯化作用（DCC/DMAP 法），苄基-保护的苯丙酸分别与不同的苯乙醇制得对应的苄基-苯丙酸苯乙酯，然后用 BCl_3 脱苄基产生苯丙酸苯乙酯；总产率为 40%～60%[其中 DCC：二环己基碳二亚胺，是一个常用的失水剂，化学式为 $C_{13}H_{22}N_2$。DMAP：4-二甲氨基吡啶（4-dimethylaminopyridine），是一种超强亲核的酰化作用催化剂]。

2）结构表征[44]。

合成产物在硅胶柱中纯化，通过 TLC、NMR、IR 和 GC-MASS 分析鉴别。用 Yanaco 微量熔点仪测定熔点，Nicolet Avatar-320 FTIR 光谱测定红外光谱，$CDCl_3$、CD_3OD 和丙酮-d_6 作为溶剂测定核磁共振波谱，TLC 在 254 nm 监测反应进程。（表征数据见附录 5-7～附录 5-9。）

（3）合成方法三

Wang 等合成的一系列 CAPE 衍生物中，于 2006 年合成的 3c（图 5-15）[46] 为 CAPE 邻二酚羟基取代衍生物，化学名为 3-(3-氟-4-羟苯基)-丙烯酸苯乙酯 [3-(3-fluoro-4-hydroxyphenyl)-acrylic acid phenethyl ester]，与其在 2010 年合成的 CAPE-5[47]为同一化合物。苯乙基二甲基咖啡酸酯（phenethyl dimethyl caffeate，PEDMC）也属于 CAPE 的邻二酚羟基取代衍生物，来自于 LKT 实验室（St.Paul，MN，USA）。Wang 等[47]合成的 CAPE-3、CAPE-4 和 CAPE-6 为邻二酚羟基取代和苯环氢卤素取代混合进行。

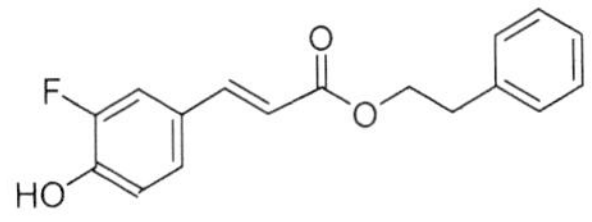

3c, CAPE-5 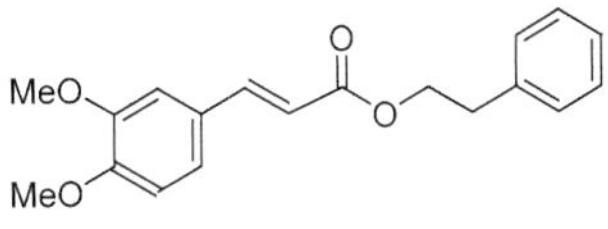　　PEDMC

图 5-15　Wang 等合成的 CAPE 邻二酚羟基取代衍生物 3c（CAPE-5）以及 PEDMC 化学结构式

1）合成过程[46]。

3-(3-氟-4-羟苯基)-丙烯酸苯乙酯（3c，CAPE-5）。3-氟-4-甲氧基-苯甲醛（200 mg，1.30 mmol）与 BBr_3（3.3 mL，3.3 mmol）脱甲基化得到 3-氟-4-羟基苯甲醛粗品，备用。与化合物 4 发生 Witting 反应得到 290.6 mg 化合物 CAPE-5（产率 78%），过层析柱，在 EtOAc/已烷中重结晶为淡黄色固体（合成路线见图 5-16）。

2）结构表征[46]。

检测 3-(3-氟-4-羟苯基)-丙烯酸苯乙酯（CAPE-5）的熔点，利用核磁共振波谱和质谱表征。（表征数据见附录 5-10。）

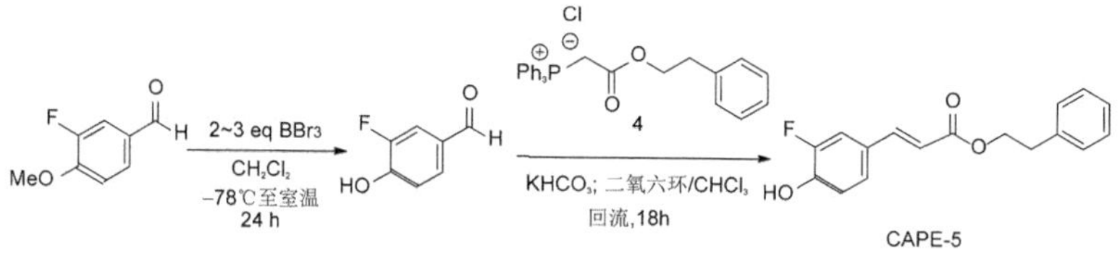

图 5-16　3-(3-氟-4-羟苯基)-丙烯酸苯乙酯（CAPE-5）合成路线

（4）合成方法四

Giessel 等[48]合成了 16 种 CAPE 衍生物，其中，有 10 种（1，2，3，4，7，8，10，11，16，18）为 CAPE 邻二酚羟基取代衍生物（结构式见图 5-17），其他化合物均为邻二酚羟基和苯环氢位置的混合修饰。

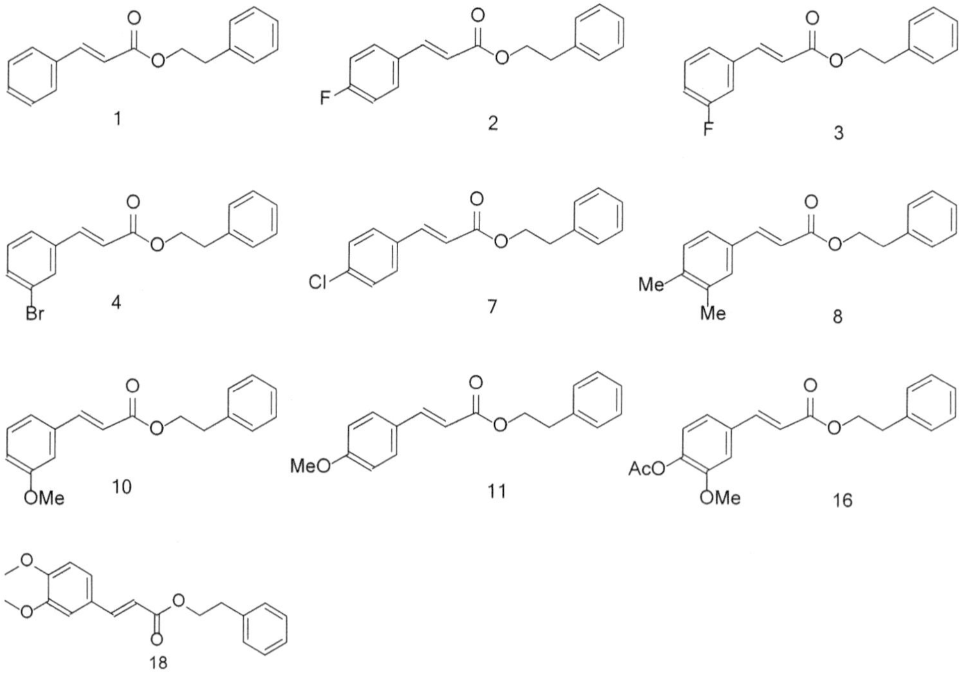

图 5-17　Giessel 等合成的 CAPE 邻二酚羟基取代衍生物（1，2，3，4，7，8，10，11，16，18）结构图

1）化合物 1～16 合成过程[48]。

在氩气中，0℃，对应的羧酸（1 eq.）和三苯基膦（1.1 eq.）溶于干燥的

THF（10 mL）。加入 2-苯乙醇（1 eq.）和 DIAD（1.1 eq.）。反应混合物在室温下搅拌过夜。减压除去溶剂，剩余物质溶解于乙酸乙酯（30 mL），用碳酸氢钠溶液（30 mL）和盐水（30 mL）冲洗 。有机相干燥（Na_2SO_4），溶剂旋蒸除去。剩余物质过色谱柱提纯（硅胶，乙酸乙酯/正己烷，4∶1）（反应路线见图 5-18）。产率为 14%～99%。

2）化合物 18 合成过程[48]。

–20℃，(*E*)-3,4-二甲氧肉桂酸（1.00 g，4.8 mmol）和 2-苯乙醇（0.44 mL，3.69 mmol）溶于干燥的 DCM（18.5 mL）。加入 DCC（0.953 g，4.62 mmol）和 DMAP（0.067 g，0.55 mmol），反应混合物室温下搅拌过夜。滤除沉淀物，溶剂旋蒸除去。剩余物质通过色谱柱提纯（硅胶；二氯甲烷），得到化合物 18 是白色固体（0.798g，53%）（合成路线见图 5-19）。

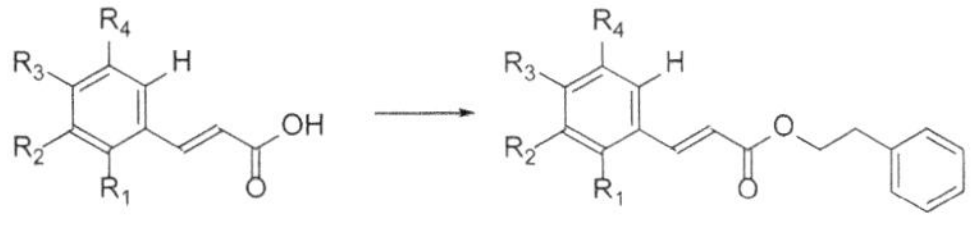

图 5-18 肉桂酸衍生物合成路线

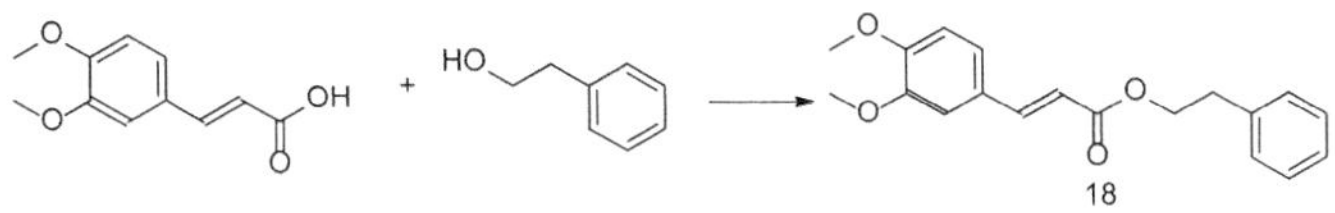

图 5-19 苯乙基(*E*)-3-(3,4-二甲氧苯基)-丙烯酸酯（18）合成路线

2-苯乙醇与不同肉桂酸在光延反应[49]条件下成酯，芳香环的取代基影响反应产率。因此，邻位和间位氯取代肉桂酸的产率为低到中等，而肉桂酸上有电子供体取代基使产率增加。在标准条件下，3 和 15 例外，3 的产率很低。

3）结构表征[48]。

合成得到的衍生物用薄层色谱监测合成进程，检测该化合物熔点，用核磁共振波谱和质谱表征。（表征数据见附录 5-11~附录 5-20。）

3. 苯环氢被卤素取代衍生物的合成与结构表征

CAPE 苯环氢被卤素取代衍生物为咖啡酸苯乙酯苯环上的 H 被卤素取代得到的化合物（见图 5-20）。

Wang 等[46]合成了一系列 CAPE 氟取代衍生物（合成路线见图 5-21），其中，3-(3-氟-4,5-二羟基苯基)-丙烯酸苯乙酯[3-(3-fluoro-4,5-dihydroxyphenyl)-acrylic acid phenethyl ester，3b]和 3-(2-氟-4，5-二羟基苯基)-丙烯酸苯乙酸酯[3-(2-fluoro-4，5-dihydroxyphenyl)-acrylic acid phenethyl ester，3e]为 CAPE 苯环氢卤素取代物，分别与 2010 年 Wang 等[47]合成的 CAPE-2 和 CAPE-1 为同一化合物（结构式见图 5-22）。Xia 等[50]合成了 40 个咖啡酸酯衍生物。其中有 5 个化合物（III29～III33）是 CAPE 的苯环氢被卤素取代，但同时 CAPE

的其他基团也发生了一定的变化。

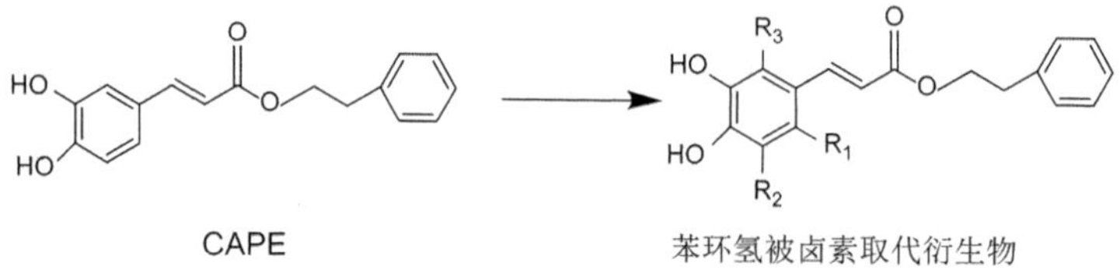
HO
HO
O
CAPE
R3
R1
R2
苯环氢被卤素取代衍生物

图 5-20 咖啡酸苯乙酯苯环氢被卤素取代衍生物为咖啡酸苯乙酯苯环上的 H 被卤素取代得到的化合物

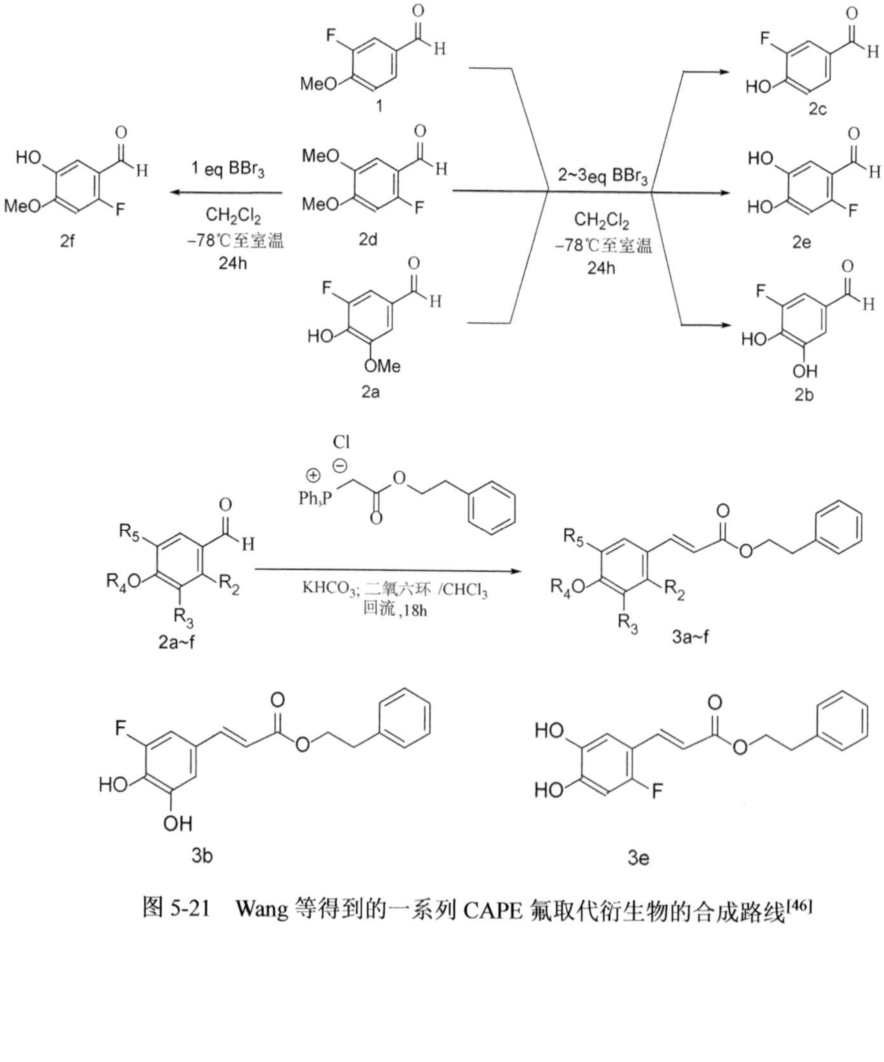
1
2f
2d
2a
2c
2e
2b
1 eq BBr3
CH2Cl2
-78℃至室温
24h
2~3eq BBr3
CH2Cl2
-78℃至室温
24h
Ph3P
KHCO3; 二氧六环 /CHCl3
回流 ,18h
2a~f
3a~f
3b
3e

图 5-21 Wang 等得到的一系列 CAPE 氟取代衍生物的合成路线[46]

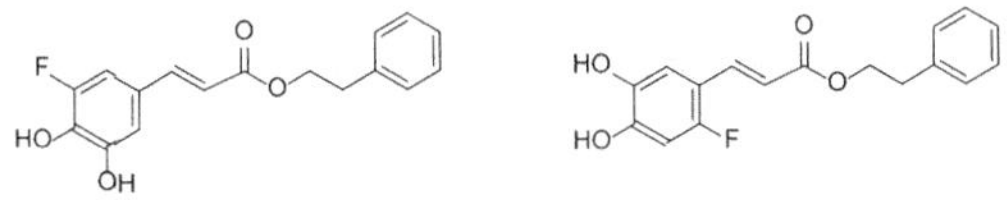

CAPE-2　　CAPE-1

图 5-22　CAPE 苯环氢卤素取代物 CAPE-2 和 CAPE-1 结构式

（1）合成方法[46]

3-（3-氟-4,5-二羟基苯基）-丙烯酸苯乙酯（3b）。3-氟-4-羟基-5-甲氧基-苯甲醛（2a，200 mg，1.18 mmol） 通过 BBr_3（3 mL，3 mmol）脱甲基得到 3-氟-4,5-二羟基-苯甲醛（2b），再与三苯基乙酸苯乙酯基氯化膦反应得到 3b，过色谱柱和 $EtOAc/CH_2Cl_2$ 重结晶得到 307 mg 灰白色固体 3b（产率 86%）。

3-(2-氟-4,5-二羟基苯基)-丙烯酸苯乙酸酯（3e）。化合物 2-氟-4,5-二甲氧基苯甲醛（2d，500 mg，2.715 mmol），溶于 12 mL CH_2Cl_2，在氩气下，干冰/丙酮浴中冷却至–70℃。在剧烈搅拌下，缓慢滴加 1 mol/L BBr_3 的 CH_2Cl_2 溶液（8.15 mL，8.15 mmol），反应混合物不冷却，搅拌过夜。24 h 后，MeOH（10 mL） 加入到反应混合物中和多余的 BBr_3，旋蒸除去溶剂。这个过程再重复 2 次，2e 的粗产物不用进一步提纯直接用于下一步反应。2-氟-4,5-二羟基苯甲醛（2e）溶于 7.5 mL 的 1,4-二氧六环，加入氯化磷（1.7g，3.7 mmol）、7.5 mL $CHCl_3$ 和 $KHCO_3$（815 mg，8.15 mmol）。反应混合物 110℃油浴加热回流，在氩气保护下剧烈搅拌 18 h。最后，将混合物过滤，用 CH_2Cl_2 洗，旋蒸浓缩。过色谱柱[$EtOAc/CH_2Cl_2$(2∶3，V∶V)]，得到 456 mg 白色固体 3e（产率 55%）。

（2）结构表征

合成得到的衍生物用薄层色谱监测合成进程，检测该化合物熔点，用核磁共振波谱和质谱表征[46]。（表征数据见附录 5-21 和附录 5-22。）

4. 烷基链延长衍生物的合成与结构表征

CAPE 烷基链延长衍生物为咖啡酸与不同碳链的醇反应得到的化合物（见图 5-23）。

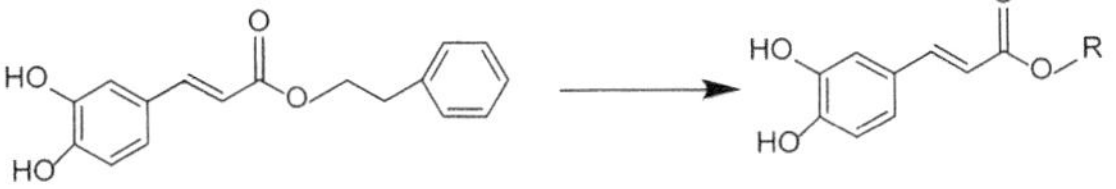

CAPE　　烷基链延长衍生物

图 5-23　CAPE 烷基链延长衍生物为咖啡酸与不同碳链的醇反应得到的化合物

（1）合成方法一

Nagaoka 等[51]采用一锅法酯化反应制备了 CAPE 及其 20 个衍生物，合成路线见图 5-24，每个化合物的产率见表 5-4。根据醇部分结构的差异性将烷基链延长的 CAPE 衍生物分为四类：第一类为烷基链末端连有苯环；第二类为烷基链末端为苯乙烯基；第三类为烷基链末端为环己基；第四类为烷基链。其中化合物 1～3，13，16 和 17 分别与 Etzenhouser 等[52]于 2001 年合成的化合物 1g、1h、1i、1a、1c 和 1e 为同一物质。该方法以二氧六环为溶剂，咖啡酸与氯化亚砜发生酰氯化反应后，再和醇发生酯化得到一系列 CAPE 烷基链延长的衍生物。甲基和乙基咖啡酯用的是经典的酸催化咖啡酸分别与甲醇和乙醇发生酯化制得。醇 22～25，对应酯化物 7，8，10，11，无商品化试剂，可通过 Witting 反应用对应的溴化醇（bromoalcohol）和苯甲醛（benzaldehyde）制得，合成过程及结构见图 5-24(a)。

表 5-4　CAPE 衍生物的产率[51, 52]

产物	R	产率（%）	产物	R	产率（%）
1（1g）	$—CH_2Ph$	75	12	$—(CH_2)_2$-c-Hex	74
2（1h）	$—(CH_2)_2Ph$	55	13	$—CH_3$	40
3（1i）	$—(CH_2)_3Ph$	55	14	$—CH_2CH_3$	17
4	$—(CH_2)_4Ph$	57	15	$—(CH_2)_2CH_3$	58
5	$—(CH_2)_5Ph$	53	16(1c)	$—(CH_2)_3CH_3$	76
6	$—(CH_2)_6Ph$	56	17(1e)	$—(CH_2)_7CH_3$	64
7	$—(CH_2)_8Ph$	41	18	$—(CH_2)_9CH_3$	48
8	$—(CH_2)_{12}Ph$	54	19	$—(CH_2)_{11}CH_3$	57
9	$—CH_2CH{=}CHPh$	36	20	$—(CH_2)_{13}CH_3$	45
10	$—(CH_2)_6CH{=}CHPh$	40	21	$—(CH_2)_{15}CH_3$	35
11	$—(CH_2)_{10}CH{=}CHPh$	50			

注：产物列中（）表示该化合物在文献[52]中的编号

1）合成过程[51,52]。

甲基-3,4-二羟基肉桂酸甲酯合成（咖啡酸甲酯，1a）（13）。咖啡酸（1.8 g，9.9 mmol）、*p*-甲苯磺酸（PTSA，0.10 g，0.5 mmol）、甲醇（50 mL）、苯（50 mL）放入 250 mL 三颈圆底烧瓶安装磁力搅拌子和 h 分离器。混合物搅拌，加热回流，由薄层色谱监测反应（二乙醚洗脱；对比咖啡酸）。加热继续，h 分离器定时排空。溶剂在反应瓶中逐渐减少，所以再加入甲醇和苯维持混合物共沸。每隔 8～16 h 再加入 PTSA（大约 0.1～0.2 g）到反应混合物中。TLC 监测大概回流 48 h 反应进行完全。反应混合物倒入有大约 200 mL 蒸馏水的分液漏斗，加入二乙醚(50～75 mL)，混合物振摇，萃取有机成分。有机层用蒸馏水（2×～3×，50～75 mL）、5% $NaHCO_3$

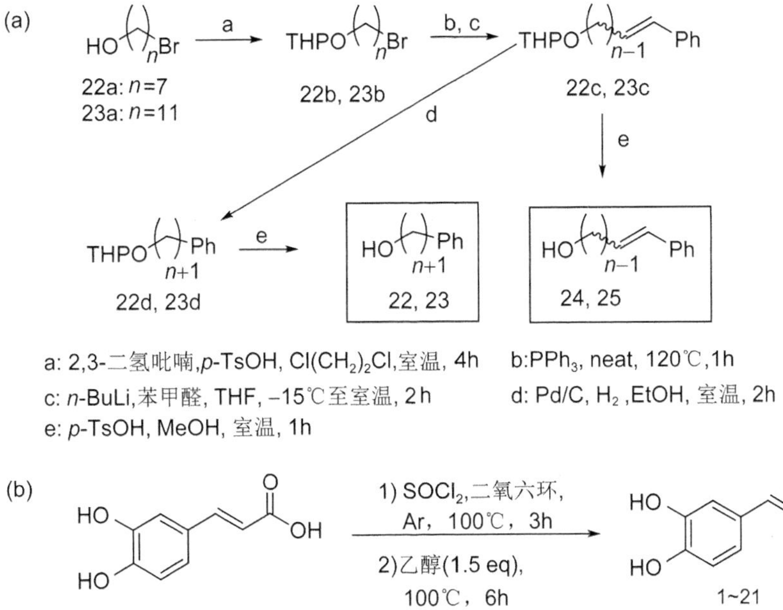

a: 2,3-二氢吡喃,*p*-TsOH, $Cl(CH_2)_2Cl$,室温, 4h b: PPh_3, neat, 120℃,1h
c: *n*-BuLi,苯甲醛, THF, −15℃至室温, 2 h d: Pd/C, H_2 ,EtOH, 室温, 2h
e: *p*-TsOH, MeOH, 室温, 1h

(b) 1) $SOCl_2$,二氧六环, Ar, 100℃, 3h; 2)乙醇(1.5 eq), 100℃, 6h → 1~21

图 5-24 CAPE 烷基链延长衍生物合成路线

（2×～3×，50～75 mL）和饱和 NaCl 水溶液（1×～2×，50～75 mL）洗。得到黄色醚溶液过无水 $MgSO_4$ 干燥，过滤，旋蒸浓缩，留下浅到深黄色固体物质（0.9 g，47%粗产率）。粗品进一步纯化，固体的二乙醚溶液过碳脱色，得到的溶液过硅胶柱（2×，二乙醚洗脱）滤过。而对于细胞培育和元素分析，还需要用二乙醚和己烷（或石油醚）重结晶，重复直到达到要求的纯度。纯品（基于熔点、TLC 和 proton NMR 数据）甲酯在 Aberhalden 干燥器中干燥（甲醇回流，大约 6 h），用于元素分析和细胞培养检测。产率（纯品）是能够达到分析纯度的产物的量。终产物为白色到极淡黄色，结晶固体，产率（纯品）：0.26 g（14%）。

合成正辛基-3,4-二羟基肉桂酸甲酯（咖啡酸正辛基酯，1e）(17)。咖啡酸（1.0 g，5.5 mmol）溶于 40～50 mL 二甲基甲酰胺(DMF)，得到深棕色溶液。缓慢滴入 1.14 mL NaOH 的水溶液（2.8 g NaOH 溶于 H_2O）。混合物搅拌 2.5 h 之后，观察到沉淀物。逐滴加入 1-溴代辛烷的 DMF 溶液（3.4 mL，24 mmol），搅拌 7 天。将混合物倒入冰水（1200 mL，蒸馏水），用二乙醚提取水溶性混合物（直到提取物颜色很浅），用 1 N HCl（3×150 mL）、H_2O（3×150 mL）和盐水（2×75 mL）洗醚提取物。提取物用无水 $MgSO_4$ 干燥，过滤，旋蒸浓缩。浓缩后得到油状物质，与石油醚或己烷研磨得到固体产物。纯化过程与 1a 化合物类似，不包括额外的柱层析（2∶1 二乙醚/己烷），重结晶（二乙醚/己烷）步骤是必需的。纯化的咖啡酸辛酯为淡黄色，晶状固体。百分产率基于2个单独的反应物（5.5 mmol+11 mmol=16.5 mmol）理论产率的总量，最后阶段的纯化时合并。产率（纯品）：0.32 g（7%），熔点111～112℃。

合成苯甲基-3,4-二羟基肉桂酸甲酯（咖啡酸苯甲酯，1g）（1）。过程与合成1e相似，除了用苯甲基溴。提纯包括最初的脱色（碳）和色谱柱（100% 二乙醚），3次分离重结晶（二乙醚/已烷）。重结晶产物再过色谱柱（2∶1，二乙醚/石油醚），最后一次重结晶（二乙醚/石油醚）。提纯的1 g 恢复为松软状态的淡黄固体。产率基于初始原料5.5 mmol的咖啡酸。产率（纯品）：0.05g（3%）。

合成苯丙基-3,4-二羟基肉桂酸甲酯（3-咖啡酸苯丙酯，1i）（3）。过程与合成1e相似，除了用4.0 g（22 mmol）的咖啡酸。其他的试剂也相应增大。只是第一次纯化反应[脱色（碳），柱层析（100% 二乙醚）]后，产物就进行最后一步的提纯过程[柱层析（1∶1，二乙醚/已烷）]，第二次脱色，重结晶（二乙醚/已烷）。总产物为白色到很淡的黄色，细结晶固体。产率（纯品）：0.63 g（10%，基于初始原料22 mmol的咖啡酸）。熔点123～124℃。

分离化合物10和11。用HPLC分离10和11的顺反异构体（Shimadzu LC-5A系统，Discovery C_{18}柱，21.2 mm i.d.×25cm; Supelco，USA）。流动相为MeOH-H_2O（78∶22）分离10，MeOH-H_2O（87∶13）分离11，UV（254 nm）检测。

制备13和14。咖啡酸（180.16 mg，1.0 mmol）甲醇或乙醇（30 mL）溶液，回流搅拌下加入*p*-TsOH（19.0 mg，0.1 mmol）。减压除去溶剂，剩余物质过硅胶层析柱，$CHCl_3$-MeOH（90∶10），得到咖啡酸甲酯（13）和咖啡酸乙酯（14）。

合成正丁基-3,4-二羟基肉桂酸甲酯（咖啡酸正丁酯，1c）（16）。类似1a合成过程，除了用*n*-丁醇。水蒸气蒸馏（*in situ*，大气压）除去粗反应混合物中过量的*n*-丁醇和苯。接下来的步骤和纯化方法与1a相似。终产物为米色，结晶固体。产率以3.6 g（19.9 mmol） 起始原料咖啡酸计算。产率（纯品）：1.1 g（23%）。

2）结构表征[51, 52]。

Nagaoka等对合成的CAPE衍生物检测方法为：熔点检查、红外光谱、^{1}H NMR谱、^{13}C NMR谱、硅胶层析、质谱。（结构表征见附录5-23~附录5-39。）

（2）合成方法二

Xia等[50]利用一锅法合成了中等到高产率的40个咖啡酸酯衍生物，合成路线见图5-25。其中带苯环的烷基链延长的衍生物（X、Y、R^1均为H，R带苯环，烷基链长度不同）为III17、III18、III19。不带苯环的烷基链延长衍生物为III2～III16、III20、III21（X、Y、R^1均为H，R不带苯环，不同的烷基），结构式见表5-5。

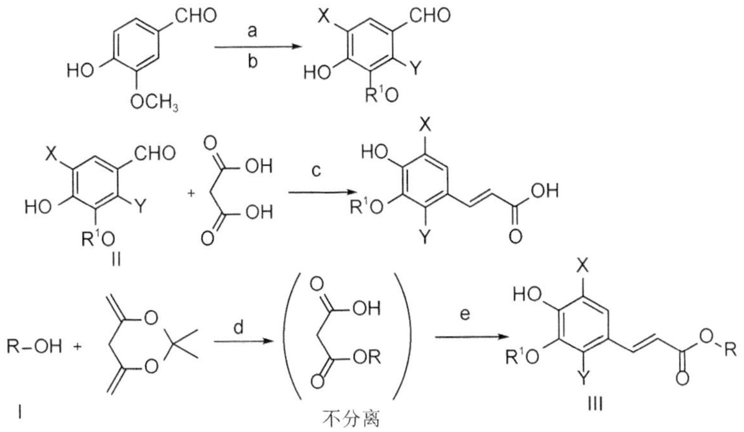

a.取代物
2-NO_2: Ac_2O, HNO_3 (d=1.5)
5-NO_2: AcOH, 发烟HNO_3
5-Cl:Cl_2, AcOH
5-Br:Br_2, AcOH

b.脱甲基：$AlCl_3$;$CHCl_3$,吡啶，回流，12～24h
c.冷凝：甲苯，苯胺，吡啶，回流，2h
d.单酯化：甲苯，回流，3～5h
e.冷凝：II,哌啶，吡啶，室温，8～24h

图 5-25　咖啡酸酯衍生物合成路线

表 5-5　咖啡酸酯衍生物结构表

化合物	ROH（I）	R^1	X	Y
III1	H	H	H	H
III2	HO—	H	H	H
III3	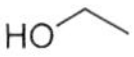 HO	H	H	H
III4	 HO	H	H	H
III5	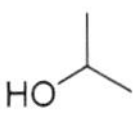 HO	H	H	H
III6	 HO	H	H	H
III7	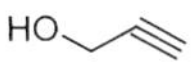 HO	H	H	H
III8	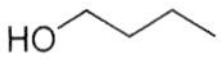 HO	H	H	H
III9	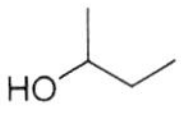 HO	H	H	H
III10	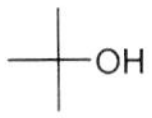 OH	H	H	H
III11	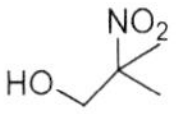 HO, NO_2	H	H	H
III12	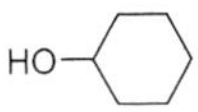 HO	H	H	H

续表

化合物	ROH（I）	R^1	X	Y
III13	 HO	H	H	H
III14	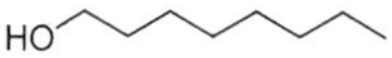 HO	H	H	H
III15	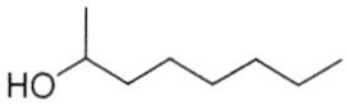 HO	H	H	H
III16	 HO	H	H	H
III17	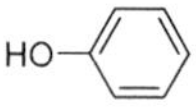 HO	H	H	H
III18	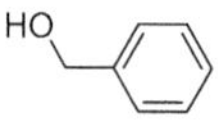 HO	H	H	H
III19	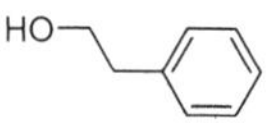 HO	H	H	H
III20	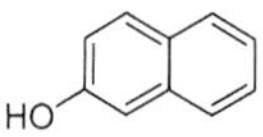 HO	H	H	H
III21	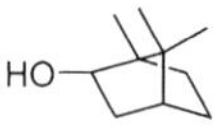 HO	H	H	H
III22	H	H	H	H

1）合成过程[50]。

制备 *trans*-肉桂酸衍生物。取代的苯甲醛（65 mmol）、丙二酸（70 mmol）加入到甲苯（15 mL）、吡啶（100 mmol）和苯胺（0.7 mL）混合物中，溶液搅拌回流 2 h。混合物冷却到室温，用 25%碳酸钾溶液（40 mL）中和，得到黄色沉淀，过滤，分别用 50 mL 3 mol/L HCl 溶液和 50 mL 水洗。粗产物用 EtOH 重结晶得到 *trans*-肉桂酸衍生物。

制备 *trans*-咖啡酸酯衍生物。麦氏酸（3.6 g，25 mmol）加到甲苯（50mL），再加入乙醇或苯酚（25 mmol），混合物加入回流 5 h。当混合物冷却到室温加入取代物（10 mmol）、吡啶（2.5 mL）和哌啶（0.25 mL）。室温继续搅拌，用 TLC 追踪反应直到反应完全。真空蒸馏出溶剂，残余物溶于二乙醚（约 30mL），用碳酸氢钠饱和溶液洗两次（20 mL×2），然后分别稀释盐酸以及蒸去水。醚相用 $MgSO_4$ 过夜干燥，移除干燥剂，蒸去溶剂得到固体粗产物[如果粗产物为油状，溶解到二氯甲烷（10 mL），过硅胶（15 g）色谱柱，用乙酸乙酯和石油醚（1∶15）洗脱，蒸出洗脱部分，得到粗产品]。固体粗品通过苯和二乙醚（8∶2）重结晶得到纯品。

2）结构表征[50]。

所有的咖啡酸酯衍生物 *trans*（*E*）构型由 ^{1}H NMR 光谱确定，双键上 α-H 和 β-H 的耦合常数为 15.9~16.4 Hz。（结构表征见附录 5-40~附录 5-60。）

5. 咖啡酸酰胺衍生物的合成与结构表征

咖啡酸酰胺衍生物是以咖啡酸为母体与胺类化合物反应得到的化合物。这一类型的化合物结构之间的区别体现在胺类化合物的 R 基团部分，结构见图 5-26。

（1）合成方法一

Lee 等[43]合成了 4 个咖啡酸酰胺衍生物（15～18），3 和/或 4 位被羟基或甲氧基取代，醇部分的苯环上带有一个羟基。酚酰胺基本合成步骤（图 5-27）：在 DCC 中，对应的 PAs 和苯乙胺冷凝得到酚酰胺，3 和/或 4 位由羟基或甲氧基取代。反应混合物在 THF 中常温过夜搅拌。

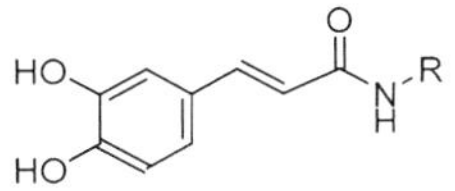

图 5-26　咖啡酸酰胺衍生物

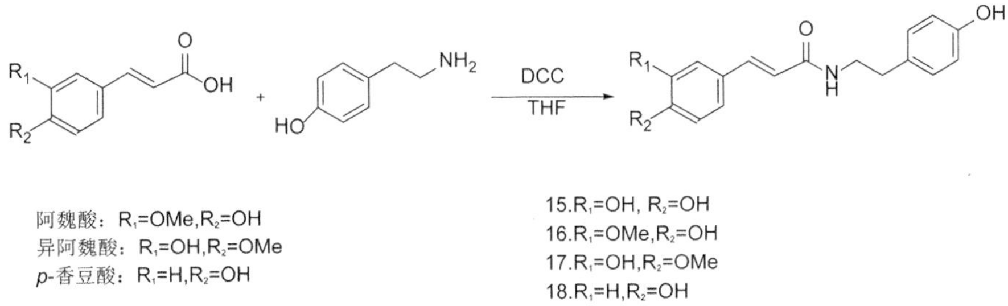

图 5-27　咖啡酸酰胺衍生物合成路线[43]

（2）合成方法二

Yang 等[53]合成的 CAPA 为 CAPE 酰胺衍生物，4a~f 在 CAPA 的基础上进行酚羟基或 H 的取代，两者混合进行。

1）合成过程[53]。

CAPA 和 5 个 CAPE 氟取代酰胺衍生物由 Wittig 耦合法制得（合成路线及取代基团见图 5-28）。已知的氯乙酰胺 1 与三苯基磷反应得到氯化磷 2。首先，在 Wittig 耦合之前，羟基苯甲醛 3a～e 用 *t*-氯化丁二甲基硅和咪唑转移保护为 *t*-丁二甲基硅酯。最后用 TBAF 对 α,β-不饱和胺脱保护，得到 CAPA 和 4b～e 为中等产率。醛不需要转移保护儿茶酚功能团，Wittig 耦合反应得到高产率。二甲羟基苯甲醛 3f 直接进行 Wittig 耦合得到 4f。胺 4e 比较特殊，过层析柱分离 3∶1 的 (*E*)-/(*Z*)-异构体混合物，胺 4 过层析柱得到＞90%纯(*E*)-异构体，4a～c 和 4f 重结晶。

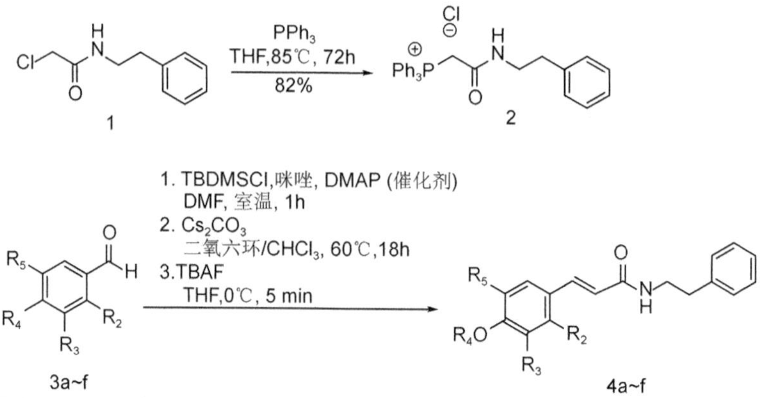

化合物	R_2	R_3	R_4	R_5	产率（%）
a（CAPA）	H	H	H	OH	14
b	F	H	H	OH	7
c	H	OH	H	F	15
d	H	OMe	H	F	22
e	H	H	H	F	8
f	F	H	Me	OMe	63

图 5-28 CAPE 酰胺衍生物合成路线及取代基团[53]

2-氟-4,5-二羟基苯甲醛（4 mmol，736 mg）溶于 10 mL 的 CH_2Cl_2。将混合物放入–78℃丙酮和干冰浴，在氩气中，缓慢加入 10 mL 的 1 mol/L BBr_3 的 CH_2Cl_2 溶液。反应混合物加热到室温搅拌 18 h。甲醇加入到最后的混合物中，蒸出溶剂。此过程重复 3 次。柱层析（5∶1，CH_2Cl_2/EtOAc）得到 590 mg（94.5%产率）的 2-氟-4,5-二羟基苯甲醛为白色固体，不用进一步提纯。

3-(3,4-二羟苯基)-*N*-丙烯酸苯乙酰胺（4a，CAPA）：3,4-二羟基苯甲醛(3 mmol，414 mg)、咪唑(9 mmol，612 mg)、氯代叔丁基二甲基硅烷（TBDMSCl，9 mmol，1356 mg）和 DMAP（0.3 mmol，36 mg）混合物溶于 5 mL DMF，氩气中室温反应 1 h。反应混合物用二乙醚、去离子水洗，Na_2SO_4 干燥。剩余物过柱层析（2% EtOAc 的己烷溶液），旋蒸溶剂，得到 540 mg 保护的苯甲醛，与氯化磷（2）（1.8 mmol，828 mg）和 Cs_2CO_3（3.9 mmol，1651 mg）结合，再加入 5 mL 二氧六环和 5 mL$CHCl_3$。终混合物 60℃加热 18 h。反应溶液分离，$CHCl_3$ 洗固体。合并有机物，水洗，Na_2SO_4 干燥，旋蒸。产物过柱层析（正己烷∶EtOAc=3∶1）得到 550 mg 黄色油状液体。油状物质溶于 5 mL THF 和加入 TBAF（2.5 mL，1 mol/L 溶于 THF），混合物 0℃搅拌 5 min。反应混合物旋蒸浓缩，过硅胶层析柱（4∶3，EtOAc/己烷）。重结晶（CH_2Cl_2 和己烷）得到 115 mg 的 4a（从 3,4-二羟基苯甲醛开始计算总产率为 14%）

为白色固体。其他化合物合成方法与这个步骤类似。

3-(3-氟-4-羟基-5-甲氧基苯基)-*N*-苯乙基丙烯酰胺（4d）。过层析柱纯化（EtOAc∶己烷=1∶1.5）去除少量 *Z*-异构体，4 d 得到 100 mg（从 3-氟-4-羟基-5-甲氧基苯甲醛计算总产率为 22%）。

2）结构表征。

Nagaoka 等对合成的 CAPE 衍生物检测方法为：熔点检查、红外光谱、^{1}H NMR 谱、^{13}C NMR 谱、硅胶层析、质谱。（结构表征见附录 5-61~附录 5-66。）

二、咖啡酸苯乙酯衍生物及其活性研究

（一）咖啡酸苯乙酯硝基取代衍生物

1. 咖啡酸苯乙酯硝基衍生物的代谢研究

2020 年 1 月为止，可检索到的咖啡酸苯乙酯硝基衍生物有三种，均来自笔者课题组，包含对位硝基取代的 CAPE-pNO$_2$、邻位硝基取代的 CAPE-oNO$_2$ 和间位硝基取代的 CAPE-mNO$_2$，但有关其代谢研究的主要是与 CAPE-pNO$_2$ 相关的报道，有关 CAPE- oNO$_2$ 代谢的研究只有心脏组织中的代谢物报道。

（1）咖啡酸对硝基苯乙酯的体外代谢研究

赖翔宇[54]用自制的大鼠肝微粒体对 CAPE-pNO$_2$ 进行了较为系统的体外代谢研究。将孵育后的样品以 HPLC 法定性定量测定其中的 CAPE-pNO$_2$，并以其文献报道的 CAPE 代谢物对照品比较。结果显示，CAPE-pNO$_2$ 在大鼠肝微粒体内主要由 CYP450 酶系（细胞色素 P450 酶系）中 CYP450 3A4 和 CYP450 2C19 这两种酶所代谢，而酮康唑和兰索拉唑则可显著地反竞争抑制其在大鼠肝微粒体中的代谢。CAPE-pNO$_2$ 主要代谢产物可能为对硝基 β-苯乙醇、咖啡酸、阿魏酸和对硝基阿魏酸苯乙酯。

（2）咖啡酸对硝基苯乙酯的细胞膜转运研究

苟静[38, 55]以结肠癌细胞 Caco-2 在 Transwell 小室模型上比较性地研究了 CAPE 和 CAPE-pNO$_2$ 的转运特征，以及对外排 P 糖蛋白（P-gp）的功能和表达的影响。与 CAPE 相似，CAPE-pNO$_2$ 对结肠癌细胞 Caco-2 的转运与浓度成正相关，呈被动转运的方式，并能诱导 Caco-2 细胞 P-gp 的表达，增强其对外来物质的外排作用。

研究表明，CAPE 和 CAPE-pNO$_2$ 由 AP→BL 侧转运量与时间和药物浓度呈正相关。AP→BL 侧的转运，CAPE 的 Papp 值为 3.27×10^{-6}～4.86×10^{-6} cm/s，CAPE-pNO$_2$ 的 Papp 值为 9.39×10^{-6}～12.43×10^{-6} cm/s，两化合物都具有良好的细

胞膜透过率。浓度都为 5 μmol/L、10 μmol/L、20 μmol/L 时，CAPE-$p$$NO_2$的 Papp 是 CAPE 的 2～4 倍，CAPE-$p$$NO_2$比 CAPE 更易被吸收。在相同浓度条件下，AP 侧到 BL 侧的 CAPE 和 CAPE-$p$$NO_2$转运百分比与时间呈线性关系，且流出速率 ER 值都小于 1.5。与维拉帕米（20 μmol/L）和给药组细胞共培养后，与 20 μmol/L CAPE 和 CAPE-$p$$NO_2$给药组相比，CAPE 的 ER 值没有发生明显变化，而 CAPE-$p$$NO_2$的ER值从1.16减少到0.72，说明CAPE-$p$$NO_2$的转运可能受到P-gp 的外排作用影响。

（3）咖啡酸对硝基苯乙酯在大鼠体内的药动学研究

周凯[56]以肌肉注射给药研究了 CAPE-$p$$NO_2$在 SD 大鼠体内的药代动力学规律，发现其吸收较好，从中央室到周边室的分布较快，其体内消除速率适中。

6 只大鼠按 8 mg/kg 的剂量腿部肌肉注射 CAPE-$p$$NO_2$后，其平均血液药物浓度随给药后的时间变化关系见附录 5-67。将对应的血药浓度和时间数据用 DAS3.0 动力学软件处理，拟合的房室模型药动学参数，发现咖啡酸对硝基苯乙酯肌肉注射大鼠体内的药代动力学过程符合一级吸收二室开放模型，给药后 K_a 比 K_{10} 高 4 倍，咖啡酸对硝基苯乙酯进入体内后吸收较快，而从中央室消除较慢；咖啡酸对硝基苯乙酯肌注给药的 $AUC_{0\sim t}$是 2649.77 μg·h/L，大于咖啡酸苯乙酯静脉给药的 1766 μg·h/L（给药剂量 10 mg/kg）[37]，表明肌肉注射给药比静脉注射给药吸收更好，具有良好的生物利用度。K_{12} 为 0.21 h^{-1}，K_{21} 为 0.27 h^{-1}，显示咖啡酸对硝基苯乙酯从中央室向周边室转运速率和从周边室向中央室的转运速率相当，如肝、脾、心、肺、肾、血液能够平稳地转运到周边的其他组织。咖啡酸对硝基苯乙酯肌注的表观分布容积为 3.11 L/kg，略小于静脉注射给药咖啡酸苯乙酯的 3.6 L/kg [37]，但体内分布程度与静脉注射无太大差异。

咖啡酸对硝基苯乙酯肌注给药的消除半衰期 $t_{1/2\beta}$ 为 5.51 h，大于咖啡酸苯乙酯静脉给药的 0.38 h，说明咖啡酸对硝基苯乙酯肌注给药要比咖啡酸苯乙酯口服给药的代谢缓慢。体内清除率 CL 为 0.96 L/h·kg，咖啡酸对硝基苯乙酯肌注给药的 $AUC_{0\sim t}$为（2649.77 ± 425.12）μg·h/L，显示肌肉注射有利于提高生物利用度及其生物活性。

苟静[55]又比较性地研究了 CAPE 和 CAPE-$p$$NO_2$大鼠口服给药的体内消除动力学规律。研究发现，以 10 mg/kg 剂量给药后，CAPE-$p$$NO_2$的曲线下面积 $AUC_{0\sim t}$值是 CAPE 的 2 倍，体内平均滞留时间是 CAPE 的 5 倍，表观分布容积是 CAPE 的 2 倍，半衰期（20.9 h ± 6.07 h）是 CAPE（4.2 h ± 1.58 h）的 5 倍。可见硝基的引入显著改变了 CAPE 衍生物在大鼠的体内过程。Celli 等[36]曾报道，CAPE 能被大鼠血液中的血浆酯酶水解，在体内迅速消除，这可能是导致其半衰期较短的原因。药代动力学参数表明 CAPE-$p$$NO_2$的曲线下面积 $AUC_{0\sim t}$值提高了，但 CAPE 和 CAPE-$p$$NO_2$血药浓度均较低，可能是由其在体内的首过效应或者肠吸收障碍引起的。周凯[56]用较低剂量（8 mg/kg）SD大鼠肌注给药后期最高血药浓度约为977 ng/mL，是口服给药的3倍多的结果也说明CAPE-*p*NO_2与CAPE一样，消化道给药的首过效应较强。

（4）咖啡酸苯乙酯硝基衍生物的组织代谢物研究

硝基衍生物的体内代谢物研究主要是CAPE-*p*NO_2和CAPE-*o*NO_2在心脏组织和肿瘤组织，另一个衍生物的代谢物研究未见报道。

CAPE-*p*NO_2在HT-29内的代谢结果与在肝微粒体中的代谢是不一样的[54]。唐浩[57]在研究CAPE-*p*NO_2抗结肠癌活性中发现，其在HT-29结肠癌细胞中检出了4种代谢物，分别是 $C_{10}H_{10}O_4$ 或者是其同分异构体、$C_{14}H_{17}NO_9$、$C_8H_4O_3{}^{2+}$和$C_{17}H_{15}NO_5$（具体结构见附录5-68）。第一种是酯键水解后，咖啡酸羧基位置成环；第二种是水解后，咖啡酸在羟基位置与谷氨酰胺共轭形成的，两个羟基都可能结合，因此存在同分异构体；第三种是CAPE-*p*NO_2经过一系列的氧化还原反应之后形成的；第四种是水解酯键断裂后，对硝基苯乙醇部分继续反应，在羟基位置与葡萄糖醛酸结合。

姚晓芳[58]在研究CAPE-*p*NO_2抗宫颈癌活性中发现，其在HeLa细胞中检出了6种代谢物（具体结构见附录5-69），分别是$C_{10}H_{13}NO_2$、$C_{17}H_{15}NO_9S$、$C_8H_4O_3{}^{2+}$、$C_{11}H_{15}N_2O_5S$、$C_{14}H_{17}NO_9$和$C_{18}H_{17}NO_6$。CAPE-*p*NO_2可能首先通过水解反应断裂酯键，生成咖啡酸、苯乙醇和对硝基苯乙醇。咖啡酸成环生成$C_8H_4O_3{}^{2+}$，苯乙醇与甘氨酸结合生成$C_{10}H_{13}NO_2$，硝基苯乙醇代谢产生$C_{18}H_{17}NO_6$。CAPE-*p*NO_2与葡萄糖醛酸结合，生成$C_{14}H_{17}NO_9$。此外，CAPE-*p*NO_2水解后生成对硝基苯乙醇，与半胱氨酸结合生成$C_{11}H_{15}N_2O_5S$，还可能磺化生成$C_{17}H_{15}NO_9S$。

唐浩和姚晓芳均未在裸鼠荷瘤的结肠癌瘤体和宫颈癌瘤体中检测到以上代谢产物，这可能是CAPE-*p*NO_2在到达肿瘤之前就被完全代谢，也可能是化合物未进入到肿瘤中，但是从体内的异种移植瘤研究来判断，肿瘤的生长确实被明显地抑制了，因此建议在进行本类物质抗癌更深入研究时，可以从CAPE-*p*NO_2在组织内的代谢物入手，继续研究这些代谢物的进一步代谢是很有意义的。

（5）咖啡酸苯乙酯衍生物在器官组织中的代谢物

唐浩[57]在CAPE-*p*NO_2抗结肠癌活性研究的HT-29细胞裸鼠荷瘤模型中发现，CAPE-*p*NO_2在裸鼠器官组织中的代谢物也有4种，代谢物的种类在检测的心、肝、脾、肺和肾脏中差异较大。$C_{10}H_{14}N_2O_6S$ 以及其同分异构体在心脏、肝脏、肾脏和脾脏内被检测到，在脾脏、肝脏和肾脏内检测到 $C_8H_{11}O_4P$，在肝脏发现$C_{16}H_{11}NO_7$，$C_{14}H_{16}N_2O_6$则是在肾脏里面被检测到的（详见附录5-70）。

王小玲[59]在CAPE-*p*NO_2改善链脲佐菌素（streptozocin，STZ）诱导的小鼠糖尿病肾病的研究中发现，CAPE-*p*NO_2在肾脏组织中的代谢物有3种，$C_{10}H_{14}N_2O_6S$

以及其同分异构体、$C_{11}H_{15}NO_3S$、$C_{19}H_{21}NO_6S$ 以及其同分异构体，代谢物与结肠癌荷瘤裸鼠肾脏中的代谢物相似（详见附录 5-71）。

李德娟[40]在研究咖啡酸邻硝基苯乙酯（CAPE-oNO$_2$）抗心肌缺血再灌注损伤（MIRI）中发现，CAPE-oNO$_2$ 在 MIRI 大鼠心脏中代谢方式相对复杂，在心脏组织中检测到的代谢产物种类较多（详见附录 5-72），包括 $C_{19}H_{21}NO_6S$（13.7%）、$C_{11}H_{15}NO_3S$（1.6%）和 $C_8H_4O_3$（2.9%）。其代谢的主要方式分别可能是：CAPE-oNO$_2$ 水解酯键断裂产生的咖啡酸，再通过苯环羟基化，侧链末端脱羧环化，五元环脱氢还原双键，得到 $C_8H_4O_3$（化合物 1）；再者 CAPE-oNO$_2$ 水解产生的硝基苯乙醇与半胱氨酸结合生成 $C_{11}H_{15}NO_3S$（化合物 2）；CAPE-oNO$_2$ 脱硝基变成 CAPE 后，CAPE 邻苯二酚中的羟基与牛磺酸结合生成 $C_{11}H_{15}NO_3S$（化合物 3）。

2. 咖啡酸苯乙酯硝基衍生物的生物活性研究

文献报道的咖啡酸苯乙酯硝基衍生物均来自西南大学的同一个课题组，该课题组设计合成硝基衍生物的初衷是拟通过改变原型化合物咖啡酸苯乙酯的稳定性和极性来增强其可溶性和对心血管系统的生物活性。他们的大量研究数据表明，硝基衍生物对原型化合物的许多生物活性均有显著的增强作用。硝基衍生物主要有三种，包含对位硝基取代的 CAPE-pNO$_2$、邻位硝基取代的 CAPE-oNO$_2$ 和间位硝基取代的 CAPE-mNO$_2$。有关其生物活性研究主要集中在 CAPE-pNO$_2$ 相关的对模型小鼠的免疫功能促进作用、对心血管系统的保护作用、抗糖尿病及其并发症和抗癌作用的报道，有关 CAPE-oNO$_2$ 生物活性研究只有大鼠心肌缺血再灌注损伤（MIRI）保护的报道，而有关 CAPE-mNO$_2$ 的生物活性还未见报道。

（1）对免疫功能低下模型动物的作用

CAPE 硝基衍生物的免疫功能促进作用主要体现在对白细胞减少的恢复、免疫器官指数、巨噬细胞吞噬功能等方面。

邓莉[10]和向春艳[42]在各自的研究中均用 100 mg/kg 剂量腹腔连续注射 3 天建立昆明小鼠免疫低下模型，然后连续 5 天分组给予不同剂量[3.0～12.0 mg/(kg·d)]的 CAPE 和 CAPE-pNO$_2$。结果发现，CAPE 及 CAPE-pNO$_2$ 均能改善由环磷酰胺所诱导的小鼠白细胞减少，血清 NO 水平、胸腺指数和脾脏指数均显著升高。这些作用可能与其升高小鼠骨髓有核细胞（BMC）数及血清粒细胞集落刺激因子（G-CSF）水平有关。

两项研究均用 MTT 法测定了 CAPE-pNO$_2$ 小鼠巨噬细胞的毒性。CAPE-pNO$_2$ 浓度在 6.25～50 μmol/L 范围与巨噬细胞共培养 48 h 后，巨噬细胞的存活率均在 85%以上。CAPE-pNO$_2$ 能显著提高对中性红的吞噬作用，显著降低 LPS 诱导的 NO 和 TNF-α水平升高，并有明显的剂量依赖关系。抑制这些炎症介质的产生可以有效提高免疫能力和抑制癌细胞的增殖与迁移[60, 61]。

（2）对心血管系统的作用

1）CAPE-pNO_2对实验性血小板聚集作用的影响。

周凯[56, 62]较系统地研究了 CAPE-pNO_2 对胶原诱导大鼠血小板聚集模型血小板的聚集及其 NO、cGMP、COX-1、TXB_2和 5-HT 等生物活性物质生成的影响。结果表明，CAPE-pNO_2较原型化合物 CAPE 显示出了更优的抗胶原诱导的血小板聚集活性，其抗血小板聚集的机制比较复杂。它的抑制作用可能涉及了以下机制：CAPE-pNO_2激活了 NO/cGMP 的信号通路，增加了 NO 的释放过程和 cGMP 的产生；CAPE-pNO_2抑制了 COX-1 的活性，导致 TXB_2生成减少，同时也减少了 5-羟色胺，从而抑制血小板的激活和聚集反应。

2）CAPE-pNO_2对大鼠心肌缺血再灌注损伤的保护作用。

刘天亮[63]和杜勤[64, 65]利用 SD 大鼠急性心肌缺血再灌注模型从心电图、心肌梗死面积、心脏组织病理学损伤、心肌酶谱、抗氧化系统与脂质过氧化、炎症和心肌组织的相关蛋白表达等方面研究了 CAPE-pNO_2的保护作用。

a. 对模型鼠心率的影响。

CAPE-pNO_2 与原型化合物 CAPE 均能显著减慢缺血模型心脏的心率，降低心脏的代谢（$p<0.05$），同时这种降心率作用 CAPE-pNO_2更优。但在再灌注各个时间段，两种化合物对各组大鼠心率无明显影响（$p>0.05$）。

b. 大鼠心肌梗死面积的变化。

采用 TTC 染色法测量梗死面积[66]，结果见表 5-6。假手术组（Sham）的梗死面积几乎为零。模型组（Model）梗死面积显著增加（$p<0.05$）。CAPE 和 CAPE-pNO_2均能显著减少心脏梗死面积（$p<0.05$），同时 CAPE-pNO_2减少心脏梗死面积的作用更好（$p<0.05$）。

表 5-6　CAPE-pNO_2对大鼠缺血再灌注后心肌梗死面积的影响

组别	动物数量	梗死面积比（%）
Sham	10	1.1±0.4
Model	10	35.65 ± 5.4
CAPE	10	14.7 ± 3.14
CAPE-pNO_2	10	10.32 ± 3.8

c. 大鼠血清相关酶等生物活性物质的变化。

超氧化物歧化酶（superoxide dismutase，SOD）：对机体的氧化与抗氧化平衡起着至关重要的作用。能清除超氧阴离子自由基，对抗与阻断因氧自由基对细胞造成的损害，及时修复受损细胞，复原因自由基造成的对细胞伤害，从而保护心肌细胞免受损伤。实验发现模型鼠的血清总超氧化物歧化酶（T-SOD）活力明显减弱（$p<0.05$）。CAPE 与 CAPE-$p$$NO_2$ 都能显著增强缺血再灌注损伤模型鼠 T-SOD 的活力（$p<0.05$），且 CAPE-$p$$NO_2$ 的作用更强（$p<0.05$）。

过氧化氢酶（catalase，CAT）：是普遍存在于生物体内的一种酶类清除剂，其酶促活性为机体提供了抗氧化防御作用。模型鼠的 CAT 活力显著降低（$p<0.05$）。CAPE 与 CAPE-$p$$NO_2$ 都能显著增强模型鼠 CAT 的活力（$p<0.05$），且 CAPE-$p$$NO_2$ 的作用更强（$p<0.05$）。

谷胱甘肽过氧化物酶（glutathione peroxidase，GSH-Px）：是机体内广泛存在的一种过氧化物分解酶。与 Sham 组比较，其余三组 GSH-Px 活力均显著降低（$p<0.05$）。CAPE-$p$$NO_2$ 和 CAPE 都能显著增强模型鼠 GSH-Px 的活力（$p<0.05$），且 CAPE-$p$$NO_2$ 的作用更强（$p<0.05$）。

肌酸激酶（creatine kinase，CK）：主要存在于动物肌肉、心脏和脑组织的线粒体和细胞质中。当出现心肌梗死时，心肌细胞受到损伤，血清中的 CK 含量会急速提高。经过大鼠缺血再灌注实验后，各实验组的 CK 含量均较假手术组的显著增加（$p<0.05$）。CAPE-$p$$NO_2$ 和 CAPE 都能显著降低模型鼠 CK 的含量（$p<0.05$），且 CAPE-$p$$NO_2$ 的作用更强（$p<0.05$）。

乳酸脱氢酶（lactate dehydrogenase，LDH）：主要分布在肾脏、心脏和骨骼肌当中。LDH 具有五种同工酶，且具有显著的组织特异性。正常人体的血清中，LDH1<LDH2，当心肌受损时，两者的量发生变化，LDH1>LDH2。与 Sham 组比较，其余各组 LDH 含量均显著上升（$p<0.05$）。CAPE-$p$$NO_2$ 和 CAPE 能显著降低模型鼠 LDH 含量（$p<0.05$），且 CAPE-$p$$NO_2$ 的作用更强（$p<0.05$）。

谷草转氨酶（aspartate aminotransferase，AST）：在心肌细胞中含量较高。在急性心肌梗死时，血清中 AST 含量迅速上升，48 小时达到高峰，常被当作心肌梗死的标志物之一。实验发现，缺血再灌注后与 Sham 组对照，各组 AST 含量均显著上升（$p<0.05$）。CAPE-$p$$NO_2$ 和 CAPE 能显著降低模型鼠 AST 含量（$p<0.05$），且 CAPE-$p$$NO_2$ 的降 AST 作用更强（$p<0.05$）。

d. 大鼠心脏组织中氧化应激与炎症相关物质的变化。

丙二醛（malondialdehyde，MDA）：生物体内过量自由基存在情况下，发生脂质过氧过氧化反应，最终的产物为 MDA，会引起蛋白质、核酸等生命大分子的交联聚合，并具有细胞毒性。MDA 通常作为氧化应激介导的脂质过氧化反应标志物。CAPE-$p$$NO_2$ 呈现比原型化合物 CAPE 更好的活性，显著降低心肌缺血再灌注损伤的大鼠心脏组织中 MDA 的含量（$p<0.05$），减轻对心脏的损伤。

髓过氧化物酶（myeloperoxidase，MPO）：MPO 有促进动脉粥样硬化病变形成的作用。MPO 通过产生自由基和多种反应性物质，促进斑块形成和不稳定性增加，加速动脉粥样硬化（atherosclerosis，AS）进展，进而引起多种并发症如急性冠脉综合征。MPO 水平的升高不仅与患冠状动脉疾病易感性相关，还可以预测早期患心肌梗死的危险性。CAPE-pNO_2 在本实验过程中对 MPO 的影响呈现与对 MDA 相似的效应，降低 MPO 的生成，减轻类似 AS 带来的心肌损伤。

细胞黏附分子-1（intercellular adhesion molecule，ICAM-1）：属免疫球蛋白基因超家族。多存在于细胞表面，机体处于正常情况时表达量极少。当心脏在移植排斥、受到致命损伤、I/R 损伤等病理因素刺激后，ICAM-1 在血管内皮细胞外表达增加，大量表达的 ICAM-1 与白细胞表面配体相互作用，从而介导白细胞和中性粒细胞浸润，这与炎症发生过程密切相关[67]。CAPE-pNO_2 在本实验过程中使 ICAM-1 显著降低（$p<0.05$），减轻实验过程中炎症对心脏的损伤。

e. 对心肌细胞凋亡相关蛋白的调节作用。

按蛋白印迹法分析测定各实验组样品中与细胞凋亡相关的蛋白。

对心肌细胞 PI3K/Akt/mTOR 通路的调节：PI3K/Akt/mTOR 信号通路广泛存在于各种生物细胞中，对细胞凋亡、转录、翻译、代谢和血管新生[68, 69]以及细胞周期的调控等生物学功能发挥着重要作用。激活 PI3K-Akt-eNOS 信号通路最终作用于线粒体 ATP 依赖性钾通道，减少细胞凋亡[70]。也有研究显示 p-Akt 表达量的增加同时伴随着大鼠心肌缺血再灌注损伤的改善[71]。实验结果显示，CAPE-pNO_2 可上调 PI3K/Akt/mTOR 信号通路中相关蛋白的磷酸化，使通路中 PI3K/p-PI3K、p-Akt/Akt 和 p-mTOR/mTOR 的比值上升，且其对通路的激活效果优于 CAPE。详见图 5-29。

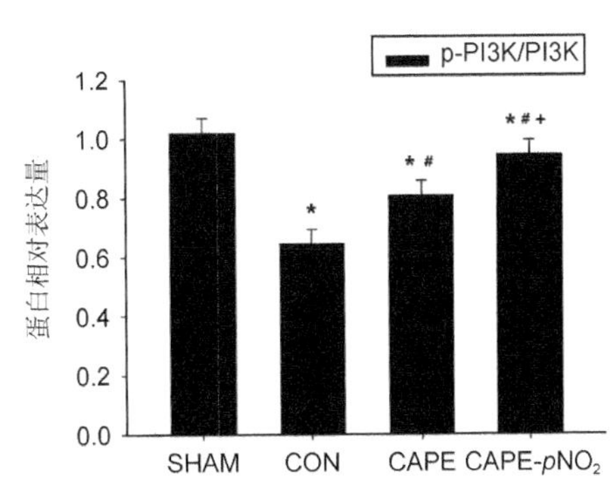

(a)

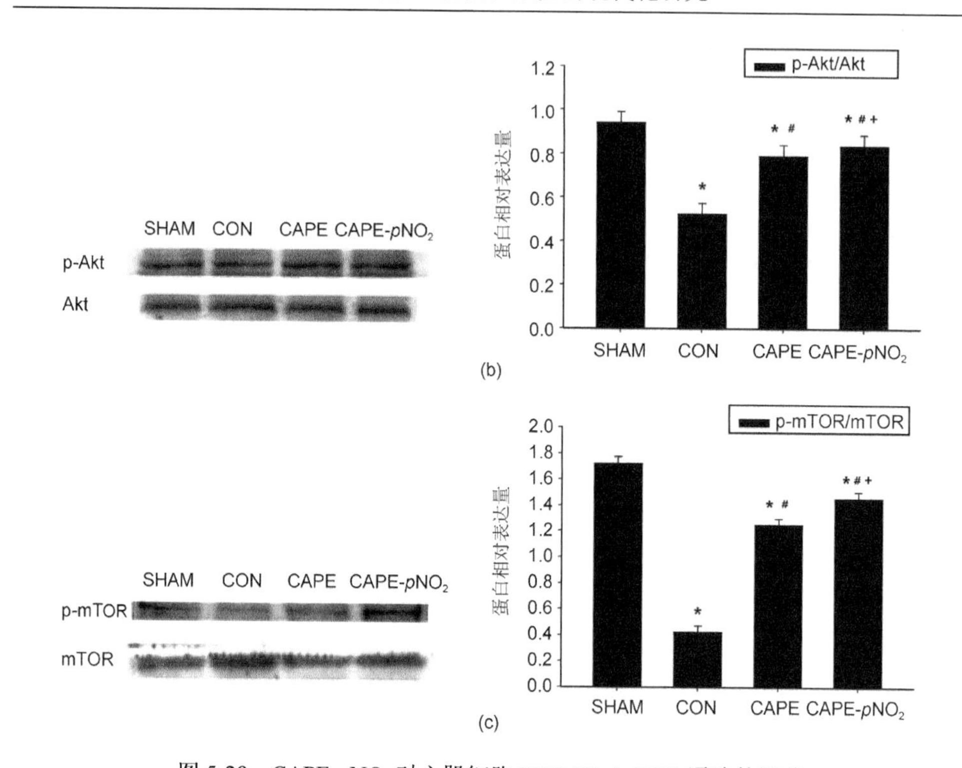

图 5-29　CAPE-pNO$_2$ 对心肌细胞 PI3K/Akt/mTOR 通路的调节

（a）PI3K 蛋白表达及定量分析柱状图；（b）Akt 蛋白表达及定量分析柱状图；

（c）mTOR 蛋白表达及定量分析柱状图（SHAM 为空白组，CON 为模型组）

*$p < 0.05$ 表示与空白相比；#$p < 0.05$ 表示与模型组相比；+$p < 0.05$ 表示与 CAPE 组相比

对心肌细胞 Bax、Bcl-2 蛋白表达量的影响：Bcl-2 家族蛋白是在细胞凋亡过程中起关键性作用的一类蛋白质。包括两类：抗凋亡蛋白（Bcl-2、Bcl-xl）和促凋亡蛋白（如 Bax、Bak）。细胞凋亡时，Bcl-2 家族相关蛋白的表达量也随之发生变化。实验结果显示，CAPE-pNO$_2$ 预处理能够明显地下调心肌细胞中 Bax 的表达，上调 Bcl-2 的表达，Bax/Bcl-2 的比值呈上升的趋势（$p<0.05$），抑制实验过程中心肌细胞的凋亡，其抗细胞凋亡的作用较 CAPE 强（$p<0.05$）。影响抗细胞凋亡相关的实验结果详见图 5-30。

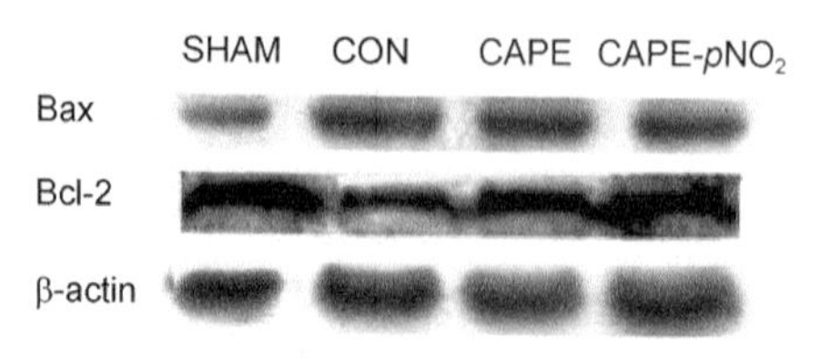

图 5-30　CAPE-pNO$_2$ 对心肌细胞 Bax/Bcl-2 表达的调节作用

SHAM 为空白组，CON 为模型组

对心肌细胞 cleaved caspase-3 表达量的影响：caspase-3 目前被认为是细胞凋亡过程中最主要的终末剪切酶，它可以被多种因素活化。激活的 cleaved caspase-3 对细胞有致凋亡功能。CAPE-$p$$NO_2$ 可下调 cleaved caspase-3 蛋白的表达，抑制心肌细胞的凋亡（$p<0.05$），详见图 5-31。

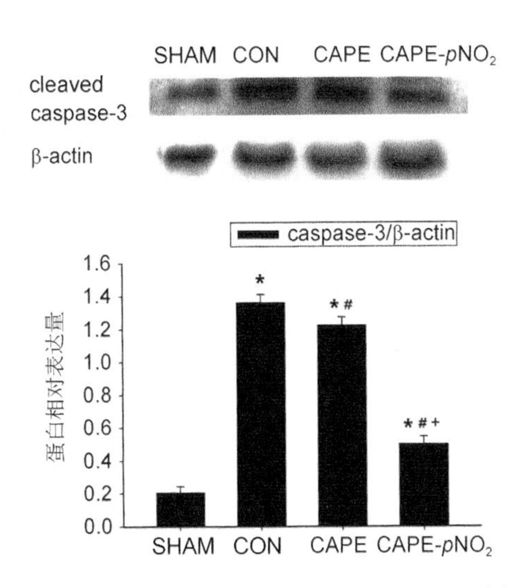

图 5-31　CAPE-$p$$NO_2$ 对心肌细胞 cleaved caspase-3 蛋白表达的影响

SHAM 为空白组，CON 为模型组

*$p<0.05$ 表示与空白相比; #$p<0.05$ 表示与模型组相比; +$p<0.05$ 表示与 CAPE 组相比

对心肌细胞 P38 表达量的影响：P38 信号通路参与机体许多生理和病理过程，它通过调控细胞因子及炎症相关蛋白的转录，从而影响炎症反应的进程。炎症反应和细胞凋亡都是引起心肌缺血再灌注损伤的重要机制。CAPE-$p$$NO_2$ 显著下调缺血再灌注模型鼠 P38 蛋白的表达，抑制心肌细胞的凋亡（$p<0.05$），详见图 5-32。

（3）CAPE-$o$$NO_2$ 对心肌缺血再灌注损伤的保护作用

李德娟[39,40]在设计合成咖啡酸邻硝基苯乙酯（CAPE-$o$$NO_2$）的基础上，用杜勤[64]相同的急性心肌缺血再灌注损伤大鼠模型（MIRI）和 H9c2 心肌细胞缺氧模型，围绕 SIRT1/eNOS/NF-κB 细胞信号通路，研究了 CAPE-$o$$NO_2$ 的抗大鼠 MIRI 作用。

1）大鼠心肌梗死面积的显著减少。

附录 5-73A 为大鼠心脏 TTC 染色结果，正常心肌组织呈现红色，梗死组织呈现苍白色。CAPE-$o$$NO_2$ 和 CAPE 均能显著减小心脏梗死面积（$p<0.05$），CAPE-$o$$NO_2$ 比 CAPE 的作用更强（$p<0.05$）。但预先给予抑制剂 NAM 和 L-NAME 处理的大鼠心脏梗死面积只能部分被 CAPE-$o$$NO_2$ 改善，这个结果直观地说明了 CAPE-$o$$NO_2$

改善缺血的作用与心脏的 SIRT1 和 eNOS 蛋白有关。根据 HE 染色结果可以看出（附录 5-73B），CAPE 组与 CAPE-oNO$_2$ 组的心肌组织细胞排列整齐变性较少，炎细胞也显著减少，说明心肌缺血导致的心脏组织细胞受损减少。而抑制剂组的组织病变现象仍然存在，说明在抑制剂存在情况下，给予 CAPE-oNO$_2$ 也不能有效改善 IR 大鼠的组织形态异常。

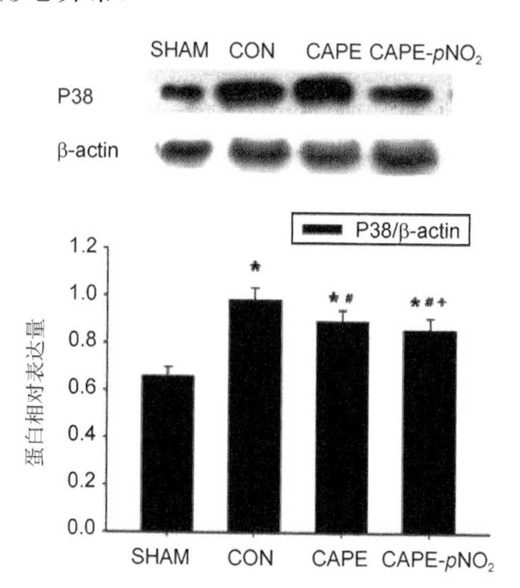

图 5-32 CAPE-pNO$_2$ 对心肌细胞 p38 表达的影响

SHAM 为空白组，CON 为模型组

$*p < 0.05$ 表示与空白相比; $\#p < 0.05$ 表示与模型组相比; $+p < 0.05$ 表示与 CAPE 组相比

2）血清心肌酶谱的明显变化。

经过 IR 手术后大鼠血清中的 α-羟丁酸脱氢酶（HBDH）、乳酸脱氢酶（LDH）、肌酸激酶（CK）、肌酸激酶同工酶（CK-MB）和缺血修饰白蛋白（IMA）的水平明显升高（$p<0.05$）。CAPE 与 CAPE-oNO$_2$ 均能明显降低 IR 大鼠增高的心肌酶（$p<0.05$），降低心肌细胞的损伤，且 CAPE-oNO$_2$ 的作用更强。两种抑制剂组的心肌酶含量相对于 CAPE-oNO$_2$ 组并没有明显减少，说明经两种抑制剂的预处理后，CAPE-oNO$_2$ 保护心脏组织的作用并不明显。

3）心肌组织中细胞凋亡蛋白表达的抑制。

蛋白质印迹方法分析，模型组（IR）Bcl-2 表达量显著减少，Bax 表达显著增加（$p<0.05$）。CAPE 及 CAPE-oNO$_2$ 处理，促进了心肌细胞中 Bcl-2 的表达而抑制了 Bax 的表达，与 IR 组有显著性差异（$p<0.05$）。相反，经过 NAM 和 L-NAME 预处理后，不管给予溶剂还是 CAPE-oNO$_2$，相对于 CAPE-oNO$_2$ 处理来说，均对 Bcl-2 与 Bax 表达量无明显影响。结果说明 CAPE 及 CAPE-oNO$_2$ 对 IR 鼠心脏细

胞的凋亡有明显的抑制作用，CAPE-oNO_2的作用更好。SIRT1 和 eNOS 抑制剂能明显抑制 CAPE-oNO_2的抗凋亡作用，结果详见图 5-33。

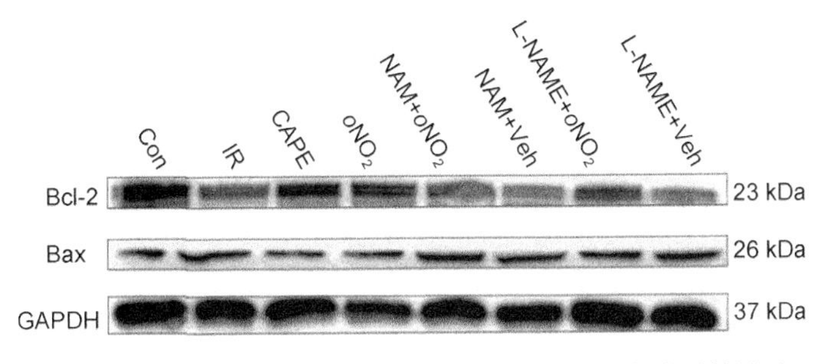

图 5-33　CAPE-oNO_2对大鼠心脏组织 Bcl-2/Bax 表达量的影响

4）心脏组织调节冠脉的 SIRT1、eNOS 蛋白表达及 NO 含量的变化。

IR 组心脏组织 SIRT1 和 eNOS 的表达量明显下降（$p<0.05$），而 CAPE 和 CAPE-oNO_2可上调 SIRT1 和 eNOS 的表达（$p<0.05$）；IR 组中 NO 的含量也呈现下降趋势（$p<0.05$），而 CAPE 和 CAPE-oNO_2处理之后可明显增加 NO 含量（$p<0.05$）；CAPE-oNO_2的以上作用均优于 CAPE（$p<0.05$）。但是抑制剂 NAM 和 L-NAME 则有效抵消了 CAPE-oNO_2增加大鼠心脏组织 SIRT1 和 eNOS 蛋白表达及 NO 含量的作用。

5）降低心脏组织氧化应激相关蛋白的表达。

CAPE 和 CAPE-oNO_2处理可明显降低 IR 大鼠 MDA 含量和提升 SOD 活性（$p<0.05$）。抑制剂组 MDA 和 SOD 含量没有明显变化。蛋白质印迹分析结果显示，IR 组大鼠心脏组织中 PGC-1α、Nrf2 和 SOD 蛋白表达量较空白对照组明显降低（$p<0.05$），而 CAPE 和 CAPE-oNO_2处理后抗氧化的 PGC-1α/Nrf2 体系被明显激活，三种蛋白的表达上调（$p<0.05$），且 CAPE-oNO_2的作用更明显（$p<0.05$），CAPE-oNO_2能更好地增强机体抗氧化应激能力，免受氧化应激带来的心肌损伤。

6）减少心脏炎症因子的生成与释放。

免疫组化测定的肿瘤坏死因子（tumor necrosis factor，TNF）：TNF-α 既能杀伤肿瘤细胞，同时在本研究模型中还能刺激产生白细胞介素 6（IL-6）引起炎症反应。该研究用免疫组化的方法检测了心脏组织中 TNF-α 表达，发现在 IR 大鼠中，TNF-α 的表达明显上升（$p<0.05$），而 CAPE 和 CAPE-oNO_2均可下调其表达（CAPE-oNO_2效果更优），降低对心脏组织的影响。详见附录 5-74（图中棕色区域为阳性表达）。

心脏组织炎症反应相关物质：IR 大鼠的心脏组织中 MPO 的含量明显上升（$p<0.05$），CAPE 和 CAPE-oNO_2能显著降低升高的 MPO（$p<0.05$）。蛋白质

印迹法分析炎症相关蛋白，结果显示在 IR 大鼠心脏组织中 IκB 和 P65 的磷酸化增加，同时上调下游蛋白 TNF-α 和 IL-6 过量表达（$p<0.05$），而 CAPE 和 CAPE-$o$$NO_2$ 处理则能通过明显抑制 IR 大鼠这些蛋白的表达（$p<0.05$）来减少炎症因子释放以减缓机体的炎症反应。抑制剂 NAM 和 L-NAME 能够抵消 CAPE 和 CAPE-$o$$NO_2$ 对 IR 大鼠磷酸化的 IκB 和 P65 及 TNF-α 和 IL-6 等蛋白表达的抑制。

7）改善心脏组织的纤维化。

研究采用天狼星红染色法测定大鼠心肌组织胶原沉积面积，同时用蛋白质印迹法测定心肌组织纤维化相关蛋白的表达水平，以此来评估大鼠心肌组织纤维化的程度。结果显示 IR 大鼠心肌组织间隙胶原沉积的面积明显增加（$p<0.05$），CAPE 和 CAPE-$o$$NO_2$ 处理能使胶原沉积明显地减少（$p<0.05$）。CAPE-$o$$NO_2$ 和 CAPE 是通过下调纤维化相关蛋白 TGF-β、p-Smad2/3 以及 Collegen 的表达来起到减轻心肌细胞纤维化作用的，且同等剂量的 CAPE-$o$$NO_2$ 的作用明显优于原型化合物 CAPE（$p<0.05$）。（结果详见附录 5-75。）

8）对 HR 诱导的心肌细胞（H9c2）凋亡与细胞 ROS 产生的影响。

减少缺氧/复氧（HR）诱导的心肌细胞凋亡与坏死：空白对照细胞数量较多且形态正常，细胞核被染色出均匀的黄绿色荧光，HR 模型组细胞数量明显减少而且很多细胞出现了不同程度的皱缩。而用不同浓度的 CAPE 和 CAPE-$o$$NO_2$ 处理细胞后，细胞数量增加，且细胞形态逐渐恢复正常（附录 5-76）。

降低心肌细胞内活性氧（ROS）的产生：为测定在 HR 刺激下细胞内 ROS 的水平，研究采用 DCFH-DA 探针测定 ROS 的水平。如附录 5-77 所示，正常细胞内几乎无荧光产生，而 HR 模型组的细胞内则出现了较强的荧光。不同浓度的 CAPE 和 CAPE-$o$$NO_2$ 处理细胞后荧光的强度较 HR 模型组有显著的降低（$p<0.05$）。结果表明 HR 刺激能使细胞内产生大量的 ROS，而 CAPE 和 CAPE-$o$$NO_2$ 则能够显著地抑制 HR 诱导的细胞内 ROS 的产生，保护细胞免受氧自由基的攻击。

9）与细胞凋亡、氧化反应相关蛋白及信号通路的影响。

心肌细胞内氧化相关蛋白表达：采用蛋白质印迹法测定 CAPE-$o$$NO_2$ 对 HR 诱导后心肌细胞中抗氧化相关蛋白 PGC-1α 和 SOD1 表达的影响。见图 5-34，在 HR 模型组中，细胞内 PGC-1α 和 SOD1 的表达均明显的降低（$p<0.05$），CAPE 和 CAPE-$o$$NO_2$ 处理后，细胞内 PGC-1α 和 SOD1 的表达均表现出明显的浓度依赖性的上调（$p<0.05$），表明两种化合物能够通过上调抗氧化相关蛋白的表达来发挥抑制氧化应激的作用。而 SIRT1 与 eNOS 抑制剂能明显抑制 CAPE-$o$$NO_2$ 的抗氧化作用。

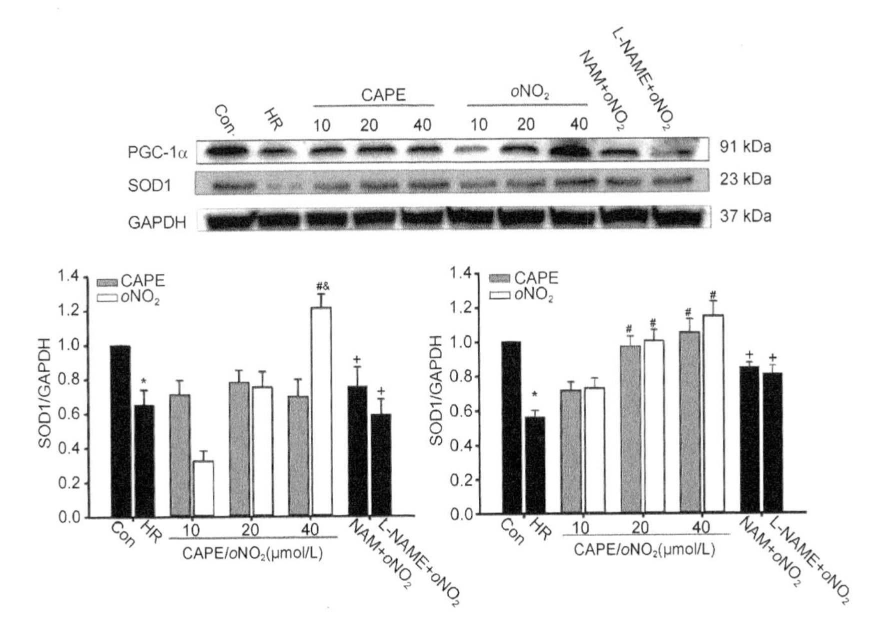

图 5-34　CAPE-oNO$_2$ 对缺氧/复氧 H9c2 细胞内 PGC-1α 和 SOD1 的影响

*$p< 0.05$ *vs*.Con; # $p < 0.05$ *vs*. HR; & $p <0.05$ *vs*. CAPE; + $p < 0.05$ *vs*. oNO$_2$

心肌细胞内凋亡相关蛋白表达的变化：见图 5-35，在 HR 模型中，心肌细胞内抗凋亡蛋白 Bcl-2 表达量减少而促凋亡蛋白 Bax 表达增加（$p<0.05$）。CAPE 及

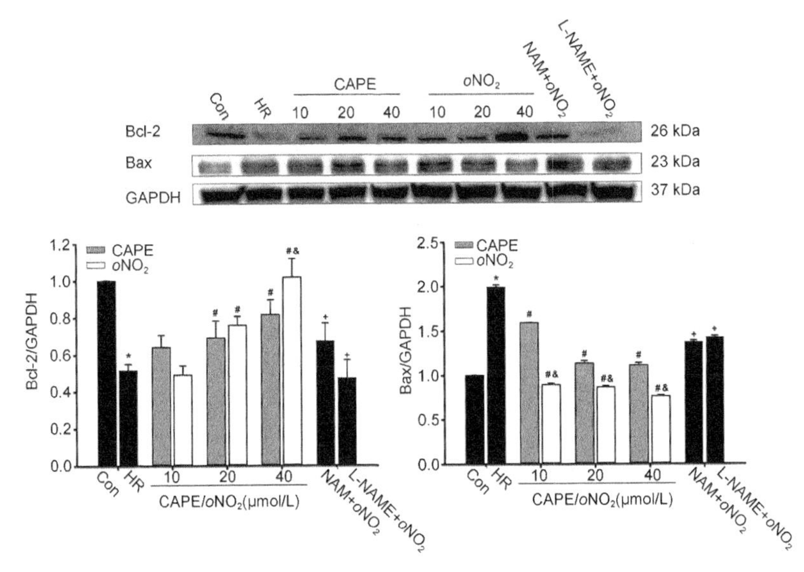

图 5-35　CAPE-oNO$_2$ 对缺氧/复氧 H9c2 细胞内 Bcl-2 和 Bax 的影响

*$p < 0.05$ *vs*.Con; # $p < 0.05$ *vs*.HR; & $p <0.05$ *vs*.CAPE; + $p < 0.05$ *vs*.oNO$_2$

CAPE-oNO_2 的处理促进了 Bcl-2 的表达而抑制了 Bax 的表达，并呈浓度依赖性（$p<0.05$）。而经过 NAM 和 L-NAME 预处理后，再用 CAPE-oNO_2 处理，较之 HR 模型组，均对 Bcl-2 与 Bax 表达量无明显影响。因此，CAPE 和 CAPE-oNO_2 能够通过上调抗凋亡蛋白和下调促凋亡蛋白来发挥抗细胞凋亡的作用，其作用与 SIRT1 与 eNOS 的表达密切相关。

对心肌细胞内 SIRT1/eNOS/NF-κB 通路的影响：见图 5-36，IR 组心肌细胞内 SIRT1 和 eNOS 的表达量明显下降（$p<0.05$），CAPE 和 CAPE-oNO_2 处理可剂量依赖性上调 SIRT1 和 eNOS 的表达（$p<0.05$），CAPE-oNO_2 的作用优于 CAPE（$p<0.05$）。此外 IR 组细胞内 IκB 和 P65 的磷酸化程度明显增加（$p<0.05$），CAPE

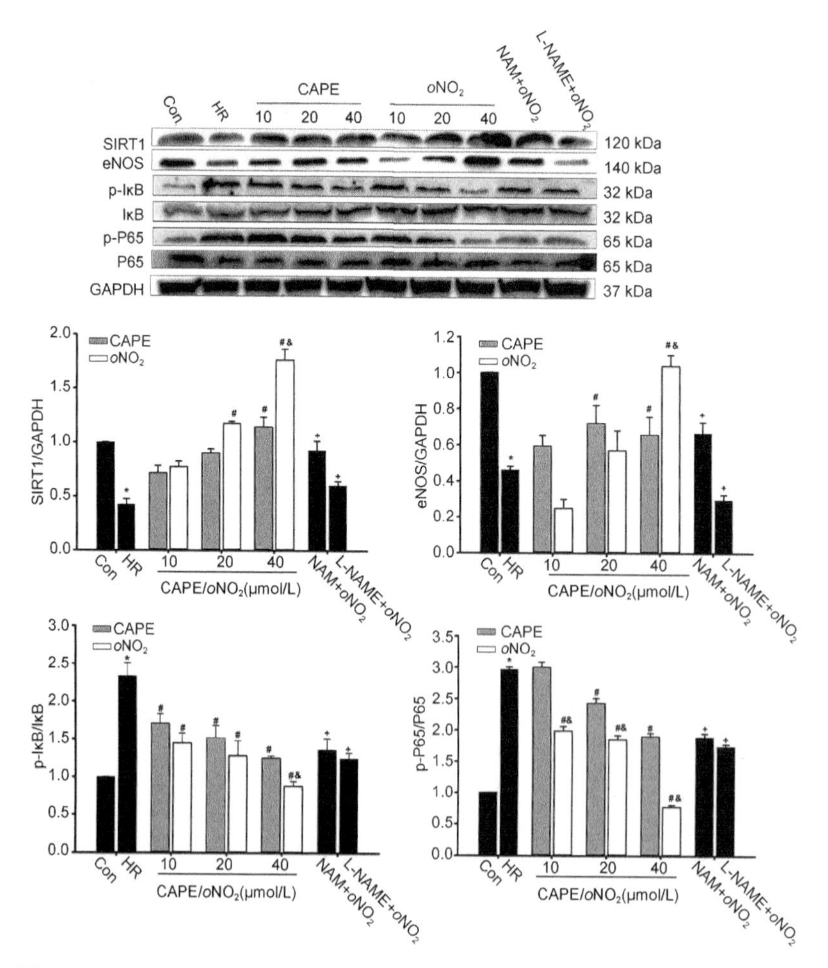

图 5-36 CAPE-oNO_2 对缺氧/复氧 H9c2 细胞内 SIRT1/eNOS/NF-κB 通路的影响

*$p < 0.05$ *vs*.Con; # $p < 0.05$ *vs*.HR; & $p < 0.05$ *vs*.CAPE; + $p < 0.05$ *vs*.oNO_2

和 CAPE-oNO$_2$ 处理后 p-IκB 和 p-P65 的蛋白表达量逐渐降低，表现出剂量依赖性。但抑制剂 NAM 和 L-NAME 则有效抵消了 CAPE-oNO$_2$ 上调细胞内 SIRT1、eNOS 蛋白表达和降低 IκB 和 P65 的磷酸化作用。

综上所述，咖啡酸邻硝基苯乙酯（CAPE-oNO$_2$）可明显改善大鼠急性 MIRI。其作用机制可能是经激活 SIRT1/ eNOS/NF-κB 信号通路，通过抗氧化应激、抗炎症、抗心肌纤维化和抗细胞凋亡的作用来达到抗 MIRI 作用的。整体研究总结见图 5-37。

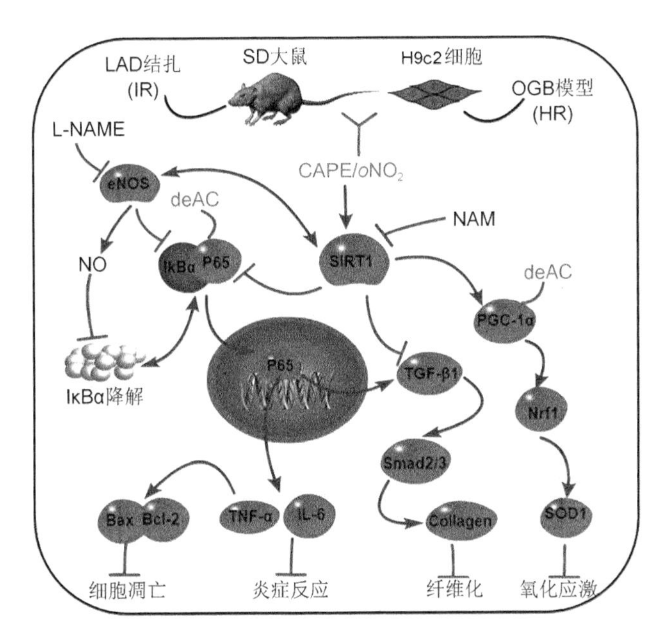

图 5-37　CAPE-oNO$_2$ 改善大鼠急性 MIRI 的作用机制

（4）对实验性小鼠糖尿病的作用

李赛、王小玲和 Fan 等[34,59,72-74]用链脲佐菌素（STZ）或 STZ 配合高糖高脂饲料构建不同的糖尿病小鼠模型，研究了咖啡酸对硝基苯乙酯（CAPE-pNO$_2$）对糖尿病、糖尿病肾病和糖尿病心肌病等的作用及其机制。

1）对模型鼠体重、血糖及其相关指标的影响。

a. 改善糖尿病小鼠的体况。

在两种模型、两种给药方案下，CAPE-pNO$_2$ 对模型鼠体况的改善作用相似。给药前模型小鼠的体重明显低于正常组小鼠（$p<0.05$），给药后模型鼠呈现先略有下降后缓缓增加，至实验结束时体重较稳定。高剂量给药组的体重几乎没有明显变化，未给药的模型对照组小鼠体重下降明显。结果说明 CAPE 和 CAPE-pNO$_2$ 都能改善糖尿病小鼠的体况。

b. 降低稳定模型鼠升高的血糖。

两种模型、两种给药方案中，CAPE-$p$$NO_2$ 对模型鼠的血糖的降低稳定作用相似。给药处理后，模型鼠的血糖显著下降（$p<0.05$），在给药处理期间，血糖水平在小范围波动，特别是中高剂量的 CAPE-$p$$NO_2$ 在给药 18 h 后空腹血糖一直处于降低的稳定水平。

c. 改善模型鼠的葡萄糖耐受量。

腹腔注射葡萄糖耐受实验显示，正常组小鼠血糖浓度在 30 min 达到最大，在 30～60 min 内迅速降低。模型组小鼠在 30～60 min 内血糖缓慢降低，糖尿病小鼠体内调节葡萄糖能力减弱。中等剂量-$p$$NO_2$ 组和 CAPE 组小鼠在 30～60 min 内血糖浓度下降较快，高剂量-$p$$NO_2$ 组小鼠在 30～60 min 内血糖迅速下降。

d. 对胰岛素和胰岛素抵抗水平的影响。

2 型糖尿病模型小鼠的血清胰岛素含量[（57.1 ± 11.1）mIU/L]明显高于对照组[（37.5 ± 1.12）mIU/L]（$p<0.05$），不同剂量的药物处理后，中等剂量-$p$$NO_2$ 组和高剂量-$p$$NO_2$ 组的血清胰岛素水平分别下降了 33.45%和 37.47%（$p<0.05$）。稳态模式评估法（homeostatic model assessment for insulin resistance，HOMA-IR）[75]评估显示，2 型糖尿病模型小鼠的 HOMA-IR 值远大于正常组的 HOMA-IR（$p < 0.05$），药物处理后的 HOMR-IR 值均显著性降低（$p<0.05$），进一步说明 CAPE-$p$$NO_2$ 能改善模型小鼠胰岛素抵抗水平和糖尿病并发症。CAPE-$p$$NO_2$ 降低血液中胰岛素的作用好于 CAPE，但无统计学意义。

2）对模型鼠血清其他生化指标影响。

a. 对血脂水平的影响。

糖尿病模型小鼠体内血清 TC、TG 和 LDL-C 水平显著上升（$p<0.05$）。在药物处理后，CAPE-$p$$NO_2$ 组和 CAPE 组的血清 TC、TG 和 LDL-C 水平显著降低（$p<0.05$），但 CAPE-$p$$NO_2$ 降血清 TC 的作用更好（$p<0.05$）。CAPE 和 CAPE-$p$$NO_2$ 对 HDL-C 均没有明显影响（$p >0.05$）。

b. 对肾功指标（BUN、sCr 和 Alb）的影响。

血清中的尿素（BUN）、肌酐（sCr）和 24 h 尿蛋白（24 h Alb）水平是重要的肾功能指标。在模型小鼠中 BUN、sCr 和 24 h Alb 的水平明显上升（$p<0.05$），对小鼠肾脏造成较严重的损伤。持续 8 周的给药 CAPE 和 CAPE-$p$$NO_2$ 处理可明显降低 BUN、sCr 和 24 h Alb 水平（$p < 0.05$），改善糖尿病肾病小鼠肾脏的功能，尤其在对 24 h Alb，CAPE-$p$$NO_2$ 的效果明显优于 CAPE（$p<0.05$）。

3）对模型鼠器官组织的保护作用。

a. 对心脏组织的保护作用。

降低心肌损伤标志物 CK 和 LDH 血清水平：李赛和 Fan[34,72,73]的上述两种模

型动物的研究也均表明，CAPE-pNO$_2$处理能显著降低血清中 CK 和 LDH 两种标志物的水平，对心肌的保护作用较强（$p<0.05$）。

改善心脏组织形态结构：两种模型在 HE 染色下观察了心脏组织的形态（参见附录 5-78），模型组明显出现大量的炎细胞聚集，细胞形态不完整，排列紊乱。给药处理后心脏组织形态有所改善，未出现显著的炎细胞聚集，细胞排列较为整齐。在不同剂量 CAPE-pNO$_2$组中，随着剂量的增加，炎性细胞聚集越来越少，组织间隙也减少，心肌细胞排列越整齐。

降低心脏脂质沉积（参见附录 5-79）：油红 O 染色发现，糖尿病小鼠心肌组织脂质含量高（$p<0.05$），经给药处理后，脂质积累显著下降（$p<0.05$），CAPE-pNO$_2$处理后脂质沉积更少（$p<0.05$）。

抑制心肌组织纤维化：Masson 染色发现，糖尿病小鼠心肌组织胶原沉积严重（$p<0.05$），经给药处理后，胶原沉积明显减少（$p<0.05$），CAPE-pNO$_2$处理后胶原沉积更少（$p<0.05$）。蛋白质印迹检测发现，糖尿病小鼠胶原蛋白 Ⅳ（Collagen Ⅳ）和纤连蛋白（Fibronectin）表达过度（$p>0.05$），给药处理能在一定程度上抑制胶原蛋白Ⅳ、纤连蛋白和 TGF-β1 的表达（$p>0.05$）。此外，给药对心肌细胞分泌的细胞外基质（extracellular matrix，ECM）的影响也是一致的，详见图 5-38。因此，CAPE-pNO$_2$能通过抑制纤维蛋白原的表达、降低胶原沉积来抑制心肌组织的纤维化。

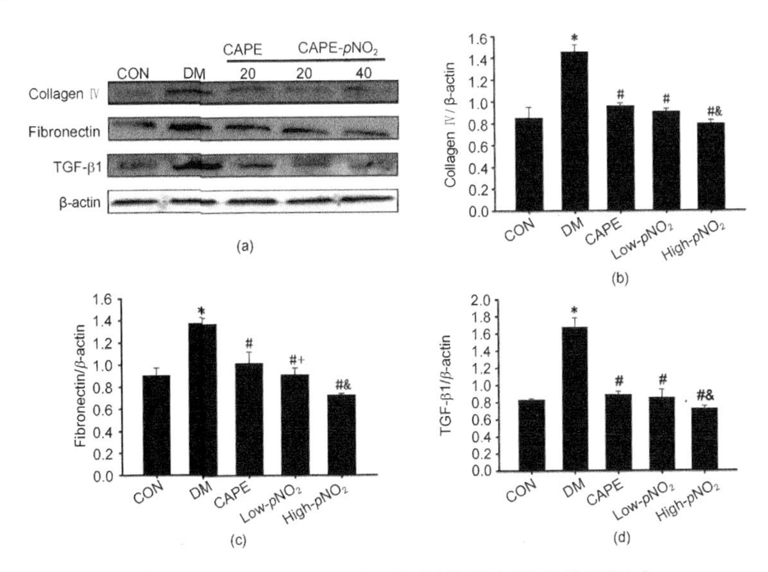

图 5-38　CAPE-pNO$_2$对心肌纤维蛋白原表达的影响

（a）TGF-β1、胶原蛋白和 FN 的表达；（b～d）光密度定量分析 TGF-β1、胶原蛋白和 FN 的表达量柱状图
（Low-pNO$_2$为低剂量 CAPE-pNO$_2$组，High-pNO$_2$为低剂量 CAPE-pNO$_2$组）
*$p<0.05$ 与空白组（CON）相比；＃$p<0.05$ 与模型组（DM）相比；+$p<0.05$ 与 CAPE 相比；& $p<0.05$ 与低剂量 CAPE-pNO$_2$组相比

下调心脏组织中促炎症因子 TNF-α 和炎症相关蛋白的表达（参见附录 5-80）：免疫组化检测发现，模型小鼠心脏 TNF-α 的表达显著上调（$p < 0.05$），给药处理后，TNF-α 的阳性表达率明显被抑制（$p < 0.05$），CAPE- pNO_2 处理后的抑制作用更加明显（$p < 0.05$）。蛋白质印迹检测发现（图 5-39），心肌组织中 TNF-α、IL - 6 和 IL-β 等炎症相关的蛋白过度表达（$p < 0.05$），给药处理后其表达均被显著下调（$p < 0.05$）。给药后 p65 在细胞质中的表达增加，在核内的表达降低（$p < 0.05$），p-IκBα 的表达明显被下调（$p < 0.05$）。给药处理抑制了 IκBα 的磷酸化，从而阻碍 NF-κB 向核内的转移而减少炎症反应的扩大，并且可以调节炎症蛋白的表达来保护心肌组织免受炎症的影响。在这些研究中发现，CAPE- pNO_2 处理效应更强。

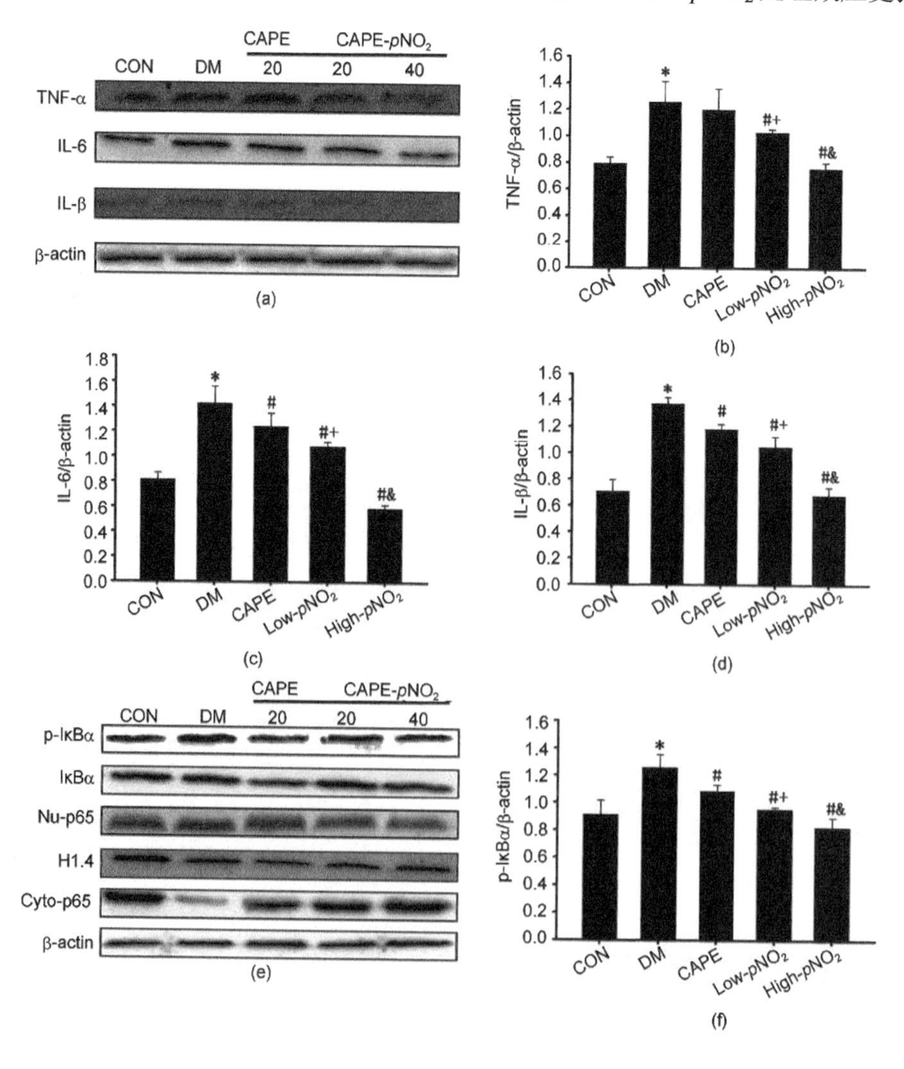

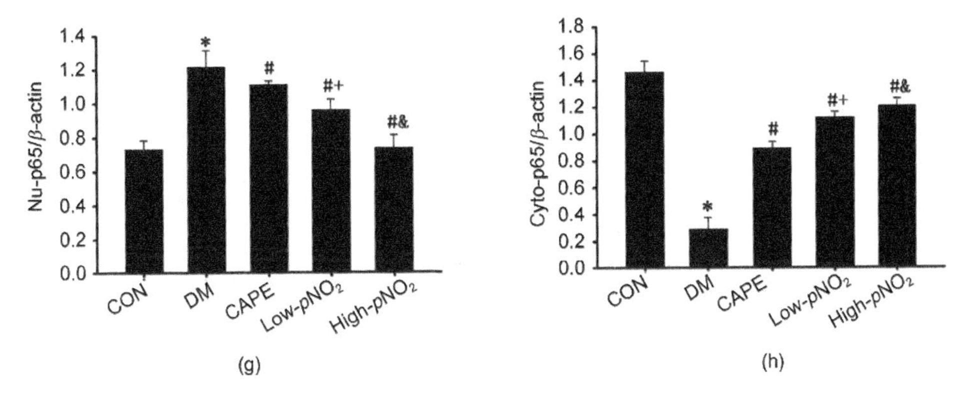

图 5-39　CAPE-pNO_2对心肌组织炎症蛋白表达的影响

(a)～(h)TNF-α, IL-6, IL-β, p-IκBα 蛋白表达及相应的光密度分析柱状图

*$p<0.05$ 与空白组相比； # $p<0.05$ 与模型组相比；+$p<0.05$ 与 CAPE 相比；& $p<0.05$ 与低剂量 CAPE- pNO_2组相比

b. 对肝脏组织的保护作用。

CAPE-pNO_2 对糖尿病小鼠模型肝损伤保护的研究资料均来自李赛[72, 73]的研究。该研究用高糖高脂和 STZ 诱导的 2 型糖尿病小鼠模型较系统地研究了经 CAPE-pNO_2处理后对转氨酶、肝脂肪浸润、肝糖原和肝组织胰岛素抵抗相关蛋白的表达等方面的影响。

降低血清转氨酶水平、减轻肝损伤：模型组血清谷丙转氨酶（alanine aminotransferase，ALT）和谷草转氨酶（aspartate aminotransferase，AST）水平显著升高（$p<0.05$）。经 CAPE-pNO_2处理后，ALT 和 AST 均显著降低（$p<0.05$）；CAPE 处理后显著降低 ALT（$p<0.05$），但对 AST 影响不明显。

改善肝脏组织形态结构、减少脂肪浸润（参见附录 5-81）：HE 染色发现模型组小鼠肝脏组织中出现脂肪浸润，有大量的空泡样变性，细胞排列明显紊乱，细胞核皱缩，部分细胞聚集。给予 CAPE 和 CAPE-pNO_2处理后，肝脏组织形态有一定的改善，细胞形态较为清晰，脂肪变性程度有了明显的减少，细胞排列紊乱程度明显减少。

增加肝糖原的合成、降低血糖：PAS 染色（periodic acid-schiff stain）发现，模型组中紫红色的肝糖原显著减少。经药物处理后，紫红色区域显著增加，CAPE 和中高剂量 CAPE-pNO_2处理后紫红色肝糖原区面积分别增加了 31.97%、36.66%和 57.56%（$p<0.05$）。结果见附录 5-82。

胰岛素抵抗是 2 型糖尿病的典型特征，是导致葡萄糖稳态失调的关键因素之一[76]。肝脏是胰岛素抵抗的主要靶器官之一，通过在空腹期间分解肝糖原产生葡萄糖和餐后利用葡萄糖合成肝糖原来维持葡萄糖平衡，在胰岛素抵抗和 2 型糖尿病状态下机体肝脏维持这种平衡的功能被破坏导致高血糖症[77]。以下讨论的是

CAPE-pNO_2 处理2型糖尿病模型动物后，肝组织中胰岛素抵抗相关蛋白表达的影响。

上调葡萄糖利用相关蛋白 AMPK 及 GLUT4 的表达：蛋白质印迹法检测发现，模型小鼠肝脏磷酸化的 AMP 依赖蛋白激酶[adenosine 5′-monophosphate (AMP)-activated protein kinase，AMPK]和葡萄糖转运子蛋白 4（glucosetransporter 4，GLUT4）的表达量显著减少（$p<0.05$）。经给药处理后可以上调 p-AMPK 和 GLUT4 蛋白的表达，有利于血糖的转运。CAPE-pNO_2 处理的 p-AMPK/AMPK 和 GLUT4/GAPDH 显著性升高（$p<0.05$）。

上调 Akt 和下调 GSK3β 肝糖原合成相关蛋白的表达：蛋白质印迹法检测发现，模型小鼠肝磷酸化苏氨酸蛋白激酶（p-Akt）的表达明显减少，糖原合成酶激酶-3（GSK3β）的表达显著增加（$p<0.05$）。给予 CAPE 和 CAPE-pNO_2 处理后 p-Akt 的表达量显著增加，GSK3β 的表达量明显减少（$p<0.05$），CAPE-pNO_2 处理后的 p-Akt/Akt 和 GSK3β 的变化更大（$p<0.05$），有利于肝糖原的合成。p-Akt 表达量增加和 GSK3β 的表达量减少与 CAPE-pNO_2 剂量呈正变关系。

上调 PPARα 和下调 p-JNK 肝脂肪酸氧化相关蛋白的表达：蛋白质印迹法检测发现，模型小鼠肝脏组织中磷酸化氨基末端激酶（c-Jun N-terminal kinase，p-JNK）表达水平显著增加，过氧化物酶体增殖剂激活受体（peroxisome proliferators-activated receptors，PPARα）表达水平显著减少（$p<0.05$）。经 CAPE 和 CAPE-pNO_2 处理后的 p-JNK 水平显著降低，PPARα 表达水平显著升高（$p<0.05$），有利于肝脏脂肪的代谢。PPARα 表达量增加和 p-JNK 的表达量降低与 CAPE-pNO_2 剂量呈正变关系。

c. 对胰腺组织的保护作用。

CAPE-pNO_2 对糖尿病小鼠模型胰腺的保护研究资料同样来自李赛[72,73]的研究。该研究用高糖高脂和 STZ 诱导的 2 型糖尿病小鼠模型较系统地研究了经 CAPE-pNO_2 处理后对胰腺组织、胰岛和胰岛 β 细胞的影响。

改善胰腺组织形态结构、减少胰腺组织坏死：如附录 5-83 所示，HE 染色的模型小鼠胰腺组织出现严重的病变，组织形态散乱不规则，胰腺细胞变性，出现坏死和细胞核溶解。经 CAPE 和 CAPE-pNO_2 处理后胰腺损伤得到改善，细胞形态变清晰，排列变致密，细胞坏死和溶解减少。

增大胰岛面积、促进胰岛 α 细胞向 β 细胞转化：免疫荧光染色，胰岛 β 细胞呈红色，胰岛 α 细胞呈绿色，蓝色的是细胞核。模型小鼠胰岛红绿区域总面积显著减少，胰岛 α/β 比率明显增大，胰岛 β 细胞数量显著减少（$p<0.05$）。经 CAPE 和 CAPE-pNO_2 处理后，红绿色区域总面积显著增加（$p<0.05$），α/β 比率减少，胰岛 β 细胞数量显著增加（$p<0.05$），CAPE-pNO_2 的作用更强（参见附录 5-84）。给药处理后有利于胰岛面积的增加和分泌胰岛素的 β 细胞数量增加。

d. 对肾脏组织的保护作用。

王小玲[59,74] 利用 STZ 诱导的小鼠糖尿病模型和高糖诱导肾系膜细胞损伤模型，研究 CAPE-pNO$_2$ 对糖尿病小鼠模型肾脏的保护作用。

改善由糖尿病造成的肾脏组织损伤：HE 和 PAS 染色可知（参见附录 5-85A 和 B），模型组小鼠肾基底膜明显增厚，肾小球肥大并且肾小管萎缩，肾脏组织排列凌乱，给予 CAPE 和 CAPE-pNO$_2$ 处理后肾小球、肾小管以及肾脏的结构相对于模型组小鼠有所改善。Masson 染色发现（参见附录 5-85C），模型小鼠肾脏组织纤维化的蓝色区域多，有大量的胶原沉积，给药处理后蓝色区域减少，组织纤维化情况有所改善。统计显示[图 5-61(d)]，模型组的纤维化面积是空白对照组的 2.5 倍，经不同剂量药物处理后纤维化面积分别为空白组的 1.8 倍、1.5 倍和 1.3 倍。CAPE 和 CAPE-pNO$_2$ 可明显改善肾脏纤维化，保护肾脏结构，并且同等剂量的 CAPE-pNO$_2$ 的效果更优（p<0.05）。

增强肾脏组织抗氧化应激能力，减少应激损伤：在氧化应激体系中，SOD 是机体氧化与抗氧化过程中至关重要的酶，MDA 是脂质过氧化产物，它的含量可间接反映自由基攻击细胞的严重程度。模型小鼠肾 MDA 明显增加，SOD 活性明显降低（p<0.05）。给予 CAPE 和 CAPE-pNO$_2$ 处理可明显降低 MDA 含量和提升 SOD 活性（p<0.05）。另外，对氧化应激反应相关蛋白 NADPH 氧化酶（NOX4），模型组表达量约是空白对照组的 1.5 倍，CAPE 和不同剂量 CAPE-pNO$_2$ 对应表达量分别为空白组的 1.2 倍、1.0 倍和 0.7 倍。CAPE-pNO$_2$ 显示了更强的机体抗氧化应激，保护组织免受氧化应激造成的损伤能力。

抑制炎症因子的表达，减轻肾脏组织炎症：蛋白质印迹和免疫组化分析结果显示，给予 CAPE 和 CAPE-pNO$_2$ 处理可明显降低 TNF-α、MPO、IL-β 和 IL-6 等炎性因子和激酶的活性。

调节 Akt/NF-κB 通路减缓肾脏炎症反应：蛋白质印迹法考察肾脏组织 Akt/NF-κB 通路中相关蛋白的表达发现，模型鼠核 p65 和 p-IκBα 的表达上调而细胞质 p65 表达下调（p<0.05），给药处理可下调核 p65 和 p-IκBα 而上调细胞质 p65 表达（p < 0.05）。同样，在 NF-κB 的上游通路中，CAPE 和 CAPE-pNO$_2$ 可下调 p-Akt 和 p-PI3K 蛋白表达。尤其是在对 p65 和 p-PI3K 这两个蛋白的调节上，CAPE-pNO$_2$ 表现出较好的调节效果（p < 0.05）。结果表明 CAPE 和 CAPE-pNO$_2$ 可以调控 Akt/NF-κB 通路来减少炎症因子释放以减缓肾脏的炎症反应。

调节 TGF-β/Smad 通路减缓肾脏纤维化反应：Masson 染色可以看出，CAPE 和 CAPE-pNO$_2$ 可减少肾脏组织的胶原沉积并改善肾脏的纤维化，肾组织蛋白质印迹分析表明，模型鼠蛋白 TGF-β1、Collagen、Fibronectin、α-SMA 和 p-Smad2/3

的表达明显上调（$p<0.05$），而给药处理后可明显下调其表达（$p<0.05$），且同剂量的 CAPE-$p$$NO_2$ 的效果明显优于 CAPE（$p<0.05$）。

减缓高糖诱导的肾系膜细胞（GMCs）损伤：CAPE 和 CAPE-$p$$NO_2$ 可以抑制高糖诱导的 GMCs 的增殖，阻滞细胞周期于 G0/G1 期；可抑制周期蛋白，减少细胞内 ROS 的含量和抑制 NOX4 蛋白的表达从而减少细胞氧化应激损伤；还可调节 TGF-β1 的表达下调胞外基质蛋白来减少细胞外基质沉积。结果表明 CAPE-$p$$NO_2$ 对高糖诱导的 GMCs 有更好的改善作用，可以减缓高糖带来的细胞损伤。实验结果详见附录 5-86 至附录 5-88。

综上所述，王小玲通过 STZ 诱导小鼠糖尿病和高糖诱导肾系膜细胞损伤模型系统地研究了给药对糖尿病肾病（diabetic nephropathy，DN）的作用。归纳起来，CAPE-$p$$NO_2$ 可能通过调节 Akt/NF-κB/iNOS 细胞信号通路来改善小鼠实验性糖尿病肾病，见图 5-40。

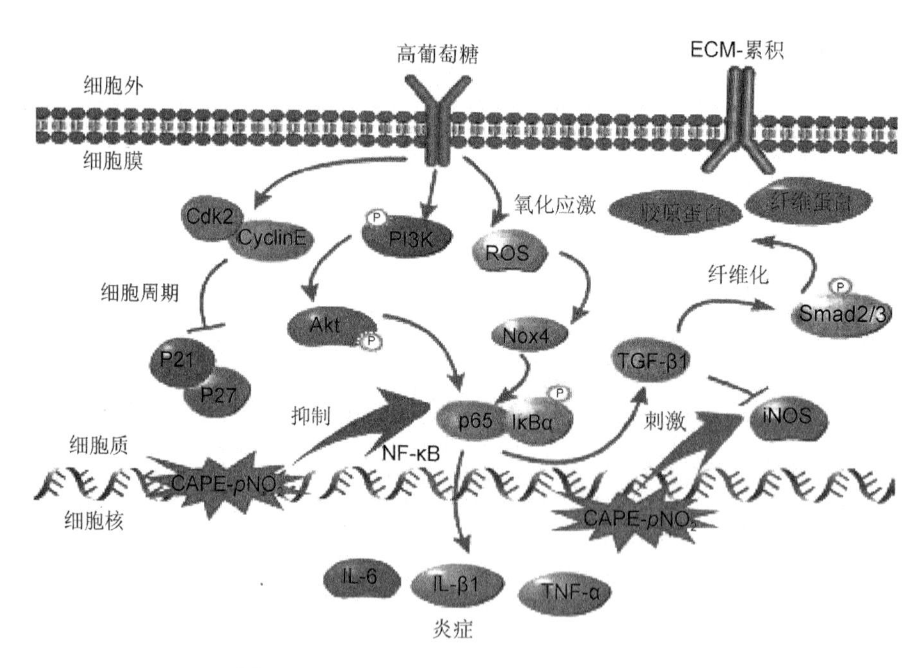

图 5-40　CAPE-$p$$NO_2$ 对 DN 的可能作用机制

（5）抗癌活性及其机理的研究

笔者课题组的唐浩[57, 78]、姚晓芳[58, 79]、向春艳[42]和黄钦[80, 81]在不同的时间对 CAPE-$p$$NO_2$ 抗肺癌、肝癌、结肠癌、宫颈癌和乳腺癌的作用进行了细胞或实验动物异位荷瘤的研究，得到了许多有益的结果或结论。总体来说，对位硝基取代物 CAPE-$p$$NO_2$ 抗以上癌症的作用明显优于其原型化合物 CAPE。

1）抗肺癌、肝癌活性研究。

抗肺癌、肝癌作用研究是向春艳[42]在研究 CAPE-$p$$NO_2$ 药理作用的早期进行的，她仅用 MTT 法筛选了一系列 CAPE 衍生物对癌细胞的毒性。实验发现，CAPE-$p$$NO_2$ 的细胞毒性最强，其半数有效浓度（IC_{50}）为：对人肺癌 A549 细胞（29.68 ± 1.16）μmol/L，对人肝癌 HepG2 细胞（86.36 ± 4.36）μmol/L。但其实验方法简单，没有进行深入研究。

2）抗结肠癌活性与机理研究。

2017 年唐浩[57]以 MTT 法测定 CAPE-$p$$NO_2$ 的人结肠癌细胞毒性，筛选了人结肠癌的微卫星稳定型（micro satellite stability，MSS）细胞株 HT29 和微卫星不稳定型（micro satellite instability，MSI）细胞株 HCT-116 进行抗癌的细胞实验和裸鼠异位荷瘤实验研究。

a. 对 HT29 和 HCT-116 细胞株的作用。

抑制结肠癌细胞的增殖：MTT 法测定，CAPE-$p$$NO_2$ 对 HT-29 细胞的 IC_{50} 值为（29.5±2.9）μmol/L，优于 CAPE 的（44.5±3.1）μmol/L；对 HCT-116 细胞的 IC_{50} 值为（33.8±3.3）μmol/L，优于 CAPE 的（47.2±2.4）μmol/L。

促进结肠癌细胞的凋亡：以 Hoechst 33342 染色和流式细胞仪检测对 HT-29 和 HCT-116 细胞凋亡的影响。Hoechst 33342 染色，荧光显微镜如附录 5-89 所示，随着给药处理浓度的增加，细胞的数量逐渐减少，并且荧光强度增加，细胞的完整性变差，细胞出现了凋亡明显。

流式细胞术凋亡检测如附录 5-90 所示，在 40 μmol/L 浓度下，CAPE 和 CAPE-$p$$NO_2$ 诱导 HT-29 的凋亡率分别为 34.0% ± 2.9%和 49.0% ± 2.6%，诱导 HCT-116 的凋亡率分别为 39.0% ± 2.5%和 47.0% ± 2.4%。CAPE-$p$$NO_2$ 对两株结肠癌细胞的促凋亡作用有显著优势（$p<0.01$）。

阻滞结肠癌细胞于细胞周期的 G0/G1 期：流式细胞术检测发现，随着给药浓度的增加，S 期细胞的比例下降，G2/M 期几乎保持不变，而 G0/G1 期的细胞数量明显增多。在 HT-29 细胞中 CAPE 和 CAPE-$p$$NO_2$ 使细胞的 G0/G1 期从空白组的 31.9%± 1.1%上升到了 77.3% ± 1.3%和 86.5% ± 2.1%；对 HCT-116 的细胞，G0/G1 期从空白组的 31.0% ± 1.4%上升到了 80.1% ± 0.9%和 84.5% ± 1.6%。在 40 μmol/L 浓度下，CAPE-$p$$NO_2$ 使癌细胞处于 G0/G1 阻留期的细胞比例效果要明显好于 CAPE（$p<0.01$），阻滞癌细胞分裂的作用更强。结果详见附录 5-91。

对 HT-29 细胞周期和凋亡相关蛋白的作用：根据 MTT 和细胞凋亡实验的结果，选择了对实验药物更敏感的 HT-29 结肠癌细胞进行实验。蛋白质印迹法分析结肠癌细胞由 G1 期到达 S 期的关键点发现，经 CAPE 和 CAPE-$p$$NO_2$ 处理后 P53

的表达量上升了 1.75 倍和 2.08 倍，$P21^{Cip1}$ 的表达量上升了 2.57 倍和 2.86 倍，$P27^{Kip1}$ 的表达量上升了 2.77 倍和 3.99 倍，CDK2 的表达量下降了 55.0%和 66.0%，c-Myc 的表达量下降了 50.0%和 62.0%。分析细胞凋亡的 P53 信号通路蛋白发现，Pro-caspase-3 的表达量下降了 44.0%和 79.0%，Cleaved-caspase-3 的表达量上升了 2.17 倍和 3.12 倍，Bax 的表达量分别上升了 1.52 倍和 1.96 倍，CytoC 的表达量上升了 1.76 倍和 2.19 倍，P38 的表达量上升了 1.43 倍和 1.78 倍。

b. 对 HT-29 细胞荷瘤裸鼠模型的抑制作用。

荷瘤动物模型的建立与给药：BALB/C 雄性裸鼠，4～5 周龄，体重为（18.5±2.3）g，SPF 级动物房适应性饲养一周，用 6×10^6/mL 的 HT-29 细胞悬液在裸鼠腋下皮下接种 200 μL，接种后每天观察裸鼠成瘤的情况，待瘤体长到 100 mm^3 左右，开始进行分组给药处理。药物处理以 CAPE[10 mg/（kg·d）]口服为阳性对照，CAPE-pNO_2 处理用不同剂量[5 mg/（kg·d）、10 mg/（kg·d）和 20 mg/（kg·d）]口服给药分组进行。

抑制荷瘤动物瘤体的生长：接种 10 天后瘤体生长达到给药标准，给药处理后各实验组荷瘤的瘤体生长均被抑制。高剂量 CAPE-pNO_2 组的瘤体的生长在接种后约 43 天时率先被抑制，瘤体开始变小，较之对照组，阳性对照组和不同剂量 CAPE-pNO_2 组的瘤体生长抑制率分别为 45.0% ± 10.5%、50.0% ± 6.9%、55.7% ± 6.1%和 63.2% ± 7%。较之阳性对照，CAPE-pNO_2 对肿瘤生长的抑制作用出现快，作用强（$p<0.01$）。结果详见图 5-41。

下调 VEGF 的表达和促进瘤体细胞凋亡：如附录 5-92B 所示，免疫组化法检测肿瘤组织内 VEGF 的表达。相对于对照组，CAPE 组 VEGF 的表达量下调了 44.0%±1.8%，不同剂量的 CAPE-pNO_2 的三个组 VEGF 的表达量分别下调了 49.0%±3.2%、58.0%±2.2%和 62.0%±3.6%。CAPE-pNO_2 对 VEGF 的下调抑制了肿瘤微血管的生长。Tunel 染色发现（参见附录 5-92A），给药组肿瘤凋亡的细胞（棕黄色）明显多于对照组。在 CAPE-pNO_2 组细胞的凋亡是呈剂量依赖性的，且同剂量 CAPE-pNO_2 的促细胞凋亡作用明显强于 CAPE（$p<0.05$）。

细胞实验和荷瘤动物实验表明，咖啡酸对硝基苯乙酯（CAPE-pNO_2）具有比原型化合物 CAPE 更强的抗结肠癌作用。对细胞而言，CAPE-pNO_2 以浓度和时间依赖的方式抑制人结肠癌细胞 HT-29 和 HCT-116 的增殖、诱导细胞的凋亡和周期阻滞在 G0/G1 期。CAPE-pNO_2 上调了 Bax、Cleaved-caspase-3、CytoC 和 P38，下调了 Pro-caspase-3 来诱导细胞凋亡；上调了细胞周期的 $P21^{Cip1}$、$P27^{Kip1}$ 和 P53，下调了 c-Myc 和 CDK2 来使细胞周期阻滞在 G0/G1 期。在裸鼠荷瘤实验中，CAPE-pNO_2 是以剂量依赖的方式抑制肿瘤的生长，其抑制作用是通过促进肿瘤组织中细胞凋亡和降低组织内 VEGF 的表达来实现的。

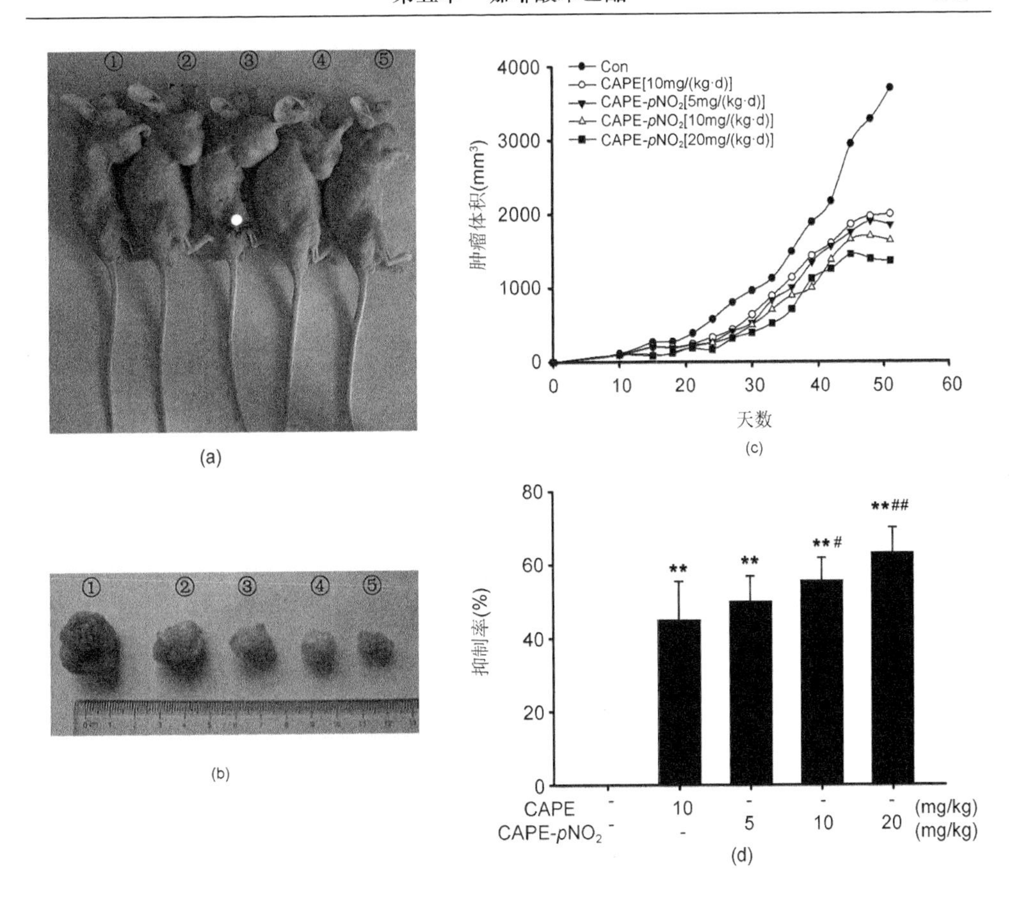

图 5-41　CAPE-pNO_2对荷瘤生长的影响

（a）41 天后肿瘤体外观察；（b）体内观察；①,②, ③, ④和⑤分别表示空白组, CAPE-10 mg/(kg·d), CAPE-pNO_2-5 mg/(kg·d), CAPE-pNO_2-10 mg/(kg·d)和 CAPE-pNO_2-20 mg/(kg·d)。（c）裸鼠注射 HT-29 细胞 9 天后，CAPE 和 CAPE-pNO_2灌胃给药 42 天，每隔 3 天测量肿瘤体积；（d）实验结束时，切除肿瘤称重

*$p < 0.05$, **$p < 0.01$：CAPE 和 CAPE-pNO_2 与空白组相比

#$p < 0.05$, ##$p < 0.01$：CAPE-pNO_2 [5 mg/(kg·d), 10 mg/(kg·d), 20 mg/(kg·d)] 与 CAPE[10 mg/(kg·d)]相比

（6）抗宫颈癌活性与机理研究

姚晓芳[58,79]于 2017 年以人宫颈癌 HeLa 和 Siha 细胞株为对象进行细胞实验，并选择人宫颈癌 HeLa 细胞系、大鼠 H9c2 细胞株进行裸鼠荷瘤实验，研究了 CAPE-pNO_2对宫颈癌的作用及其可能机制。

1）对 HeLa 和 Siha 细胞株的作用。

抑制宫颈癌细胞的增殖：MTT 法测定，CAPE-pNO_2对 HeLa 细胞的 IC_{50}值为（5.07 ± 1.2）μmol/L，优于 CAPE 的（20.0 ± 2.3）μmol/L；对 HCT-116 细胞的 IC_{50}值为(7.80 ± 1.8)μmol/L，优于 CAPE 的(28.0 ± 1.9)μmol/L。硝基衍生物 CAPE-pNO_2

抑制宫颈癌细胞增殖的作用显著增强（$p<0.01$）。

促进宫颈癌细胞的凋亡：以 Hoechst 33342 染色和流式细胞术检测 CAPE-pNO$_2$ 对 HeLa 和 Siha 细胞凋亡的影响。Hoechst 33342 染色，荧光显微镜图如附录 5-93 所示，随着给药处理浓度的增加，细胞的数量逐渐减少，并且荧光强度增加，细胞的完整性变差，细胞出现了明显凋亡。

流式细胞术凋亡检测如附录 5-94 所示，在 30 μmol/L 浓度下，CAPE 和 CAPE-pNO$_2$ 诱导 HeLa 细胞的凋亡率分别为 20.1%±1.5%和 24.5% ±1.9%，诱导 Siha 细胞的凋亡率分别为 18.5% ± 1.8%和 20.9% ± 2.0%。CAPE-pNO$_2$ 对两株宫颈癌细胞的促凋亡作用优势明显（$p<0.01$）。

使宫颈癌细胞阻滞于细胞周期的 G2/M 期：选取 HeLa 细胞考察 CAPE 和 CAPE-pNO$_2$ 对宫颈癌细胞的周期的影响。HeLa 细胞 G0/G1 期、S 期的细胞比例未发生明显变化，而 G2/M 期的细胞比例明显增加。30 μmol/L CAPE 和 CAPE-pNO$_2$ 处理后 G2/M 期的细胞百分比分别从 4.8% ± 0.35%升高到 22.7% ± 1.8%、27.1% ± 0.86%。这表明 CAPE 和 CAPE-pNO$_2$ 可使细胞周期阻滞于 G2/M 期，细胞无法完成有丝分裂，抑制 HeLa 细胞的增殖（参见附录 5-95）。G2/M 期细胞比例的增加随浓度的增加呈显著的剂量依赖性（$p<0.01$）。

对 HeLa 细胞周期和凋亡相关蛋白的作用：细胞周期分布表明，HeLa 细胞被阻滞在有丝分裂的 G2/M 期。蛋白质印迹法分析 HeLa 细胞 G2/M 期的关键点发现，经 CAPE 和 CAPE-pNO$_2$ 处理后 Cyclin B1 的表达量为未给药组的 0.50 倍和 0.37 倍，Cdc2 的表达量下调到 0.48 倍和 0.33 倍，P21^{Cip1} 的表达量为未给药组的 1.99 倍和 2.42 倍（图 5-42）。分析 HeLa 细胞凋亡相关蛋白发现，经药物处理后 HeLa 细胞的促凋亡蛋白 Bax、Cleaved-caspase-3 和 CytoC 的表达显著增加，而抑凋亡蛋白 Bcl-2、pro-caspase-9 和 pro-caspase-3 的表达显著降低（$p<0.01$），详见图 5-43。

2）对 HeLa 细胞荷瘤裸鼠模型的抑制作用。

荷瘤动物模型的建立与给药：以培养的 HeLa 细胞建立荷瘤模型，实验动物、方法、阳性对照、给药途径、剂量和分组均与文献[78]相同，连续给药 41 天。

抑制荷瘤动物瘤体的生长：接种 10 天后瘤体生长达到给药标准，给药处理后各实验组荷瘤的瘤体生长均被抑制。高剂量 CAPE-pNO$_2$ 组的瘤体的生长在接种后约 45 天时率先出现生长停滞[图 5-44(a)]，瘤体开始变小，较之对照组，阳性对照组和不同剂量 CAPE-pNO$_2$ 组的瘤体生长抑制率分别为 44.9%±11.5%、53.7%± 7.1%、59.9%±8.0% 和 67.2% ± 6.2%。较之阳性对照，CAPE-pNO$_2$ 对肿瘤生长的抑制作用强（$p<0.01$）。

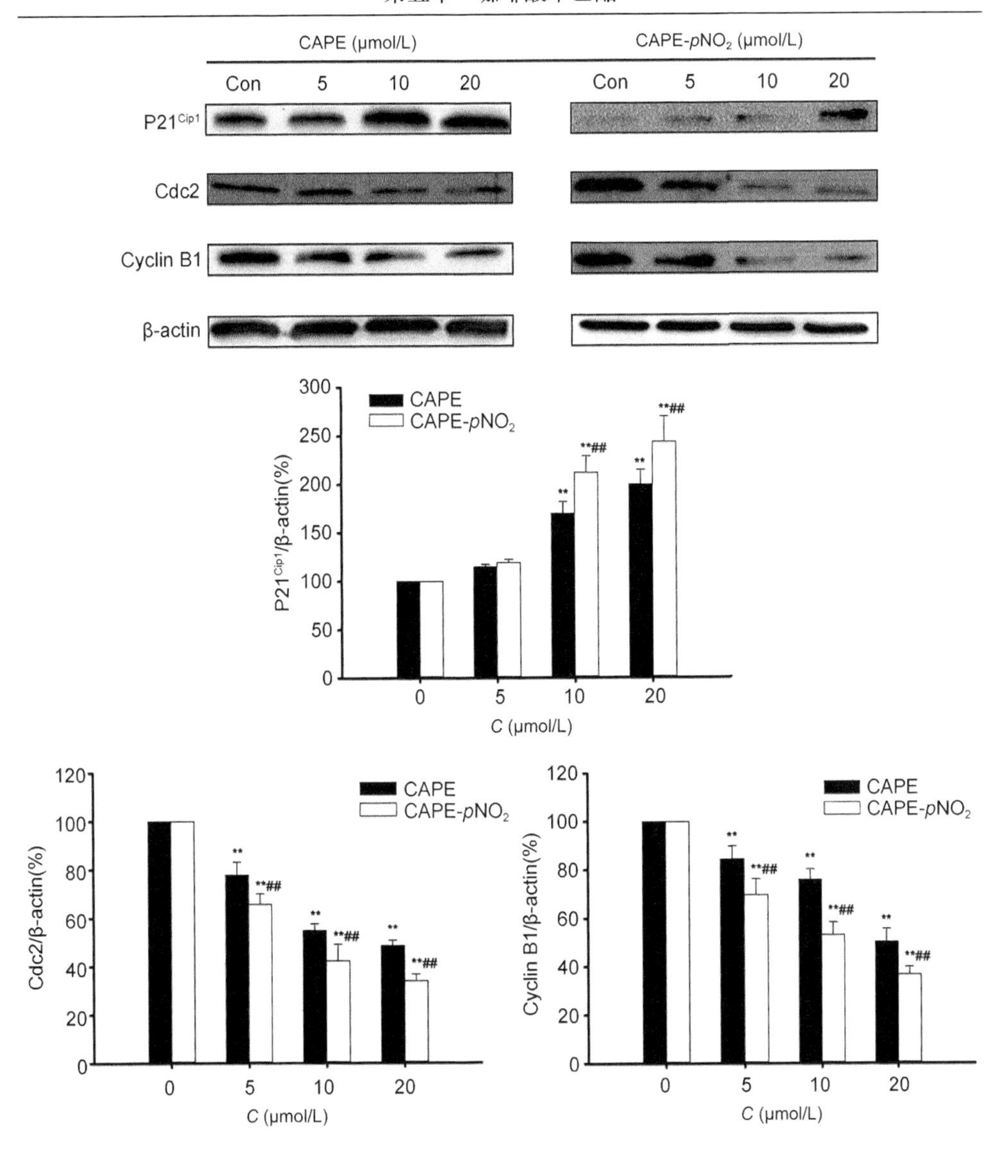

图 5-42　CAPE-pNO_2 对 HeLa 细胞周期相关蛋白的影响（蛋白质印迹法）
#p<0.05 和 ##p<0.01 为 CAPE 组和 CAPE-pNO_2 组相比，**p<0.01 为空白组与其他组相比

下调 VEGF 的表达和促进瘤体细胞凋亡：免疫组化法检测肿瘤组织内 VEGF 的表达（棕色为阳性表达，参见附录 5-96A）。CAPE 组 VEGF 的阳性表达率为 75.0%±1.9%，CAPE-pNO_2 的三个组的阳性表达率分别为 67.5%±2.8%，34.4%±1.7%和 26.8%±2.2%。CAPE-pNO_2 对 VEGF 表达的下调抑制了肿瘤微血管的生长。Tunel 染色发现（参见附录 5-96B），给药组肿瘤凋亡的细胞（棕黄色）明显多于

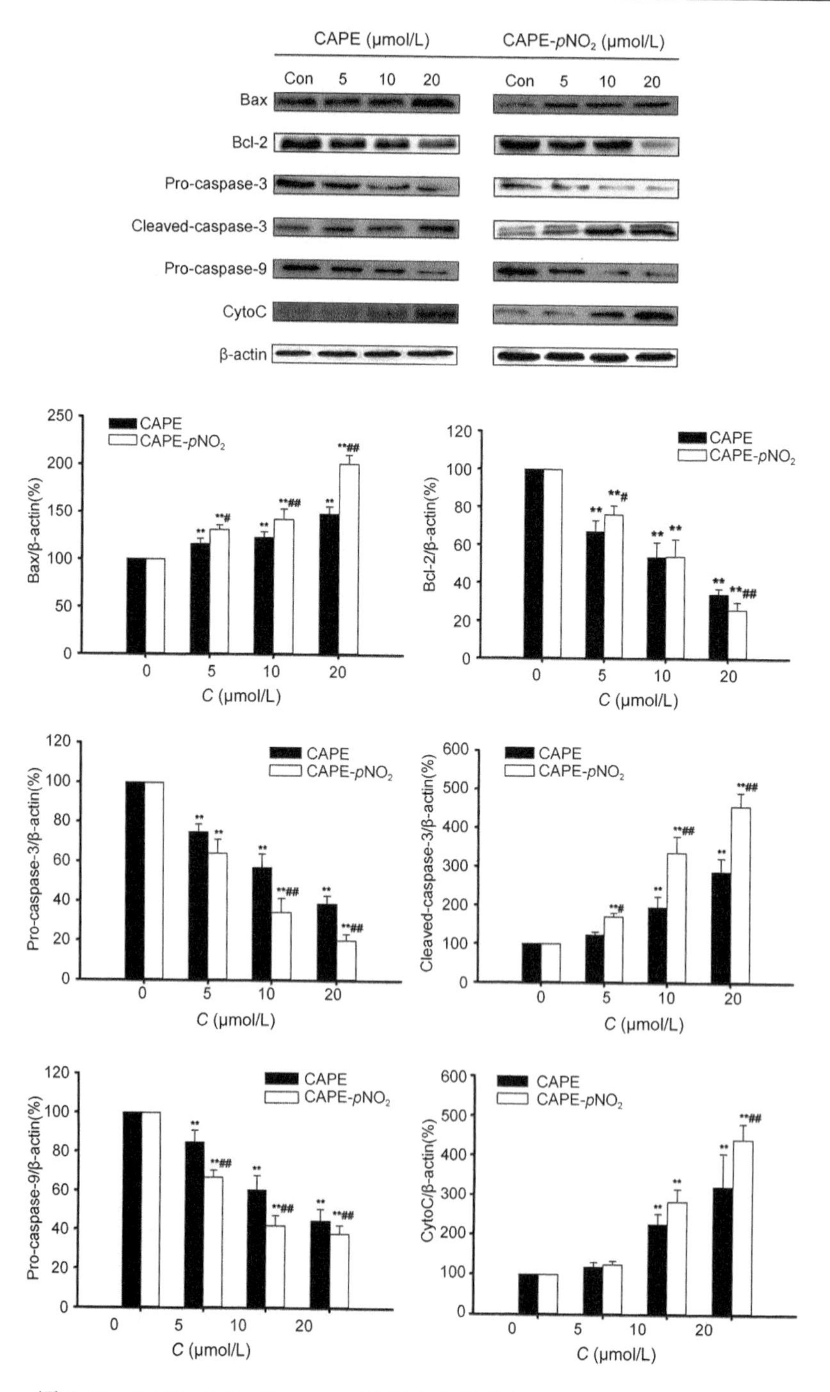

图 5-43　CAPE-pNO_2 对 HeLa 细胞凋亡相关蛋白的影响（蛋白质印迹法）

#p<0.05 和 ##p<0.01 为 CAPE 组和 CAPE-pNO_2 组相比，**p<0.01 为空白组与其他组相比

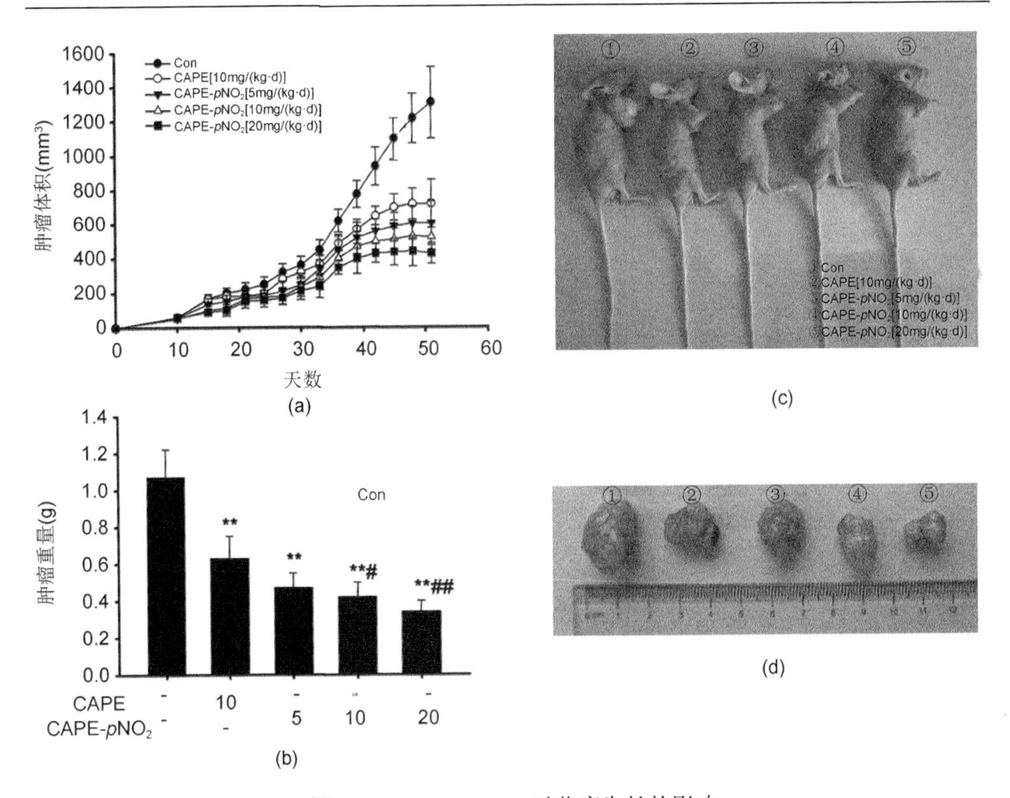

图 5-44　CAPE-pNO_2 对荷瘤生长的影响

（a）HeLa 细胞植入裸，CAPE [10 mg/(kg·d)]或 CAPE-pNO_2 [5 mg/(kg·d)、10 mg/(kg·d)、20 mg/(kg·d)] 或空白液灌胃给药，每 3 天测一次肿瘤体积；（b）第 41 天肿瘤取出称重；（c）裸鼠造宫颈癌模型；（d）5 个实验组的肿瘤 #$p<0.05$ 和##$p<0.01$ 为 CAPE 组与 CAPE-pNO_2 组相比，*$p<0.05$ 和 **$p<0.01$ 为空白组与其他组相比

对照组。在 CAPE-pNO_2 组细胞的凋亡是呈剂量依赖性的，且同剂量 CAPE-pNO_2 的促细胞凋亡作用明显强于 CAPE（$p<0.05$）。

细胞实验和荷瘤动物实验表明，咖啡酸对硝基苯乙酯 CAPE-pNO_2 比原型化合物 CAPE 的抗宫颈癌作用更强。对细胞而言，CAPE-pNO_2 以浓度和时间依赖的方式抑制人宫颈癌细胞 HeLa 和 Siha 的增殖。诱导 HeLa 细胞的凋亡和周期阻滞在 G2/M 期。上调了 Bax、Cleaved-caspase-3 和 CytoC，下调了 Bcl-2、pro-caspase-9 和 pro-caspase-3 来诱导 HeLa 细胞凋亡；上调了细胞周期的 $P21^{Cip1}$，下调了 Cyclin B1 和 Cdc2 来使细胞周期阻滞在 G2/M 期。与抗结肠癌的作用相似，在裸鼠荷瘤实验中，CAPE-pNO_2 也是以剂量依赖的方式抑制了肿瘤的生长，其抑制作用是通过促进肿瘤组织中细胞凋亡和降低肿瘤组织内 VEGF 的表达来实现的。

（7）抗乳腺癌活性与机理研究

乳腺癌是发生在乳腺腺上皮组织的恶性肿瘤，其原位癌并不致命，但由于乳腺癌细胞丧失了正常细胞的特性，细胞之间连接松散，容易脱落。脱落的癌细胞可以随血液或淋巴液播散全身，形成转移，危及生命。癌组织免疫组化检查为雌激素受体（ER）、孕激素受体（pR）和原癌基因 *Her*-2 均为阴性的三阴性乳腺癌（triple negative breast cancer，TNBC），这是一种恶性程度高、侵袭能力强和远端转移较快的异质性疾病，转移是导致患者治疗失败的主要原因。黄钦等[81]在 2019 年发表了选择 TNBC 的人乳腺癌 MDA-MB-231 细胞株从细胞实验和裸鼠荷瘤实验两方面研究了 CAPE-pNO$_2$ 对乳腺癌的作用及其可能机制。研究以原型化合物 CAPE 为阳性对照。

1）对 MDA-MB-231 细胞株生长和转移的作用。

抑制细胞的生长：MTT 法检测[图 5-45(a)]，在剂量为 20～80 μmol/L 时，CAPE-pNO$_2$ 呈浓度依赖性地抑制细胞的活性（p<0.01），药物处理细胞后，细胞形态随着给药浓度的增加，逐渐变成椭圆形，贴壁细胞减少。

抑制细胞的克隆形成能力：平板克隆实验显示[图 5-45(b)]，空白对照的克隆斑点大、数量多，CAPE-pNO$_2$ 处理后克隆斑点小、数量明显减少（$p < 0.01$），其抑制细胞的克隆形成能力也比阳性对照强（$p < 0.01$）。

抑制细胞的迁移、侵袭与黏附能力：划痕实验结果（参见附录 5-97 A）表明，CAPE-pNO$_2$ 能够抑制划痕宽度的愈合（p<0.01），显著抑制 MDA-MB-231 细胞的迁移，较其阳性对照物的效果更好（p<0.01）。Transwell 侵袭实验发现（参见附录 5-97B、C），给药处理后 MDA-MB-231 侵入小室下层的数量少（p<0.01），CAPE-pNO$_2$ 抑制 MDA-MB-231 细胞的迁移和侵袭能力作用强，并优于阳性对照 CAPE（p<0.01）。使用 Matrigel 胶细胞黏附实验检测，给药组细胞的 OD 值显著较低（p<0.01），CAPE-pNO$_2$ 能够有效地抑制 MDA-MB-231 细胞与基质胶的黏附作用。

抑制细胞 EGFR 信号通路蛋白表达和 EMT 进程：EGFR/STAT3/Akt 通路对肿瘤细胞的增殖、转移、侵袭及血管生成等有非常重要的调节作用。血管内皮生长因子（VEGF）是诱导肿瘤血管形成作用最强、特异性最高的血管生长因子。上皮间充质转换（epithelial-mesenchymal transition，EMT）过程是一个非常复杂的分子过程，上皮细胞通过 EMT 过程获得间质细胞的特性（如细胞的获得的移动、侵袭与抗凋亡能力等），在肿瘤的形成及致病过程中起着至关重要的作用。E-cadherin、Snail、Vimentin 和 N-cadherin 都是 EMT 密切相关的蛋白。该研究通过蛋白质印迹法分析 CAPE-pNO$_2$ 处理 MDA-MB-231 细胞后上述通路蛋白表达水平的变化，分析其对 EMT 过程的影响。

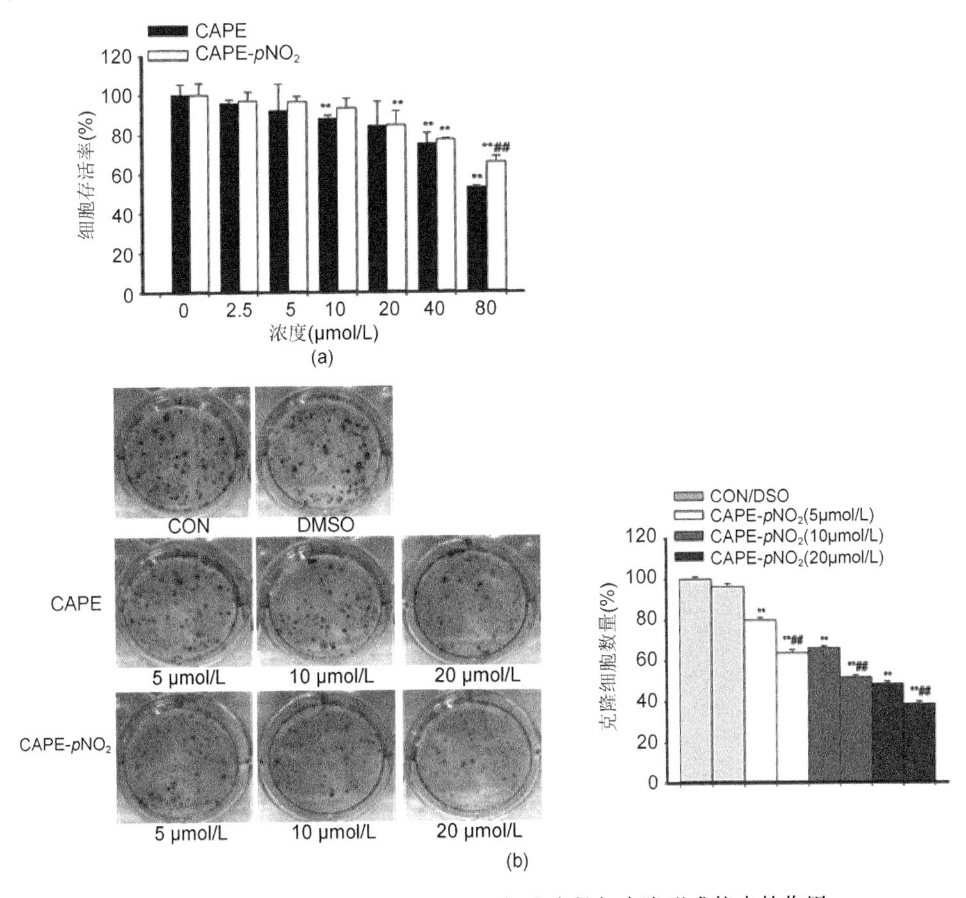

图 5-45　CAPE-pNO_2 对 MD-MB-231 细胞生长与克隆形成能力的作用

（a）不同浓度 CAPE-pNO_2 对 MDA-MB-231 细胞活性的影响；

（b）不同浓度 CAPE-pNO_2 对 MDA-MB-231 克隆能力的影响

$*p < 0.05$, $**p < 0.01$: DMSO, CAPE 和 CAPE-pNO_2 与空白组相比；

$\#p < 0.05$, $\#\#p < 0.01$: 同浓度 CAPE-pNO_2 组与 CAPE 组相比

实验结果表明，CAPE-pNO_2 可以下调 MDA-MB-231 细胞 EGFR/STAT3/Akt 通路中 p-EGFR、p-STAT3 和 p-Akt 蛋白的表达[图 5-46(a)]；抑制癌细胞转移和黏附能力相关的金属基质蛋白酶 MMP-2 和 MMP-9（$p<0.01$）的表达，对 VEGFA 和 Survivin 的蛋白也有一定的抑制作用[图 5-46(b)]；下调 EMT 间质化蛋白 N-Cadherin 和 Vimentin 的表达（$p<0.01$），上调上皮化生物标记物 E-Cadherin 蛋白的表达（$p < 0.01$），CAPE-pNO_2 对 MDA-MB-231 细胞的 EMT 过程具有负向调节的作用[图 5-46(c)]。

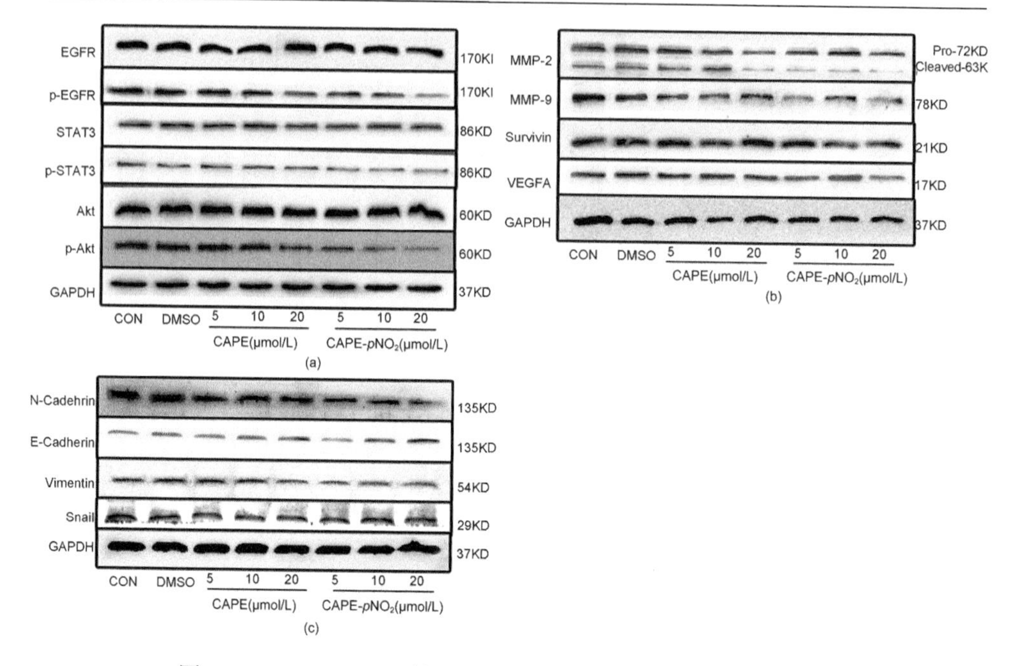

图 5-46　CAPE-pNO_2对细胞 EGFR 信号通路蛋白和 EMT 的作用

（a）EGFR, p-EGFR, STAT3, p-STAT3, Akt 和 p-Akt 蛋白表达；

（b）MMP-2, MMP-9, Survivin 和 VEGFA 蛋白表达；（c）N-Cadherin, E-Cadherin, Snail 和 Vimentin 蛋白表达

抑制细胞 EGF 诱导的 EGFR/STAT3/Akt 通路相关蛋白表达：EGF 是 EGFR 的配体之一，两者结合形成具有激酶活性的同质二聚体或异质二聚体，刺激下游 PI3K/Akt 和 JNK/STAT 等信号通路而发挥广泛的生物学活性（促进细胞增殖、转移及血管生成等）。

蛋白质印迹检测显示（图 5-47），EGF 诱导上调了 p-EGFR、p-STAT3、p-Akt、Snail、N-Cadherin 和 Vimentin 的表达（$p<0.01$），抑制 E-Cadherin 的表达（$p<0.05$）。

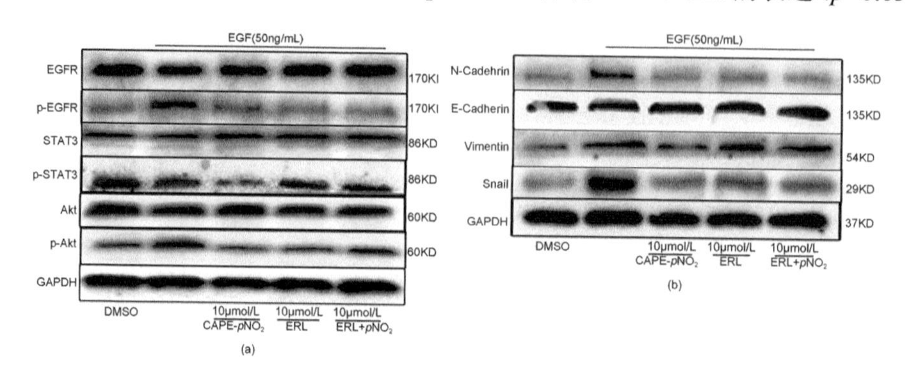

图 5-47　CAPE-pNO_2对 EGF 诱导 EGFR 信号通路蛋白的作用

（a）EGFR, p-EGFR, STAT3, p-STAT3, Akt 和 p-Akt 蛋白表达；（b）EMT-相关蛋白表达

CAPE-pNO_2和 EGFR 磷酸化抑制剂 erlotinib 的作用相似，都可以有效地消除 EGF 对这些蛋白的诱导作用（p<0.01），更重要的是经 erlotinib 处理后的细胞再给 CAPE-pNO_2，对 p-EGFR、p-STAT3、p-Akt 和 erlotinib 蛋白的调节作用并没有显著的作用，作者推测 EGFR 很可能是 CAPE-pNO_2 直接作用的蛋白，即抑制 MDA-MB-231 细胞增殖、转移和血管生成作用的靶点。

2）对 MDA-MB-231 细胞裸鼠荷瘤的生长和转移的作用。

荷瘤动物模型的建立与给药：以培养的 MDA-MB-231 细胞建立荷瘤模型，实验动物、方法、阳性对照、给药途径、剂量和分组均与文献[78]相同，连续给药 38 天。

抑制荷瘤动物瘤体的生长：接种两周后瘤体生长达到给药标准，给药处理后各实验组荷瘤的瘤体生长均被抑制。CAPE-pNO_2 组的瘤体的生长速度显著低于空白对照和阳性对照组（图 5-48）（p<0.01）；HE 染色发现，给药处理后细胞密度减少，细胞皱缩、核固缩，胞核大小、染色不一、胞浆淡染，坏死区域增大。TUNEL 染色结果，CAPE-pNO_2 可以显著诱导肿瘤组织中肿瘤细胞的凋亡（p<0.01），并有浓度依赖性。

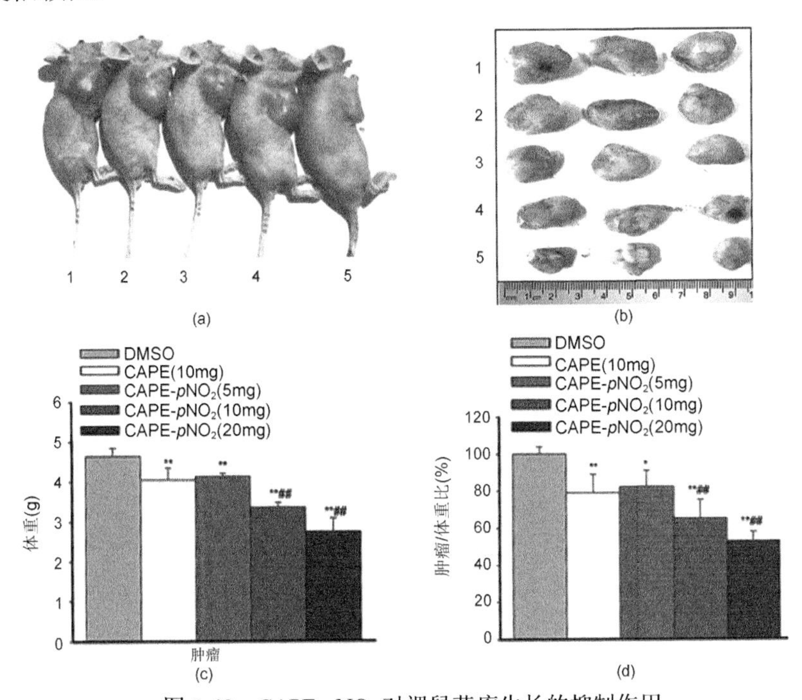

图 5-48　CAPE-pNO_2 对裸鼠荷瘤生长的抑制作用

（a）安乐死小鼠图，1、2、3、4 和 5 组分别表示 DMSO (2%) 组、CAPE (10 mg/kg)组和 CAPE-pNO_2 组 (5 mg/kg、10 mg/kg,、20 mg/kg)给药 38 天；（b）取出肿瘤实验结果图；（c）移植乳腺肿瘤实验结果图；（d）肿瘤/体重比 *p < 0.05, **p < 0.01: CAPE 和 CAPE-pNO_2 与 DMSO 组相比；#p < 0.05, ##p < 0.01: CAPE-pNO_2 (5 mg/kg、10 mg/kg、20 mg/kg) 和 CAPE (10 mg/kg)相比

抑制肿瘤细胞的肺转移和脾转移：给药 38 天后解剖发现，肺和脾脏的重量显著减轻（$p<0.01$）。HE 染色发现，肿瘤向肺转移较严重，给药后的抑制作用也很明显（肿瘤转移灶被染成深紫色、与脏器其他组织边界明显），详见附录 5-98。

对荷瘤组织 EGFR/STAT3/Akt 通路相关蛋白表达的影响：蛋白质印迹结果表明，在瘤体组织中 CAPE-pNO$_2$ 剂量依赖性地抑制 p-EGFR、p-STAT3 和 p-Akt 蛋白的表达（$p<0.01$），对肿瘤的生长、转移和血管生成起抑制作用[图 5-49(a)]；剂量依赖地抑制与肿瘤的转移、凋亡和血管生成相关的蛋白 MMP-2、MMP-9、VEGFA 和 Survivin 蛋白的表达（$p<0.01$）[图 5-49(b)]；剂量依赖性抑制肿瘤细胞 EMT 过程相关蛋白 N-Cadherin、Snail 和 Vimentin 蛋白的表达（$p<0.01$），上调 E-Cadherin 蛋白的表达（$p<0.01$）[图 5-49(c)]。

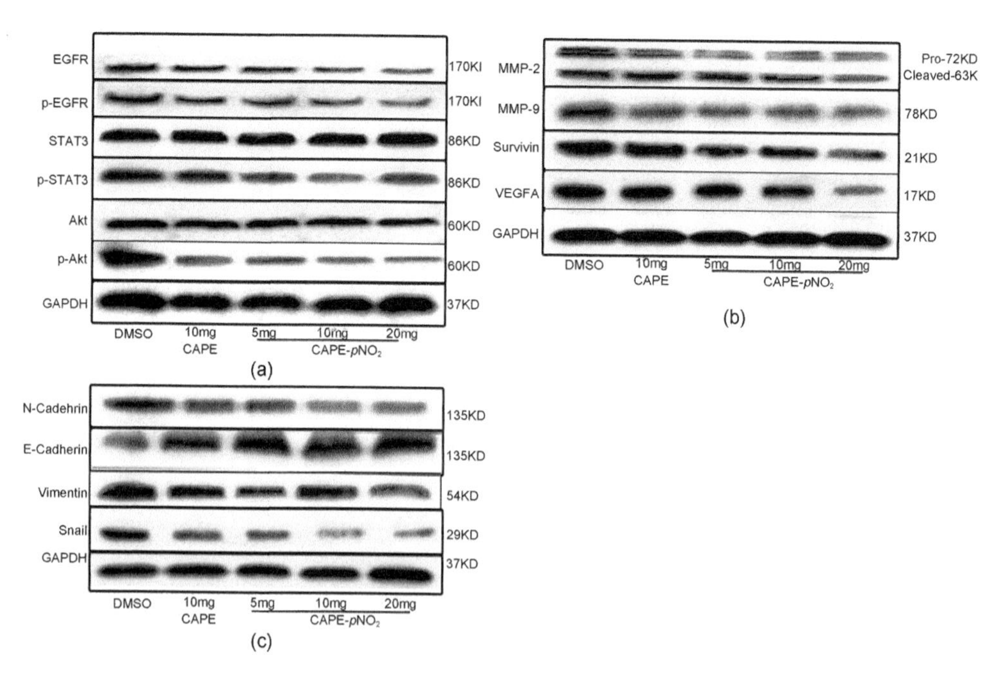

图 5-49　CAPE-pNO$_2$ 对瘤体 EGFR/STAT3/Akt 通路和 EMT 进程的作用

（a）EGFR, p-EGFR, STAT3, p-STAT3, Akt 和 p-Akt 蛋白表达水平；

（b）MMP-2, MMP-9, Survivin 和 VEGFA 蛋白表达水平；（c）EMT-相关蛋白表达

下调荷瘤组织 VEGFA 和 Ki-67 蛋白的表达：Ki-67 是一种由 *MKI-67* 基因编码的核蛋白，它在多种肿瘤中异常表达，促进肿瘤细胞的增殖，病理免疫组化定位在细胞核上。VEGFA 与肿瘤细胞的血管生成密切相关，病理免疫组化定位在细胞质中。研究发现，VEGFA 分子主要表达于细胞膜或细胞质，阳性染色表现为细胞膜或细胞质呈棕黄色颗粒着色。Ki-67 主要在细胞核上，阳性染色表现为核被深

染，显深棕色。数据分析显示 CAPE-pNO_2 处理的两组蛋白的阳性表达率均显著降低（$p<0.01$），且其抑制作用强于 CAPE。研究结果见附录 5-99。

综上所述，选择三阴乳腺癌的代表细胞株 MDA-MB-231 从细胞实验和裸鼠荷瘤实验两个层面研究咖啡酸对硝基苯乙酯（CAPE-pNO_2）的抗癌作用。结果表明：CAPE-pNO_2 对乳腺癌细胞及其裸鼠荷瘤组织具有抑制生长与转移的作用，其抑制作用的机制可能与其调控 EGFR/STAT3/Akt 通路相关蛋白的表达有关，如图 5-50 所示。

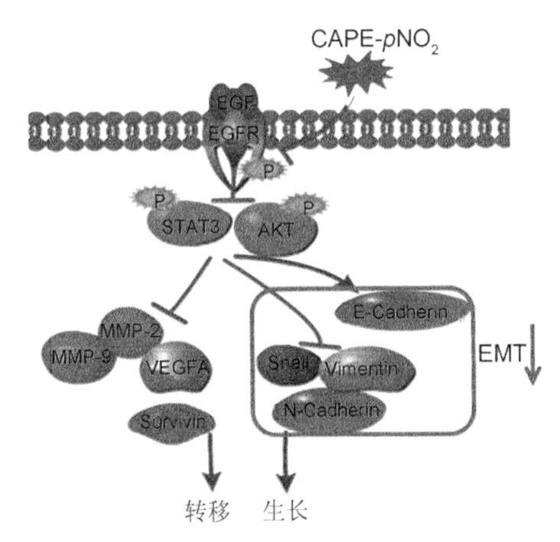

图 5-50　CAPE-pNO_2 抑制 TNBC 生长与转移的可能机制

（二）邻二酚羟基取代衍生物的生物活性研究

1. 抗炎症抗氧化作用研究

（1）Lee 等的研究

Lee 等[43]合成了 14 个 CAPE 及其邻二酚羟基取代衍生物，简称 PAs 酯（衍生物结构见图 5-14）。其中，化合物 1 为 CAPE，2～7 只修饰了 CAPE 的酚羟基（R_1、R_2）；8～14 除了对 CAPE 相邻两个酚羟基进行了修饰，还在 R_3 位接入了 OH 基团。对这些衍生物进行了抗炎活性的研究，测定了该类衍生物在佛波醇 12-肉豆蔻酸盐 13-醋酸盐（PMA）和 *N*-甲酰-L-甲硫氨酸-L-亮氨酸-L-苯丙氨酸（fMLP）诱导下，人体中性白细胞（PMNs）产生超氧阴离子的影响。

研究发现，化合物 5 和 9 专一抑制 PMA-诱导产生的超氧阴离子。化合物 1，2，4，8，12 和 13 同时抑制 PMA- 和 fMLP-诱导产生的超氧阴离子具有浓度依赖性。化合物 1，2，8 和 13 在 50 μmol/L 浓度时完全抑制 PMA 诱导产生的超氧阴离子。总的来看，PAs 酯（化合物 1～14）抑制超氧阴离子产生的活性优于咖啡酸酰胺衍生物（PAs 酰胺，化合物 15～18）。

构效关系方面，CAPE 结构中的 3-羟基被甲氧基或羟基取代的化合物与 CAPE

都能显著抑制超氧阴离子的产生，其中甲氧基取代对 PMA 诱导产生超氧阴离子的抑制作用（IC_{50}=5.26 μmol/L）强于 CAPE（IC_{50}=6.55 μmol/L）。可见，CAPE 结构中的 3-羟基被甲氧基所取代时，有利于抗炎活性增强。酚酸环上的阿魏酰（3-甲氧基-4-羟基）或咖啡酸（3,4-二羟基）基团对于超氧离子的清除很重要。酚环 R_2 位上羟基取代甲氧基抑制 PMA-和 fMLP-诱导产生的超氧阴离子的作用更强。苯乙醇上的羟基没有增强作用。尽管化合物结构和 PAs 化合物抑制超氧离子产生之间的构效关系目前还不是很清楚，但 PAs 酯的取代基团对抑制 PMA-和/或 fMLP-诱导 PMNs 产生超氧离子有很重要的作用。

（2）Wang 等的研究

Wang 等[47]合成了 CAPE 和氟代衍生物，其中，CAPE-5 和 PEDMC（化学结构式见 5-15）属于 CAPE 的邻二酚羟基取代衍生物，通过研究这些化合物对血红素加氧酶-1（HO-1）诱导和抗氧化活性的影响，确定 CAPE 衍生物与细胞毒性的构效关系。

研究表明，浓度为 5～10 μg/mL 的 CAPE 和 F-CAPE 有细胞保护作用。20 μmol/L CAPE 和 F-CAPE 不同程度改变 HUVECs 中甲萘酚诱导的氧化损伤。CAPE-5 与空白组比具有细胞保护作用，接近 60%的细胞存活率（$p<0.05$）。研究还发现 CAPE-5 具有促氧化活性，可能是因为 F 基取代了 CAPE-5 上的一个儿茶酚羟基，使细胞产生更多的氧自由基。PEDMC 为 *O,O*-二甲基儿茶酚，未改变细胞内活性氧。虽然 CAPE 衍生物不同的抗氧化或促氧化作用机理还不清楚，但是化学抗氧化活性和细胞保护作用的关系表明它们之间没有直接的联系。

在细胞保护实验中，20 μmol/L 的 CAPE 衍生物预处理 6 h 后，检测 HO-1 mRNA 丰度。与对照组比较，所有的 F-CAPE（除了 CAPE-6）都激活高水平的 HO-1 mRNA 表达。通过 HO-1 抑制剂 SnPPIX 检测 CAPE 和 F-CAPE 保护作用是否由于 HO-1 的诱导。HUVECs 与不同浓度的 SnPPIX、20 μmol/L 的 CAPE 或具细胞保护活性的衍生物（包括 CAPE-5）共培养，SnPPIX 剂量依赖性的抑制 CAPE-5 的细胞保护作用，表明 CAPE-5 的保护作用可通过 HO-1 诱导发生。

2. 抗癌作用研究

（1）向春艳[42]的研究

向春燕[42]合成了 CAPE 的衍生物（参考文献中简称 PEC 衍生物），其中阿魏酸-苯乙醇酯（PEC-4）为 CAPE 邻二酚羟基取代衍生物（结构式以及合成路线见图 5-12），并对其抗癌作用及化疗保护效果进行了研究。在 12.5～50 μmol/L 剂量范围内，PEC 及其衍生物可明显促进腹腔巨噬细胞的肿瘤抑制作用，能显著性降低 LPS 升高的 NO、TNF-α水平，表明 PEC 衍生物可通过调节巨噬细胞的功能和抑制炎症介质产生来发挥其间接抗癌作用，且以上活性都呈现剂量依赖性增强，但 PEC-4 是其中活性最小的。

（2）李树春等[41]的研究

李树春等[41]合成 16 种 CAPE 邻二酚羟基取代衍生物（结构见表 5-3），用 MTT 法或 SRB 法体外筛选这些化合物对 6 种人癌细胞株（人白血病癌细胞 HL-60、人前列腺癌细胞 PC-3MIE8、人胃癌细胞 BGC-823、人乳腺癌细胞 MDA-MB-435、人肝癌细胞 Bel-7402、人子宫癌细胞 HeLa）的抗癌活性。化合物浓度为 0.1mol/L 和 1 μmol/L 时，没有足够的癌细胞抑制活性。10 μmol/L 时，化合物 9 对 Bel-7402 有较高的抑制率（74.20%），但是对其他的细胞株活性较弱。化合物 13 对 HeLa 细胞有很强的抑制活性，抑制率为 75.62%。结果表明，用 AIIO、MeO、AcO、CH_3COCH_2O 和 OCH_2O 取代 CAPE 的羟基，除了两个 MeO 取代（化合物 13），导致部分或完全失去活性。化合物 13 对 Bel-7402 抑制活性比 CAPE 强，而对其他 5 种人癌细胞弱于 CAPE。化合物 7（移除了 CAPE 的 3-OH）及其衍生物（AIIO、MeO、AcO、Me、Br 和 F 取代了羟基）对 6 种人癌细胞不敏感。化合物 9（CH_3COCH_2O 取代化合物 7 的羟基）对 Bel-7402 比 CAPE 有更强的抑制活性。移除 CAPE 的两个羟基，化合物 12 对 6 种人癌细胞不敏感。

（3）Lee 等[44]的研究

Lee 等[44]合成了 14 个 CAPE 邻二酚羟基取代衍生物（结构见图 5-51），同样采用 MTT 法研究了该系列化合物对口腔上皮癌细胞（OEC-ML）、口腔鳞状癌细胞（SAS）和正常口腔成纤维细胞（NHOF）的影响。

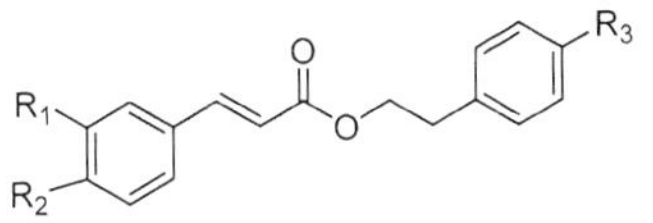

3a, R_1=OH R_2=OH R_3=H
3b, R_1=OMe R_2=OH R_3=H
3c, R_1=OH R_2=OMe R_3=H
3d, R_1=OH R_2=H R_3=H
3e, R_1=H R_2=OH R_3=H
3f, R_1=OMe R_2=H R_3=H
3g, R_1=H R_2=OMe R_3=H
3h, R_1=OH R_2=OH R_3=OH
3i, R_1=OMe R_2=OH R_3=OH
3j, R_1=OH R_2=OMe R_3=OH
3k, R_1=OH R_2=H R_3=OH
3l, R_1=H R_2=OH R_3=OH
3m, R_1=OMe R_2=H R_3=OH
3n, R_1=H R_2=OMe R_3=OH

图 5-51　Lee 等合成了 14 个 CAPE 邻二酚羟基取代衍生物结构式

1）细胞生长-MTT 法。

用 MTT 法检测 CAPE 衍生物对细胞生长的抑制作用。CAPE 及其衍生物（50～200 μmol/L）对 SAS 和 OEC-ML 有显著的细胞毒性。3b、3c 和 3j（IC_{50}：87.6 μmol/L、42.6 μmol/L 和 132.6 μmol/L）比 CAPE（IC_{50}：159.2 μmol/L）对 OEC-ML 有更强

的细胞毒性，具有剂量依赖性。化合物 3b 比 CAPE 对 SAS 和 OEC-ML 有更强的细胞毒性。化合物 3c 对 OEC-ML 有选择性细胞毒性，比 CAPE 强 3 倍，但是对 SAS 的毒性弱。浓度高达 100 μmol/L 的化合物对 NHOF 无细胞毒性。3e 对 OEC-ML 具有最强的细胞毒性，IC_{50} 小于 50 μmol/L。另外，200 μmol/L 的 3c 对 NHOF 没有细胞毒性。

2）细胞毒性-台盼蓝染色拒染法。

活细胞能够排斥台盼蓝，使之不能够进入胞内；而丧失活性或细胞膜不完整的细胞，胞膜的通透性增加，可被台盼蓝染成蓝色。台盼蓝拒染，显微镜计数检测活细胞。化合物 3a～3d 对 SAS 和 OEC-ML 细胞毒性进一步用台盼蓝拒染实验证实。这些化合物（50～200 μmol/L）对 SAS 和 OEC-ML 细胞有剂量依赖性的细胞毒性作用。

3）流式细胞分析细胞周期。

用流式细胞仪分析浓度为 50 μmol/L 的 3c 诱导 sub-G_0/G_1 峰，基因组 DNA 降解为小体片段，表明诱导了细胞凋亡。

Rao 等[82, 83]研究表明：与 3b 比较对结肠癌细胞的作用，酚酸环上二甲氧基取代没能引入更强的抑制活性，3b 比 CAPE 有更强的结肠癌生长抑制活性。Lee 等[44]的研究结果也表明，酚酸环上一个甲氧基取代显著影响细胞毒性，例如 3b 和 3c 对 OEC-ML 细胞有影响，但是对 SAS 没有影响。酚醇基团上引入羟基未能提高细胞毒性。

另外，Lee 等[7]合成 CAPE 及其 8 个衍生物，其中苯乙基 3-(3,4-二甲氧苯基)丙烯酸酯（PEDMC）为 CAPE 邻二酚羟基取代衍生物，研究发现，对 HIV-复制的生长抑制和口腔癌细胞毒性作用，PEDMC 均弱于 CAPE。Giessel 等[48]研究发现，合成的 16 种邻二酚羟基衍生物对 4 种恶性肿瘤和 1 种良性细胞株无细胞毒性，研究细胞株包括：518A2（恶性黑素瘤）、A549（肺泡基底上皮腺癌）、A2780（卵巢纤维瘤）、MCF-7（乳腺癌细胞）和 NIH 3T3(非恶性小鼠成纤维细胞)。

4）Lee 等的研究

Lee 等[45]合成 14 个 CAPE 邻二酚羟基取代衍生物，其中，x6 为 CAPE，x1、x2、x5、x9、x11、x12 只修饰了 CAPE 的邻二酚羟基（R_1、R_2）；x3、x4、x7、x8、x10、x13、x14 除了对咖啡酸苯乙酯相邻两个酚羟基进行了修饰，还在 R_3 位接入了 OH 基团（衍生物结构见图 5-52）。研究这些化合物对 SAS、OEC-ML 和 MCF-7 的细胞毒性作用。

用 MTT 法检测 CAPE 衍生物对癌细胞毒性作用，用 grey GM（0，N）模型拟合细胞毒性数据与功能基团 R_1、R_2、R_3 的加权系数，研究发现功能基团 R_1 主导了酚酸苯乙酯对 SAS、OEC-ML 和 MCF-7 的细胞毒性[45]。另外，R_1 为合适的

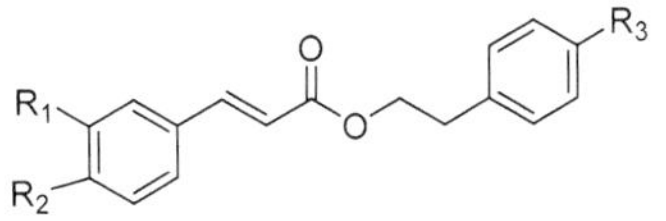

x1, R_1=H R_2=OH R_3=H
x2, R_1=H R_2=OMe R_3=H
x3, R_1=H R_2=OH R_3=OH
x4, R_1=H R_2=OMe R_3=OH
x5, R_1=OH R_2=H R_3=H
x6, R_1=OH R_2=OH R_3=H
x7, R_1=OH R_2=H R_3=OH
x8, R_1=OH R_2=OH R_3=OH
x9, R_1=OH R_2=OMe R_3=H
x10, R_1=OH R_2=OMe R_3=OH
x11, R_1=OMe R_2=H R_3=H
x12, R_1=OMe R_2=OH R_3=H
x13, R_1=OMe R_2=H R_3=OH
x14, R_1=OMe R_2=OH R_3=OH

图 5-52 Lee 等[45]合成 14 个 CAPE 邻二酚羟基取代衍生物结构式

官能团会出现更高的细胞毒性。官能团对 3 种癌细胞毒性的重要性排序为 $R_1>R_3>R_2$，官能团 R_2 对 3 种癌细胞毒性影响较小。还有，重要的是，所有官能团与 MCF-7 的关系权重都是相似的，表明酚酸苯乙酯对 MCF-7 没有更明显的活性，这与对 SAS 和 OEC-ML 癌细胞的作用相反。

当 R_1=OMe 时，对 SAS 和 MCF-7 有最强的细胞毒性，其次是 R_1=OH。因此，当 R_1 是亲脂链，对 SAS 和 MCF-7 癌细胞毒性更强。化合物 x12 对 MCF-7 癌细胞毒性强于 CAPE。另外，R_1 上连有 OH 会加强对口腔癌细胞 OEC-ML 的毒性。亲水官能团能够对 OEC-ML 癌细胞发挥更强的细胞毒性。例如，CAPE（x7 化合物）和 x9 有同样的 R_1=OH，也具有较强的 OEC-ML 癌细胞毒性[45]。

3. 胆碱酶抑制剂

Giessel 等[48]合成的 CAPE 衍生物中有 10 种（1，2，3，4，7，8，10，11，16，18）为 CAPE 邻二酚羟基取代衍生物（结构式见图 5-17）。其他化合物均为邻二酚羟基和苯环氢位置的混合修饰。通过 Ellamn 实验检测化合物对 AChE 和 BChE 的抑制率，发现 1 种 CAPE 邻二酚羟基取代衍生物（4）是良好的 eeAChE（胆碱酯酶）抑制剂。

（三）苯环氢被卤素取代衍生物的生物活性研究

1. 苯环氢被卤素取代衍生物的血浆定量分析研究

Wang 等[84]用超高液相色谱-电喷雾质谱（UPLC-ESI-MS/MS）定量分析血浆中氟代咖啡酸苯乙酯衍生物。乙酸乙酯提取 CAPE 和 FCAPE，以咖啡酸甲酯作为内标。C_{18} 柱（2.1 mm×50 mm，1.7 μm），水和乙腈分别加入 0.2%和 0.1% 甲酸。得到较宽浓度范围的非线性响应（1～1000 ng/mL，$r^2>0.995$，二次回归模型和 1/浓度加权），CAPE 和 FCAPE 日间和日内变化分别小于 14.2%和 9.5%。

UPLC-MS/MS 条件：60℃，在 Waters ACQUITY ethylene-bridged（BEH ™）C_{18} 柱（1.7 μm，2.1 mm×50 mm）进行 UPLC 分离。流动性由（A）水加 0.2%甲酸

和（B）乙腈加 0.1%的甲酸组成，流速为 0.4 mL/min。梯度洗脱（0～0.12 min，75% A∶25% B；0.12～0.5 min，75% A∶25% B→2% A∶98% B；0.5～2 min，2% A∶98% B；2～2.1 min，2% A∶98% B→75% A∶25% B；2.1～2.7 min，75% A∶25% B）。进样量为 10 μL。在分析前样品温度控制在 4℃。UPLC 总运行时间为 2.7 min。

质谱采用电喷雾负离子的多反应监测模式（MRM）进行数据收集，毛细管电压为 2800 V，锥孔电压为 40 V，源温度为 125℃，脱溶剂气温为 350℃，锥孔气流量为 70 L/h，脱溶剂气流量为 650 L/h，碰撞气压为 1.49 mbar，碰撞气流速为 0.15 mL/min，碰撞能为 20 V，MS 扫描间隔时间 0.01 s，极性/模式转换扫描间隔时间为 0.03 s，两次扫描之间间隔为 0.01 s，驻留时间为 0.1 s。MRM 跃迁分析：CAPE 为 *m/z* 283.00＞*m/z* 134.90，FCAPE 为 *m/z* 301.00＞*m/z* 152.90，MC 为 *m/z* 192.90＞*m/z* 133.80。

2. 苯环氢被卤素取代衍生物药理活性研究

（1）抗氧化作用研究

Wang 等[46]合成了一系列 CAPE 氟取代衍生物，其中 3-(3-氟-4,5-二羟基苯基)-丙烯酸苯乙酯（3b）和 3-(2-氟-4,5-二羟基苯基)-丙烯酸苯乙酸酯（3e）为 CAPE 苯环氢卤素取代物。研究了该类衍生物的细胞毒性和对甲萘醌诱导的人内皮细胞氧化应激的保护作用。

HUVEC 与浓度为 5 μg/mL、10 μg/mL 和 15 μg/mL CAPE 及其衍生物共培养 24 h，检测细胞存活率。结果表明，在高浓度（15 μg/mL）时，3b 和 3e 有细胞毒性，10 μg/mL 的 3b 细胞毒性小于 5 μg/mL 和 15 μg/mL，出现这种情况的原因还不清楚，这种非线性的量效关系也出现在其他化合物中，包括咖啡酸。

利用体外氧化损伤模型评价 CAPE 和 CAPE 衍生物抑制甲萘醌对 HUVEC 细胞毒性作用。除了 3b，几乎所有的 CAPE 衍生物都有一定程度的细胞保护作用抗甲萘醌介导的 HUVEC 细胞毒性。比较最大保护剂量 CAPE 和其衍生物对 HUVEC 细胞保护作用，3e 与 CAPE 的细胞保护作用无明显差异，3b 无 HUVEC 细胞保护作用。构效关系研究表明，CAPE 氟取代衍生物的细胞保护作用与氟在苯环上的取代位置相关，当氟取代 1-位化合物的活性比 2-位取代时活性强。

2010 年，Wang 等[47]研究 10 个 CAPE 及其 CAPE 衍生物细胞保护作用的构效关系，其中 CAPE-1、CAPE-2 和 CAPE-3 为 CAPE 苯环氢被卤素取代衍生物（结构式见图 5-53）。

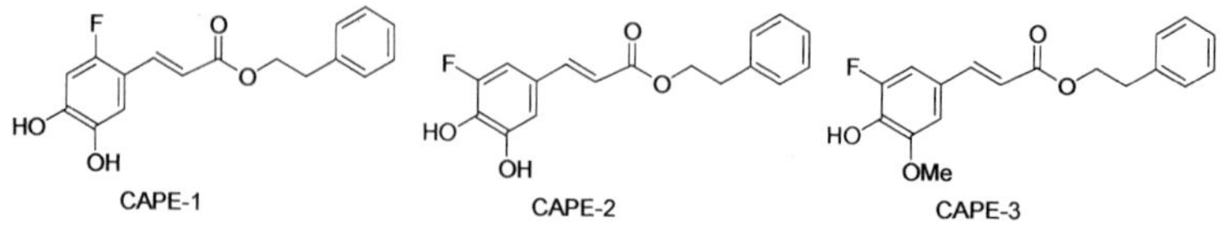

CAPE-1　CAPE-2　CAPE-3

图 5-53　Wang 等[47]合成的 3 个 CAPE 苯环氢被卤素取代衍生物

发现在浓度为 20 μmol/L 时，这些化合物不同程度改变甲萘酚-诱导 HUVEC 氧化损伤。所有的氟取代衍生物蛋白质印迹与甲萘酚-处理的 HUVEC 比较（与空白组比较，大约 20%的细胞存活率，$p<0.05$），CAPE-1 有最强的细胞保护作用（与空白组比较，大约 80%的细胞存活率），但是与 CAPE 的活性相比没有显著差异。与对照组比较，CAPE-3 保护 HUVEC 能力相对较弱，在氧化损伤后大约 40%细胞存活（$p<0.05$）。实验浓度的 CAPE-2 没有显著的保护作用。

20 μmol/L 的 CAPE 衍生物预处理 HUVEC 检测 HO-1 mRNA 水平。尽管 CAPE-2 诱导 6 h 高水平 HO-1 mRNA 表达，但是蛋白质印迹数据表明，它不像其他衍生物那样在 12 h 或 24 h 诱导 HO-1 蛋白产物到相似水平。另外，在 24 h 以内 CAPE-2 使 HO-1 蛋白降低到对照水平。与 CAPE-2 相比，CAPE 和 CAPE-1 在 24 h 之后还在一直诱导 HO-1 蛋白到较高水平，有细胞保护作用。

为了阐明 CAPE 和 F-CAPE 抗氧化作用对潜在的细胞保护活性的影响，Wang 等[47]用荧光追踪 CM-H_2DCFDA 测定细胞内活性氧水平。结果表明，20 μmol/L 的 CAPE、CAPE-1 或-2 处理 HUVEC 产生氧自由基比空白对照组（0.1% DMSO）低，2 h 对应的自由基产物显著低于空白组。CAPE-3 处理 HUVEC，自由基产生速率快于对照组，使 2 h 内明显产生更多的自由基。构效研究表明，芳香环上只有一个羟基（CAPE-3，-4，-5）发挥促氧化活性，产生更多氧化衍生自由基。酚醛基对于细胞保护活性是必要的。氟取代位置在单甲基儿茶酚上对于细胞保护活性没有作用。

（2）抗癌作用研究

Lee 等[7]合成了 CAPE 及其 8 个衍生物，其中 BrCAPE 为 CAPE 苯环氢被卤素取代衍生物。用 MTT 实验检测这些化合物对颊黏膜成纤维细胞（buccal mucosal fibroblast，BF）、口腔黏膜下成纤维细胞（oral submucosus fibroblast，OSF）、颈部转移牙龈癌（neck metastasis of gingiva carcinoma，GNM）、舌鳞状细胞癌（tongue squamous cell carcinoma，TSCCa）生长的影响。BrCAPE 表现出抗 GNM 细胞特异性。400 μmol/L 的 BrCAPE 处理后 BF、OSF、GNM 和 TSCCa 细胞存活率为 90%、100%、35%和 76%[7]

Xia 等[50]合成的化合物中有 5 个（III29～III33）是 CAPE 的苯环氢被卤素取代，但同时 CAPE 的其他基团也发生了一定的变化。采用 MTT 法测定抗癌活性发现，2-溴代的阿魏酸苯乙酯并没有抗癌活性。说明卤素效应在咖啡酸酯类衍生物中并不明显，引入卤素后其活性不仅没有增加甚至可能降低。

（四）烷基链延长的衍生物的生物活性研究

1. 抗炎症作用研究

Nagaoka 等[51]合成了四类 CAPE 烷基链延长衍生物，结构式见表 5-4。根据醇部分结构的差异性将烷基链延长的 CAPE 衍生物分为四类：第一类是烷基链末端连有苯环；第二类为烷基链末端为苯乙烯基；第三类为烷基链末端为环己基；第四类为烷基链。研究了此类化合物抑制 LPS 刺激巨噬细胞 J774.1 产生 NO 活性研究，结果表明，第一类化合物与第三类化合物相比较，第一类化合物抑制 NO 产生的活性较强，说明 CAPE 衍生物结构中苯环对该活性具有重要作用，醇部分烷基链的适当延长，也可使活性有一定的升高。

2. 抗癌作用研究

Xia 等[50]合成了 40 个咖啡酸酯衍生物（结构式见表 5-5），其中带苯环的烷基链延长的衍生物为 III17、III18 和 III19，不带苯环的烷基链延长衍生物为 III2～III16、III20 和 III21，利用 Biotin-Avidin ELISA 法测定这些化合物的抗 HIV 整合酶活性。结果显示，化合物 III21、III25、III26 和 III40 有强的 HIV-1 抑制活性。因为所有的甲基酯会失活，所以酯化位可能需要芳基或多环化合物；无论是否加入第三种基团到母体苯环上，CH_3O 取代 3-OH 会导致活性完全丧失，例如 III25 变为 III22，III26 变为 III23，III40 变为 III37，所以儿茶酚单元的存在是很重要的。III19 没有抗 HIV 整合酶活性。用 MTT 检测这些化合物体外抗 BEL-7404、MCF-7、A549 和 BCG823 细胞株活性。研究表明 III19 比阳性对照有更强的抗 BEL-7404 活性，III17 有好的抗乳腺肿瘤活性。

Nagaoka 等[51]合成的化合物中（结构见表 5-4），2 为 CAPE，1 和 3～11 为 CAPE 烷基延长衍生物。检测这些化合物对 6 种不同的肿瘤细胞（26-L5，B16-BL6，LLC，HT-1080，A549，HeLa）的作用，所有的酯化物比咖啡酸具有较强的抗增殖活性。除 20 和 21 外，所有化合物对 colon 26-L5 细胞株具有最强的活性。重要的是，高达 100 μmol/L 浓度的 CAPE 衍生物对鼠肝细胞没有细胞毒性。CAPE 和衍生物对 26-L5 细胞株具有选择抗增殖活性。特别是，化合物 4、10a、10b 和 12 活性（EC_{50} 分别是：0.02 μmol/L、0.02 μmol/L、0.02 μmol/L 和 0.03 μmol/L）比阳性对照 5-氟尿嘧啶核阿霉素活性（EC_{50}：0.04 μmol/L）强。10 和 11 的顺（10a 和 11a）和反（10b 和 11b）异构体对实验中所有的细胞株有相似的抗增殖活性。此外，几乎所有的酯化物对 B16-BL6 和 LLC 细胞株比 5-氟尿嘧啶具有更强的抗增殖活性，但是活性弱于阿霉素。

考虑到 Geran 等制定的潜在细胞毒性剂（EC_{50}＜4 μg/mL）的范围，几乎所有的 CAPE 衍生物都在这个潜在细胞毒性范围，抗 colon 26-L5、B16-BL6 和 LLC 细胞株。另外，接近 50%的酯对人 HT-1080 纤维肉瘤和 HeLa 细胞株（EC_{50}＜4 μg/mL）也有抗增殖活性，但对 A549 细胞株的活性（EC_{50}＞4 μg/mL）较弱。Colon 26-L5、B16-BL6 和 LLC 细胞株来源于鼠科，另外的细胞株（HT-1080、HeLa 和 A549）来源于人类。表明 CAPE 衍生物选择性抑制鼠类肿瘤细胞株而不是人类肿瘤细胞株。Colon 26-L5、B16-BL6、LLC 和 HT-1080 细胞株为高转移细胞株，常用于转移实验。本研究中，CAPE 衍生物表现出除 HT-1080 之外细胞株的显著活性，表明 CAPE 衍生物能够用作抗转移药物。

CAPE 及其衍生物对 B16、HCT116、A431、HL-60 和口腔癌细胞株有显著的细胞毒性作用。本研究中，CAPE 衍生物对这些细胞株 EC_{50} 值至少高于那些抗 colon 26-L5 carcinoma 细胞株 10～100 倍。因此，CAPE 衍生物有望成为抗结肠癌的候选药物。

考察构效关系，单个酯类的咖啡酸或乙醇都无显著的抗增殖活性，表明酯结构对 CAPE 衍生物的抗增殖作用应该是必要的。根据醇部分结构的差异性将烷基链延长的 CAPE 衍生物分为四类，第一类是烷基链末端连有苯环（1～8），第二类为烷基链末端为苯乙烯基（9～11），第三类为烷基链末端为环已基（12），第四类为烷基链（13～21）。第一类和第二类化合物比较（3、7、8 比 9、10、11）表明两类化合物具有相同程度的抗所有细胞株。另外，第一类和第三类比较（2 比 12），酯 12 抗所有实验细胞株增殖活性比酯 2 更强。此外，第一类化合物比第四类化合物可能有更强的活性。

第一类化合物（1～8）抗 colon 26-L5、B16-BL6 和 LLC 细胞株的 EC_{50} 值表明抗增殖活性从苯甲基咖啡酸酯（1）到 8-苯辛基咖啡酸酯（7）增强。化合物 8-苯辛基咖啡酸酯（7）对 26-L5、B16-BL6 和 LLC 的 EC_{50} 值分别为 0.09 μmol/L、0.84 μmol/L 和 1.81 μmol/L。12-苯十二烷基咖啡酸酯（8）对所有实验细胞株的抗增殖活性比 8-苯辛基咖啡酸酯（7）弱，表明进一步增长碳链活性可能降低抗增殖活性。

Lee 等[7]合成的两个化合物甲基 3-(3,4-二羟苯基)丙烯酸酯（MC），乙基 3-(3,4-二羟苯基)丙烯酸酯（EC）为 CAPE 醇部分为烷基链。用 MTT 检测化合物对 BF、OSF、GNM、TSCCa 生长的作用。25～200 μmol/L CAPE 和 50～400 μmol/L EC 处理 OSF、GNM、TSCCa 细胞表现出显著的细胞毒性。100 μmol/L 浓度的 EC 和 CAPE 对 OSF、GNM、TSCCa 细胞生长抑制作用与对正常细胞 BF 的作用相比，100 μmol/L EC 和 CAPE 有显著的细胞毒性。100 μmol/L EC 对 BF、OSF、GNM、TSCCa 细胞生长抑制率分别为 0、57%、73%、54%。100 μmol/L CAPE 对 BF、OSF、GNM、TSCCa 细胞生长抑制率分别为 82%、36%、44%、55%。200 μmol/L 的 MC 的细胞毒性与 CAPE 相似，但是正常 BF 细胞有 65%的存活率。MC 的代

谢物甲醇对 BF 细胞抑制活性有剂量依赖性。MTT 实验结果发现 CAPE 的其他衍生物诱导口腔癌细胞毒性作用都没有 CAPE 或 EC 强。这表明邻二羟基化和共轭双键的存在具有显著的抑制活性。

（五）咖啡酸酰胺衍生物的生物活性研究

Yang 等[53]合成的咖啡酸苯乙酰胺（*N-trans*-caffeoyl-β-phenethylamine，CAPA）类化合物为 CAPE 的酰胺衍生物，4a～f（参见图 5-28）在 CAPA 的基础上酚羟基或 H 的取代，研究此类化合物对 HUVEC 的毒性。浓度为 10 μmol/L、20 μmol/L、40 μmol/L 和 60 μmol/L 的化合物与 HUVEC 在 37℃共培养 24 h。细胞存活率低于对照组的 90%被认为有毒性。结果发现在实验浓度下，CAPA 和 4b、4d～f 没有毒性，所有浓度的 4c 都有细胞毒性。

研究 CAPE 及其胺类衍生物抗 H_2O_2 诱导的氧化应激保护 HUVEC 作用，发现 CAPA 和化合物 4b、4c 和 4e 有显著的细胞保护作用对抗 H_2O_2。CAPE 和 CAPA 细胞保护作用没有显著差异（$p>0.05$）。剂量依赖性细胞保护实验表明，CAPE 和 CAPA 的前 3 个 EC_{50} 数据点呈线性。CAPE 的 EC_{50} 值为 8 μmol/L，CAPA 的为 2 μmol/L。

在儿茶酚环中引入氟原子，增强共轭体系的电子密度，能够降低与儿茶酚甲基转移酶的反应，也可能对受体的结合或选择性有显著的影响。CAPA 儿茶酚上的羟基可能对化合物的抗氧化活性有作用。

研究表明 CAPA 的毒性小于 CAPE，在细胞保护作用方面两者没有显著差异。预测在血浆中 CAPA 比 CAPE 稳定。酯类化合物倾向于被酯化酶水解，CAPE 在血浆中显现短的半衰期。血浆稳定性是药物代谢过程中的重要因素，它决定了最初给药剂量到达靶标的准确浓度。CAPA 在酸中稳定，CAPE 在鼠血浆中完全水解，而 CAPA 在同样情况下保持大部分完整。

CAPA 已被证实在保护内皮细胞免受过氧化氢诱导的氧化应激损伤的作用达到和 CAPE 相似程度，而前者可以避免通过血浆酯酶水解，显示比 CAPE 更长的半衰期[85]。Lee 等[43]研究 CAPE 酰胺衍生物和酯类衍生物抑制 PMA 或 fMLP 诱导人中性粒细胞产生超氧阴离子发现，PAs 酯（化合物 1～14，见图 5-14）抑制活性优于 PAs 酰胺（化合物 15～18，见图 5-27）。

第四节 展　　望

本章对咖啡酸苯乙酯及其衍生物的提取、理化性质、检测、合成、鉴别、药理活性、药代动力学和安全性等方面的研究进行了总结。今后的研究可以在已有衍生物的基础上，根据构效关系合成活性更强的化合物。鉴于目前此类化合物在制剂方面的研究未见报道，亦可在药理研究的基础上，筛选活性较强的衍生物，进行制剂学研究。总体来看，咖啡酸苯乙酯的硝基取代物活性很强，药理活性研究比较全面，可以进一步研究其临床应用，给相关疾病提供更新的治疗方案。

参考文献

[1] 王军，梁路昌，薛文，等. 咖啡酸苯乙酯抗肿瘤作用及其机制的研究进展. 肿瘤药学，2012, 2(2): 86-89.
[2] 杨茹. 蜂胶中咖啡酸苯乙酯的提取及应用. 成都：四川师范大学，2015.
[3] 农业部.中华人民共和国部颁标准(NY/T 2821—2015). 2015.
[4] Nakanishi K, Ohz E M,Grunberger D. Cafeie acid esters and methods of producing and using same: US 500841. 1991
[5] Chen J-H, Shao Y, Huang M-T, et al. Inhibitory effect of caffeic acid phenethyl ester on human leukemia HL-60 cells. Cancer Letter, 1996, 108(2): 211-214.
[6] Son S, Lobkowsky E B,Lewis B A. Caffeic acid phenethyl ester (CAPE): Synthesis and X-ray crystallographic analysis. Chemical & Pharmaceutical Bulletin (Tokyo), 2001, 49(2): 236-238.
[7] Lee Y-J, Liao P-H, Chen W-K, et al. Preferential cytotoxicity of caffeic acid phenethyl ester analogueson oral cancer cells. Cancer Letter, 2000, 153(1-2): 51-56.
[8] 柳枫. 咖啡酸酯衍生物的制备及其生物活性研究. 杭州：浙江工业大学，2006.
[9] E.Stevenson D, G.Parkar S,Zhang J. Combinatorial enzymic synthesis for functional testing of phenolic acid esters catalysed by Candida antarctica lipase B (Novozym 435). Enzyme and Microbial Technology, 2007, 40(5): 1078-1086.
[10] 邓莉. 咖啡酸苯乙酯衍生物的设计合成及生物活性测定. 重庆：西南大学，2011.
[11] Sudina G F, Mirzoeva O K, Pushkareva M A, et al. Caffeic acid phenethyl ester as a lipoxygenase inhibitor with antioxidant properties. FEBS Letters, 1993, 329(1-2): 21-24.
[12] 朱敏,王芳权. 咖啡酸等羟基肉桂酸化合物抗氧化性能的测定及评估. 食品工业科技，2004, (9): 77-78.
[13] Ozyurt H, Irmak M, Akyol O, et al. Caffeic acid phenethyl ester changes the indices of oxidative stress in serum of rats with renal ischaemia-reperfusion injury. Cell Biochemistry and Function, 2001, 19(4): 259-263.
[14] Ocak S, Gorur S, Hakverdi S, et al. Protective effects of caffeic acid phenethyl ester, vitamin C, vitamin E and *N*-acetylcysteine on vancomycin-induced nephrotoxicity in rats. Basic & Clinical Pharmacology & Toxicology, 2007, 100(5): 328-333.
[15] Huang S, Liu S, Lin S, et al. Antiarrhythmic effect of caffeic acid phenethyl ester (CAPE) on myocardial ischemia/reperfusion injury in rats. Clinical Biochemistry, 2005, 38(10): 943-947.
[16] Gokalp O, Uz E, Cicek E, et al. Ameliorating role of caffeic acid phenethyl ester (CAPE) against isoniazid-induced oxidative damage in red blood cells. Molecular and Cellular Biochemistry, 2006, 290(1-2): 55-59.
[17] Kart A, Cigremis Y, Karaman M, et al. Caffeic acid phenethyl ester (CAPE) ameliorates cisplatin-induced hepatotoxicity in rabbit. Experimental Toxicologic Pathology, 2010, 62(1): 45-52.
[18] Pekmez H, Kus I, Colakoglu N, et al. The protective effects of caffeic acid phenethyl ester

(CAPE) against liver damage induced by cigarette smoke inhalation in rats. Cell Biochemistry and Function, 2007, 25(4): 395-400.

[19] Jung W-K, Lee D-Y, Kim J-H, et al. Anti-inflammatory activity of caffeic acid phenethyl ester (CAPE) extracted from *Rhodiola sacra* against lipopolysaccharide-induced inflammatory responses in mice. Process Biochemistry, 2008, 43(7): 783-787.

[20] Chen Y J, Shiao M S, Hsu M L, et al. Effect of caffeic acid phenethyl ester, an antioxidant from propolis, on inducing apoptosis in human leukemic HL-60 cells. Journal of Agricultural and Food Chemistry, 2001, 49(11): 5615-5619.

[21] Song Y S, Park E H, Hur G M, et al. Caffeic acid phenethyl ester inhibits nitric oxide synthase gene expression and enzyme activity. Cancer Letter, 2002, 175(1): 53-61.

[22] Grunberger D, Banerjee R, Eisinger K, et al. Preferential cytotoxicity on tumor cells by caffeic acid phenethyl ester isolated from propolis. Experientia, 1988, 44(3): 230-232.

[23] 郭川, 唐文渊, 钟东, 等. CAPE 对神经胶质瘤生长抑制作用研究. 重庆医科大学学报, 2009, 34(6): 725-727.

[24] 郭川, 陈淳, 邓发斌, 等. CAPE 对人神经胶质瘤细胞株 U251 凋亡作用研究. 西部医学, 2010, 22(10): 1790-1792.

[25] 何渝军, 刘宝华, 向德兵. 咖啡酸苯乙酯对大肠癌 SW480 细胞生长和周期的影响. 消化外科, 2004, 3(5): 338-342.

[26] 向德兵, 何渝军, 牟江洪, 等. 咖啡酸苯乙酯对大肠癌细胞 β-catenin 蛋白表达的影响. 第三军医大学学报, 2006, 28(2): 101-103.

[27] 谢家印, 向德兵, 何渝军, 等. 咖啡酸苯乙酯对大肠癌细胞 HCT116 细胞周期和 cyclin D1 表达的影响. 第三军医大学学报, 2005, 27(12): 1194-1196.

[28] 文和, 龚频, 王兰等. 咖啡酸苯乙酯对大鼠离体心脏心肌缺血再灌注的保护作用. 毒理学杂志, 2016, (3): 227-229,236.

[29] 龚频, 文和. 咖啡酸苯乙酯对糖尿病大鼠肾的保护作用. 中国临床药理学杂志, 2016, 32(11): 1021-1023,1030.

[30] Celik S, Erdogan S,Tuzcu M. Cafeic acid phenethyl ester (CAPE) exhibits significant potential as an antidiabetic and liver-protective agent in streptozotocin-induced diabetic rats. Pharmacological Research, 2009, 60(4): 270-276.

[31] Gibbs E M, Stock J L, McCoid S C, et al. Glycemic improvement in diabetic db/db mice by overexpression of the human insulin-regulatable glucose transporter (GLUT4). The Journal of clinical investigation, 1995, 95(4): 1512-1518.

[32] Aragno M, Parola S, Brignardello E, et al. Dehydroepiandrosterone prevents oxidative injury induced by transient ischemia/reperfusion in the brain of diabetic rats. Diabetes, 2000, 49(11): 1924-1931.

[33] 袁鹏, 刘学政. 咖啡酸苯乙酯对糖尿病大鼠血视网膜屏障的影响. 华北理工大学学报: 医学版, 2016, 18(4): 268-270,276.

[34] Fan L, Xiao Q, Zhang L, et al. CAPE-pNO$_2$ attenuates diabetic cardiomyopathy through the NOX4/NF-κB pathway in STZ-induced diabetic mice. Biomedicine & Pharmacotherapy, 2018, 108: 1640-1650.

[35] Tang C,Sojinu S. Simultaneous determination of caffeic acid phenethyl ester and its metabolite caffeic acid in dog plasma using liquid chromatography tandem mass spectrometry. Talanta, 2012, 94(30): 232-239.

[36] Celli N, Mariani B, Dragani L, et al. Development and validation of a liquid chromatographic-tandem mass spectrometric method for the determination of caffeic acid phenethyl ester in rat plasma and urine. Journal of Chromatography B, 2004, 810(1): 129-136.

[37] Wang X, Pang J, Maffucci J A, et al. Pharmacokinetics of caffeic acid phenethyl ester and its catechol - ring fluorinated derivative following intravenous administration to rats. Biopharmaceutics & Drug Disposition, 2009, 30(5): 221-228.

[38] Gou J, Yao X, Tang H, et al. Absorption properties and effects of caffeic acid phenethyl ester and its *p*-nitro-derivative on P-glycoprotein in Caco-2 cells and rats. Pharmaceutical Biology, 2016, 54(12): 2960-2967.

[39] Li D, Wang X, Huang Q, et al. Cardioprotection of CAPE-$o$$NO_2$ against myocardial ischemia/reperfusion induced ROS generation via regulating the SIRT1/eNOS/NF-kappa B pathway *in vivo* and *in vitro*. Redox Biology, 2018, 15: 62-73.

[40] 李德娟. 咖啡酸邻硝基苯乙酯抗大鼠 MIRI 作用及其心脏代谢物分析. 重庆: 西南大学, 2018.

[41] Li S-C, Li H, Zhang F, et al. Anticancer activities of substituted cinnamic acid phenethyl esters on human cancer cell lines. Journal of Chinese Pharmaceutical Sciences, 2003, 12(4): 184-187.

[42] 向春艳. 咖啡酸 β-苯乙醇酯衍生物的制备及其抗癌活性研究. 重庆: 西南大学, 2012.

[43] Lee Y-T, Don M-J, Liao C-H, et al. Effects of phenolic acid esters and amides on stimulus-induced reactive oxygen species production in human neutrophils. Clinica Chimica Acta, 2005, 352(1-2): 135-141.

[44] Lee Y-T, Don M-J, Hung P-S, et al. Cytotoxicity of phenolic acid phenethyl esters on oral cancer cells. Cancer Letters, 2005, 223(1): 19-25.

[45] Lee Y-T. Structure activity relationship analysis of phenolic acid phenethylesters on oral and human breast cancers:The grey GM (0,N) approach. Computers in Biology and Medicine41, 2011, 41: 506–511.

[46] Wang X, Stavchansky S, Bowman P D, et al. Cytoprotective effect of caffeic acid phenethyl ester (CAPE) and catechol ring-fluorinated CAPE derivatives against menadione-induced oxidative stress in human endothelial cells. Bioorganic & Medicinal Chemistry, 2006, 14(14): 4879-4887.

[47] Wang X, Stavchansky S, Kerwin S M, et al. Structure-activity relationships in the cytopro tective effect of caffeic acid phenethyl ester (CAPE) and fluorinated derivatives: Effects on heme oxygenase-1 induction and antioxidant activities. European Journal of Pharmacology, 2010, 635(1-3): 16-22.

[48] Giessel J M, Loesche A, Csuk R. Caffeic acid phenethyl ester (CAPE)-derivatives act as selective inhibitors of acetylcholinesterase. European Journal of Medicinal Chemistry, 2019, 177: 259-268.

[49] Maresca A, Akyuz G, Osman S M, et al. Inhibition of mammalian carbonic anhydrase isoforms I-XIV with a series of phenolic acid esters. Bioorganic & Medicinal Chemistry, 2015, 23: 7181-7188.

[50] Xia C-N, Li H-B, liu F, et al. Synthesis of *trans*-caffeate analogues and their bioactivities against HIV-1 integrase and cancer cell lines Bioorganic & Medicinal Chemistry Letters, 2008, 18(24): 6553-6557.

[51] Nagaoka T, Banskota A, Tezuka Y, et al. Selective antiproliferative activity of caffeic acid phenethyl ester analogues on highly liver-metastatic murine colon 26-L5 carcinoma cell line.

Bioorganic & Medicinal Chemistry, 2002, 10(10): 3351-3359.
[52] Etzenhouser B, Hansch C, Kapur S, et al. Mechanism of toxicity of esters of caffeic and dihydrocaffeic acids. Bioorganic & Medicinal Chemistry, 2001, 9(1): 199-209.
[53] Yang J, Marriner G A, Wang X, et al. Synthesis of a series of caffeic acid phenethyl amide (CAPA) fluorinated derivatives: Comparison of cytoprotective effects to caffeic acid phenethyl ester (CAPE). Bioorganic & Medicinal Chemistry, 2010, 18(15): 5032-5038.
[54] 赖翔宇. 对硝基咖啡酸苯乙酯的体外代谢研究. 重庆: 西南大学, 2012.
[55] 苟静. 咖啡酸对硝基苯乙酯在 Caco-2 细胞的转运特性及其在大鼠的体内过程分析. 重庆: 西南大学, 2016.
[56] 周凯. 咖啡酸对硝基苯乙酯抗实验性血小板聚集及其药动学分析. 重庆: 西南大学, 2014.
[57] 唐浩. 咖啡酸对硝基苯乙酯抗结肠癌作用及其相应代谢物研究. 重庆: 西南大学, 2017.
[58] 姚晓芳. 咖啡酸对硝基苯乙酯抗宫颈癌作用及其在Hela细胞中的代谢物研究. 重庆: 西南大学, 2017.
[59] 王小玲. 咖啡酸对硝基苯乙酯对小鼠糖尿病肾病的作用及其肾脏代谢物分析. 重庆: 西南大学, 2018.
[60] Balkwill F. TNF-alpha in promotion and progression of cancer. Cancer and Metastasis Reviews, 2006, 25(3): 409-416.
[61] Pikarsky E, Porat R, Stein I, et al. NF-kappa B functions as a tumour promoter in inflammation-associated cancer. Nature, 2004, 431(7007): 461-466.
[62] Zhou K, Li X, Li Z, et al. A CAPE analogue as novel antiplatelet agent efficiently inhibits collagen-induced platelet aggregation. Pharmazie, 2014, 69(8): 615-620.
[63] 刘天亮. CAPE 衍生物对大鼠心肌 MI/RI 的保护作用研究. 重庆: 西南大学, 2013.
[64] 杜勤. 咖啡酸对硝基苯乙酯抗大鼠 MI/RI 作用的蛋白印迹分析. 重庆: 西南大学, 2015.
[65] Du Q, Hao C, Gou J, et al. Protective effects of *p*-nitro caffeic acid phenethyl ester on acute myocardial schemia-reperfusion injury in rats. Experimental and Therapeutic Medicine, 2016, 11(4): 1433-1440.
[66] Dispersyn G D,Borgers M. Apoptosis in the heart: About programmed cell death and survival. News in Physiological Sciences, 2001, 16: 41-47.
[67] Herskowitz A, Mayne A E, Willoughby S B, et al. Patterns of myocardial cell adhesion molecule expression in human endomyocardial biopsies after cardiac transplantation- Induced ICAM-1 and VCAM-1 related to implantation and rejection. American Journal of Pathology, 1994, 145(5): 1082-1094.
[68] Arsham A M, Plas D R, Thompson C B, et al. Akt and hypoxia-inducible factor-1 independently enhance tumor growth and angiogenesis. Cancer Research, 2004, 64(10): 3500-3507.
[69] Denis M, Valéry D, Yann D, et al. Regulation of hypoxia-inducible factor-1 alpha protein level during hypoxic conditions by the phosphatidylinositol 3-kinase /Akt /glycogen synthase kinase 3beta pathway in HepG2 cells. Journal of Bbiological Chemistry, 2003, 278(33): 31277-31285.
[70] Jiang B H,Liu L I. AKT signaling in regulating angiogenesis. Current Cancer Drug Targets, 2008, 8(1): 19-26.
[71] 刘祥, 景桂霞, 白娟, 等. 舒芬太尼预处理对大鼠心肌缺血再灌注时 PI3K/Akt 的影响. 南方医科大学学报, 2014, 34(3): 335-340.
[72] 李赛. 咖啡酸对硝基苯乙酯抗II型糖尿病小鼠脏器损伤及其相关蛋白表达的分析. 重庆:

西南大学, 2019.
[73] Li S, Huang Q, Zhang L, et al. Effect of CAPE-$p$$NO_2$ against type 2 diabetes mellitus via the AMPK/GLUT4/GSK3β/PPARα pathway in HFD/STZ-induced diabetic mice. European Journal of Pharmacology, 2019, 853: 1-10.
[74] Wang X, Li D, Fan L, et al. CAPE-$p$$NO_2$ ameliorated diabetic nephropathy through regulating the Akt/NF-kappa B/iNOS pathway in STZ-induced diabetic mice. Oncotarget, 2017, 8(70): 114506-114525.
[75] Oliveira E P, Lima M,Souza M L. Metabolic syndrome, its phenotypes and insulin resistance by HOMA-IR. Arquivos Brasileiros de Endocrinologia E Metabologia, 2007, 51(9): 1506-1515.
[76] Rines A K, Sharabi K, Tavares C D J, et al. Targeting hepatic glucose metabolism in the treatment of type 2 diabetes. Nature Reviews Drug Discovery, 2016, 15: 786-804.
[77] Petersen M C, Vatner D F,Shulman G I. Regulation of hepatic glucose metabolism in health and disease. Nature Reviews Endocrinology, 2017, 13(10): 572-587.
[78] Tang H, Yao X, Li Z, et al. Anti-colon cancer effect of caffeic acid *p*-nitro-phenethyl ester *in vitro* and *in vivo* and detection of its metabolites. Scientific Reports, 2017, 7(8): 7599.
[79] Yao X, Tang H, Ren Q, et al. Inhibited effects of CAPE-$p$$NO_2$ on cervical carcinoma *in vivo* and *in vitro* and its detected metabolites. Oncotarget, 2017, 8(55): 94197-209.
[80] 黄钦. 咖啡酸对硝基苯乙酯抗三阴性乳腺癌生长和转移作用的研究. 重庆: 西南大学, 2019.
[81] Huang Q, Li S, Zhang L, et al. CAPE-$p$$NO_2$ inhibited the growth and metastasis of triple-negative breast cancer via the EGFR/STAT3/Akt/E-cadherin signaling pathway. Frontiers in Oncology, 2019, 9(4): 461.
[82] Rao C V, Desai D, Simi B, et al. Inhibitory effect of caffeic acid esters on azoxymethane-induced biochemical changes and aberrant crypt foci formation in rat colon. Cancer Research, 1993, 53: 4182-4188.
[83] Rao C V, Desai D, Kaul B, et al. Effect of caffeic acid esters on carcinogen-induced mutagenicity and human colon adenocarcinoma cell growth. Chemico-Biological Interactions, 1992, 84: 277-290.
[84] Wang X, Pang J, Newman R A, et al. Quantitative determination of fluorinated caffeic acid phenethyl ester derivative from rat blood plasma by liquid chromatography-electrospray ionization tandem mass spectrometry. Journal of Chromatography B, 2008, 867(1): 138-143.
[85] Ho Y J, Chen W P, Chi T C, et al. Caffeic acid phenethyl amide improves glucose homeostasis and attenuates the progression of vascular dysfunction in Streptozotocin-induced diabetic rats. Cardiovascular Diabetology, 2013, 12(1): 99.

（李逐波　何小燕）